高等学校新能源科学与工程专业系列教材

虚拟电厂能源管理与智慧应用

崔 嘉 主 编

刘璟璐 张宇献 副主编

化学工业出版社

·北京·

内容简介

《虚拟电厂能源管理与智慧应用》介绍了虚拟电厂的概念、功能、发展历程和市场价值。虚拟电厂是一种创新的电力系统解决方案，通过数字技术将分散的可再生能源、电力负荷和储能资源聚合为可调度的虚拟电厂，应对传统集中式电厂在可再生能源接入和需求波动方面的挑战。其核心功能包括资源整合、负荷优化、市场交易参与和需求响应。虚拟电厂能够参与电力市场交易，通过实时调度在供需高峰时平衡负荷，为电网稳定提供辅助服务。

本书回顾了虚拟电厂的全球发展，从概念形成到技术成熟，涵盖了欧洲、美国和中国等的实践案例。中国的虚拟电厂正由需求响应型向市场化运营型过渡，江苏、深圳等地的项目在需求侧管理和辅助服务方面已有一定成效。未来，虚拟电厂在推动能源系统低碳化、智能化方面将扮演重要角色，通过信息技术和市场机制实现分布式资源的优化配置，助力全球能源转型。

本书可作为能源类和电气工程类专业本科生、研究生教材，也可以作为电力职工培训教材，还可供电力领域从业者、研究者以及能源爱好者参考。

图书在版编目（CIP）数据

虚拟电厂能源管理与智慧应用 / 崔嘉主编；刘璟璐，张宇献副主编. — 北京 ：化学工业出版社，2025.1.
（高等学校新能源科学与工程专业系列教材）. — ISBN 978-7-122-47231-1

Ⅰ. TM62-39

中国国家版本馆 CIP 数据核字第 2025N0B383 号

责任编辑：王淑燕　　　　装帧设计：韩　飞
责任校对：王　静

出版发行：化学工业出版社
（北京市东城区青年湖南街 13 号　邮政编码 100011）
印　　装：北京云浩印刷有限责任公司
787mm×1092mm　1/16　印张 17　字数 419 千字
2025 年 1 月北京第 1 版第 1 次印刷

购书咨询：010-64518888　　售后服务：010-64518899
网　　址：http://www.cip.com.cn
凡购买本书，如有缺损质量问题，本社销售中心负责调换。

定　　价：58.00 元

前言

在全球能源转型的浪潮中，虚拟电厂作为一种创新的能源管理模式崭露头角，对传统电力系统的变革和可持续能源发展具有深远意义。随着社会对清洁能源的追求和对传统能源模式的反思，虚拟电厂凭借先进技术整合分布式能源资源，突破传统发电局限，在提升能源效率、减少碳排放、保障电力系统稳定可靠等方面发挥关键作用，成为能源转型的重要推动力量。

本书共10章，逻辑严谨、内容翔实。第1章开篇明义，阐释虚拟电厂的定义、核心功能、与传统电厂的差异，追溯其发展历程，剖析国内外现状及分类特点，为后续论述奠定基础。第2章深入探究分布式能源资源整合，解析物理架构、通信与网络架构及两者关系，详细阐述可再生能源集成与传统发电资源协调，展现虚拟电厂资源整合的奥秘。第3章聚焦运行机制，涵盖多种运行模式、调度控制中心职能、优化调度策略及市场参与流程，揭示虚拟电厂高效运行的原理。第4章围绕负荷管理与优化，讲述管理原理、实施步骤，深入探讨负荷预测、优化调度及需求响应策略，分析其经济效益，体现虚拟电厂在负荷管理方面的智慧。第5章针对故障预警与识别，介绍基本概念与系统架构，详述数据处理及预警识别方法，保障虚拟电厂的安全稳定运行。第6章研究电碳市场中的虚拟电厂定价，解析碳排放交易原理，探讨电力市场交易模式、准入体系、机组模型与碳配额分配，分析市场耦合关系，引入前沿分析方法，为虚拟电厂在市场中的合理定价提供依据。第7章关注零售市场增值服务，基于用户负荷特性设计服务，探讨需求响应机制，剖析零售套餐定价因素，提升虚拟电厂在零售市场的服务能力与竞争力。第8章基于合作博弈理论构建分布式交易策略，概述博弈方法，建立电-碳联合交易模型，通过算例分析为虚拟电厂交易提供策略指导。第9章探索新能源发电曲线追踪下的聚合调控，介绍交易机制与收益分析，构建优化模型，以算例展示实际效果，助力虚拟电厂在新能源领域的有效调控。第10章通过辽宁虚拟电厂案例，分享实践经验，分析挑战与解决方案，探讨在能源转型中的角色影响，为虚拟电厂的实际应用提供借鉴。

本书特色鲜明。内容全面系统，涵盖虚拟电厂各方面知识；理论实践结合，融入丰富案例，加深理解；紧跟前沿技术，展现领域最新成果；适用范围广泛，满足不同读者需求。

本书是长年从事电力系统领域的教师和工程师们集体合作的成果。具体分工是：沈阳工业大学崔嘉撰写第1、2章，沈阳工业大学刘璟璐、曹文涛撰写第3

章，沈阳工业大学张宇献、乔力奎撰写第 4 章，国网辽宁省电力有限公司超高压分公司李铁、中国电力工程顾问集团东北电力设计院有限公司张文萍及沈阳工业大学李原仲撰写第 5 章，沈阳工业大学赵璐、东北大学刘柏亨撰写第 6 章，沈阳工业大学张希铭、国网辽宁省电力有限公司沈阳供电公司皇姑供电局王安妮及国网辽宁省电力有限公司超高压分公司杨国锋、祖振阳、闫语撰写第 7 章，哈尔滨电力职业技术学院李志敏、沈阳工业大学谭宇航及国网辽宁省电力有限公司信息通信分公司冉冉撰写第 8 章，沈阳工业大学任汝飞、曲星宇、李超然撰写第 9 章，东北大学刘鑫蕊、李明、王天茹撰写第 10 章。全书的统稿、定稿工作由崔嘉负责完成。

在本书编写过程中，为力求准确权威，参考了大量国内外研究成果与实践经验。因虚拟电厂领域发展迅速，编者水平有限，书中或有不足，恳请读者批评指正，共同推动虚拟电厂领域知识的完善与进步。

编者

2024 年 10 月

目录

第1章

虚拟电厂简介

1.1 虚拟电厂的定义与概念

1.1.1 虚拟电厂的基本定义

在能源管理体系的当代转型浪潮中，虚拟电厂（virtual power plant，VPP）作为一种突破性的电力系统管理方案，正逐渐崭露头角，成为推动能源转型的重要引擎。虚拟电厂核心思想就是把各类分散可调电源和负荷汇聚起来，通过数字化的手段形成一个虚拟的“电厂”来做统一的管理和调度，同时作为主体参与电力市场。虚拟电厂汇聚的资源可以是发电侧（尤其是新能源）的正电厂，也可以是用电侧的负电厂，还可以是发电用电都有的综合电厂。通过整合多个分布式能源资源，虚拟电厂打破了传统集中式发电厂的桎梏，提供了一种新型的能源管理方式，不仅适应了可再生能源的分布式特性，还为未来的低碳能源系统奠定了基础。依托尖端的信息通信技术、精巧的控制策略及市场导向机制，虚拟电厂创造性地融合了广泛分布的能源资源，如太阳能光伏、风力发电、储能装备与可调控负荷等，构建了一个虚拟但极具弹性的能源供应网络。这种网络能够灵活地适应电力需求的波动，为能源系统的稳定运行提供保障。尽管缺乏实体发电厂的传统架构，虚拟电厂却能在电力市场中扮演核心角色，积极参与电能交易与辅助服务，显著优化电力系统运行的管理效能与调控精度。通过精确的实时监测与响应机制，虚拟电厂可以在需求高峰时段迅速调整输出，确保电力系统的平衡。虚拟电厂构成见图1-1。

虚拟电厂的一个显著优势在于其高度的灵活性。相比传统电厂，虚拟电厂并不局限于特定的地理位置，这使得它能够有效利用分布在不同地区的多种可再生能源，实现能源的最大化利用。例如，在风力发电较为丰富的区域，虚拟电厂可以优先调度该区域的风电资源，而在阳光充足的地区，虚拟电厂则可以更加依赖太阳能光伏发电。核心价值方面，虚拟电厂超越了简单资源整合的范畴，专注于资源的高效管理和动态调度。这种动态调度机制使得虚拟电厂能够更好地应对电力系统中的不确定性和波动性，确保电力供应的连续性和稳定性。

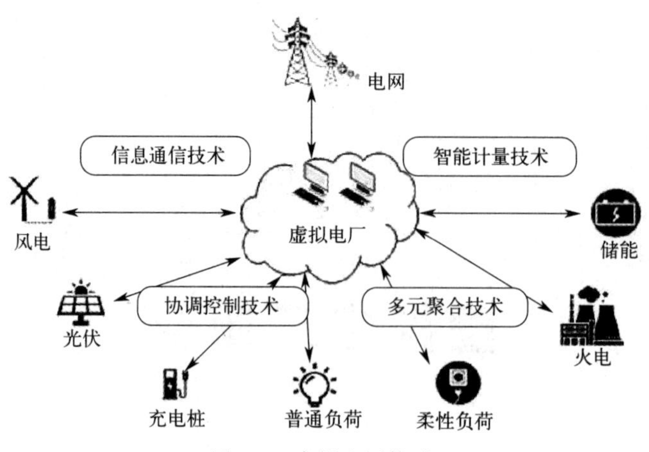

图 1-1 虚拟电厂构成

虚拟电厂不仅作为电力商品与服务的供应者活跃于市场，还能通过多样化市场策略，既向产业链上游提供电能或辅助服务，亦能从下游市场汲取所需资源。这一过程类似于一个虚拟的能源生态系统，在这个系统中，各种分布式能源被有机地整合在一起，共同为电力系统提供服务。这一理念承袭自经济学家西蒙·阿韦布赫（Shimon Awerbuch）提出的虚拟公共设施概念，主张通过市场机制的灵活联动，无须持有实体资产即可为用户交付关键公共服务。这一概念进一步发展成为现代虚拟电厂的基本框架，即通过信息技术与市场机制的结合，将分散的能源资源有效地整合起来，形成一个虚拟但功能强大的能源供应网络。

在全球电力系统的大背景下，尽管人们对虚拟电厂的研究方向多样，尚未形成统一的定义共识，但其关键特征在于运用先进的计量、通信与控制技术，将分布于电网各节点的分布式能源资源集成为虚拟电厂，如同一座桥梁，连接高压与低压电网，打通批发市场与零售市场的壁垒，实现资源的最优调配，并在电力市场中占据竞争高地。这种桥梁作用使得虚拟电厂成为电力系统中不可或缺的一部分，特别是在推动可再生能源的大规模应用与整合方面，虚拟电厂的作用日益凸显。

就其架构而言，虚拟电厂的设计灵活多样，覆盖了丰富的分布式能源种类与技术形态，其目的在于通过能源管理系统（energy management system，EMS）的智能优化控制，显著增强电力系统的整体性能与运行稳定性。能源管理系统是虚拟电厂的核心，通过对各类分布式能源的智能化调度与优化控制，虚拟电厂能够在不同的时间和空间尺度上，灵活调度各种能源资源，实现能源系统的最优运行。虚拟电厂的运行机制依赖于对多类型分布式能源资源（distributed energy resources，DERs）的协同管控，涵盖光伏发电、风力发电、小型水力发电、燃气轮机、储能系统及可控负荷等。这种协同管理方式，不仅能够提高各类分布式能源的利用率，还能够通过智能化手段优化能源的供需平衡，从而提升整个能源系统的稳定性与效率。

通过对分布式能源资源的实时监控与控制，虚拟电厂能够灵活地调整各类能源的输出功率，以适应不断变化的电力需求。例如，当电力需求突然增加时，虚拟电厂可以快速响应，通过增加储能系统的放电功率，来满足瞬时的电力需求。同时，当电力需求下降时，虚拟电厂也能够通过减少发电量或将多余的电能储存起来，以备后用。这种实时的动态调整机制，使得虚拟电厂能够在电力系统中扮演“稳定器”的角色，极大地提升了电力系统的可靠性。

此外，虚拟电厂具备参与电力市场的能力，可通过市场竞价机制销售电力与提供辅助服务，实现经济收益，提升分布式能源的经济效益，强化其在电力系统中的战略地位，推动电力市场的多元化与灵活化发展。这种市场参与能力，不仅为分布式能源的广泛应用提供了经济动力，还通过市场机制优化了资源配置，促进了电力市场的进一步开放与创新。例如，在某些电力市场中，虚拟电厂可以通过参与频率调节、备用容量等辅助服务市场，为电网提供重要的支持服务，同时获得额外的收入来源。这种双重角色，使得虚拟电厂在现代电力市场中具有重要的战略意义。

在技术支撑上，虚拟电厂的建设和运营离不开高效的信息通信与数据处理技术。大数据分析、物联网、云计算等现代科技的应用，确保了虚拟电厂对分布式能源的精细化管理和优化调度。通过大数据分析，虚拟电厂能够对各类分布式能源的运行数据进行实时监控与分析，从而做出最优的调度决策。物联网技术则将分布式能源、储能设备与电力用户紧密连接起来，实现全系统的实时通信与协调控制。云计算则为虚拟电厂提供了强大的数据处理能力与灵活的资源调度平台，确保了虚拟电厂的高效运行与可扩展性。这些技术赋能虚拟电厂，在不同的时间尺度上精准调配资源，大幅提升电力系统的整体效率与可靠性，最终实现分布式能源的集约化管理与高效利用，推动电力系统向更加智能、环保与高效的未来迈进。例如，虚拟电厂可以通过预测分析技术，提前预测未来的电力需求与供给情况，从而提前做好调度准备。这不仅提高了电力系统的运行效率，还减少了对备用容量的依赖，降低了系统的运行成本。虚拟电厂技术需求见图 1-2。

图 1-2　虚拟电厂技术需求

至于产业链，虚拟电厂涉及三大关键环节：上游的基础资源，包括可调负荷、分布式电源与储能设备；中游的系统平台，即依托互联网技术整合供需信息的资源聚合商，强化虚拟电厂的协调控制能力；下游的电力需求方，包括电网企业、售电企业和大型电力用户。虚拟电厂在这三大环节中的整合能力，使其能够有效地将各类能源资源与电力需求方连接起来，实现全系统的协同优化。通过这种产业链的整合，虚拟电厂不仅能够为电力系统提供更加灵活的能源解决方案，还能够通过市场机制，为各参与方带来经济效益。

按功能分类，虚拟电厂可分为负荷侧虚拟电厂、电源侧虚拟电厂与源网荷储一体化虚拟电厂。负荷侧虚拟电厂通过聚合具有负荷调节潜力的电力用户，提供灵活的负荷侧响应；电源侧虚拟电厂则侧重于分布式电源的发电侧整合；而源网荷储一体化虚拟电厂则整合发电与用电两端，作为独立的市场参与者，原则上不占用系统调峰能力，为电力系统注入前所未有的灵活性与经济性。这种灵活性，不仅使虚拟电厂能够在市场中获得更多的机会，还为电力系统提供了更高的稳定性与可靠性。例如，负荷侧虚拟电厂可以通过实时调整电力用户的用电行为，降低电网的负担；电源侧虚拟电厂则可以通过优化分布式电源的发电输出，减少对集中式发电的依赖。而源网荷储一体化虚拟电厂则能够通过整合发电、储能与负荷调节，提供全方位的能源解决方案。虚拟电厂运行模式见图 1-3。

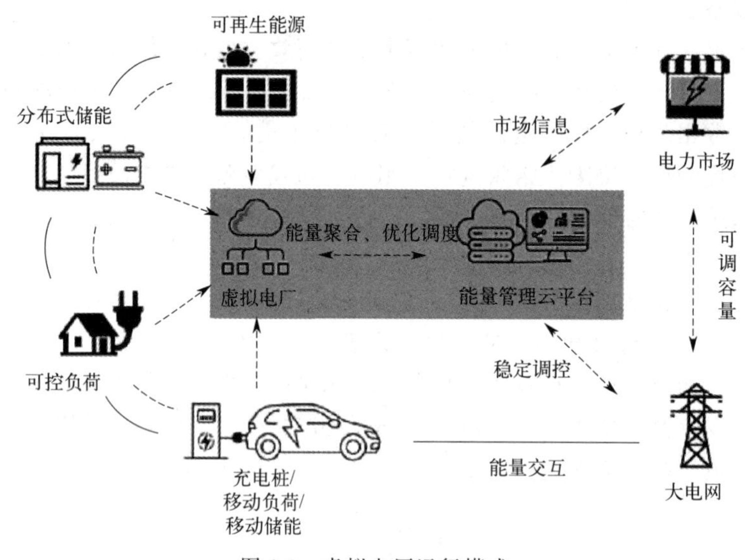

图 1-3　虚拟电厂运行模式

虚拟电厂作为能源管理体系创新的杰出产物，正逐步重塑电力行业的传统格局，通过聚合分布式能源资源，优化电力系统运行，推动能源市场的多元化与灵活化，为打造更加智能、绿色与高效的电力系统奠定基石。随着虚拟电厂技术的不断成熟与应用规模的扩大，未来的电力系统将会更加灵活、智能与可持续。虚拟电厂不仅为分布式能源的发展提供了强大的支持，也为实现全球能源转型目标作出了重要贡献。

1.1.2　虚拟电厂的核心功能

虚拟电厂作为现代能源管理体系的创新典范，其核心功能与价值定位在于分布式能源资源的高效整合与策略性利用，通过深度融合智慧技术与市场机制，引领了能源行业的革命性变革。虚拟电厂不仅将广泛分布的能源资源，如屋顶光伏板、风力发电设施、储能设备及智能电器等，通过智能网络技术无缝汇集，实现资源的协同调度与配置优化，这一集成模式显著提升了能源使用的效率，加速了可再生能源的系统集成，为全球“碳峰值”和“碳中和”目标的实现提供了强有力的技术支撑。

（1）区域资源整合

虚拟电厂在现代能源管理中展现出卓越的实时响应能力，通过参与调峰、调频等辅助服务，显著增强了电网的稳定性和应对供需波动的弹性。虚拟电厂作为资源整合与优化的中心，其核心效能覆盖了从发电到配电直至调整的整条电力生产和消费链路，彰显了高度集成与优化的能力。

在发电领域，虚拟电厂通过引入创新性的发电模式和先进的机组技术，例如变速恒频风力发电机、逆变器控制系统以及并网技术，显著改善了分布式能源的输出品质和系统稳定性。具体而言，这些技术的采用不仅提升了发电系统的整体效率，还为电网的稳定运行提供了关键支持。例如，变速恒频风力发电机能够根据风速变化进行灵活调节，从而确保电力输出的稳定性；逆变器控制系统则能够更好地控制电力质量，确保可再生能源并网的稳定性。

储能技术的集成在虚拟电厂的功能中同样至关重要。蓄电池、超级电容器以及飞轮等储能设备的广泛应用，不仅有效缓解了可再生能源的波动性，还为电力系统提供了备用功率和关键的辅助服务，如频率和相位调节，极大地提升了电网的安全性和可靠性。随着储能技术的不断进步，虚拟电厂能够更好地平衡电力供需关系，尤其是在面对风能和太阳能等间歇性能源时，通过储能系统的调节能力，减少了电网的不稳定性风险。

在配电流程中，虚拟电厂凭借其卓越的资源整合与调度技能，通过技术手段汇集分散的资源，实现了对可调节资源的全方位监控与量化。这种技术手段不仅体现在智能设备的使用上，还依赖于强大的数据分析与处理能力，确保资源能够动态调配，以满足不断变化的电网需求。例如，在高峰电力需求时段，虚拟电厂能够迅速响应，通过分布式能源系统和储能设备的协调调度，缓解电网压力，确保供电的连续性和可靠性。

通过通信网络与可控负荷建立的双向信息交流，虚拟电厂能够灵活执行需求响应或需求侧管理策略，优化电力供需平衡。这种信息交流不仅增强了虚拟电厂的调控能力，还使得用户能够根据实时电价信号调整用电行为，进一步提高了能源利用的效率。在削峰填谷方面，虚拟电厂发挥着至关重要的作用，通过对电力负荷的精确控制，最大限度地减少了电力系统在高峰时期的负荷压力。

（2）优化调度与负荷平衡

在调整阶段，虚拟电厂的智能化调度成为其核心竞争力的体现，它借助先进的调度与运行控制技术，对分布式资源进行实时或接近实时的数据搜集、监控、调控与优化，确保电力系统运行的高效与和谐。虚拟电厂能够依据市场定价信号及系统实时状况，灵活调整资源配置，追求效益最大化或成本最小化，同时设计激励机制以促进最优效果的实现。

优化调度作为智能化调度的关键组成部分，通过持续监测与数据分析，动态调整各分布式能源的运行状态，最大限度地利用可再生能源，减少对化石燃料的依赖，进而提升能源使用效率，降低成本，推动可再生能源产业的发展。虚拟电厂所提供的调度技术不仅使分布式能源得以更好地整合到电网中，还通过智能化手段提高了电力资源的利用率，减少了能源浪费。这种智能化调度的能力使得虚拟电厂成为能源系统中不可或缺的一部分，为未来电力系统的可持续发展提供了技术支撑。虚拟电厂调度优化机理见图 1-4。

虚拟电厂的负荷平衡功能在电力系统中发挥着不可替代的作用，它通过精准的负荷预测与响应机制，在电力需求高峰时段，主动控制部分可调节负荷，有效规避因供需失衡带来的系统风险。同时，在电力需求低谷期，虚拟电厂通过调度储能系统储存过剩电力，保障电力供应的持续性和稳定性。

为了实现这一点，虚拟电厂借助响应评估机制，通过对区域内发电与负荷资源运行数据的深入分析，评价其在需求响应中的表现，为资源的优化布局和协同控制提供科学依据。这

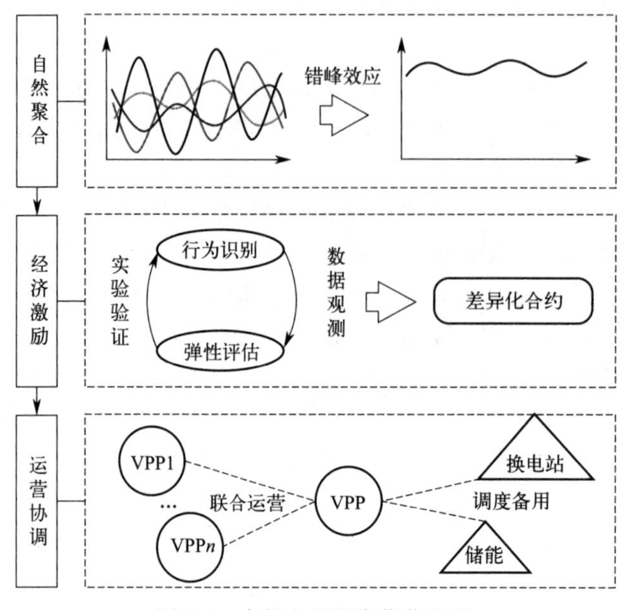

图 1-4　虚拟电厂调度优化机理

种响应评估不仅帮助虚拟电厂更好地管理现有资源，还使得电网能够在更大范围内实现负荷的动态平衡，进一步增强了电力系统的可靠性和经济性。通过高效的负荷平衡功能，虚拟电厂不仅降低了电力系统的运行成本，还通过减少电力浪费，减少了对环境的负面影响。随着虚拟电厂技术的不断完善，响应评估机制将在未来电力系统中，尤其是在应对气候变化和推动能源转型的过程中，承担更重要的角色。

（3）参与电力市场交易

在现代电力市场体系中，虚拟电厂作为一股创新力量，其独特的运营模式与市场参与策略深刻地影响着电力市场的格局。虚拟电厂根据现行的市场规则与政策导向，灵活选择是否参与辅助服务市场、削峰填谷计划以及现货交易，通过市场竞价机制销售电力并提供辅助服务。此举不仅显著提升了经济效益，还极大地增强了分布式能源系统在电力市场中的地位和影响力。

这种市场参与方式不仅有利于提高分布式能源的经济效益，还促进了电力市场多元化和灵活化的发展，推动了市场机制的创新与完善。虚拟电厂通过高效利用和优化配置资源，为电力系统的稳健运行和经济绩效提升提供了坚实支撑。随着电力市场逐渐走向开放与竞争，虚拟电厂为更多的市场主体参与提供了机会，推动了电力市场的多元化发展，增强了市场的活力和竞争性。

总体而言，虚拟电厂在电力市场交易中的角色和作用，不仅体现在经济效益的提升和分布式能源系统的强化上，还体现在对电力市场多元化、灵活化的贡献上。虚拟电厂通过参与电力市场交易，不仅推动了电力市场的创新与发展，还为电力系统的稳定运行和可持续发展提供了重要保障。这种双重作用使得虚拟电厂在现代能源管理体系中的核心价值与关键作用不容忽视。虚拟电厂不仅激发了电力市场的创新活力与持续发展，还推动了电力市场的整体进化，为市场机制的完善与创新提供了实践经验。

在全球能源转型的背景下，虚拟电厂参与电力市场交易，为实现能源的高效利用和可持续发展目标提供了坚实保障。通过这种交易模式，虚拟电厂不仅实现了电力资源的优化配置，还进一步推动了能源市场的改革与发展，为能源行业的未来发展奠定了基础。

（4）应急响应和恢复能力

与传统的集中式发电设施相比，虚拟电厂在应急响应和恢复能力上展现出显著的优越性。在现代电力系统中，安全性和稳定性是首要任务，而虚拟电厂通过其独特的结构和功能，提供了前所未有的保障。当遭遇诸如自然灾害或电力网络故障等突发状况时，虚拟电厂凭借其灵活的调度机制，能够迅速调动内部的分布式能源和储能装置，提供紧急电力支援，助力电力系统快速回归稳定状态。这种即时响应与恢复能力不仅显著增强了电力系统抵御灾害和故障的能力，提升了系统的整体韧性，而且对于保障电力供应的持续性和可靠性具有不可估量的价值。

虚拟电厂的应急响应机制具备敏锐的感知能力，能够迅速察觉电力系统的异常状态，并及时调动可用资源实施补救措施。这种感知能力依赖于先进的传感器网络和实时数据分析，确保任何异常情况都能被迅速识别和处理。无论是通过增强可再生能源的发电量，还是启用储能设备释放预先储备的电能，都能有效缓解电力短缺问题，加快电力系统的复原进程。这种迅捷的响应速度是传统集中式发电设施难以达到的，后者由于受制于固定的位置和较大的体量，难以在短时间内灵活调整电力输出，以适应局部乃至全局的电力需求波动。

分布式能源的多样性和灵活性也提高了虚拟电厂的应急响应能力。虚拟电厂集成了多种能源形式，包括太阳能、风能、生物质能等可再生能源，以及储能系统、电动汽车充电站等。这些分布式能源和储能装置通过智能化的管理系统进行协调，可以在突发事件发生时迅速响应，提供所需的电力支持。在自然灾害如地震、洪水、飓风等情况下，传统的集中式发电设施可能会因为基础设施的损坏而无法正常运行，而虚拟电厂由于其分布式的特性，可以通过调度未受影响的分布式能源和储能装置，继续为受灾区域提供电力支持，确保关键设施如医院、应急中心等的供电稳定。这种分布式的应急响应能力极大地提高了电力系统的抗灾能力和恢复速度。

此外，虚拟电厂还可以通过与智能电网的深度融合，实现更高效的应急响应和恢复。智能电网通过先进的传感器和通信技术，能够实时监测电力系统的运行状态，并提供详细的数据分析和预测。虚拟电厂可以利用这些数据，预先制订应急响应计划，并在突发事件发生时迅速执行。这种基于数据驱动的应急响应机制，能够进一步提升电力系统的恢复能力和可靠性。

虚拟电厂的应急响应机制不仅限于电力供应的恢复，还包括对电力需求的管理。在突发事件导致电力供应短缺的情况下，虚拟电厂可以通过需求响应措施，调控用户的电力需求，减少非必要的用电负荷，从而缓解电力系统的压力。这种双向的应急响应机制，使得虚拟电厂在应对突发事件时更加灵活和高效。

综上所述，虚拟电厂通过其核心功能——资源整合、优化调度、负荷平衡、市场交易参与以及应急响应，不仅推动了能源行业的技术创新，还加速了向绿色、智能化能源系统的转变，为全球能源转型和可持续发展注入了强大动力。虚拟电厂不仅激发了电力市场的创新活力与持续发展，还为电力系统的长期稳定运行和可持续发展目标的实现提供了坚实的保障，标志着电力系统正朝着更加灵活、智能、绿色和高效的方向迈进。这种转变不仅体现在技术和管理层面，也反映在政策和市场机制的不断创新上。各国政府和企业正在积极探索和实施支持虚拟电厂发展的政策和措施，以期实现更高效和可持续的电力系统。

1.1.3 虚拟电厂与传统电厂的区别

虚拟电厂与传统电厂之间的区别不仅体现在基础设施和能源来源上，更深刻地反映在运作理念、市场角色、环境影响以及系统集成的灵活性等多个维度。

首先，从基础设施和能源来源来看，传统电厂依赖大规模的物理基础设施，主要通过燃烧化石燃料或利用水力等自然资源进行集中式电力生产。这些设施位置固定，能源供应方式单一，导致其在应对能源需求变化时缺乏灵活性。相反，虚拟电厂作为一种新颖的能源管理范式，不具备实体形态，而是通过先进的信息技术和通信技术，将分布在不同地理位置的分布式能源资源（如太阳能、风能、储能装置）进行集成和优化。通过这种方式，虚拟电厂模拟传统发电厂的功能，充分体现了资源的多样性和灵活性，能够更好地适应不同的能源需求。

在运营与管理方面，传统电厂的模式相对固定，强调集中式的大规模生产，运营模式较为固化。虚拟电厂则通过智能平台远程聚合和调控分布式能源，展现出更高的灵活性和效率。虚拟电厂能够敏捷响应电力系统的需求变化，特别是在调峰填谷和提供辅助服务方面表现突出。虚拟电厂需要先进的通信与控制技术来实现远程监控和预测，超越了传统电厂的集中管理模式。这种去中心化和智能化的管理方式，使得虚拟电厂在技术维护和运营调度方面表现优于传统电厂，为电力行业提供了一种全新的管理模式。

在市场角色定位上，虚拟电厂不仅是电能的生成者，也是市场参与者，能够参与电能交易并提供辅助服务，经济价值创造途径更加多元。相比之下，传统电厂更多地扮演电能供应商的角色。至于政策与市场适应性，虚拟电厂的持续发展呼唤市场规则与政策环境的不断创新，以适应其分布式特性和高度灵活性，而传统发电厂已嵌入现有的市场架构与管理体系之中。

经济效益上，虚拟电厂通过优化调度和市场交易策略，能更高效地利用分布式能源，降低成本，提升经济效益。传统电厂因规模大、成本高，经济效益相对有限，且其经济模式较难适应市场变化。

环境影响方面，虚拟电厂因主要利用可再生能源，如太阳能和风能，因此对环境的影响较小，有助于减少温室气体排放和环境污染，推动能源结构的绿色转型。而传统电厂，尤其是那些依赖化石燃料的电站，会产生大量温室气体和其他污染物，对环境造成影响，这促使政策制定者和行业参与者因高碳排放面临转型升级的压力。虚拟电厂的推广有助于缓解这一问题。

随着技术的不断演进，虚拟电厂作为一种创新的电力管理模式，正在重新定义电力行业的运营模式。虚拟电厂通过采用分布式能源系统与智能电网的去中心化架构，实现了电力生产的分散化与多样化，极大地提高了能源的利用效率。其高度智能化与自适应能力使得虚拟电厂能够在电力生产的各个环节中实现自动化控制与智能化决策，从而显著提升了电力生产效率与运行水平。尽管虚拟电厂在电力行业中尚属新兴事物，但它已成为未来电力市场发展的方向，并逐渐成为电力市场不可或缺的一部分，创造出更多的经济价值。

总而言之，虚拟电厂与传统电厂之间的差异不仅体现在技术和管理模式的不同，更重要的是其对未来能源市场产生的深远影响。虚拟电厂借助现代技术手段，实现了电力生产的智能化与自动化，进而提高了电力生产效率，降低了运营成本，促进了电力行业的创新发展，为社会带来了更多的经济效益与环境效益。这一新模式的兴起，为电力行业的可持续发展提供了重要的方向与推动力。虚拟电厂与传统电厂区别类比见表 1-1。

表 1-1　虚拟电厂与传统电厂区别类比

类比项目	虚拟电厂	传统电厂	微电网
形态	无实体形态，依靠信息技术	实体形态，依靠物理基础设施	小规模物理形态
能源资源	整合分布式能源资源	单一能源供应	局部分布式能源
管理方式	跨区域高效聚合与调控	集中式管理	自治化本地管理
市场角色	参与电能交易和辅助服务	主要供应电能	有限的市场参与，主要是本地能源管理
经济效益	成本低，经济效益高	成本高，经济效益有限	根据规模和技术的不同而有所不同
技术	高端通信与控制技术	集中控制系统	本地控制技术
环境影响	减少碳排放，符合低碳发展	高碳排放，需转型升级	可以减少碳排放，取决于能源来源
物理结构	无实体形态，依赖信息技术和通信技术	依靠物理基础设施	实际物理网络，包括电力线路
运行模式	通过智能控制系统进行实时数据监控和资源调度	固化运营模式，集中式电力生产	通过内部物理设备实现电力自给
服务范围	提供电力市场交易、电网辅助服务、需求侧管理等	主要提供电力供应	提供局部电力供应和服务

微电网也是现代电力系统中重要的技术手段。与微电网相比，虚拟电厂有许多优势。首先，从聚合范围来看，虚拟电厂能够跨区域整合多种分布式能源资源，如太阳能和风能等，通过智能控制系统实现统一管理。而微电网则通常局限于一个较小的地理区域内，主要服务于城市居民区、工厂等小型用电场所。

在物理结构上，虚拟电厂不依赖于实际的物理电网结构，而是通过计算机智能系统进行实时监测、预测和调度，实现对分布式电源的灵活运用。相反，微电网拥有实际的电力线路和配电设施，能够自主运行，实现电力的自给自足和供需平衡。微电网通过多种新能源技术提供清洁可再生的能源，从而减少对传统能源的依赖。

运行模式方面，虚拟电厂始终与公共电网连接，作为一个整体参与电力市场，通过智能算法进行资源调度，提供广泛的服务，包括电力市场交易和电网辅助服务等。微电网则具有并网和孤岛运行模式，可以独立运行或将多余电力输出到公共电网中。在孤岛模式下，微电网如同一个独立的小型发电厂，能够有效调控内部的电力系统。

从市场参与和服务范围来看，虚拟电厂作为一个整体参与大容量电力系统的市场活动，能够提高能源利用效率和供电质量，降低能源成本。微电网则可能作为一个小型电力供应商参与市场，更侧重于局部的供电和服务，支持智能设备的互动，实现能源的可视化管理。

技术依赖方面，虚拟电厂更依赖于信息通信技术，通过软件平台实现资源的优化和调度，而微电网则更侧重于电力电子技术和能量管理系统，强调物理设备的协调和管理。投资成本上，虚拟电厂的建设成本相对较低，因为不需要大规模的物理设施建设，而微电网则需要较大的初期投资用于建设电力线路和配电设施。

虚拟电厂在资源聚集广度、市场参与深度及与主电网的互动性方面更具优势，展现了宏大的战略视野和资源整合能力。微电网侧重于小区域内的能源自治，而虚拟电厂通过跨区域资源融合，更注重市场优化和对主电网服务的支持，展现了更为宽泛的市场参与格局和对主电网互动的更强依赖性。

虚拟电厂的兴起标志着电力系统正迈向更加灵活、环保、高效的发展方向，反映了分布式能源整合与应用的未来趋势，以及电力行业在技术革新、市场适应性与环境保护方面的全面升级。展望未来，虚拟电厂有望进一步推动电力市场的多样化和全球化发展。随着技术的不断进步和政策的逐步完善，虚拟电厂将能够更好地融入现有的电力市场，成为支持可再生能源发展和促进智能电网建设的核心力量。未来的电力系统将不仅更加智能化，还将更加绿色和高效。虚拟电厂的不断发展将进一步推动能源结构的转型，为实现全球能源可持续发展目标做出重要贡献。

1.2 虚拟电厂的历史发展与现状

1.2.1 虚拟电厂的发展历程

虚拟电厂由分布式能源、储能、可控负荷、可调负荷等资源构成，其结构示意图如图1-5所示。虚拟电厂的发展历程可以追溯至20世纪90年代初期，这一概念最初在欧洲和美国出现，当时主要是一些概念性的研究和小规模的试点项目。虚拟电厂的概念旨在通过整合分散的、小型的可再生能源发电设施、储能系统以及可调控的负荷，形成一个能够响应电网需求的统一调度实体。

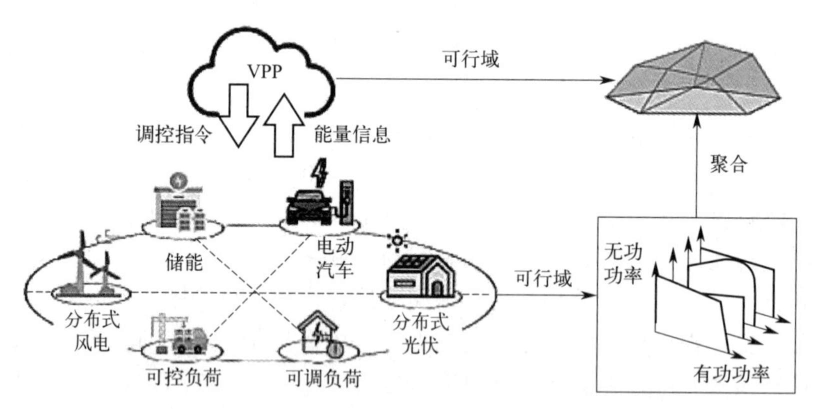

图 1-5 虚拟电厂结构示意图

从全球虚拟电厂的发展历程来看，全球虚拟电厂经历三个发展阶段：邀约型、市场型和跨空间自主调度型阶段。目前国内虚拟电厂行业大都处于邀约型向市场型过渡的初级阶段，其中冀北虚拟电厂处于市场型阶段。市场型阶段是在电能量交易、辅助服务和容量市场建成后，虚拟电厂聚合商以类似于实体电厂的模式，分别参与这些市场获得收益。在这个阶段，也会同时存在邀约型模式，其邀约发出的主体是系统运行机构。图1-6为虚拟电厂发展历程中的几个关键阶段。

（1）概念形成期

“虚拟电厂”这一术语源于1997年，正如虚拟公共设施利用新兴技术提供以消费者为导

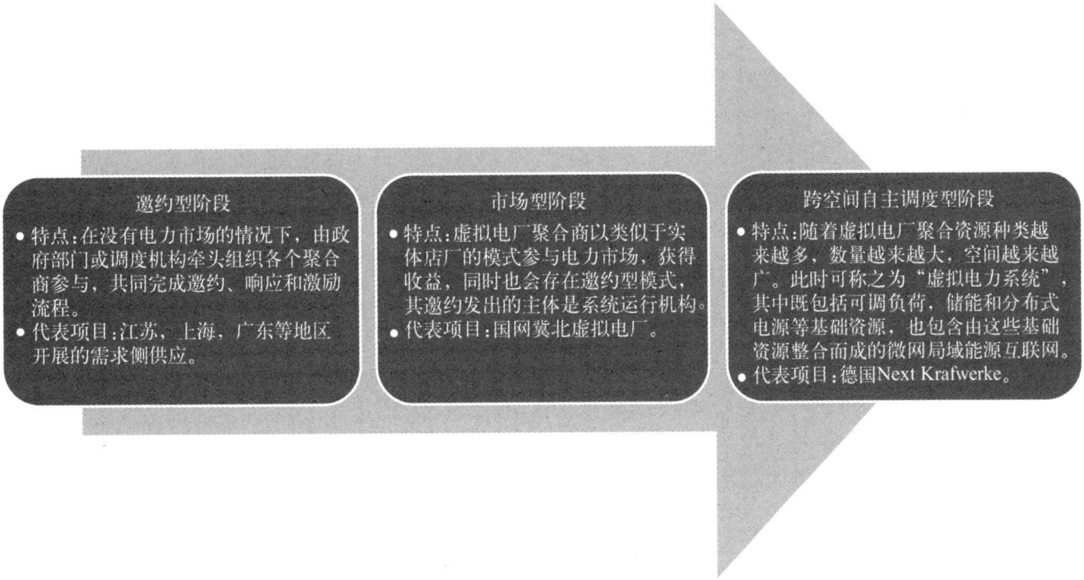

邀约型阶段
- 特点：在没有电力市场的情况下，由政府部门或调度机构牵头组织各个聚合商参与，共同完成邀约、响应和激励流程。
- 代表项目：江苏、上海、广东等地区开展的需求侧供应。

市场型阶段
- 特点：虚拟电厂聚合商以类似于实体店厂的模式参与电力市场，获得收益，同时也会存在邀约型模式，其邀约发出的主体是系统运行机构。
- 代表项目：国网冀北虚拟电厂。

跨空间自主调度型阶段
- 特点：随着虚拟电厂聚合资源种类越来越多，数量越来越大，空间越来越广。此时可称之为“虚拟电力系统”，其中既包括可调负荷、储能和分布式电源等基础资源，也包含由这些基础资源整合而成的微网局域能源互联网。
- 代表项目：德国Next Krafwerke。

图 1-6　虚拟电厂发展关键阶段

向的电能服务一样，虚拟电厂并未改变每个分布式发电机（distributed generation，DG）并网的方式，而是通过先进的控制计量、通信等技术聚合 DG、储能系统、可控负荷、电动汽车等不同类型的分布式能源，并通过更高层面的软件构架实现多个 DER 的协调优化运行，更有利于资源的合理优化配置及利用。虚拟电厂概念更多强调的是对外呈现的功能和效果，更新运营理念并产生社会经济效益，其基本的应用场景是电力市场。这种方法无须对电网进行改造而能够聚合 DER 对公网稳定输电，并提供快速响应的辅助服务，成为 DER 加入电力市场的有效方法，降低了其在市场中孤独运行的失衡风险，可以获得规模经济效益。同时，DER 的可视化及虚拟电厂的协调控制优化大大减小了以往 DER 并网对公网造成的冲击，降低了 DG 增长带来的调度难度，使配电管理更趋于合理有序，提高了系统运行的稳定性。

（2）试点与实验阶段

20 世纪 90 年代末至 21 世纪初，在欧洲和北美，一些试点项目开始启动，这些项目旨在验证虚拟电厂在实际环境下的可行性和效益。虚拟电厂的试点阶段涉及多方面的实验和验证，包括技术集成与管理，如分布式能源资源的有效整合和智能化控制系统的部署。同时，试点项目探索多种能源市场模型和经济激励机制，旨在优化能源分配和市场效率。通过实时数据分析和紧密合作的利益相关者反馈，结合这些项目评估系统的实际运行表现，制定扩展计划和商业化策略，推动虚拟电厂理念的广泛应用。

（3）技术成熟与商业化探索

21 世纪中期至后期，随着通信技术、计算机技术、物联网技术以及控制技术的发展，虚拟电厂的关键技术逐渐成熟。同时，各国开始尝试不同的商业模式，以探索虚拟电厂的商业化路径。虚拟电厂在技术成熟和商业化探索阶段，关键在于验证系统集成的高效性和优化能力，确保智能控制系统、通信技术和数据管理的顺畅运作。同时，深入分析不同市场环境下的市场适应性，并精心设计吸引投资和合作伙伴的商业模型，以确保投资回报和可持续发展。必要时，确保遵守法规要求并利用政策支持措施，促进与行业伙伴的密切合作，加强公众参与和透明沟通，以推动虚拟电厂在能源转型中的广泛应用和商业成功。

（4）政策支持与市场推动

21世纪10年代，全球范围内，尤其是中国、欧洲和北美，政府开始出台相关政策支持虚拟电厂的发展，例如中国的《关于促进智能电网发展的指导意见》《关于推进“互联网+”智慧能源发展的指导意见》。在此期间，虚拟电厂开始从单一的试点项目向更大规模的商业应用过渡，市场机制也逐渐允许虚拟电厂参与到电力市场的交易中。政策支持和市场推动在虚拟电厂发展中扮演着至关重要的角色。政府通过制定激励性政策如税收减免、财政补贴和简化市场准入程序，降低虚拟电厂的初始投资和运营成本，促进其快速发展。同时，明确支持灵活能源管理和技术创新，以及国际合作和经验分享，有助于提升虚拟电厂的市场竞争力和长期发展前景。在市场推动方面，遵守行业标准、建立战略合作伙伴关系和进行市场适应性测试，是确保虚拟电厂在各地区和应用场景中稳健推广的关键措施。综上所述，政策支持和市场推动共同促进虚拟电厂在能源领域的创新和应用，为可持续能源未来奠定坚实基础。

（5）规模化应用与技术创新

近年来，虚拟电厂的规模不断扩大，物联网平台成为其运转的基础，同时出现了具备交易撮合、征信、产业链金融、专业化运维等功能的生态平台。盈利模式的成熟和储能技术的发展进一步推动了虚拟电厂的商用进程，使其能够更有效地参与到电力系统的调节中，实现电力资源的优化配置。虚拟电厂的成功发展离不开规模化应用和持续的技术创新。第一，通过在多个地区和应用场景中进行试点项目，验证其经济性和可行性，从而优化运营模式并准备好大规模商业化部署。第二，利用先进的数据分析和人工智能技术，实现虚拟电厂内各种能源资产的智能控制与优化，包括负载管理、能源存储系统的优化以及预测性维护，从而提高能源利用效率和系统稳定性。第三，促进可再生能源和分布式能源资源的有效整合和利用，如太阳能和风能，并确保安全的能源交易和数据流。

（6）未来展望

预计虚拟电厂将继续扩大其在全球电力市场中的作用，尤其是在应对能源危机、气候变化以及促进可再生能源高比例接入电网方面发挥关键作用。随着技术进步和市场机制的完善，虚拟电厂的商业模式将进一步多样化，市场空间也将持续扩大。值得注意的是，虚拟电厂的发展是一个动态过程，其技术、政策和市场环境都在不断变化和演进中。未来，虚拟电厂将在能源领域发挥关键作用，通过技术创新和市场扩展实现多能源资源整合，从而提高能源效率和减少碳排放。智能化的数据分析、人工智能和物联网技术将推动其实现实时响应和预测能源需求能力，进而提升供应链的灵活性和可靠性。政府的支持政策和行业合作将进一步促进虚拟电厂的标准化和市场准入，从而推动整个行业朝着更加可持续和竞争激烈的方向发展，为未来能源安全和可持续发展做出积极贡献。

1.2.2　关键里程碑与事件

虚拟电厂作为能源领域的一个重要创新概念，近年来在全球范围内取得了显著的发展和一系列关键里程碑。以下是一些重要的虚拟电厂里程碑与事件。

（1）概念提出

虚拟电厂的由来可以追溯到 20 世纪 80 年代末。当时，欧洲电力市场改革进入实施阶段，面临着分散能源资源、供需波动不定和传统电力系统调度难度大的困境。解决这些问题成了当时等待解决的关键。1997 年，德国能源公司首次提出了“虚拟电厂”这一概念，旨在通过整合风电、太阳能等分散能源，以灵活、高效的方式满足电力市场需求。1997 年西蒙·阿韦布赫博士在其著作《虚拟公共设施：新兴产业的描述、技术及竞争力》中首次提出“虚拟电厂”这一术语，并将其定义为：独立且以市场为驱动的实体之间的一种灵活合作，这些实体不必拥有相应的资产而能够为消费者提供其所需要的高效电能服务。

（2）欧洲早期发展

2000 年前后，欧洲开始大规模建设分布式能源项目，这推动了虚拟电厂概念的发展。2003 年，丹麦能源领域见证了虚拟电厂的初步应用，标志着其在欧洲的起步。虚拟电厂的早期发展始于欧洲在 21 世纪初期对可再生能源的大规模推广和现代化能源系统的需求，欧洲各国在此时开始采取措施促进风能和太阳能等可再生能源的部署，同时推动电力市场的自由化和竞争化。这些政策和技术进步为虚拟电厂的诞生创造了条件。关键的技术包括先进的能源管理系统（EMS），它们能够实时监测和控制分布式能源资源，根据市场需求和电力价格进行动态调整。实际应用方面，德国在虚拟电厂的发展中扮演了重要角色，通过多个示范项目探索如何整合风能、太阳能和储能系统，优化能源的生产和消费。此外，虚拟电厂为能源服务公司和电力供应商提供了新的市场机会，推动了商业模式的创新和市场参与。

（3）澳大利亚西弗尼项目

西澳大利亚州的一项重要虚拟电厂试点项目于 2022 年取得了重大进展，该项目得到了澳大利亚可再生能源局的大力支持。作为分布式能源路线图的关键成果之一，该试点项目不仅代表了澳大利亚在虚拟电厂技术实施上的一个重要里程碑，还标志着该技术平台的构建和集成工作已经顺利完成。随着技术平台进入稳定期，项目能够开始进行情景测试，以评估虚拟电厂在其客户、电力系统以及更广泛的社区中所能提供的服务和潜在价值。这项测试将涵盖一系列实际应用场景，比如在高峰用电时段通过调整家庭储能系统和可再生能源设备的输出来平衡电网负荷，或者在紧急情况下为关键基础设施提供备用电源支持。这一里程碑不仅验证了虚拟电厂技术的有效性和实用性，还为澳大利亚未来的能源政策制定提供了有力的数据支持。通过该项目的成功实施，澳大利亚有望进一步加快其向更加清洁、灵活和可持续的能源体系转型的步伐。此外，该试点项目还可能为其他国家和地区提供宝贵的经验借鉴，尤其是在如何有效整合分布式能源资源、提升电网效率以及增强电力系统的整体韧性等方面。

西澳大利亚州的这一虚拟电厂项目不仅展现了技术创新的力量，还体现了政府、私营部门和社区之间合作的重要性。随着项目的持续推进，预计将有更多的参与者加入进来，共同探索虚拟电厂在未来能源生态系统中的无限可能性。

（4） 2020年全球虚拟电厂重大事件

该年度虚拟电厂领域有了显著的发展，这一领域不仅在技术创新上取得了突破，在商业化和规模化应用方面也迈出了重要的步伐。这一年中，虚拟电厂的交易数量达到了前所未有的高水平，这标志着市场对于这种分布式能源管理方式的认可度不断提升。其中，波特兰通用电气（portland general electric，PGE）签署了一项大型商用电池储能合同，这不仅增强了电网的灵活性和可靠性，也为更多清洁能源的整合铺平了道路。此外，佛蒙特州的一个开创性虚拟电厂项目获得了永久批准，该项目的成功为其他地区提供了宝贵的实践经验，并有望推动更多类似项目的启动和发展。这些里程碑式的事件不仅彰显了虚拟电厂技术的成熟与潜力，还预示着未来能源市场将更加智能、高效且可持续。

（5）中国在虚拟电厂领域的政策推进情况

自2015年以来，中国在虚拟电厂领域的政策推进方面取得了显著进展。江苏省作为先行者，率先推出了支持虚拟电厂发展的相关政策，为全国范围内虚拟电厂的应用奠定了基础。随着技术的进步和市场需求的增长，虚拟电厂在中国的推广逐渐加速。到了2024年，深圳更是成为中国虚拟电厂发展的重要里程碑。深圳不仅成立了国内首家虚拟电厂管理中心，而且还制定了目标——计划到2025年建成具备100万千瓦级可调节能力的虚拟电厂，这意味着深圳将成为中国乃至全球虚拟电厂领域的领跑者之一。深圳的这一举措不仅体现了地方政府对新能源技术和能源管理创新的高度关注和支持，还展示了中国在构建智能电网方面的决心。通过集成各种分布式能源资源，如太阳能光伏板、风力发电系统以及储能设施，深圳的虚拟电厂能够实现更高效的能源管理和调度，提高电力系统的灵活性和稳定性。此外，深圳虚拟电厂管理中心还将探索如何利用先进的信息技术和大数据分析来优化能源分配，减少碳排放，促进清洁能源的使用。此举不仅有助于解决城市日益增长的能源需求问题，还能为其他城市提供宝贵的经验和示范作用，进一步推动中国乃至全球向低碳经济转型的步伐。

（6）美国特斯拉虚拟电厂实践

2016年，特斯拉与佛蒙特州公用事业公司（green mountain power，GPM）合作开展了虚拟电厂项目。GPM通过提供优惠价及补贴来换取客户部分电力使用权，从而实现了需求侧资源的聚合。这一合作模式不仅降低了客户的用电成本，还为GPM提供了调节峰值用电和电网服务的新手段。特斯拉通过其家用储能电池Powerwall用户参与的虚拟电厂项目，在加利福尼亚州成功启动紧急响应活动，证明了虚拟电厂在实际应用中的有效性。2022年，特斯拉进一步扩大了其虚拟电厂试点项目，展示了私营企业在该领域的活跃度。特斯拉与加利福尼亚州公用事业公司PGE合作开展了紧急减负荷计划。该计划通过虚拟电厂的方式，减少了电网在需求高峰时期承受的压力。具体来说，当加利福尼亚州电网因为天气炎热而需要额外的电力供应时，特斯拉Powerwall的用户可以将他们储存的电量返回电网，以获得报酬。这一合作模式不仅为Powerwall用户提供了新的收入来源，还为PGE节省了成本，并为特斯拉带来了储能和发电产品的需求提升以及未来可能的售电差价及虚拟电厂服务费用。

（7）中国湖南湘江新区虚拟电厂启动

在中国湖南湘江新区，电力市场化的浪潮正处于快速发展阶段，虚拟电厂的启动为这一进程带来了新的动力。湘江新区虚拟电厂管理中心与多家资源运营商签订的合作协议，实现了与电厂、电网、用户的多方共赢，提升了电力供应的灵活性和可靠性，为各方带来了经济利益。市场交易与调节能力也是湘江新区虚拟电厂盈利空间的重要组成部分。通过参与电网调度，实时调整发电量，满足电网需求的变化，这种调节能力相当于小型火电机组，能够有效应对电力市场的波动，增加盈利空间。湘江新区计划到 2030 年，将虚拟电厂的调节能力提升至 20 万千瓦，形成完整的虚拟电厂产业链。产业链的完善将进一步提升虚拟电厂的运营效率和盈利能力，为电力市场化的持续推进提供强有力的支持。

这些里程碑和事件共同描绘了虚拟电厂从概念提出到技术成熟、政策支持加强、商业应用扩展的快速发展轨迹，体现了其在全球能源转型和电力市场革新中的重要作用。

1.2.3 全球虚拟电厂的现状

（1）全球虚拟电厂装机规模

根据《2023 年中国虚拟电厂产业发展白皮书》，2022 年全球虚拟电厂项目累计装机 21.2GW，新增装机 9.9GW；该报告预计 2023 年全球虚拟电厂项目累计装机将达约 31GW；2025 年，预计全球虚拟电厂装机累计规模达 58～60GW。图 1-7 为依据该白皮书的 2019—2023 年全球虚拟电厂累计装机量情况。

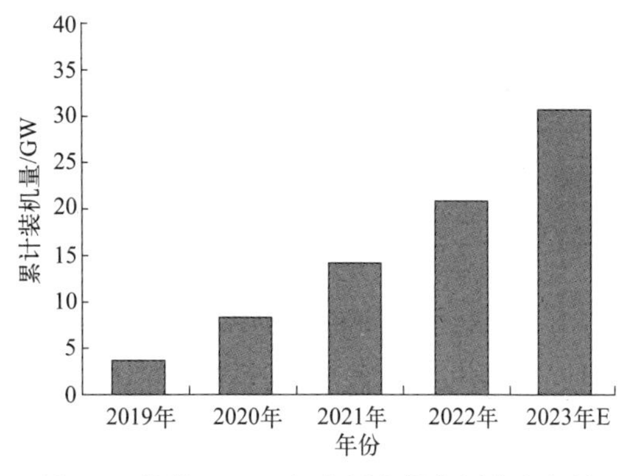

图 1-7 依据《2023 年中国虚拟电厂产业发展白皮书》的 2019—2023 年全球虚拟电厂累计装机量情况

（2）全球典型虚拟电厂示范工程

全球虚拟电厂示范工程率先在欧盟开展，随后美国、中国、澳大利亚等国家也纷纷开展虚拟电厂建设。从聚合资源来看，大部分国家虚拟电厂聚合优化分布式光伏、储能电池、可控负荷等源网荷类资源。表 1-2 为全球典型虚拟电厂示范工程。

表 1-2 全球典型虚拟电厂示范工程

工程名称	工程时间	地点	聚合资源
PENIX	2004—2009	欧盟	光伏、风电、小水电、生物质能电站、燃料电池、热电联产
Next-Kraftwerke	2009	欧盟	分布式光伏、风电、水电、生物质能、储能等
WEB2ENERGY	2009—2012	欧盟	电厂、储能电池、光伏电站风电场、小型水电站、大型可控负荷
Autogrid	2011	美国	储能系统、分布式光伏、电动汽车等
EDISON	2012	丹麦	可控负荷
上海黄浦 VPP	2015	中国上海	上海商业写字楼、储能电站、电动汽车等
AGL 能源公司 VPP	2016	澳大利亚	主要为用户侧储能，未来将包括屋顶光伏、电动汽车、工商业负荷等
关西 VPP	2016	日本	源网荷类资源
ConEdison	2016	美国	源网荷类资源
国网冀北泛在电力物联网 VPP 示范工程	2019	中国河北	工商业可调节负荷、智慧楼宇、数字中心、电动汽车、电蓄热锅炉等 11 类灵活性资源

（3）中国虚拟电厂装机规模

虚拟电厂是当前国家开展新型电力系统建设，实现碳达峰、碳中和目标的一个重要建设方向。随着新型电力系统建设推进，虚拟电厂有望迎来快速发展。2022 年中国虚拟电厂项目累计装机容量约为 3.7GW，占全球虚拟电厂装机总量的 17.5%；预计 2025 年中国虚拟电厂累计装机总容量达 39GW，投资规模达 300 亿元。图 1-8 为 2022—2025 年中国虚拟电厂累计装机量情况。

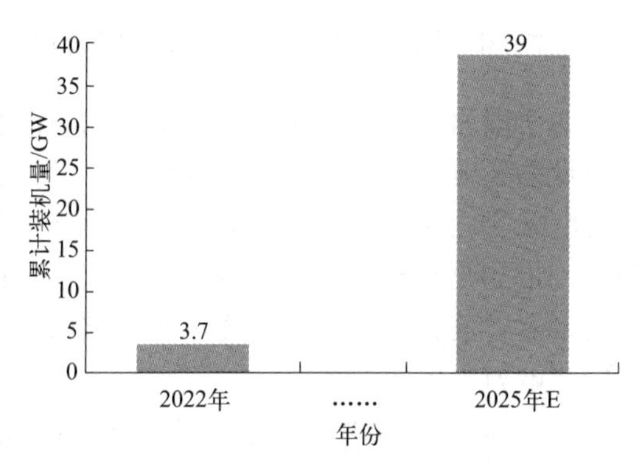

图 1-8　2022—2025 年中国虚拟电厂累计装机量情况

（4）中国虚拟电厂调节电量占比

目前，短期内我国虚拟电厂主要盈利方式是参与电网调度，未来在新型电力系统发展下，虚拟电厂作为调节电源，将有望通过辅助服务与电力交易等途径实现盈利。预计 2025 年虚拟电厂调节电量占全社会用电量达 2%，2030 年将达 5%；预计到 2025 年、2030 年，虚拟电厂整体的市场空间有望达到 723 亿元、1961 亿元，其中聚合商市场空间有望达到 374 亿元、858 亿元。

1.2.4　虚拟电厂行业未来发展趋势

1997 年以来，虚拟电厂受到北美、欧洲、亚洲多个国家的广泛关注。各国的项目不同、应用场景不同，因此对虚拟电厂的研究侧重点也不一样：欧洲以分布式电源的聚合为主，参与电力市场交易，打造持续稳定发展的商业模式；北美地区的虚拟电厂主要基于需求响应发展而来，兼顾可再生能源的利用，希望通过自动需求响应和能效管理来提高综合能源的利用效率，因此可控负荷占据主要成分；亚洲地区的日本侧重于用户侧储能和分布式电源，以参与需求响应为主。

我国的虚拟电厂以负荷侧资源调节为主，发展历程始于 2016 年，江苏率先从需求侧管理的层面进行尝试，开展了全球单次规模最大的需求响应，实现毫秒级的快速精准稳控切负荷。2019 年，国网冀北电力的虚拟电厂（以下简称“冀北虚拟电厂”）示范工程投运，参与华北（京津唐）调峰辅助服务市场。同年，上海建设了黄浦智能楼宇，参与需求侧管理。2019 年底，经国家能源局批复，华北能源监管局印发了《第三方独立主体参与华北电力调峰辅助服务市场规则（试行）》，冀北虚拟电厂作为我国首个以市场化方式运营的虚拟电厂示范工程投运。

目前我国江苏、上海开展的虚拟电厂实践处于应用模式的第一阶段——邀约型，主要服务于需求响应，开展需求侧管理。国网冀北电力正在探索第二阶段——市场型，旨在提升系统的灵活调节能力，实现连续闭环调控和市场运营，面向源荷储各类可调节资源。第三阶段的虚拟电厂有很强的自主性，因此被称为自主型虚拟电厂，可以在成熟电力市场环境下长期商业运营。2024 年，深圳也建成了虚拟电厂管理平台，这是国内首家虚拟电厂管理中心，标志着深圳虚拟电厂即将迈入快速发展新阶段，也意味着国内虚拟电厂从初步探索阶段向实践阶段迈出重要一步。

政策方面，目前我国国家层面没有出台专项的虚拟电厂政策，省、市级层面仅有山西、上海、广州等出台了相关文件。广东省基于较好的电力市场环境，广州市发布了具体的实施方案，按照需求响应优先、有序用电保底的原则，进一步探索市场化需求响应竞价模式，以日前邀约型需求响应起步，逐步开展需求响应资源常态参与现货电能量市场交易和深度调峰。2022 年 6 月，山西省能源局发布《虚拟电厂建设与运营管理实施方案》，成为首份省级虚拟电厂实施方案。

（1）中国虚拟电厂行业发展趋势分析

虚拟电厂是指由各种能源设备、储能、用能负荷、可再生能源发电等多种资源组成的虚拟能源系统。虚拟电厂以物联网技术和分布式能源系统为基础，对可再生能源等新能源进行综合调度。与传统电网相比，虚拟电厂的优势在于具有可扩展性、智能化、安全性高等特点，未来将有望成为中国能源系统转型的重要手段之一。

趋势一：政策背景促进虚拟电厂发展。中国政府一直在积极推进“能源革命”和可再生能源发展，国家能源局多次提出加速虚拟电厂建设的指导性文件，为虚拟电厂的迅速兴起提供了政策支持。例如，政府加大对可再生能源发电的补贴力度，将虚拟电厂的建设与新能源发电并行推进，促进可再生能源发电装机规模的快速增长。此外，虚拟电厂对于电力市场的影响也日益凸显，为提高电力市场的效率，政府还制定了相关的市场体系规范，以支持虚拟电厂的发展。未来，政府将进一步完善政策环境，促进虚拟电厂的发展。

趋势二：技术创新推动虚拟电厂的升级。虚拟电厂的发展与技术创新密不可分。物联网技术在虚拟电厂中的应用，使多元化的能源设备实现了智能化集成。储能技术的发展，实现了能源的高效储存和利用，通过智能化调度系统实现能量的动态调剂；云计算、大数据技术的采用，让虚拟电厂在系统设计、运营管理等方面更加高效、安全、准确。同时，虚拟电厂的安全性也得到进一步加强，通过数据加密、安全监控等手段提高能源系统的安全性。未来，随着技术的不断进步和创新，虚拟电厂也将升级换代。

趋势三：虚拟电厂市场前景广阔。作为新能源发展的重要手段，虚拟电厂市场前景广阔。根据市场研究机构的预测，未来几年，中国虚拟电厂市场规模将持续增长，未来五年，市场规模将保持两位数的年增长率。虚拟电厂将成为电力市场中的重要参与者，未来将嵌入到多种电力交易市场中，包括能量交易、市场调节、储能服务等；虚拟电厂还将与物联网、人工智能等新兴技术结合，为用户提供更智能、高效、安全的电力供应。

虚拟电厂作为新能源转型的重要手段之一，未来将呈现出更加广阔的发展前景。政策支持、技术创新、市场需求等多重因素推动着虚拟电厂的发展，虚拟电厂将成为未来电力市场的重要参与者，推动中国能源转型。

（2）全球虚拟电厂行业未来发展问题

① 技术创新和成本降低。虚拟电厂的核心技术包括能源管理系统、储能技术、智能电网技术等，这些技术都在不断发展。比如，电池储能技术的不断提高，将有助于提高虚拟电厂的响应速度和效率。同时，随着技术的发展，虚拟电厂的建设和运营成本也将不断降低。例如，数字化和自动化技术的应用，将使得虚拟电厂的运营更加高效，从而降低成本。

② 市场需求和政策推动。随着社会对清洁能源的需求不断增加，虚拟电厂将有更大的市场空间。同时，政府对清洁能源的支持力度也在不断加大，这将对虚拟电厂的发展起到推动作用。比如，欧洲一些国家已经提出了“绿色能源”计划，鼓励发展清洁能源，这将对虚

拟电厂的发展带来机遇。未来，虚拟电厂将在能源市场中扮演更为重要的角色。通过参与电力市场、提供灵活性服务（如频率响应、备用容量等），虚拟电厂可以为运营商和终端用户带来经济效益，并支持电力系统的可持续发展。总体而言，全球虚拟电厂作为一种灵活、智能和可持续的能源管理解决方案，正在全球范围内得到越来越多的认可和应用。未来的发展将继续依赖于技术创新、市场整合以及政策支持的共同推动，以应对日益复杂的能源挑战并推动全球能源系统向更加智能和可持续的方向发展。全球虚拟电厂在不同地区展现出多样化的应用和技术创新，正成为推动能源行业变革和可持续发展的关键工具之一。

1.3 虚拟电厂的分类与特点

1.3.1 基于类型的虚拟电厂分类

虚拟电厂的类型可以从多个角度进行考量，以下是根据能源类型、运营方式、规模、地理位置和技术标准等不同维度的分类。

（1）按照能源类型分类

按照能源类型可以分为风电、太阳能、水电、生物质能等虚拟电厂。

风电虚拟电厂是一种集成多个风力发电机组及储能系统、通过先进信息通信技术和软件系统聚合管理的智能发电形式，它能够根据电网需求灵活调节输出功率，实现对风能资源高效利用的同时，为电网提供稳定可靠的电力供应和支持服务，其核心特点在于通过智能化调度提高可再生能源的可控性和电网友好性。太阳能虚拟电厂是通过集成分布式太阳能光伏系统与储能装置，并借助先进的信息技术和软件平台进行统一管理和调度的一种智能化电力生产模式，它能够根据电网的实际需求灵活调整电力输出，从而提高太阳能的利用率和电网的整体稳定性。水电虚拟电厂是通过整合分散的小型水电站和储能设施，并运用先进的信息技术和自动化系统进行集中监控与智能调度的一种新型电力生产方式，它能够根据电网的实际需求快速响应调节发电量，有效提升水能资源的利用效率和增强电网的灵活性与稳定性。生物质能虚拟电厂是通过集成多个小型生物质能源发电系统和配套储能设备，并利用先进的信息技术与智能管理系统进行统一协调控制的一种电力生产模式，它可以根据电网的需求灵活调节发电量，从而实现对生物质资源的有效利用和提高电网运行的可靠性和灵活性。

每种类型的虚拟电厂都有其独特的技术和市场挑战，但它们共同的目标都是为了提高能源系统的效率、灵活性和可持续性，同时为电力用户提供更优质的服务。随着能源技术的进步和市场机制的完善，虚拟电厂的概念和分类也在不断演变和发展。

（2）按照运营方式分类

按照运营方式可以分为独立运营虚拟电厂和集成运营虚拟电厂。

独立运营虚拟电厂是一种创新的电力生产和管理系统，它通过集成分散的可再生能源发电装置（如风能、太阳能、水电或生物质能）、储能设备以及可控负荷等资源，借助先进的信息技术、通信技术和智能软件平台进行统一监控、调度和优化管理。这种模式的核心特点在于其能够作为一个独立的实体参与到电力市场中，不仅能够根据实时电价和电网需求灵活调整自身电力产出和消耗，还能够提供调峰填谷、频率调节等多种辅助服务以支持电网稳定运行。此外，独立运营的虚拟电厂还能够促进分布式能源的高效利用，减少对传统化石燃料的依赖，同时降低整体碳排放，有助于实现更加绿色、可持续的能源未来。独立运营虚拟电厂因其高度灵活性、智能化和环境友好性，在推动能源转型、提升电网适应性方面发挥着重要作用。

集成运营虚拟电厂是一种先进的电力生产和管理系统，它通过整合多种分布式能源（包括风能、太阳能、水电、生物质能等）以及储能设施和可控负荷资源，利用先进的信息技术、通信技术及智能软件平台进行统一的监控、调度和优化管理。这种模式的核心特点在于其能够作为一个综合性的能源解决方案参与电力市场，不仅能够根据实时电价和电网需求灵活调整自身电力产出和消耗，还能够提供调峰填谷、频率调节等多种辅助服务来支持电网的稳定运行。集成运营虚拟电厂因其高度的灵活性、智能化和环境友好性，能够有效地促进分布式能源的高效利用，减少对传统化石燃料的依赖，降低整体碳排放，有助于构建更加绿色、可持续的能源体系。此外，通过集成运营，虚拟电厂还能提高能源系统的整体效率和可靠性，推动能源结构转型，加强电网的适应能力和弹性，为实现低碳经济目标做出重要贡献。

上述分类反映了虚拟电厂运营中的多样化策略，每种运营方式都有其特定的优势和适用场景，选择合适的运营方式可以最大化虚拟电厂的经济效益和社会效益。

（3）按照规模分类

按照规模可以分为大型虚拟电厂和小型虚拟电厂。

大型虚拟电厂是指通过集成大规模的分布式能源资源，如太阳能光伏板阵列、风力发电场、储能系统、可控负荷和微电网等，利用先进的信息技术、通信技术和智能调度平台，将这些分散的能源资源聚合在一起，形成一个类似传统大型发电厂功能的虚拟发电单元。这种模式的核心优势在于它能够在不增加传统大型基础设施的前提下，提供与传统发电厂相当的稳定供电能力，同时具备更高的灵活性和更快的响应速度。大型虚拟电厂通常包含大量的分布式能源资源，这些资源分布在广泛的地理区域，并通过先进的通信技术连接到一个中央调度中心。该中心通过智能软件平台进行统一管理和调度，能够根据电网的实际需求和市场价格信号灵活调整电力的生成和存储，以确保电力供应的稳定性和经济效益。为了实现这一目标，大型虚拟电厂利用了多种先进技术。例如，通过云计算和大数据分析技术，虚拟电厂能够更精确地预测可再生能源的发电量以及用户的电力需求，从而制订出更为高效的调度计划。此外，人工智能技术的应用使得虚拟电厂能够自动识别潜在的问题，并采取预防措施，以减少故障发生的风险。随着技术的进步和市场机制的完善，大型虚拟电厂正变得越来越普遍。它们不仅能够有效利用可再生能源，减少碳排放，还能提高电网的整体稳定性和经济性，为电力市场的参与者提供更多的选择和服务。在未来，随着更多技术创新的出现，大型虚拟电厂将进一步发展，成为支撑现代电力系统不可或缺的一部分。

小型虚拟电厂是指一种规模相对较小的分布式能源资源整合系统，它通过先进的通信技术、数据分析和智能控制平台，将有限区域内的一系列小型可再生能源发电设备、储能装置、可控负荷（如智能电器、热泵等）集成起来，作为一个统一的实体参与到电力系统中。这种模式能够有效地利用分散的小型能源资产，提高能源效率并降低对传统集中式发电设施的依赖。小型虚拟电厂通常涵盖家庭、商业建筑和工业场所中的小型能源设备，比如屋顶太阳能光伏板、小型风力发电机、电动汽车充电站、家用储能电池以及各种智能家电。这些设备虽然单个来看规模不大，但通过集合起来，就可以形成具有一定容量和调节能力的虚拟发电单元。这些单元可以根据电力系统的实时需求进行动态调度，提供峰值负载管理、频率调节、备用电源等服务。在实际操作中，小型虚拟电厂采用高度自动化和智能化的管理方式。通过物联网技术，所有设备都能够被远程监控和控制。智能控制系统可以收集各个设备的运行数据，并基于这些数据进行分析，以优化整个系统的性能。例如，在电力需求高峰时段，虚拟电厂可以通过调整储能装置的充放电状态，或者调动可控负荷的使用时间来缓解电网压力；而在可再生能源发电过剩时，则可以增加本地消耗或储存多余电量，以减少浪费。小型虚拟电厂不仅有助于提高能源利用率和节能减排，还能够增强电力系统的灵活性和可靠性。对于用户而言，参与虚拟电厂项目还可以获得一定的经济回报，比如通过出售多余的可再生能源电力给电网。随着技术的发展和政策的支持，小型虚拟电厂有望在未来的智能电网中扮演更加重要的角色，成为实现能源转型的重要推手。

虚拟电厂的规模往往决定了其在电力系统中的作用和影响力。小型虚拟电厂可能主要用于优化局部能源使用和提高能源效率；而大型虚拟电厂则能在更大范围内提供电力平衡和系统支持，参与复杂的电力市场活动，对整个电网的稳定性和经济性产生显著影响。随着技术的发展和市场机制的成熟，虚拟电厂的规模和复杂性也在不断增加。

（4）按照地理位置分类

按照地理位置可以分为国内虚拟电厂和国际虚拟电厂。

国内虚拟电厂是指在中国境内实施的，通过集成分布式能源资源（包括但不限于太阳能、风能、储能、可控负荷、电动汽车等）并利用先进的信息通信技术进行聚合与协调优化的新型电力系统管理模式。这种模式的核心在于将分散的小型发电单元和储能设施通过智能软件平台连接起来，形成一个统一的、可控的发电实体。国内虚拟电厂能够根据实时电价和电网需求灵活调整电力输出，提供调峰、调频等辅助服务，有效提高电力系统的稳定性和经济性。通过这种方式，不仅能够促进可再生能源的高效利用，减少对传统化石能源的依赖，还能提高电网的灵活性和适应性，为实现国家的节能减排目标和推动能源结构转型作出贡献。

国际虚拟电厂是跨越国界的能源集成与优化平台，它利用先进的信息技术连接并协调全球范围内的可再生能源、储能系统和可控负荷资源，参与国际电力市场交易与电网服务。通过跨国界资源优化配置，国际虚拟电厂能够提升能源利用效率，增强电网灵活性和可靠性，促进全球能源的可持续发展与国际合作，为应对气候变化和实现能源转型目标提供有力支持。

虚拟电厂的地理位置分类反映了其在不同空间尺度上的应用，从单一社区的能源管理到跨越国家的电力市场参与，体现了虚拟电厂在现代能源系统中的多功能性和适应性。

（5）按照技术标准分类

可以分为传统虚拟电厂和新型虚拟电厂（图 1-9）。

传统虚拟电厂是指早期通过集成分布式能源资源，如小型可再生能源发电（如太阳能、光伏和风能）和可控负荷（如智能家电和电动汽车），利用通信技术实现远程监控和基本优化调度的能源管理系统。这些系统通常功能较为基础，市场参与度有限，且在智能化与自动化水平上不如新型虚拟电厂。传统虚拟电厂更多依赖政策支持运行，主要通过聚合小型发电单元和储能设施，提供简单的电力平衡服务，如调峰填谷。尽管如此，它们为后来更为先进

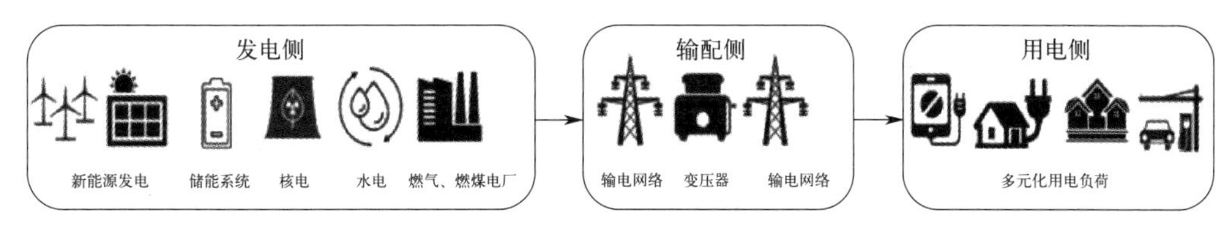

传统虚拟电厂能源生态系统：发输配用界限清晰；源随荷动；生产者、消费者关系明确。

新型虚拟电厂能源生态系统：发输配用界限交叉；源荷互动；生产者、消费者关系兼具。

图 1-9　传统虚拟电厂和新型虚拟电厂能源生态系统

的虚拟电厂技术的发展奠定了基础。

新型虚拟电厂是基于云计算、大数据等先进技术，集成光伏发电、风能等可再生能源及储能、可控负荷等资源，形成的一个高度灵活、智能化的能源管理系统。它能够参与电力市场交易，提供清洁能源服务，增强电网稳定性和能源利用效率，通过先进的信息技术实现资源的优化配置和智能调度，为电力系统的灵活性和可持续发展作出贡献。

传统虚拟电厂与新型虚拟电厂的主要区别在于技术应用水平、资源集成范围、功能范围、市场参与度以及智能化程度等方面。新型虚拟电厂代表了虚拟电厂技术的发展方向，更加智能化、自动化，并能够更有效地参与电力市场，为电网提供更广泛的服务，从而提高能源系统的整体效率和可持续性。

1.3.2　基于功能的虚拟电厂分类

根据功能的不同，虚拟电厂可以分为负荷响应型虚拟电厂、储能型虚拟电厂、多能互补型虚拟电厂、新能源接入型虚拟电厂。虚拟电厂对外特征示意图见图 1-10。

负荷响应型虚拟电厂是通过聚合可控负荷（如智能家电、工业负荷等），利用先进的信息技术灵活调节用户侧电力需求，参与电网调度与电力市场的一种现代化能源管理系统。这种类型的虚拟电厂能够根据电网的实际需求和市场价格信号，智能地调整用户的电力消耗，实现负荷转移和削峰填谷的效果。通过这种方式，负荷响应型虚拟电厂不仅能够增强电网的灵活性和效率，还能够帮助减少电力系统的峰值需求，降低整体运营成本，并提高可再生能

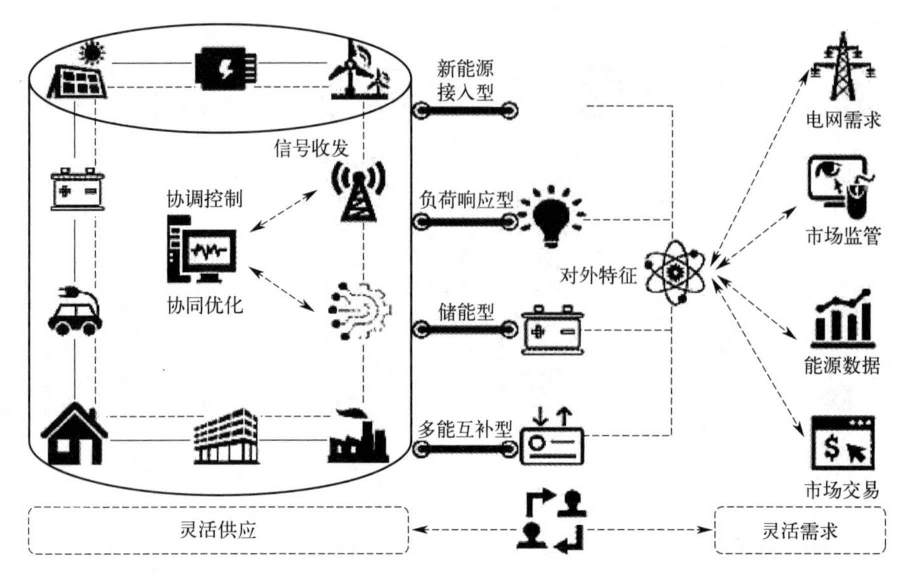

图 1-10　虚拟电厂对外特征示意图

源的利用率。此外，它还能为用户提供经济激励，鼓励他们在非高峰时段使用电力，从而共同促进电网的稳定运行和可持续发展。

储能型虚拟电厂是整合分布式储能资源与可再生能源发电，利用智能调度平台优化充放电过程，参与电网服务和电力交易的一种创新模式。这种类型的虚拟电厂能够根据电网的实际需求和市场价格信号，智能地调整储能系统的充放电状态，实现电力的平滑输出，提供调峰、频率调节等辅助服务。通过这种方式，储能型虚拟电厂不仅能够增强电力系统的稳定性和灵活性，还能够提高可再生能源的利用率，降低整体运营成本，并为电力市场的参与者提供更多服务选项。此外，它还能帮助平衡电力供需，减少电力系统的峰值需求，从而促进电网的稳定运行和可持续发展。

多能互补型虚拟电厂是一种集成了多种能源（包括电、热、冷、气等）生产和储存资源，通过先进信息通信技术实现能源流的智能管理和优化配置的高效、灵活能源系统。这种类型的虚拟电厂能够充分利用不同能源之间的互补优势，最大化能源利用效率，并提供综合能源服务。通过智能调度平台，它可以实现能源资源的灵活调度，满足用户的多元化能源需求，同时参与能源市场交易，提供调峰、调频等辅助服务，增强电网的稳定性和可靠性。多能互补型虚拟电厂不仅提高了能源系统的整体效率，还促进了能源结构的优化升级，为实现能源互联网和低碳发展目标提供了有力支持。

新能源接入型虚拟电厂是一种特别设计来整合和管理可再生能源发电资源的虚拟电厂类型。这类虚拟电厂的主要目标是提高可再生能源（如太阳能、风能、生物质能等）在电力系统中的渗透率，同时确保电力系统的稳定性和效率。通过先进的信息技术和智能调度平台，新能源接入型虚拟电厂能够有效地集成分散的可再生能源发电单元，并根据实时电价和电网需求灵活调整电力输出。这种模式不仅能够促进清洁能源的高效利用，减少对传统化石燃料的依赖，还能够提供调峰、调频等辅助服务，增强电网的灵活性和可靠性，为实现能源转型和可持续发展目标提供支持。每种类型的虚拟电厂都有其特定的应用场景和市场定位，可以根据电力系统的需求和分布式能源资源的可用性来设计和实施。随着技术的进步和电力市场的演变，虚拟电厂的功能和分类也可能继续发展和细化。

虚拟电厂的分类并非固定不变，它们可能根据技术进步、市场需求和政策导向而发展变化。每一种分类都有其特定的功能和应用场景，旨在优化能源系统的运行，提高能效，促进可再生能源的利用，并增强电力系统的灵活性和稳定性。

1.3.3 各类型虚拟电厂的特点

不同类型虚拟电厂的特点与其设计目的、资源类型和市场角色紧密相关。表 1-3 是各类虚拟电厂的特点。

表 1-3 虚拟电厂主要类别的特征

类型	新电源接入型	负荷响应型	储能型
主要成分	分布式电源	可控负荷	储能服务
特点	对分布式发电资源的界定在于调度关系，凡是调度关系不在现有公用系统的，或者可以从公用系统脱离的发电资源，都可以纳入虚拟发电资源。从这个意义上说，所有自备电厂都是虚拟电厂潜在的资源	可控负荷资源的重点领域主要包括工业、建筑和交通等。可控负荷资源在质和量两个方面都存在较大的差别。非连续工业是意愿、能力、可聚合性“三高”的首选优质资源，其次是电动交通和建筑空调。在量的方面，调节、聚合技术的发展和成本的下降都在不断提升可调负荷资源量	按照存储形式的区别，储能设备大致可分为四类：一是机械储能，如抽水蓄能、飞轮储能等；二是化学储能，如铅酸电池、钠硫电池等；三是电磁储能，如超级电容、超导储能等；四是相变储能

（1）风电虚拟电厂

风电虚拟电厂结合了风力发电场、储能系统、可调节负荷以及其他分布式能源资源，利用先进的信息技术和软件系统进行协调和优化。以下是风电虚拟电厂的一些特点。

风电虚拟电厂通过集成并优化管理多个风力发电站点，利用高级预测算法应对风能的间歇性和不确定性，动态调整发电策略以平滑输出功率，有效参与电网调度和电力市场，提升风能利用率和电网整体运行效率。

风电虚拟电厂是现代电力系统向更加智能化、高效化和可持续方向发展的重要组成部分，它在促进可再生能源消纳、增强电力系统灵活性和安全性方面发挥了关键作用。

（2）太阳能虚拟电厂

太阳能虚拟电厂是虚拟电厂概念在太阳能发电领域的具体应用，它主要通过聚合和优化分布式太阳能发电资源，如屋顶光伏系统、小型地面光伏电站等，结合储能系统和可调节负荷，利用先进的信息技术和能源管理系统，提供高效、灵活的电力服务。以下是太阳能虚拟电厂的一些显著特点。

太阳能虚拟电厂整合分布式光伏资源，运用智能监控和预测技术精确管理太阳能发电的波动性，高效调度电能存储与释放，灵活参与电力市场交易，不仅最大化利用太阳能，还增强电网的灵活性和可再生能源占比。

太阳能虚拟电厂是现代电力系统向智能化、分布式和可持续方向发展的重要组成部分，它在促进太阳能的广泛利用、增强电力系统灵活性和可靠性方面发挥着重要作用。

（3）水电虚拟电厂

水电虚拟电厂是指通过先进的信息通信技术和软件系统，将分散的中小型水电站、储能设备和可调节负荷资源聚合起来，形成一个协调运作的虚拟发电单元。以下是水电虚拟电厂的一些显著特点。

水电虚拟电厂整合流域内水力发电资源，凭借水能的即时调节能力，通过先进的信息化手段实现发电与储能的高效协同，快速响应电网需求，参与调峰、调频等辅助服务，强化电网稳定性与供电质量，尤其在可再生能源接入增多的电网中发挥重要作用。

水电虚拟电厂通过将分散的水电资源集中管理，提高了水电站的运营效率和经济效益，同时也增强了电网的灵活性和韧性，是现代电力系统向智能化和可持续发展方向的重要实践。

（4）生物质能虚拟电厂

生物质能虚拟电厂旨在优化生物质能源的使用，提高能源效率，同时提供更灵活、更可靠的电力供应。以下是生物质能虚拟电厂的一些特点。

生物质能虚拟电厂将散布的生物质燃料转化为电能，利用智能化管理系统整合不同规模的生物质发电设施，实现灵活的发电调度和资源优化配置，提供基荷电力同时减少废弃物，促进能源循环利用与农村经济发展，增强能源系统的可持续性和多样性。

生物质能虚拟电厂是现代电力系统向智能化、分布式和可持续方向发展的重要组成部分，它在促进生物质能源的有效利用、增强电力系统灵活性和可靠性方面发挥着重要作用。

（5）独立运营虚拟电厂

独立运营虚拟电厂（independent virtual power plant，IVPP）作为一种自主经营的能源管理系统，不依赖于单一电网或供应商，通过整合自有或合约式分布式能源资源，如可再生能源、储能和需求响应，运用先进信息技术独立进行优化调度与市场参与，灵活性高，能够自适应调整策略以最大化经济效益和能源效率。

独立运营虚拟电厂是电力行业向更加开放、竞争和创新方向发展的重要推动力，可促进分布式能源的广泛应用，提升电力系统的整体效率和可持续性。随着技术进步和市场机制的完善，IVPP有望在未来的电力市场中扮演越来越重要的角色。

（6）集成运营虚拟电厂

集成运营虚拟电厂是指将跨领域、跨所有者的多种分布式能源资产，如光伏、储能、负荷等，通过统一的平台集成管理，实现资源优化配置与协同运行。它强调与现有电网深度集成，高效响应电网需求，参与各类电力服务市场，增强系统灵活性和可靠性，促进能源的高效利用与经济环保目标的达成。

集成运营虚拟电厂通过整合和优化多样化的能源资源，不仅提高了能源系统的整体效率和可持续性，还促进了电力市场的竞争和创新，是未来智能电网和能源互联网发展的重要趋势之一。

（7）大型虚拟电厂

大型虚拟电厂整合大规模的分布式能源资源，包括可再生能源、储能系统及可控负荷，利用高度发达的信息技术和人工智能优化算法，实现全局化的资源调度与市场参与，不仅能显著提升电网的灵活性和可靠性，还能够参与多样的电力交易，提供大规模的辅助服务，有力推动能源转型与电网现代化进程。

大型虚拟电厂是电力系统智能化和现代化的重要标志，它们通过优化分布式能源的使用，提高了电力系统的效率和可靠性，同时推动了可再生能源的大规模应用，是实现能源转型和可持续发展目标的关键技术之一。

（8）小型虚拟电厂

小型虚拟电厂聚焦于局部区域或社区，集成小型可再生能源、储能装置及周边可控负荷，通过智能微网技术实现自治管理与优化运行，增强局部能源自给自足能力，提高能源使用效率，参与分布式能源交易，具有部署灵活、响应快速、社区参与度高和环境友好等特点。

小型虚拟电厂对于推动分布式能源的普及和应用、提高能源系统的灵活性和效率、促进社区能源自治以及加速能源转型具有重要作用。它们是现代智能电网和能源互联网的重要组成部分，有助于构建更加可持续和弹性的能源生态系统。

（9）国内虚拟电厂

国内虚拟电厂在国家政策引导和支持下快速发展，整合太阳能、风能、储能及用户侧资源，利用先进的数字化技术实现精细化管理和市场运作，侧重于提升可再生能源消纳、提供辅助服务、参与需求响应，旨在优化能源结构、增强电网灵活性和促进电力市场多元化，展现出高度的创新性、灵活性和良好的市场适应能力。

中国的虚拟电厂发展正处在不断探索和创新的过程中，面对挑战，政府、企业和研究机构正在共同努力，推动这一领域向前发展，以实现能源系统的更高效、更清洁和更智能。

（10）国际虚拟电厂

国际虚拟电厂在多元化市场机制驱动下，广泛集成可再生能源、储能及负荷资源，采用尖端信息技术与数据分析优化运行策略，不仅跨越地理界限实现跨国界资源调配，还积极参与国际电力市场交易，提供高级别辅助服务，强调能效提升、绿色低碳和系统灵活性，展现了高度的国际化合作、技术创新和环境可持续性。

国际虚拟电厂的特点表明，虚拟电厂不仅是技术的集成，更是政策、市场和商业模式创新的体现。在全球范围内，虚拟电厂被视为推动能源转型、提高能源效率和实现可持续发展目标的重要途径。

（11）传统虚拟电厂

传统虚拟电厂主要通过初级的信息通信技术集成分布式发电和可控负荷，侧重于局部能源管理与优化，参与电力市场程度有限，功能相对单一，技术自动化与智能化水平较低，依赖政策激励运行，为新型虚拟电厂的发展奠定了基础框架。

随着技术的不断发展，虚拟电厂的概念和功能也在不断演进。新一代的虚拟电厂可能会更加注重数字化、自动化和智能化，引入更先进的技术如人工智能、区块链和物联网，以进一步提升效率和响应速度，同时也可能探索新的商业模式和市场机会。然而，上述特点仍然构成了传统虚拟电厂的基础，是理解和评估虚拟电厂发展的重要参考。

（12）新型虚拟电厂

新型虚拟电厂专注于集成太阳能、风能等可再生能源，运用云计算、大数据及AI技术实现高效监控与智能调度，不仅优化可再生能源利用率，还深度参与电力市场交易与电网服务，展现高灵活性、强智能化和环境友好特性，是推动能源绿色转型的关键力量。

新型虚拟电厂是未来智能电网的关键组成部分，它们不仅能够提高电网的灵活性和可靠性，还能促进可再生能源的大规模应用，推动能源体系向更加清洁、智能和可持续的方向发展。

（13）负荷响应型虚拟电厂

负荷响应型虚拟电厂（load response virtual power plant，LR-VPP）通过聚合大量可控电力负荷，利用智能技术响应电网需求，动态调整用电模式，有效参与需求侧管理，削峰填谷，增强电网灵活性和稳定性，尤其在高峰期减轻电网压力，展现高度的需求侧可调控性和市场响应能力。

负荷响应型虚拟电厂是智能电网的重要组成部分，它们通过促进更有效的能源使用，不仅有助于电力市场的稳定运行，还促进了能源的可持续性和经济性。随着技术的进步和市场机制的完善，LR-VPP在未来有望发挥更大的作用。

（14）储能型虚拟电厂

储能型虚拟电厂（storage virtual power plant，SVPP）集成各类储能资源，依托先进调度系统，实现电能的智能存储与释放，有效平抑可再生能源间歇性，参与电网调峰、调频等辅助服务，增强系统的可靠性和经济性，是提升能源利用效率和电网灵活性的重要组成部分。

储能型虚拟电厂是智能电网的关键组成部分，它们通过提供灵活的储能服务，不仅增强了电网的稳定性和可靠性，也为可再生能源的广泛采用提供了支撑。随着储能技术成本的下降和性能的提升，SVPP在未来智能能源系统中的角色将变得越来越重要。

（15）多能互补型虚拟电厂

多能互补型虚拟电厂（multi-energy complementary virtual power plant，MEC-VPP）融合电、热、冷、气等多种能源系统，借助综合能源管理平台，实现多能流协同优化与互补利用，提升能源综合效率，提供多元化能源服务，增强能源系统韧性，是实现能源互联网和未来能源体系高效、清洁、可持续发展目标的关键技术路径。

多能互补型虚拟电厂是智能电网和能源互联网的重要组成部分，它们通过综合能源管理和优化，为构建更清洁、更高效、更可靠的能源系统提供了可能。随着技术进步和能源市场的演变，MEC-VPP 的应用和影响力预计将进一步扩大。

（16）新能源接入型虚拟电厂

新能源接入型虚拟电厂（renewable integration virtual power plant，RIVPP）将大量分散的可再生能源发电单元聚合在一起，形成一个虚拟的集中发电实体，以便更有效地管理和调度这些资源。利用先进的预测算法，RIVPP 可以预测可再生能源的产量，从而智能调度其他能源资源，如储能系统和需求响应，以平衡电网的供需。RIVPP 通常包含储能设施，如电池储能系统，用于存储过剩的可再生能源，以便在需求高峰期或可再生能源产出较低时释放。

新能源接入型虚拟电厂是智能电网和能源互联网的重要组成部分，它们不仅能够促进可再生能源的大规模应用，还能提高电力系统的整体效率和可靠性。随着技术的发展和市场机制的成熟，RIVPP 在未来的能源体系中将扮演更为关键的角色。

每种类型的虚拟电厂都是根据其特定的目标和资源特性设计的，它们在电力系统的不同层面发挥作用，共同推动了电力市场的现代化和能源系统的可持续发展。

思考题

1. 什么是虚拟电厂？请简要说明其主要作用。
2. 简要概括虚拟电厂中的核心功能主要体现在哪些方面？
3. 虚拟电厂调度优化机理是什么？
4. 虚拟电厂与微电网相比有哪些不同之处？
5. 按照能源类型，虚拟电厂如何分类？
6. 简述虚拟电厂的发展阶段和特点。
7. 新型虚拟电厂有哪些优势？
8. 结合现在的发展情况，预测虚拟电厂未来的趋势是什么？

第2章

虚拟电厂的分布式能源资源整合

2.1 虚拟电厂的基本架构

随着全球能源结构向低碳化转型，分布式能源资源的应用日益广泛。虚拟电厂作为一种创新的能源管理系统，通过集成和协调大量的分布式能源资源，能够提供与传统集中式发电厂相似甚至更优的电力服务。虚拟电厂（图2-1）同时也是一种智能电网技术，可以将不同空间的可调负荷、储能、微电网、电动汽车、分布式电源等多种可控资源聚合起来，实现自主协调优化控制，参与电力系统运行和电力市场交易。

图2-1　虚拟电厂概念图

虚拟电厂技术的核心由两部分组成，其一为“通信”，其二为“控制”。“通信”是指虚拟电厂通过先进的通信装置和技术，将分布式电源、储能系统以及需求侧灵活负荷聚合为一个有机整体，具备协调优化调度的能力。“控制”是指通过各类优化算法对虚拟电厂内的组成元素进行调度控制，实现对分布式电源发电、储能充放电以及可控负荷的灵活调节。

下面将深入探讨虚拟电厂核心技术的基本架构，包括其物理架构通信与网络架构，以及这些架构如何相互作用，共同构建起一个高效、灵活且环保的电力生产与消费体系。

2.1.1 虚拟电厂的物理架构

虚拟电厂的物理架构主要由各类分布式能源资源和相应的硬件设备组成。这些能源资源包括但不限于太阳能光伏、风力发电、储能设备（如电池）、小型燃气轮机，以及可控负荷等。硬件设备则涵盖了能源计量装置、能量管理系统、可再生能源发电设备以及电力电子装置等。通过物理架构，虚拟电厂可以有效整合不同类型的能源资源，实现能源的多样化供应和灵活性调度。

能源资源是构成虚拟电厂的基石，它们包括了一系列分布式的能源生产和存储设备，以及可调节的负荷。这些资源通过虚拟电厂的智能管理系统被集中控制和优化，从而实现更高效的能源使用和更灵活的电力供应。以下是对能源资源部分的详细讲解。

（1）可再生能源发电

① 太阳能光伏（Photovoltaic，PV）系统。利用太阳能电池板将阳光转换为电能，是虚拟电厂中常见的可再生资源之一。

② 风力发电。通过风力涡轮机将风能转换为电能，风力发电的输出随风速变化而变化，因此需要预测模型和灵活的调度策略。

③ 水力发电。小型水电站可以利用水流来产生电力，虽然不如太阳能和风能那样广泛，但在某些地区仍然可行。

④ 生物质能。利用植物材料或有机废物生成热能和电能，是一种低碳的能源选择。

（2）储能系统

① 电池储能。锂离子电池、铅酸电池、钠硫电池等，用于存储多余电能并在需要时释放，平滑可再生能源的波动。

② 抽水蓄能。利用水位差来储存和释放电能，是大规模储能的一种有效方式。

③ 压缩空气储能。通过压缩空气来储存能量，然后在需要时释放压缩空气来发电。

④ 飞轮储能。利用飞轮的动能来存储能量，适用于需要快速响应的场景。

（3）可调节负荷

① 工业负荷。工业生产中的设备可以根据电力需求和价格信号进行调整，减少在高峰时段的电力消耗。

② 商业和住宅负荷。包括空调、照明、热水系统等，通过智能控制，可以在不影响用户体验的情况下进行负荷转移。

③ 电动汽车充电。电动汽车的充电时间可以灵活调整，既可以作为负荷，也可以作为储能资源（vehicle-to-grid，V2G）参与电力系统调峰。

（4）传统能源发电

① 微型燃气轮机。小型的热电联产系统，可以提供快速响应的电力和热能。

② 柴油发电机。在紧急情况下或可再生能源不足时作为备用电源。

（5）综合能源系统

① 热电联产（combined heat and power，CHP）。同时生产电能和热能，提高了能源利用效率。

② 多能源互补系统。结合多种能源资源，如太阳能、风能、储能和热电联产，以提高系统的稳定性和可靠性。

（6）虚拟资源

① 需求响应。用户根据电网信号调整自己的电力消耗，从而减少高峰期间的电网压力。

② 虚拟储能。通过算法模拟储能效果，即使没有实际的物理储能设备，也能实现类似的功能。

上述能源资源通过虚拟电厂的能源管理系统被集成和优化，形成一个灵活的、响应迅速的能源供应网络。虚拟电厂能够根据实时的电力需求和市场价格，调度和控制这些资源，以达到经济效益最大化和电力系统稳定性的双重目标。

在物理架构中，每一种分布式能源资源都配备了相应的监测和控制设备，这些设备能够实时采集能源生产和消耗数据，并通过通信网络互相传输数据。物理架构的设计应确保设备之间的兼容性和互操作性，以实现统一的能源管理和优化。这些设备不仅限于简单的数据采集，还具备高级功能，可使得能源系统更加智能、可靠和高效。以下是部分设备更详细的介绍。

① 智能电表。智能电表不仅能测量电能的消耗，还能提供双向通信能力，允许实时读取和远程控制。它们可以精确测量电压、电流、功率因数、频率等参数，并且支持分时计费，鼓励用户在非高峰时段使用更多电力，有助于削峰填谷，平衡电网负荷。

② 传感器。传感器遍布整个能源网络，从温度、湿度传感器到光照强度、气体浓度传感器，它们能够检测各种环境和设备条件。在太阳能光伏板上，光照传感器可以帮助跟踪太阳角度，优化面板朝向；在储能系统中，温度传感器监测电池温度，防止过热，延长电池寿命。

③ 数据记录器。数据记录器持续收集来自传感器和智能电表的数据，存储并处理这些信息，形成历史数据库。这些数据可用于分析能源系统的性能趋势，预测维护需求，以及进行故障诊断。

④ 控制器。控制器是指挥中心，它们接收来自监测设备的数据，执行必要的控制动作。例如，在风力发电场，控制器可以调整叶片角度以优化风能捕获；在热泵系统中，控制器根据室内温度和设定值调节压缩机的工作状态。

⑤ 需求响应资源。需求响应资源包括能够快速响应电价信号或电网调度指令的负载和储能设备。它们可以根据实时电价调整能源使用，或者在电网需要时提供辅助服务，如频率调节。

⑥ 安全和隐私保护。随着大量敏感数据的收集和传输，网络安全变得至关重要。监测与控制设备必须配备强大的加密技术和访问控制机制，以防止数据泄露和未经授权的访问。同时，隐私保护措施确保个人和企业的数据不被滥用。

总之，监测与控制设备构成了现代能源系统的核心基础设施，它们通过收集和分析数据，实现了对能源生产的精细化管理和优化，促进了能源的可持续发展和高效利用。

2.1.2 虚拟电厂的通信与网络架构

虚拟电厂的通信与网络架构是实现各类设备和系统之间信息交互的基础，是整个系统优化调度的核心，负责对分布式能源资源进行智能调度和优化管理。通常包括以下几个主要模块：能源管理系统（EMS）、分布式能源管理系统（distributed energy management systems，DERMS）、预测和调度算法等。能源管理系统、分布式能源管理系统、预测和调度算法的具体功能与操作见表 2-1。

表 2-1　能源管理系统、分布式能源管理系统、预测和调度算法具体功能与操作

名称	功能	操作
能源管理系统(EMS)	EMS 是虚拟电厂的中枢神经系统，负责整合来自各个能源资源的数据，进行分析，并基于这些信息做出调度决策。它确保电力供应与需求之间的平衡，优化能源利用，同时考虑电网的稳定性和经济性	EMS 会收集实时数据，比如发电量、负荷需求、市场价格、天气预报等，然后根据预设的目标和策略，制订调度计划
分布式能源资源管理系统(DERMS)	DERMS 专注于分布式能源资源(如太阳能光伏板、风力发电机、储能系统、电动汽车充电站等)的管理，它实时监控这些资源的状态，并根据 EMS 的指令进行控制	DERMS 能够调节分布式资源的输出，例如在电力需求高峰时增加供电，或者在低谷时储存多余能量，从而提高整个系统的灵活性和效率
预测和调度算法	该算法利用历史数据、天气预测和其他相关因素，预测能源生产和需求的趋势。通过机器学习和人工智能技术，算法可以不断优化预测精度，为 EMS 和 DERMS 提供决策依据	算法能够动态调整调度策略，以应对不断变化的能源供需状况，确保虚拟电厂能够高效响应市场和电网的需求

DERMS 是虚拟电厂中的关键组件之一，它主要用于管理分布式能源资源（DERs），如太阳能光伏板、风力发电机、储能系统、电动汽车充电站等。DERMS 通过实时监控这些资源的状态，并根据 EMS 的指令进行控制，确保整个系统的灵活性和效率。

下面讲解一下 DERMS 的具体实施细节。

① 通常 DERMS 需要收集 DERs 的实时数据，包括但不限于：DERs 的实时发电量；储能系统的充电和放电状态；用户的实时用电需求；DERs 设备的健康状况和可用性；例如温度、光照强度等影响 DERs 性能的因素。

② DERMS 收集的数据需要经过处理和分析，以提取有用的信息。一般包括：数据清洗，去除异常值和错误数据；数据分析，提取关键指标，如发电效率、负荷曲线等；趋势预测，基于历史数据预测未来趋势，如发电量预测、负荷预测。

③ DERMS 需要根据 EMS 的调度指令和本地优化目标来控制 DERs。这包括：自动调节，根据实时需求和市场情况自动调节 DERs 的输出；负荷管理，通过调整 DERs 的工作状态来优化负荷管理；储能管理，控制储能设备的充放电策略，以平滑电力输出；需求响应，响应 EMS 发出的需求响应信号，如削峰填谷。

④ DERMS 必须与 EMS 和其他 DERMS 保持有效的通信，确保数据的及时交换和协调一致的操作。这涉及：数据交换，通过标准协议（如 IEC 61850、DNP3、Modbus 等）与其他系统交换数据；指令传递，从 EMS 接收调度指令，并将其转化为 DERs 的控制信号；故障处理，在检测到故障或异常时，及时通知 EMS 并采取适当的应急措施。

⑤ DERMS 需要遵循一系列的安全和合规要求，包括：数据加密，确保所有数据传输过程中都是加密的；访问控制，仅授权人员可以访问系统；审计追踪，记录所有的系统活动，便于追溯和审计；合规性，遵守相关的行业标准和法规要求。

⑥ DERMS 还需要提供用户友好的界面和报告功能，方便操作员监控和管理 DERs。这包括：实时监控，显示 DERs 的实时状态；历史报告，提供历史数据和性能报告；警报系统，当 DERs 出现问题时发出警报；预测报告，基于预测算法生成的未来预测报告。

例如：在一个包含太阳能光伏板、风力发电机和储能系统的虚拟电厂中，DERMS 的具体实施如下。DERMS实时监控来自太阳能光伏板和风力发电机的发电数据，并收集储能系统的充放电状态。通过对这些数据的分析，DERMS能够了解当前的发电量、储能水平及用户的负荷情况。基于EMS的调度指令和本地优化目标，DERMS自动调节太阳能光伏板和风力发电机的输出，并控制储能系统以满足负荷需求。同时，DERMS与EMS保持紧密通信，确保数据的及时交换，并根据EMS的指示调整DERs的状态。为了保证系统的安全性并遵守相关行业标准，DERMS实施了严格的数据加密和访问控制措施。此外，DERMS还提供了一个易于使用的图形用户界面，操作员能够通过该界面查看DERs的状态，并获取关于系统性能的历史报告和预测报告。

优化调度算法是虚拟电厂实现其功能的关键，接下来我们介绍几种经典的优化调度算法。

（1）分布式算法（distributed algorithms）

分布式算法是在网络中多个节点上并行运行的算法，每个节点可以是一个独立的计算机或处理器。在电力系统中，分布式算法能够使多个智能设备（如分布式能源资源）自主协作，无须中央控制即可实现资源的优化调度。这些算法通常基于共识算法、博弈论或市场机制，能够处理大规模网络中的数据和控制问题。

（2）粒子群优化算法（particle swarm optimization，PSO）

粒子群优化算法是一种基于群体智能的优化算法，灵感来源于鸟类觅食行为。在这个算法中，每个粒子代表可能的解，粒子在解空间中通过迭代更新自己的位置和速度，最终收敛到最优解。粒子群优化算法被广泛应用于电力系统调度，因为它能够处理非线性、多模态和约束复杂的优化问题。

（3）灰狼优化算法（grey wolf optimization，GWO）

灰狼优化算法是一种较新的元启发式算法，模拟了灰狼的领导结构和社会等级行为。在灰狼优化算法中，狼群的领导者（α、β、δ）引导群体向最优解移动。灰狼优化算法因其简单性和有效性，在解决电力系统调度问题时展现出良好的性能，尤其是在处理多目标优化问题时。

（4）遗传算法（genetic algorithms，GA）

遗传算法是一种基于生物进化过程的搜索算法，通过模拟自然选择、交叉和变异等遗传操作，寻找问题的最优解。在电力调度中，遗传算法能够处理多目标、多约束的优化问题，特别是在处理离散变量和复杂约束时表现优异。

（5）蚁群优化算法（ant colony optimization，ACO）

蚁群优化算法是从蚂蚁寻找食物路径的行为中获得灵感的算法。在蚁群优化算法中，人工蚂蚁在解空间中构建路径，通过信息素浓度的变化来指导搜索方向。蚁群优化算法在电力系统调度中用于路径优化和网络重构等问题。

这些算法通常在电力系统调度中被用来解决诸如经济调度、频率控制、电压控制、需求响应、微电网和虚拟电厂的优化运行等问题。它们通过模拟自然界中的智能行为，能够处理传统数学优化方法中难以解决的复杂和高维优化问题。

网络与通信架构实现的具体协议与技术主要包括通信网络、数据传输协议、网络安全措施等。通信网络通常采用混合通信技术，包括无线通信（如 4G/5G、Wi-Fi）、有线通信（如光纤、以太网）以及物联网（IoT）技术，确保不同场景下的数据传输需求。

数据传输协议则规定了数据交换的标准和规范，如 IEC 61850、Modbus、DNP3 等协议，确保不同设备和系统之间的兼容性和互操作性。网络安全措施则包括数据加密、身份认证、访问控制、防火墙等，以保障虚拟电厂在数据传输和系统运行过程中的安全性和可靠性。

通过高效的通信与网络架构，虚拟电厂能够实现分布式能源资源的实时监控和动态调度，确保能源供应的稳定性和灵活性。同时，该架构也为未来的扩展和升级提供了良好的基础，支持更多新型能源资源和技术的接入。

下面介绍一种典型的符合电力通信网“云管边端”发展趋势的虚拟电厂通信网络体系架构，这种架构的优点是可有效发挥多种异构网络融合互补优势，支撑虚拟电厂多主体之间的高效交互，且在传统网络架构基础上增加适配层，可全面统筹虚拟电厂控制类、采集类、营销类业务的具体通信需求指标，实现与多种异构通信方式的灵活适配（图 2-2）。

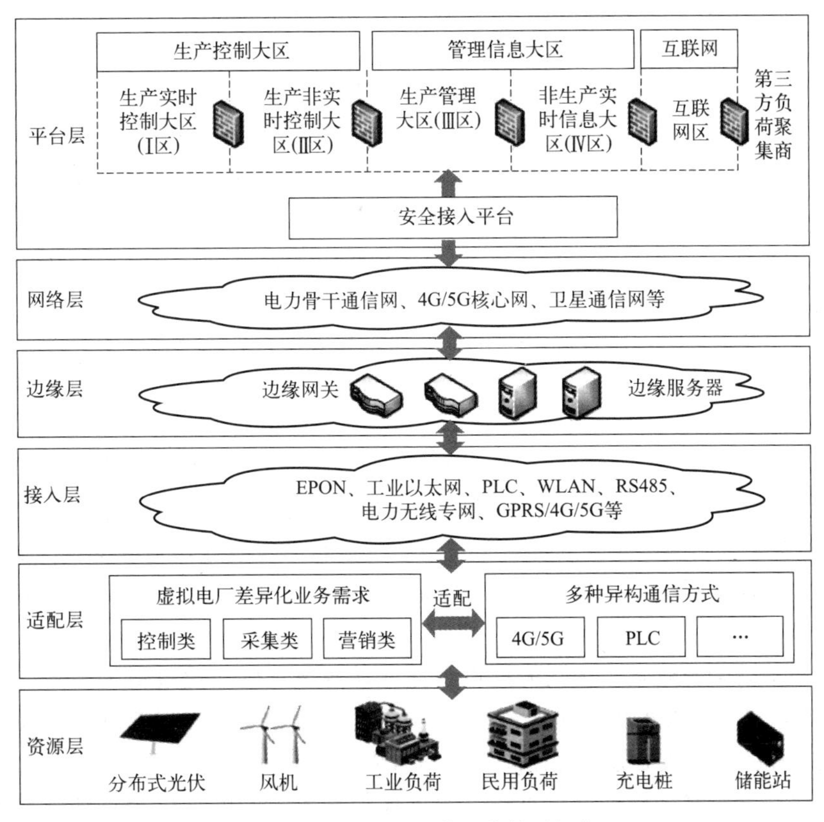

图 2-2　虚拟电厂通信网络体系架构

虚拟电厂通信网络体系架构下各层级的基本功能如下。

① 资源层。虚拟电厂包含分布式源荷储资源：电源侧资源具有协调互补特性，主要包含分布式光伏和风机；负荷侧资源柔性灵活可调节，涵盖工业、民用负荷等多样化智能终端负荷；储能侧资源主要包含充电桩储能与基站储能等。

② 适配层。适配层考虑分布式源荷储资源禀赋、业务终端分布广、通信接入媒介复杂等特点，根据基于层次分析法的虚拟电厂多业务通信方式适配方法，实现虚拟电厂具体业务通信需求与多种异构通信方式之间的适配。

③ 接入层。分布式源荷储资源通过 EPON、PLC、WLAN、RS485、工业以太网、电力无线专网、通用无线分组业务（general packet radio service，GPRS）、4G/5G 公网等多种通信方式实现数据接入。

④ 边缘层。通过设置边缘服务器，为虚拟电厂提供边缘实时分析与处理。此外，边缘层还支持多模态异构数据融合与汇聚以及数据压缩等功能，降低网络传输负载以及云端计算压力；支持边缘多工业协议适配与转化，为海量数据的互联互通与互操作提供支撑，支撑源荷储资源的协同互动。

⑤ 网络层。通过电力骨干通信网、4G/5G 核心网、卫星通信网等，实现虚拟电厂的跨域业务通信。电力骨干通信网通过三级网络调度实现跨区域源荷储资源信息互通；4G/5G 核心网适用于跨域通信，支持点多面广的电力终端接入；卫星通信网为“信息孤岛”问题提出解决方案。

⑥ 平台层。以边缘层所建立的多模态异构数据融合模型为基础，将源荷储资源信息进行统一存储与处理，为电网调度计划管理、功率预测与负荷预测、电力市场交易等业务提供数据支撑，统筹推进源荷储资源有效联动。平台层还支持第三方负荷聚集商的数据安全接入，在整合用户需求响应的同时为中小负荷提供参与市场调节的机会，进一步拓宽电能交易市场覆盖面，充分发掘负荷资源，鼓励社会资产参与电网互动。此外，平台层通过将数据进行分区存储，并在不同大区之间设置防火墙实现隔离，保障电网信息安全，具体可分为生产实时控制大区（Ⅰ区）、生产非实时控制大区（Ⅱ区）、生产管理大区（Ⅲ区）、非生产实时信息大区（Ⅳ区）和互联网区。

虚拟电厂中分布式源荷储资源地理位置分散，具有接入方式多样、信息交互频繁与控制向末梢延伸等特点，结合企业专网和公网互联组网的虚拟电厂通信网络体系架构应当具备的基本特征如下：

① 多种通信媒介融合。通信架构中，布置于资源层的各类型传感终端感知电气设备运行状态与电网环境信息，接入层通过多种典型异构通信方式为终端提供数据传输服务。为提升虚拟电厂业务数据传输效率，对异构数据进行统一存储与管理，边缘层应当支持对采用不同通信协议的多类型业务数据统一解析与处理，实现多种异构通信媒介融合，并通过网络层汇聚上传。

② 资源高效认知与管理。为提升源网荷储互动效率，应当通过更为高效的网络资源管理与配置模式，以面向虚拟电厂通信业务的网络服务能力为导向，通过资源高效认知与管理，提升网络的自适应调整能力，保障业务的通信服务质量。

③ 差异化业务承载。虚拟电厂不仅涉及电能信息采集、电气设备管理维护等传统电力业务，还包含柔性负荷调控、电力现货市场等多种新兴业务，这需要虚拟电厂通信网络体系架构能够综合考虑各类型电力业务的特点与需求，具备良好的可扩展性，实现差异化业务承载。

④ 全体系通信安全。相较于传统电网业务场景，虚拟电厂涉及的供用能主体及其附属资产隶属关系复杂，在面向企业专网与公网互联组网的背景下，其面临的信息安全问题更为严峻。因此，虚拟电厂通信网络体系架构应当涉及从底层终端接入到上层数据平台的全体系通信安全，从横向隔离与纵向认证等多角度满足公网与专网互联的安全需求。

接下来我们对支撑虚拟电厂通信网络体系架构特征的关键技术进行分析。

① 协议适配技术，针对虚拟电厂中业务差异性强、数据种类多等特点，虚拟电厂对通信网络的差异化业务保障能力、统一管控能力和网络兼容能力都提出了更高的要求。协议适配是一种协议转换的方法，通过将虚拟电厂多业务协议中网络数据统一转换为相同格式，达到业务统一接入、管理的目的。此外，该技术还可以实现多类型业务数据的统一解析与融合，实现虚拟电厂异构通信网络之间的互联互通以及不同厂家设备的互操作适配，可有效支撑虚拟电厂多种通信媒介融合、资源高效认知与管理、差异化业务承载等特征。

② 广域路径调度技术，虚拟电厂网络拓扑结构复杂多变、信息交互频繁，对通信网络的灵活调度能力提出了更高的要求。广域路径调度方案基于分段路由技术，使用路径标签机制，根据实时网络状态制定动态转发策略，融合多种通信媒介组网方案，自动协调路由选择方案，转发过程如图 2-3 所示。此外，广域路径调度技术通过网络探测及实时监控等模块完成接入设备业务流的自动解析、业务流的快速调度，可有效满足虚拟电厂通信网络多种通信媒介融合及差异化业务承载需求。

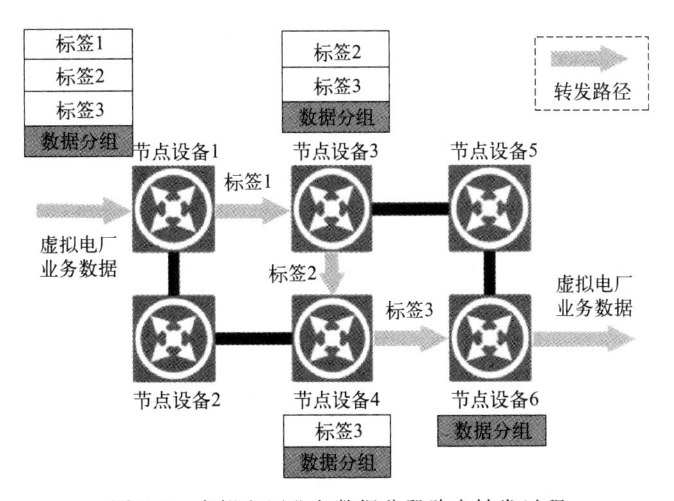

图 2-3　虚拟电厂业务数据分段路由转发过程

③ 网络虚拟化技术，虚拟电厂承载的业务类型广泛，对网络资源的灵活调度需求更高。如图 2-4 所示，网络虚拟化技术可实现硬件资源和软件功能的解耦，将网络层的功能从硬件中剥离出来，通过构建虚拟层的方式实现网络资源的高效认知与管理。网络虚拟化技术能够在业务终端无感知的情况下，传输不同虚拟电厂业务的数据流；可在不考虑网络兼容性与通信协议差异性的情况下，实现不同业务间的统一映射管理；能够根据业务需求进行带宽分配，并定义数据转发的优先级，支撑资源与业务的动态适配，实现虚拟电厂通信网络的多种通信媒介融合、资源高效认知与管理及差异化业务承载。

④ 网络切片技术，虚拟电厂包括控制类、采集类、营销类等差异化业务，各类型业务通信特点与需求各不相同，这要求通信网络具有更加灵活的连接支持。如图 2-5 所示，网络切片技术在逻辑层面将物理网络进行切分，进而形成适配不同业务需求的网络子切片。多个

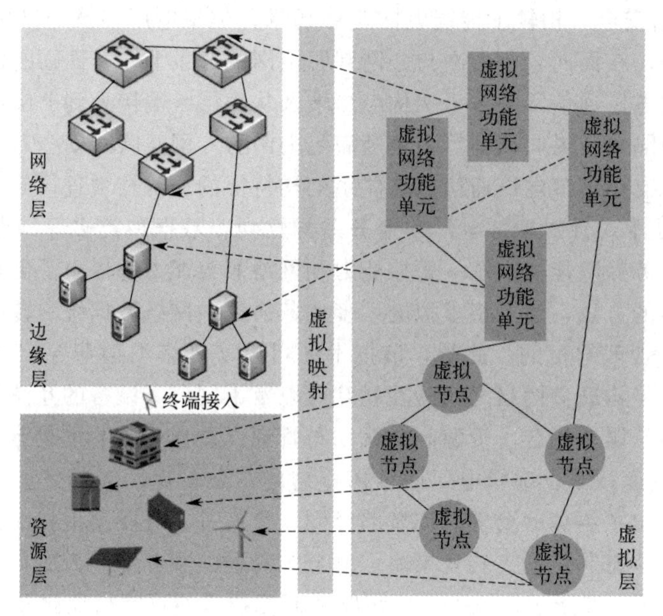

图 2-4 虚拟电厂通信网络虚拟化技术

网络子切片的划分，避免了建立多个专用物理网络的情况，可以节约部署成本；各网络切片间相互独立且互不影响，可充分保障业务之间的安全隔离。网络切片技术为各业务配置差异化网络子切片，实现业务通道按需切片与隔离，支撑虚拟电厂资源高效认知与管理、差异化业务承载及全体系通信安全。

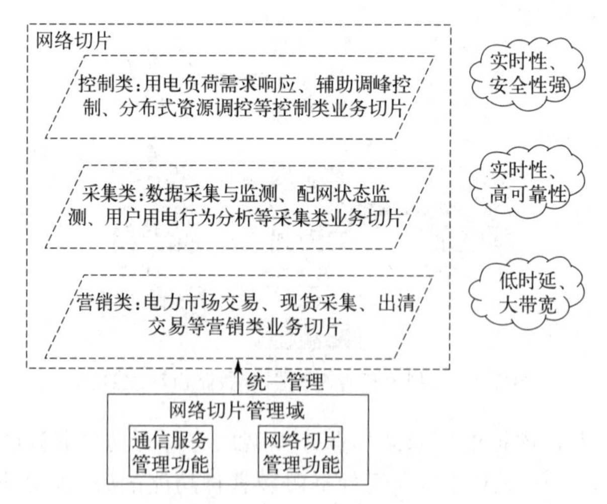

图 2-5 适配虚拟电厂多类型业务的网络切片技术

⑤ 通密一体化技术，考虑分布式源荷储资源并网地理位置分散、随机波动性大等特点，分布式电源、可控负荷及储能站间双向频繁互动不可避免导致虚拟电厂面临频繁的网络攻击威胁。通密一体化技术采用身份认证加密通信、内生安全、密码等技术保障电力信息通信安全，实现集加密、隐藏、窃听发现于一体的安全通信，保障数据可用性、保密性、完整性，支撑虚拟电厂全体系通信安全。

2.1.3 虚拟电厂架构之间的关系

目前，节点间通信链路的设计有两种方式。一种是使用物理传输线进行通信。这样，通信网络中每个节点的邻居都与物理结构中的邻居相同。第二种是铺设专门的通信线路。这样，通信就不受物理结构的限制，每个节点可以根据需要与任何其他节点交换信息。在虚拟电厂中，一般要考虑多种类型的能量单位。其中一些可能没有物理传输线，但可以实现任何需要的通信链路（图 2-6）。

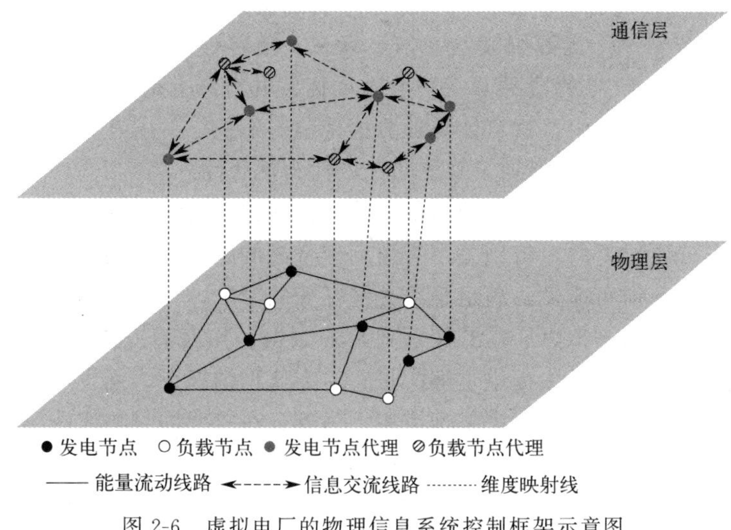

图 2-6　虚拟电厂的物理信息系统控制框架示意图

下面我们以“电力线载波通信（PLC）”为例讲解一下第一种物理传输线通信是如何实现的。PLC 是一种利用现有的电力线路作为通信信道的技术。它通过将高频信号叠加在电力线上来传输数据，使得电力线不仅能传输电力，还能同时传输信息。PLC 技术通常可以分为两大类：窄带电力线载波通信（narrowband power line communication，NB-PLC）和宽带电力线载波通信（broadband power line communication，BB-PLC）。窄带电力线载波通信一般使用较低的频率范围（一般为 3～500kHz），传输距离较长，但数据传输速率较低，适用于远程监控、抄表等低速数据传输需求。宽带电力线载波通信通常用更高的频率范围（一般为 1～30MHz），能够提供较高的数据传输速率，适合于高速数据传输需求，如视频流传输等。

物理传输线通信在工作时一般会用到调制解调技术，即发送端，数据信号首先被调制为高频载波信号。常用的调制技术包括正交幅度调制（quadrature amplitude modulation，QAM）和正交频分复用（orthogonal frequency division multiplexing，OFDM）。这些调制方法可以有效地提高信号的抗干扰能力。然后会用到耦合器，耦合器用于将调制后的高频信号注入电力线，并且在接收端从电力线中提取信号。耦合器的设计需要考虑信号的衰减和噪声的影响，以保证信号质量。耦合器通常使用变压器或电容器来实现信号与电力线的隔离，避免高压电力对通信信号的影响。一旦信号被注入电力线，它就会沿着电力线传播。信号可能会受到电力线本身的特性（如阻抗、损耗）的影响，以及外部环境因素（如电磁干扰）的影响。最后在接收端对信号进行处理，在接收端接收到信号后，经过解调和解码，恢复原始的数据信号。信号处理过程中还包括了错误检测和纠正机制，以提高数据传输的可靠性。另外，在长距离传输中，可能需要使用中继器来放大信号，以克服信号衰减的影响。中继器可以是简单的放大器或更复杂的设备，能够重新调制信号。

使用物理传输线进行通信有以下优点：①具有较好的成本效益，因为利用已有的电力线路作为通信媒介，无须额外铺设通信电缆，降低了建设成本。②方便安装。对于已经存在的电力基础设施，可以直接使用 PLC 技术进行升级，减少施工难度和时间。③易于维护。电力线通常是固定安装的，因此比无线通信更稳定，维护成本相对较低。④环境适应性强。PLC 技术可以在各种恶劣环境下工作，不受天气条件的限制。

同时，使用物理传输线进行通信也有以下局限性：①数据传输速率有限制。尽管宽带 PLC 可以提供较高的数据速率，但在实际应用中仍然受到电力线固有特性的限制，比如阻抗变化、信号反射和噪声干扰等因素。②信号衰减。随着传输距离的增加，信号会逐渐衰减，特别是在使用窄带 PLC 的情况下。③电磁干扰。电力线上的电磁噪声可能会影响信号的质量，尤其是在工业环境中，这可能导致数据传输得不稳定。④互操作性问题。不同制造商的 PLC 设备可能不兼容，这限制了系统的扩展性和灵活性。

接下来，我们对第二种铺设专门的通信线路的方法进行讲解。在虚拟电厂架构中，铺设专门的通信线路是非常重要的，特别是在需要高带宽或低延迟的应用场景中。这是因为传统的电力线路作为通信介质可能无法满足某些关键任务的需求，尤其是对于实时数据传输和控制要求较高的情况。通常虚拟电厂需要处理大量的数据，如高清视频监控、大数据分析等，传统的电力线载波通信可能无法提供足够的带宽。在这种情况下，铺设专门的通信线路可以确保有足够的带宽来支持这些数据密集型应用。另外，在需要即时响应的场景下，如实时控制和自动化系统，低延迟通信至关重要。专门铺设的通信线路可以提供更稳定的连接和更低的延迟，这对于确保系统的实时性和响应速度非常重要。最后，对于需要高度安全性的通信，如敏感数据传输，专门铺设的线路可以提供更安全的通信通道，减少数据泄露的风险。

专门铺设的通信线路提供能为虚拟电厂提供更大的灵活性，允许虚拟电厂中的节点根据需要与任何其他节点进行通信，而不受物理位置的限制。这种灵活性体现在以下几个方面。

①任意节点间的通信：通过专门铺设的通信线路，节点可以不受物理结构的限制，直接与其他节点建立通信连接。这意味着即使节点之间相隔很远，也可以轻松实现通信。②自定义网络拓扑：专门的通信线路可以根据实际需求自由配置网络拓扑结构，无论是星形、环形还是网状网络，都可以根据需要进行部署。③扩展性和可升级性：通过专门铺设的通信线路，虚拟电厂可以更容易地扩展其通信网络，添加新的节点或升级现有节点，以适应不断变化的需求。

另外，针对一些在偏远地区或难以到达的地方，如山区、海岛等，需要处理大量数据的场景；如数据中心或大规模储能系统，需要快速响应的自动化系统；如微电网控制、需求响应等，有特殊通信需求的应用；如需要特定频率范围或特定加密级别的通信等，铺设专门的通信线路可以确保这些地区能够接入虚拟电厂网络，实现能源的有效管理和调度以提供足够的带宽支持，确保数据传输的顺畅以提供低延迟的连接，确保控制系统能够及时作出反应，并根据这些特定需求进行定制。具体来说，如在偏远地区，比如风力发电场这些地方，可能远离城市中心，难以通过传统的电力线载波通信进行有效通信，同时又需要对风电设施进行远程监控和控制。此时，铺设专门的通信线路（如光纤通信线路）可以提供高带宽、低延迟的连接，确保风力发电场的数据能够实时传输到控制中心，并允许控制中心对风电设施进行远程控制。又如在电池状态监测、充放电控制等大规模储能系统需要处理大量的数据情况下，铺设专门的高速通信线路可以确保数据的快速交换，支持实时的调度决策。还有针对微电网这种需要对分布式能源资源进行实时控制，以确保电力供需平衡的电网。专门铺设的通信线路可以提供低延迟的连接，确保微电网中的各个组成部分能够快速响应中央控制指令，实现对电力供需的精确控制。

2.2 可再生能源的集成

在当今全球能源格局快速演变、电力系统面临诸多挑战的大环境下，虚拟电厂的发展与应用已成为保障能源供应、优化能源配置的关键策略。如今，世界各国都深刻认识到传统电力系统存在的种种问题，如供需平衡难以精准把控、电网灵活性不足以及能源利用效率有待提高等，这使得虚拟电厂逐渐成为解决电力系统困境的重要手段。

虚拟电厂是通过先进的信息技术和智能化的控制手段，将分布式能源资源（如太阳能、风能、储能设备等）以及各类可调节负荷进行的整合与优化管理。这并非随意地组合，而是需要凭借精准的数据分析、高效的算法以及科学的管理策略，实现不同类型能源资源和负荷之间的协同运作，从而达到最优的能源利用效果。它不仅涵盖了技术层面的创新与整合，还涉及市场机制、政策法规以及社会参与等多个层面的协同配合。

这种虚拟电厂的构建与应用是实现电力系统转型的重要途径，其意义重大且影响深远。它有助于突破传统电力系统的束缚，增强电力供应的灵活性和适应性，降低对集中式发电的过度依赖，提高能源利用效率。同时，虚拟电厂还能够平衡电力供需，保障电力系统的稳定运行，促进能源市场的公平竞争，推动经济的可持续增长，并为构建高效、智能的电力生态环境奠定坚实的基础。

2.2.1 光伏系统并网

（1）原理

虚拟电厂中的光伏系统运行原理依托于精妙且高效的能量转换机制。通过由众多紧密排列的太阳能电池单元构成的太阳能电池板，将太阳无尽的光能转化为直流电。在每个太阳能电池单元内部，半导体材料在光子冲击下，电子被激发并产生定向移动，从而形成电流。

然而，这些直流电要在虚拟电厂中实现有效并网，关键在于经过特殊设计的逆变器处理。逆变器内部配备了复杂精密的电子电路和先进的控制算法，能够对直流电的电压和电流进行精准调节，并将其转换为与虚拟电厂整体电网频率和相位完全一致的交流电。

在这一转换过程中，逆变器实时监测虚拟电厂电网的状态，确保输出的交流电在质量和特性上与整体电网完美匹配，从而实现安全、稳定且高效的电能接入，让光伏系统产生的电能在虚拟电厂的电网中得以顺畅传输和分配。

（2）优势

在虚拟电厂的整体架构之下，光伏系统所依赖的太阳能资源呈现出极为丰富的态势，并且分布范围极为广泛。无论是繁华喧嚣、高楼林立的城市核心区域，还是地处偏远、宁静祥和的乡村僻壤角落；无论是工业企业密集汇聚的集中区，还是温馨舒适的居民生活小区，太阳那普照大地的光芒都能够源源不断地为其提供极为充足的能量来源。

其具备的清洁无污染这一显著特性，在虚拟电厂中发挥着至关重要的作用。实现了完全的零排放，成功地避免了传统发电方式所不可避免产生的诸如二氧化碳、二氧化硫、氮氧化物等各类有害气体，以及废渣、废水等各种污染物。这一优势有力地维护了虚拟电厂所覆盖区域的生态平衡与环境质量，为人们创造了更加清新、健康的生活和工作环境。

光伏系统的维护成本相对较低，同时使用寿命较长。在虚拟电厂的统一高效管理和优化配置的环境之中，高品质的太阳能电池板以及先进的逆变器等核心组件，能够在正常的运行条件下，并且在精心的维护照料之下，持续稳定地工作长达数十年之久。其日常的维护工作简便易行，不需要耗费过多的人力、物力和财力，这极大地降低了长期的运营成本，进而显著增强了虚拟电厂在能源市场中的经济竞争力，使其在能源供应领域更具优势和吸引力。

（3）挑战

在虚拟电厂中，光伏系统的发电呈现出明显且突出的间歇性和不稳定性，这一特性深受天气条件的影响。

在阴天的状况下，大量的乌云对阳光进行了严密的遮蔽，致使太阳能的接收量遭遇大幅度削减。这种削减直接引发了发电量的急剧下降，其下降幅度之大和速度之快令人猝不及防。并且，云层的变化毫无规律可循，时而密集，时而疏散，导致光照强度处于频繁且剧烈的波动状态。这种频繁而剧烈的波动，进一步加重了光伏系统发电的不稳定性，使得其发电输出难以预测和控制。

当夜幕降临，自然光线完全消失，光伏系统由于失去了阳光这一能量来源，几乎完全停止了发电活动。这种因昼夜交替而产生的发电中断现象，对于虚拟电厂的能源供应连续性构成了巨大的挑战。它打破了能源供应的平稳节奏，使得虚拟电厂在能源规划和调配方面面临诸多困难。

这种显著的间歇性和不稳定性对虚拟电厂的电网稳定性产生了极为深刻和关键的影响。

① 它极易引发电压的剧烈波动。当光伏系统在短时间内输出功率大幅增加时，电网电压会在瞬间出现显著升高，远远超出正常的电压范围。这种电压的骤升会对各类电气设备造成严重损害，可能导致设备过热、短路，甚至完全烧毁。这不仅会给用户带来直接的经济损失，也给电力部门的维护和修复工作带来巨大压力。

② 它容易导致频率的明显变化。当光伏系统的输出功率突然减少时，电网电压会瞬间降低。这种瞬间的电压降低会严重干扰各类设备的正常运行，例如使得电动机的转速变得不稳定，影响其工作效率和寿命；导致电子设备的工作出现异常，影响其性能和精度。这些问题的出现极大地扰乱了虚拟电厂正常且有序的供电秩序。

③ 功率的波动还可能引发电网频率的不稳定波动。当这种波动超出一定限度时，可能会打破整个虚拟电厂电力系统的平衡和稳定状态。在极端情况下，甚至可能引发电网的重大故障，进而导致大面积停电。这将给社会的生产生活带来极大的不便，造成巨大的经济损失和社会影响。

（4）措施

为有效应对虚拟电厂中光伏发电所具有的间歇性和不稳定性这一突出问题，必须将重点聚焦于技术创新层面。一方面，大幅度增加对高效太阳能电池板的研发投入力度，致力于显著提高其在各种复杂多变的光照条件下的光电转换效率，最大程度地减轻阴天等弱光环境给发电带来的不利影响。例如，积极采用具有创新性的新型材料以及精心设计的结构，显著增强电池板对散射光和低角度阳光的吸收能力，从而拓宽其有效工作的光照范围。

另一方面，大力发展智能的最大功率点跟踪（MPPT）技术至关重要。通过实时精准地调整光伏系统在虚拟电厂中的工作状态，使其能够始终保持在最大功率输出的理想状态，即便在光照强度出现频繁且剧烈的波动时，也能够维持相对稳定的发电水平，确保电力供应的连续性和可靠性（图 2-7）。

在能源存储这一关键领域采取有力且有效的措施显得极为重要。在虚拟电厂中大规模、全方位地推广和应用电池储能技术，将光伏发电高峰期产生的多余电能妥善储存起来，以便在阴天、夜晚等光照不足的时段或者用电高峰的关键时刻进行释放，从而平滑发电输出曲线，有效缓解电力供需之间的矛盾。同时，积极探索超级电容储能、飞轮储能等多样化的其他储能方式，充分依据虚拟电厂所处的不同场景特点和实际需求状况，灵活且科学地进行选择和配置。此外，建立一套全面完善的储能系统管理和监控机制不可或缺，严格确保储能设备在虚拟电厂中能够安全、稳定且可靠地运行，最大程度地提高能源的利用效率，减少能源的浪费和损耗（图 2-8）。

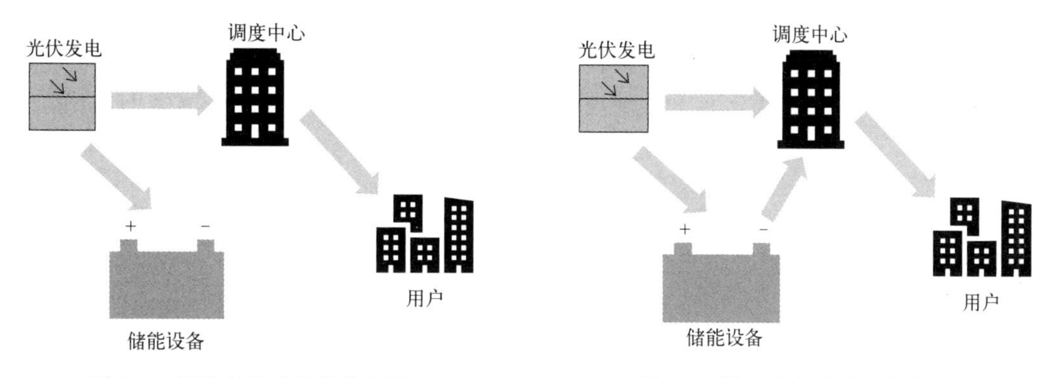

图 2-7　阳光充足时光伏供电图　　图 2-8　阴天或夜晚时光伏供电图

增强虚拟电厂电网的适应性和调节能力是解决问题的关键举措之一。精心优化电网的规划和设计方案，显著提高对分布式光伏电源的接纳和整合能力，确保电网能够充分容纳和有效利用光伏发电所产生的电能。进一步加强电网的智能监控和调度系统，实现对光伏系统的输出功率以及电网整体运行状态的实时、精准监测，能够在第一时间迅速调整电网的运行参数，坚决保持电压和频率的稳定，为用户提供高质量的电力服务。通过建立健全需求响应机制，积极引导用户在光伏发电充足的时段合理增加用电，而在发电不足的时段适当减少用电，从而实现供需关系的动态平衡。比如，在虚拟电厂所覆盖的区域范围内，在用电低谷时段给予具有吸引力的优惠电价政策，鼓励用户根据实际情况合理安排用电时间，促进电力资源的优化配置和高效利用。

（5）案例

在江苏省扬州市，国网扬州供电公司于 2023 年 10 月 23 日完成了光伏聚合商能源管理平台接入调度主站系统的调试工作，在江苏省内首次实现将光伏聚合商作为城市级虚拟电厂参与地区电网调度管理。

扬州地区分布式光伏发展迅速，截至目前分布式光伏并网达 2.2 万余户，装机总容量达 1415MW。为应对电源和负荷的双重不确定性挑战，改变分布式光伏无序接入、难以调控的局面，扬州供电公司从 2023 年 5 月起，主动走访新能源行业社会民营企业，积极沟通用户系统平台的接入方案、讨论用户与电网的互动模式，探索实践以分布式光伏为主要参与对象的城市级虚拟电厂调度管理新模式。

将海量低压分布式光伏资源统一纳入地区调度管理的最大难点是一家一户去改造，投资成本和时间成本巨大。而光伏聚合商作为独立运营的社会企业，近年来通过逆变器终端改造为用户提供光伏运维等服务，积累了扬州 3 千余户分布式光伏用户资源。扬州供电公司主动对接光伏聚合商，建立专用通信通道实现了双方的信息交互，将其作为虚拟电厂接入调度主站系统，使得电网挖掘巨量可调控资源成为可能。

对接当天，扬州供电公司模拟了电网发电高峰时段，调度员通过调度主站系统下发指令，指挥光伏聚合商参与地区电网调节，在 10min 内成功调控了 12MW 的光伏出力，保障了电网的安全稳定运行。据测算，目前扬州电网的调度主站系统“打包”接入了光伏聚合商“聚合”的 103 户分布式光伏用户，容量 83MW，整体聚合调节效果与 1 座大型 110kV 集中式光伏电站相当，每有效利用 1h，可提供电量约 80000kW·h，节约标煤 9.8t。

该模式不仅满足了本地的电力需求，减少了对外部传统能源的依赖，还通过虚拟电厂的智能调配，实现了能源的优化利用，改善了能源供应结构，降低了能源成本，增强了能源供应的自主性和可靠性。同时，也为其他地区构建虚拟电厂中的光伏系统并网提供了有益的参考和借鉴。

2.2.2 风电系统并网

（1）原理

在虚拟电厂的框架中，风力发电机的运作原理蕴含着精妙且复杂的能量转换流程。首先，那巨大且精心设计的叶片在风的持续吹拂下迅速旋转，从而将丰富的风能转化为机械能。叶片的形状、尺寸和角度经过精心规划，以最大程度捕捉风能并将其高效转化为机械转动能量。

接着，通过叶片轴与发电机之间紧密且高效的连接，机械能被传递至发电机内部。在发电机中，基于电磁感应原理，结合内部复杂精密的电路设计和高性能磁性材料，机械能进一步转化为电能。

然而，在虚拟电厂中，所产生的电能并非能直接接入。它需要经过一系列严格处理和转换步骤，包括电压调整、频率校准、谐波消除等，以确保其质量和特性完全符合虚拟电厂电网的严格要求。只有经过这些精心处理后的电能，才能够最终成功接入虚拟电厂电网，实现稳定、安全且高效的电能输送与分配。

在整个能量转换过程中，风力的大小、方向和变化速率直接影响叶片的旋转速度与扭矩。哪怕是细微的风力变化，都可能对机械能的运行效率产生显著影响。同时，发电机内部的电磁感应过程以及相关的电路控制和调节机制，在虚拟电厂中必须时刻保持高度精准和稳定，以确保机械能能够在任何情况下都高效、稳定且可靠地转化为可用电能。

（2）优势

在虚拟电厂的宏大体系之中，风能资源呈现出极为丰富的状态，尤其是在一些特定的区域表现得尤为突出。沿海地区凭借其独特的海陆热力性质差异，会形成较为强劲且持续的海陆风，这种稳定且有力的海陆风，为虚拟电厂源源不断地提供了相对稳定且可靠的风能来源。

山区那复杂多样的地形地貌，使得气流在其间受到不同程度的阻挡、加速和压缩，进而形成了局部的强风区域，这些特殊的地理环境，为虚拟电厂的风力发电营造了极为有利的条件。

风力发电在规模上具备灵活多变的特性，能够良好地适应各种不同的场景。不管是在虚拟电厂所涵盖的大规模风电场，还是在地处偏远的小型社区、孤立的设施等场所，风力发电都展现出了令人瞩目的适应性和强大的生命力。

在大规模的风电场中，数量众多的风力发电机协同有序地运作，为虚拟电厂输送着海量的电力，成为其强大的能源支撑。而在小型的场所，小型的风力发电装置则为虚拟电厂的局部稳定供电发挥着不可忽视的重要作用。

这种规模上的灵活性，使得风力发电能够依据虚拟电厂的具体需求和独特条件，进行极为精准的布局和优化配置。它能够巧妙地满足不同规模的电力需求，为虚拟电厂的稳定运行和高效供电提供坚实的保障。

（3）挑战

在虚拟电厂中，风电同样具有明显且突出的间歇性和不稳定性，这一特性深受风速变化的影响。

在风速较低的情况下，风力发电机的叶片旋转速度显著减缓。这种减缓直接导致了发电量的急剧下降，其下降幅度之大以及速度之快令人措手不及。并且，风速变化毫无规律，时而缓慢，时而急促，使得风力发电的输出难以预测和控制。在风速过高的时候，为保障设备的安全运行以及避免过度磨损，可能需要暂停设备运行或者降低功率输出。这种情况直接影响了虚拟电厂的电力供应，给电力的稳定输出带来了极大阻碍。

风电场的选址要求颇高，需要充足的风力资源。在虚拟电厂的规划中，选址时必须进行全方位的勘察和深入的评估，要综合考虑众多关键因素。年均风速是基础指标，风速的稳定性、风向的规律性以及地形地貌对风的影响等都不可忽视。此外，还需要评估土地使用政策是否允许、电网接入条件是否便利、环境影响是否在可承受范围内以及社会接受度的高低等。只有全面考量这些因素，才能够在恰当的地点建设风电场，保障虚拟电厂的预期发电效果得以实现，有效降低建设和运营成本，确保虚拟电厂稳定运行。

（4）措施

为有效应对虚拟电厂中因风速变化而给发电量带来的显著影响，一系列具有针对性且切实可行的举措得以被提出并有望实施。

在设备优化这一关键环节，大力投入研发工作，积极采用先进的叶片设计方案。通过优化叶片的形状、角度和结构，显著提升在低风速状况下的风能捕获能力，确保在风速较低的情况下也能获取更多的风能。同时，持续改进发电机的性能，采用更高效的电磁设计和更优质的材料，提高能量转换效率。并且，安装智能调速系统，借助高精度的传感器和先进的控制算法，依据实时监测到的风速变化进行精准且迅速的调整，确保风力发电机始终以最佳状态运行。

建立强大且高效的能源存储系统是一项至关重要的策略。在风速较高、发电量过剩的时段，将多余的电能存储起来，而在风速较低、发电量不足的时段，适时释放存储的电能，从而有效地平衡虚拟电厂的发电输出，保障电力供应的稳定性和连续性。

加强气象监测和预测工作具有不可忽视的重要性。利用高精度的监测网络，广泛收集包括风速、风向、气温等在内的详尽气象数据。运用先进的数学模型和数据分析算法，提前精准地知晓风速的变化趋势，从而能够前瞻性地调整发电策略，实现发电计划与风速变化的紧密匹配。

在选址方面，进行全面、深入且细致入微的评估是必不可少的。综合运用地理信息系统（GIS）、遥感技术和数值模拟等先进的手段和方法，对候选地区的风力资源进行全方位的分析。通过长期的实地监测，获取大量准确、可靠的数据，为选址决策提供坚实的依据。在评估过程中，多因素综合考量的原则至关重要。除关注年均风速、风速的稳定性和风向等关键指标外，还需要全面评估土地政策的许可性、电网接入的便捷性、潜在的环境影响以及当地社会的接受程度等众多因素。建立科学合理的选址评估指标体系，并根据各因素的重要程度合理分配权重，确保选址决策的科学性和公正性。同时，积极与当地社区展开合作，以坦诚和开放的态度进行协商，共同解决可能出现的问题，为项目的顺利推进提供有力的支持和保障。

采用分散式布局是一种具有创新性和适应性的策略。除建设大型集中式风电场之外，在风力资源相对较弱但分布较为广泛的地区，合理规划并建设小型分散式发电设施。这种布局方式能够降低对大型风电场的过度依赖，提高整个虚拟电厂的风能利用效率和供电可靠性。

持续不断的技术创新是推动发展的核心动力。积极开发能够适应不同地形和风力条件的新型发电技术和设备，拓宽其应用范围，使得风电在更为复杂和多样的环境中得以高效运行。同时，积极借鉴在风电领域具有先进经验和成熟技术的国家如丹麦等，学习其成功的发展模式、管理策略和技术创新路径，从而有力地推动虚拟电厂中的风电实现快速、健康且可持续的发展。

（5）案例

在我国东部某地区，建设了一个虚拟电厂。该地区具有丰富的风力资源，沿海区域建设了大规模的海上风电场，同时在山区也布局了多个小型风力发电设施。

沿海的大型海上风电场由数十台大型风力发电机组组成，选址后，建设在具有稳定且强劲风力的海域。采用了先进的风力发电技术，风机的叶片设计和发电机性能都处于行业领先水平。同时，配备了智能化的监控和运维系统，能够实时监测每台风机的运行状态，及时发现并解决潜在问题，确保风机的高可靠性和稳定性，为虚拟电厂提供了大量稳定的电力输出。

山区的小型风电场则充分利用了当地的地形和风力特点。虽然单个风电场的规模较小，但通过合理的布局和集群化管理，也能够在关键时刻发挥重要的补充作用。这些小型风电场采用了适合当地环境的小型风力发电机组，安装和维护相对简便。

在虚拟电厂的管理方面，构建了一套科学合理的体系。首先，利用大数据和气象预测技术，对该地区的风力情况进行精准预测，从而更好地安排风电的发电计划。其次，建立了高效的通信和协调系统，能够实时调度各个风电场的出力，使其与其他能源（如太阳能、水电等）相互配合，以满足本地及周边地区的电力需求。

在实际运行中，当用电需求较低时，虚拟电厂可以适当减少风电的输出，将多余的电力储存起来或调配给其他有需求的区域；而在用电高峰或其他能源供应不足时，风电系统则能够迅速增加出力，保障电力的稳定供应。

该虚拟电厂的成功运行取得了显著成效。一方面，极大地提高了风电在整个能源供应中的占比，减少了对传统化石能源的依赖，为地区的节能减排作出了重要贡献；另一方面，通过与其他地区的电力系统联网，实现了风电资源的跨区域调配，提高了能源的利用效率和系统的稳定性。其成功经验为其他地区虚拟电厂的建设和运营提供了宝贵的范例，推动了我国风电产业的进一步发展以及能源结构的优化升级。

南非的一个风光储融合虚拟电厂项目也具有一定的参考价值。阳光电源与法国电力新能源 EDF Renewables 合作，为南非首个风光储融合虚拟电厂项目提供 264MW·h 液冷储能系统。该项目由相距 900km 的 Avondale 光储电站和 Dassiesridge 风储电站组成，全部选用阳光电源 PowerTitan 液冷储能系统。项目深度融合了风电、光伏和储能技术，并网后可有效缓解南非电力危机，提升能源供应稳定性，每年能产生近 4 亿度清洁电力，满足 12 万户家庭全年用电需求。同时，该项目作为虚拟电厂运营，可实现跨区域能量协同调度，提升区域电力供应稳定性，为南非新能源发展提供了示范。

2.2.3 多能互补技术

（1）原理

虚拟电厂中的多能互补技术原理建立在对多种可再生能源资源的深度理解、全面剖析以及巧妙融合与协同利用之上。它将光伏、风电、水电、生物质能等多种多样的能源精心且巧妙地整合在一起，使之形成一个紧密相连、相互协作的有机整体。一套具备高度智能化、精准化特质的控制体系，对这些能源在虚拟电厂中的生产流程、存储方式、转换过程以及分配策略进行实时且细致的监测、全面且深入的分析以及灵活且有效的调控，从而成功地实现它们之间的协同运作。

在虚拟电厂系统之中，每种能源都展现出其独有的特性和独特的输出规律。光伏能源高度依赖于阳光的照射，在阳光充足的白天，通常能够为虚拟电厂提供较为稳定且持续的电力；风电则受到风速变化的显著影响，其输出功率呈现出较大的波动性，时而强劲，时而微弱；水电的发电能力紧密取决于水资源的具体状况，具有明显的季节性特征以及一定程度的可调节性；生物质能的供应相对而言较为稳定，然而却受到原料收集的难度以及转化效率的限制（图 2-9）。

智能控制系统就如同虚拟电厂中掌控全局的智慧大脑，它拥有敏锐至极的感知能力，能够精准地察觉各种能源的实时状态和细微的变化趋势。依据不同能源所具备的特点和独特优势，它能够灵活且迅速地调整虚拟电厂的运行模式和输出功率。在能源供应充足的时刻，它能够进行合理的存储规划或者科学的分配安排；而当能源需求达到高峰或者某种能源供应出

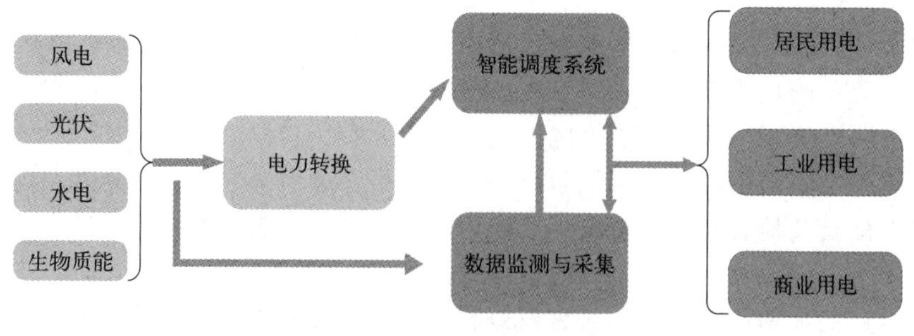

图 2-9 多能互补概念图

现不足的情况时，它能够以迅雷不及掩耳之势调动其他能源及时补充，确保虚拟电厂始终保持稳定、持续且高效的电力供应，为用户和整个社会提供坚实可靠的能源保障。

（2）优势

在虚拟电厂当中，能够充分且有效地利用不同能源的特点来达成优势互补。例如，在阳光明媚的白天，光伏能源能够稳定且持续地输出，而当夜幕降临，风电则开始发力。

这种精妙的互补并非偶然形成的，而是通过极为精准的监测和高度智能的调配得以实现的。当光伏能源逐渐减弱之时，风电能够迅速且精准地顶上；当风电出现波动之际，其他能源能够在第一时间迅速支援。如此这般，确保了虚拟电厂在任何时刻都能够拥有稳定且可靠的能源供应，为人们的生活和社会的生产提供了源源不断的持续动力。

多能互补技术显著地提高了虚拟电厂能源系统的整体效率和经济性。在虚拟电厂中，它通过巧妙绝伦的组合方式和协同有序的工作模式，实现了远远超出单一能源简单相加的显著效果。充分利用每种能源的最佳输出时段和独特特性，最大限度地避免了低效率的运行状况和资源的浪费现象。

与此同时，还降低了对大规模储能设备的过度依赖，大幅度减少了系统建设和运营的成本。在变幻莫测的能源市场中，能够灵活应对价格的波动和供需的变化，显著提高能源供应的适应性，从而为用户提供更为经济实惠、稳定可靠的能源服务，为虚拟电厂的可持续发展注入了强大且源源不断的动力。

（3）挑战

技术复杂性达到了较高的水平，对先进的控制和管理系统有着迫切的需求。在虚拟电厂的多能互补中，这一技术仿佛一座复杂而精巧的巨型数字中枢，其内部的每一个数据节点、每一条信息通道都必须做到精确无误且协同无间地工作。这无疑对控制和管理系统提出了超乎寻常的高要求，它必须拥有极高的准确性、异常灵敏的反应能力以及坚如磐石的稳定性。

这个先进的系统需要实时处理堪称海量的数据，涵盖了各种能源在虚拟电厂中的生产、存储、消耗以及传输等方方面面的信息。它不仅要能够以极快的速度对这些数据进行深入分析，精准预测能源的供需变化趋势，而且要在瞬间作出无比精准的决策和调控指令。与此同时，还需要具备强大到足以应对各种状况的抗干扰能力和容错能力，以便在面对形形色色的突发状况和异常事件时，能够确保虚拟电厂整个能源系统得以安全、稳定地运行。

光伏系统产生的直流电与虚拟电厂电网所采用的交流电之间，需要实现高效且精准的转换和完美匹配；风电那不稳定的输出特性需要与其他能源在虚拟电厂中的稳定供应进行巧妙的平衡和协调；水电那明显的季节性变化需要与其他能源的灵活调节在虚拟电厂中达成相互配合。除此之外，不同能源系统的设备规格、技术标准以及运行参数在虚拟电厂中也存在着显著的差异。要实现无缝对接和协同运行，就必须克服诸多复杂的技术难题和管理方面的重重障碍。

（4）措施

为有效应对虚拟电厂中多能互补技术所呈现出的复杂性和高标准、高要求，首先应当不遗余力地加大控制和管理系统的研发投入。积极集合来自各个领域的顶尖科研力量，全力开发具备更高性能的算法和模型，致力于显著提升系统处理海量数据的速度和准确性。例如，充分运用人工智能和大数据等前沿技术，促使系统能够更加智能化地分析虚拟电厂能源的供需趋势，从而做出极为精准且科学合理的决策。与此同时，大力加强硬件设施的建设工作，积极采用更为先进、稳定可靠的服务器和网络设备，坚决确保数据传输的高效性和稳定性，为系统的顺畅运行提供坚实的物质基础。

在整合和协调虚拟电厂中不同能源系统这一关键方面，需要建立起统一且严格的技术标准和规范。政府、行业协会以及企业齐心协力、携手合作，共同制定全面涵盖设备规格、运行参数等重要内容的标准，从而为不同能源系统在虚拟电厂中的无缝对接奠定坚实可靠的基础。进一步加强跨领域的技术交流与深度合作，积极促进不同能源领域的专业人员相互学习、协同工作。比如，有针对性地组织光伏、风电、水电等领域的专家共同研讨复杂问题的解决方案，广泛分享各自的成功经验，实现知识和经验的共享与传承。并且，积极建立虚拟电厂能源系统的模拟和测试平台，在实际运行之前，对整合方案进行充分且深入的验证和优化，提前发现并解决可能存在的潜在问题。

为切实增强虚拟电厂系统的抗干扰和容错能力，构建一套完备、高效的应急响应机制至关重要。提前精心制定针对各种各样突发情况和异常事件的详细预案，并定期开展严格的演练和全面的评估。不断强化系统的监控和预警功能，能够及时敏锐地发现潜在的问题并迅速发出警报。同时，建立健全冗余备份系统，确保当主要部件发生故障时能够迅速完成切换，有力地保障虚拟电厂能够持续稳定地运行。此外，大力加强人员培训工作，切实提高运维人员的技术水平和应急处理能力，确保在关键时刻能够有效、迅速地应对各种复杂情况。例如，有计划地开展针对性的技术培训课程和实战演练，让运维人员熟练掌握各类故障的处理流程和应对方法，做到胸有成竹、临危不乱。

（5）案例

在山东省泰安市，首家虚拟电厂于 2023 年投入使用。该虚拟电厂融合了多项先进技术，通过“聚合体”内源、网、荷、储各个环节的信息交互和能量调控，实现了多能互补、源荷互动。它可对电网提供削峰、填谷、调频、稳控和备用等辅助服务，平均每年可提供清洁电量约 3.8×10^7kW·h，等效于节约了 16000t 标准煤，同时减少污染排放 11000t 碳粉尘、37000t 二氧化碳、1100t 二氧化硫、600t 氮氧化物，环保效益显著。

该项目由国网泰安供电公司与山东大学、山东未来能源合作推动。一期建设目标容量为 20MW，聚集了泰安市文化艺术中心、泰安银座岱宗购物广场有限公司、山东泰山帝苑物业有限公司等全市近50多家企业，涵盖办公楼宇、商业综合体、宾馆酒店、机关事业单位、工业企业、各类园区等多场景柔性负荷调节资源。

此外，在深圳、冀北、上海等地也有虚拟电厂的项目实践。例如，冀北虚拟电厂累计消纳新能源电量34120000kW·h，度电收益0.183元，运营商和用户总收益624.2万元。

虚拟电厂并不是真正意义上的发电厂，而是一种智慧能源管理平台，可以将分布式电源、储能、电动汽车等零散资源集零为整，与电网进行灵活、精准、智能化互动响应，起到助力电网系统保持平衡的作用。通过虚拟电厂，各工商业户还可以进行电力市场交易，参与电网调控并获得相应经济补偿。

2.3 传统发电资源的协调

虚拟电厂是一个高度集成的能源管理系统，它通过先进的信息通信技术（ICT）将分散的能源资源连接起来，实现集中调度和优化运行。这些资源包括但不限于小型燃气轮机、微型燃料电池、混合动力系统、太阳能光伏、风力发电、储能设备以及需求响应等。虚拟电厂的关键在于其软件平台，它能够实时监控、分析和控制这些资源，以满足电网的需求并优化整体能源效率。

2.3.1 小型燃气轮机

小型燃气轮机（small gas turbines，SGTs）在现代电力系统里，正扮演着愈发关键且举足轻重、意义非凡的重要角色，特别是在虚拟电厂架构之中，它们凭借着一系列独具匠心、别具一格的显著优势，例如令人称奇的快速响应能力、超凡卓越的高可靠性、有目共睹的良好环境友好性、令人赞叹的出色调频能力以及无可替代的备用电源功能，已然毫无疑问地成为整个电力供应体系里至关重要且不可或缺的核心组成部分。这些显著的特性不但以显著的方式极大地提升了电力系统的灵活性以及效率水平，使得电力系统能够更加游刃有余地应对各种复杂多变的用电需求和突发状况，而且以强大有力的态势有力地推动了朝着更清洁、更具可持续性的能源转型这一意义深远、影响重大的发展进程。其快速响应能力能够在瞬间满足电力需求的急剧变化，高可靠性保障了电力供应的稳定无间断，环境友好性减少了对生态环境的负面影响，调频能力使得电网频率始终保持在精准稳定的状态，备用电源功能则为电力系统提供了坚实可靠的保障。

小型燃气轮机所具备的快速启动能力无疑是其最为突出的优势之一。传统的大型发电站或许需要耗费数小时的时间才能够达成满负荷的运行状态，然而SGTs却能够在短短几分钟之内迅速做出响应，这一显著特点对于维护电网的动态平衡起着举足轻重的关键作用。在虚拟电厂当中，小型燃气轮机能够极为迅速地应对电网负荷所出现的波动情况，尤其是当可再生能源（像是风能和太阳能）的供应处于不稳定的状况时，它们能够即刻提供所需要的电力，切实地确保电网的稳定供电，有效地避免由于负荷的突变而引发的电压或者频率的波动，进而保护那些敏感的电子设备以及工业设施免遭损害。

由于通常会被部署在用电负荷的中心附近区域，小型燃气轮机能够显著地降低电力在长距离输电过程当中所产生的损耗。这是由于电能在传输的过程中必然会遭遇电阻的阻碍，从而导致能量的损失。SGTs 的近距离部署策略，不但极大程度地降低了这些损耗，而且显著地提高了电力供应的可靠性。在面临极端天气事件、自然灾害或者人为事故从而导致电网发生故障的时候，它们能够作为紧急备用的电源，迅速地启动运转，为关键的基础设施以及住宅区提供持续且稳定的电力支持，有力地保证社会生活得以正常有序地运转。

小型燃气轮机（图 2-10）的设计以及运营过程充分周全地考虑到了环境保护方面的相关因素。现代的 SGTs 采用了先进的燃烧技术以及排放控制系统，大幅度地降低了氮氧化物（NO_x）、二氧化碳（CO_2）以及其他各类有害物质的排放数量，这不但极大地减轻了对环境所造成的影响，而且还协助电力运营商严格地遵守了环保法规。在碳排放的交易市场当中，低排放的小型燃气轮机同样能够为企业带来额外的经济收益，通过出售碳信用额度进而实现双重的效益收获。

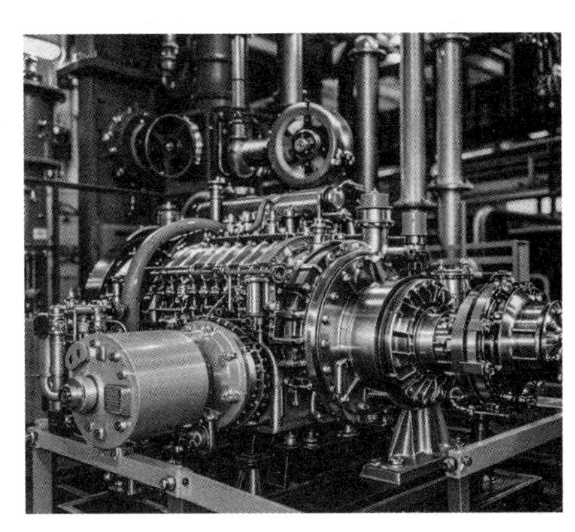

图 2-10　小型燃气轮机图

在虚拟电厂的整体框架之下，小型燃气轮机能成功地充当理想调频资源的重要角色。电网频率哪怕出现极为微小的变化，都有可能对电力系统的安全以及稳定构成潜在的威胁，特别是当大量间歇性的可再生能源并入电网之时。SGTs 所具备的快速调整能力使得它们能够迅速响应频率的变化情况，通过精准地控制输出功率，SGTs 有效地帮助维持电网频率处于安全的范围之内，切实地确保电力系统能够平稳顺畅地运行。

作为备用电源，小型燃气轮机在可再生能源供应不稳定或者电网出现故障的状况下发挥着无可替代的关键作用。它们能够迅速启动并提供必要的电力，这对于保障医疗设施、数据中心、交通系统等关键基础设施的不间断运行显得至关重要，同时也切实地确保了居民基本生活需求的电力供应得以满足。这种备用能力极大地增强了整个电力系统的韧性和可靠性，特别是在面对自然灾害或者突发事件的时候，能够迅速地恢复服务，显著地减少经济损失以及社会影响。

伴随着技术的不断进步以及对环境影响的关注持续加深，小型燃气轮机在电力系统当中的角色将会变得越发重要。它们不但极大地提升了电力系统的灵活性和可靠性，而且有力地促进了环境的可持续发展。通过与可再生能源和储能系统的智能集成，小型燃气轮机成为构建一个更加可持续、高效和清洁能源未来的核心关键元素。

总之，小型燃气轮机在现代电力系统当中，特别是在虚拟电厂的架构之中，正凭借着其独特的技术优势，引领着电力行业的深刻变革，为构建更加绿色、智能和富有弹性的能源网络奠定了坚实的基础。

以下是一个小型燃气轮机在中国江苏省虚拟电厂中的应用真实案例。在江苏省的一个经济发达地区，为了满足不断增长的电力需求和提升电力系统的稳定性，构建了一个先进的虚拟电厂。在这个虚拟电厂中，小型燃气轮机发挥了重要作用。过去，该地区的电力供应主要依赖于大型传统发电站和远距离输电，在用电高峰时经常面临电力供应紧张和电网不稳定的问题。

引入小型燃气轮机后，情况得到了显著改善。当夏季用电高峰来临时，电力需求急剧增加，传统发电站需要数小时才能提升供电量，而小型燃气轮机能够在短短几分钟内迅速响应，快速增加输出功率，及时满足了瞬间增长的电力需求，有效维护了电网的动态平衡。在可再生能源如风能和太阳能供应不稳定的情况下，小型燃气轮机能够迅速填补电力缺口。例如，在某个阴天，太阳能发电大幅减少，小型燃气轮机迅速启动，确保了电网的稳定供电，避免了电压和频率的波动，保护了当地工厂里的敏感电子设备和工业设施。由于小型燃气轮机被部署在用电负荷中心附近，大大降低了长距离输电的损耗。曾经，远距离输电导致的能量损失高达15%，而现在这一损耗降低到了5%以内。同时，在遭遇极端天气如台风导致电网故障时，小型燃气轮机作为紧急备用电源迅速启动，为医院、数据中心、交通信号灯等关键基础设施以及周边住宅区提供了持续稳定的电力，保障了社会生活的正常运转。在环保方面，小型燃气轮机采用了先进的燃烧技术和排放控制系统。与过去相比，氮氧化物和二氧化碳的排放量减少了70%以上，显著减轻了对环境的压力，使当地电力企业能够轻松满足环保法规要求。在碳排放交易市场中，低排放的小型燃气轮机为企业赢得了可观的碳信用额度，带来了额外的经济收益。在虚拟电厂的整体框架下，小型燃气轮机精准的调频能力确保了电网频率始终保持在安全稳定的范围内。当大量间歇性的可再生能源并入电网导致频率出现微小变化时，小型燃气轮机能够迅速调整输出功率，保障了电力系统的平稳运行。在应对自然灾害如洪水时，电网出现故障，小型燃气轮机作为备用电源迅速启动，保障了医疗设施的不间断运行，为救援工作提供了有力支持。其强大的备用能力增强了整个电力系统的韧性和可靠性，减少了经济损失和社会影响。

随着技术的不断进步，预计未来小型燃气轮机将更加智能化，能够实现自我诊断和预测性维护，进一步降低运营成本，提升系统性能。小型燃气轮机的应用，为江苏省的电力系统带来了灵活性、可靠性和可持续性，为构建更加绿色、智能和富有弹性的能源网络发挥了重要作用。

2.3.2 微型燃料电池

在虚拟电厂这个背景之下，微型燃料电池（micro fuel cells，MFCs）（图2-11）的引入与应用可谓是另辟蹊径，为整个电力系统带来了高度灵活性和极为显著的效率提升。VPP作为一个由形形色色的分布式能源资源（DERs）所共同组成的庞大集合体，广泛涵盖了小型发电装置、储能系统以及可调节负荷等众多关键元素，它们巧妙地借助先进前沿的通信和控制技术紧密协同、通力合作，以类似于传统大型电站那种有条不紊的运作方式积极踊跃地参与到错综复杂的电力市场的运行之中。微型燃料电池在这样错综复杂、独具特色的框架之中扮演着至关重要且无可替代的关键角色。微型燃料电池作为新兴能源解决方案，正以其独具一格的显著特质深刻地改变着人们对于清洁能源长久以来的认知和应用方式。从核心的清洁发电原理，到能源转换机制，再到模块化设计所赋予的灵活性，以及持续稳定的电力输出能力，微型燃料电池在多个维度、多个层面上充分展现了其不容小觑的重要价值。这些特性不但使得MFCs成为应对气候变化这一全球性挑战和减少碳足迹这一艰巨任务的行之有效、得力可靠的强大工具，同时也为能源系统的可持续发展铺平了康庄大道，为能源领域的未来发展奠定了坚实有力的基础。

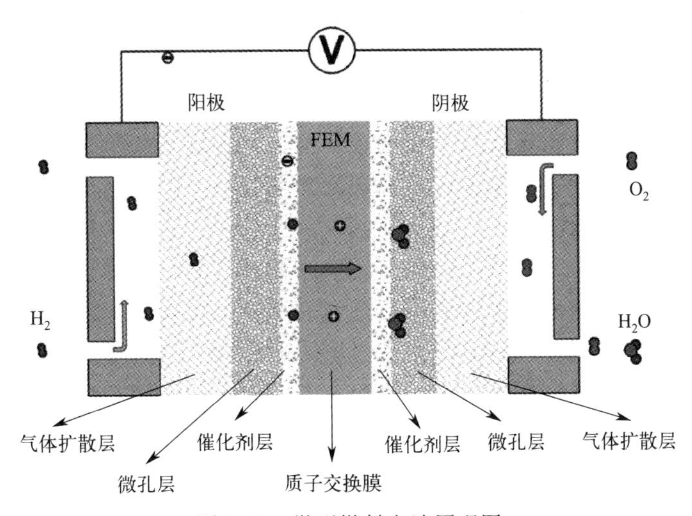

图 2-11 微型燃料电池原理图

首先，微型燃料电池之所以被广泛且一致地视为清洁能源的杰出典范，主要是因为其工作原理从根本上决定了它几乎不会产生任何有害的排放物。当纯净的氢气或者其他清洁燃料在燃料电池内部发生电化学反应的时候，唯一的副产品通常仅仅是纯净无害的水以及极为少量的热量，这与传统燃烧过程中所产生的种类繁多、成分复杂的排放物形成了极其鲜明的对比。MFCs的这一显著特性直接且有力地响应了全球范围内日益强烈的减排的迫切号召，为全力建设一个更加绿色、更加健康、更加宜人的环境提供了强有力、坚不可摧的技术支撑。

其次，微型燃料电池在能源转换效率方面的出色表现确实令人瞩目，堪称惊艳。传统发电机的效率通常为30%～40%，而MFCs的效率却高达50%～60%。这意味着更多的化学能能够以直接且高效的方式转化为电能，极大程度地减少了能量在转化过程中的无谓浪费。这种高效率不仅对环境保护具有举足轻重、不可替代的重要意义，而且还为广大企业和消费者带来了十分显著、实实在在的经济效益。它有效地降低了长期的运营成本，显著提升了能源使用的性价比，使得能源利用更加经济实惠、高效合理。

再者，MFCs的模块化设计赋予了它们灵活性。每一个燃料电池单元都能够独立自主、稳定可靠地运行，同时也可以依据实际的具体需求进行串联或者并联，从而适应各种各样应用场景和负载变化。在虚拟电厂的精妙框架之下，这种灵活性显得尤为关键重要、不可或缺，它允许电力系统根据实时的需求精确无误地调整能源供给，成功地实现了供需之间的智能匹配、无缝衔接，极大地提高了能源分配的效率和响应速度，使得能源分配更加高效快捷、及时准确。

此外，微型燃料电池的另一个极为显著的优势在于其能够提供持续稳定的电力输出。与太阳能和风能等具有间歇性和不稳定性的可再生能源相比较，MFCs完全不受天气状况和季节变化的影响，可以全天候、二十四小时不间断地稳定供电。这种稳定性对于电网的平衡而言至关重要，特别是在应对电力需求的高峰时段的需求压力或者可再生能源供应不足的情况下，MFCs能够作为极为可靠的补充力量，切实地确保电力系统稳定无误地运行。

最后，微型燃料电池在推动能源的可持续发展进程方面发挥了至关重要的核心作用。它们能够与风能、太阳能等可再生能源系统实现无缝对接和相辅相成的互补，共同构建一个更加环保、更加清洁和更加高效的能源生态系统。通过智能调度和存储技术，MFCs能够在可再生能源过剩的时刻及时有效地储存电力，在需求达到高峰时释放电力，从而有效地平衡电网负荷，显著提升整体能源利用的效率，实现能源的高效利用和优化配置。同时，氢气作为MFCs的主要燃料，可以通过水电解方式顺利便捷地获得，这不仅大幅减少了对传统化石燃料的依赖程度，降低了能源供应的风险和不确定性，也为氢经济的蓬勃发展奠定了基础，有力地推动了能源结构的多元化和清洁化进程，为能源领域的可持续发展开辟了广阔的前景和光明的未来。

综上所述，微型燃料电池凭借其清洁无污染、高效节能、灵活多变、稳定可靠和可持续发展的显著特性，正逐渐成为现代能源体系之中的重要组成部分。它们不仅极大地有助于减少温室气体的排放，有力地应对全球气候所带来的严峻挑战，同时也为电力系统提供了全新的解决方案，有效地促进了能源领域的创新和发展。随着技术的不断进步和成本的进一步降低，微型燃料电池有望在更加广泛的领域得到大规模的应用，加速人类社会向可持续能源未来的快速过渡。

【实际案例】在广东省的一个高新技术产业开发区，为了提升能源管理效率和实现可持续发展目标，积极引入了虚拟电厂概念，并采用了微型燃料电池技术。这个开发区之前存在着能源供应不稳定、能耗成本较高以及对环境有一定影响等问题。

引入微型燃料电池后，带来了一系列显著的好处：清洁环保方面，微型燃料电池工作时几乎不产生有害污染物，主要产物为水，极大地减少了开发区的碳排放量，有助于改善当地空气质量，契合了广东省对环境保护的严格要求。能源效率上，它的转换效率远超传统发电方式，以往开发区内的发电设备效率通常在35%左右，而微型燃料电池的效率高达55%以上，这使得企业在能源使用上更加高效，长期下来节省了大量的能源成本。灵活性方面表现出色。由于采用模块化设计，每个微型燃料电池单元都能独立运行，还能根据不同企业的实际用电需求进行灵活组合。比如，在一些研发企业，工作时间的用电需求较大，而在夜间则需求骤减，微型燃料电池能迅速调整输出功率，满足这种动态变化。电力输出稳定性极高。不像太阳能受阴雨天影响、风能受风力大小影响，微型燃料电池能够全天候稳定供电。在夏季用电高峰时段或者突发的自然灾害导致其他供电方式受限时，微型燃料电池成为可靠的电力保障，确保了开发区内企业的正常运转。在与可再生能源的协同上，微型燃料电池也发挥了重要作用。当太阳能和风能发电过剩时，它能储存多余电能；当这些可再生能源供应不足时，它及时补充，有效平衡了电网负荷，提高了整个开发区的能源利用效率。通过在这个开发区的应用，微型燃料电池不仅为当地企业带来了经济和环境效益，还为广东省的能源转型和可持续发展树立了良好的典范。随着技术的进步和成本的降低，预计将在更多地区和领域得到广泛应用。

2.3.3 混合动力系统

在虚拟电厂的广阔背景下，混合动力系统展现出其独特价值，成为电力系统中关键组成部分。这个系统结合了内燃机和电动机各自的显著优势，同时辅以先进尖端的电池储能技术，以及高度智能化的能量管理策略，共同构筑成一个兼具高效能、高度灵活性以及环境友好特性的卓越能源解决方案。

混合动力系统的一个极为显著的特点便是其能源的丰富多样性与灵活性。在虚拟电厂的日常运营当中，这一系统能够凭借其先进的智能技术，根据实时动态的电网需求以及能源价格，精准地在内燃机和电动机之间进行无缝切换。举例来说，在静谧的夜间或者非高峰时段，当电力需求处于较低水平且电价相对较为便宜的时候，内燃机便能够被高效地运用起来，为电池储能系统进行充电操作；而在阳光明媚的白天或者电力需求处于高峰的紧张时段，电动机则承担起至关重要的供电任务，充分利用之前储存的能量，为各类负荷提供稳定可靠的电力支持。这种灵活性不仅极大程度地有助于降低电力的综合成本，还能够依据电网的实时需求进行极其迅速的响应，显著提高整个系统的综合效率和响应能力。

能量存储环节无疑是混合动力系统中的又一大耀眼亮点。电池储能系统能够将过剩的电能妥善地存储起来，并在电力需求达到高峰或者面临紧急状况时，毫不犹豫地释放这些能量，为电网提供至关重要且必不可少的电力支撑。这种强大的能量存储能力对于平衡电网的供需关系来说，其重要性不言而喻。它使得虚拟电厂在可再生能源供应出现不稳定的状况，或者电力需求急剧激增的关键时刻，能够快速填补电力缺口，维持电网的稳定有序运行。此外，电池储能系统还能够充当调峰资源的角色，平滑电力曲线，有效地减少对传统大型发电厂的过度依赖，极大地提高了整个电力系统的灵活性和可靠性。

混合动力系统在环境效益方面的表现同样可圈可点、出色非凡。通过巧妙优化内燃机和电动机的使用时机和方式，虚拟电厂能够极其显著地减少碳排放以及其他各类有害物质的排放。在电力需求相对较低的时段，内燃机可以在更为高效的工作状态下稳定运行，大幅减少单位电力产生的排放物数量；而在需求处于高峰的关键时期，电动机充分利用储存的清洁电能进行供电，成功避免了额外的排放产生。这种策略不仅有助于虚拟电厂顺利实现绿色能源的宏伟目标，也完全符合全球范围内减排的宏大趋势，有力地促进了能源系统的可持续长远发展。

通过智能化地管理能源流，混合动力系统极大程度地提高了能源的利用效率。在电力需求处于较低水平时，过剩的电能会被存储在电池储能系统当中，而在需求达到高峰的关键时期，这些之前储存的能量得以高效释放，成功避免了额外的能源生产和传输环节，极大程度地减少了能源的浪费现象。此外，混合动力系统还能够通过极具创新性的需求侧管理策略，积极鼓励用户在非高峰时段合理使用电力，进一步优化能源的分配方式，显著提升整体效率，为广大用户带来更为经济实惠的用电体验。

综上所述，混合动力系统在虚拟电厂的宏大框架下，凭借其能源的多样性、出色的灵活性、显著的环境效益、强大的能量调节能力以及卓越的能源利用效率，已然成为电力系统中的一股新兴力量。它们不仅能够有效地帮助虚拟电厂实现更为高效、更为灵活的能源管理和分配，还能够积极促进环境的可持续发展，大幅减少对传统化石燃料的依赖程度。随着科技的不断进步以及成本的进一步降低，混合动力系统在虚拟电厂中的应用必将更加广泛和深入，为构建智能、绿色的未来能源网络贡献出不可估量的强大力量。

【实际案例】在德国的一个小镇，当地的虚拟电厂整合了多个分布式能源资源，包括安装在一些工厂和公共建筑上的混合动力系统。

其中一家大型食品加工厂是虚拟电厂的重要参与者。在生产旺季，每天上午到下午时段，工厂的生产线全力运转，电力需求极高。这时，混合动力系统中的电动机发挥主要作用，依靠预先存储的电能以及实时从电网获取的电力，满足了生产设备、制冷系统和照明等设施的高负荷用电需求。而在夜间和凌晨，工厂生产停止，电力需求大幅降低。混合动力系统中的内燃机开始工作，以较低的成本为电池储能系统充电。并且，当地的太阳能电站在白天阳光充足时产生的多余电能也被有效地存储起来。有一次，冬季的一场暴风雪导致电网出现部分故障，周边区域供电受到影响。但由于这家食品厂的混合动力系统具备强大的能量调节能力和存储功能，能够迅速独立为工厂的关键设备提供电力，保障了产品在冷库中的存储安全，避免了巨大的经济损失。通过对内燃机和电动机使用的优化安排，该工厂在全年的运营中显著降低了碳排放。在电力需求较低的时段，内燃机以高效节能模式运行，减少了单位电力的排放。而在需求高峰时，电动机依靠清洁电能供电，避免了额外的污染排放。随着时间的推移，混合动力系统的技术不断改进，成本进一步降低。这家工厂不仅实现了更高效的能源管理和更低的运营成本，还为当地电网的稳定和可持续发展作出了重要贡献。

思考题

1. 虚拟电厂技术的核心组成是什么？分别指什么？
2. 虚拟电厂的物理架构主要由什么组成？有什么作用？
3. 五种优化调度算法被用来解决哪些问题？
4. 网络与通信架构实现的具体协议与技术主要包括哪些？
5. 电力通信网“云管边端”的虚拟电厂通信网络体系架构是什么？
6. 节点间通信链路的设计有哪些方式？
7. 光伏系统并网的原理是什么？
8. 结合现在的发展情况，光伏系统并网的挑战有哪些？
9. 多能互补有哪些好处？
10. 相比于传统发电机，微型燃料电池有哪些显著优势？

第3章

虚拟电厂的运行机制

3.1 虚拟电厂的运行模式

虚拟电厂的网络结构可以采用多种形式，其中一些常见的网络结构包括：集中式结构、分散式结构和混合结构。这些网络结构在虚拟电厂中可以根据具体应用和系统需求进行选择和组合。不同的结构具有各自的优势和适用范围，可以根据虚拟电厂的规模、能源资源分布、通信技术和控制策略等因素进行决策，最终的目标是实现能源资源的协调调度和优化管理，以提高能源利用效率、降低能耗成本，并支持可持续能源发展。

3.1.1 分散式运行模式

在分散式运行模式中，虚拟电厂的能源资源和负荷分布在不同的地点，通过通信网络进行连接和协调。各个能源资源和负荷之间可以通过本地控制系统进行局部的能源管理和调度，并与其他分布式控制系统进行协作。这种结构可以提高系统的灵活性和可扩展性，如图3-1所示。

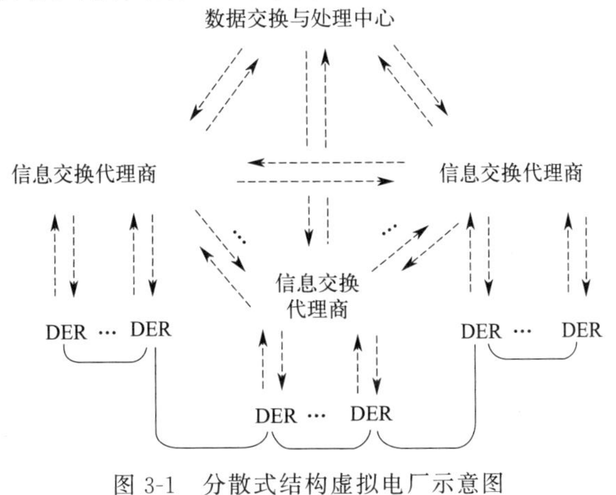

图3-1 分散式结构虚拟电厂示意图

3.1.2 集中式运行模式

在集中式运行模式中，虚拟电厂的各个能源资源和负荷都直接连接到一个中央控制系统。中央控制系统负责收集和处理来自各个组件的数据，并进行整体的能源管理和调度。这种结构使得能源资源和负荷的监测、控制、优化可以集中进行，如图 3-2 所示。

3.1.3 混合运行模式

混合结构将集中式和分散式结构相结合。将虚拟电厂划分为多个代理子区域或子系统，并在每个子系统内采用集中式结构，而不同子系统之间采用分散式结构。多个代理子系统之间通过通信和协调机制进行联合运行和管理，并共享能源资源、交换能量信息，可进行跨区域的能量调度和协同操作，提高能源的整体利用效率、降低系统风险，并在跨地域或跨国界的能源管理方面发挥作用。混合结构在每个代理子系统内实现较高的集中控制和协调，同时在整体上保持分散式的灵活性，如图 3-3 所示。

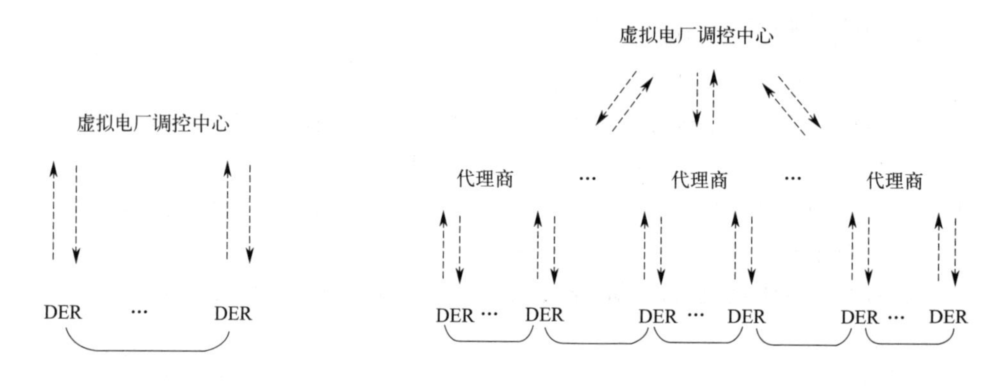

图 3-2 集中式结构虚拟电厂示意图

图 3-3 混合结构虚拟电厂示意图

3.2 虚拟电厂的调度与控制

3.2.1 调度控制中心的功能

虚拟调度控制中心是整个分布式协同控制系统的核心，负责与上级电网调度系统进行交互，把虚拟电厂的状态和运行信息发送给上级电网系统的同时，接收上级电网的调度指令，并通过一定的算法和规则把调度指令分配和下发给接入的各分布式资源的站侧智能协同控制层，同时通过各站侧智能协同控制层获取和分析各接入分布式资源的运行状态、运行数据，分析是否满足上级电网系统的要求，然后再对各资源进行相应的调度控制。

虚拟电厂调度控制中心部署于云端，不同于传统电网直接调度的方式，其上级电网协同控制层和上级配电网通过互动满足上级电网对 VPP 的削峰填谷需求。同时，聚合的分布式资源通过虚拟电厂参与电网调峰需求响应，并可在此过程中获得额外收益，最终实现电网、电能服务商与分布式资源的多赢。

3.2.1.1　VPP 调度控制中心与电网的互动

VPP 调度控制中心与上级配电网互动遵循三个原则：①在上级配电网无削峰填谷调峰需求时，每个分布式区域资源按照当前优化调度策略运行；②若上级配电网有削峰填谷调峰需求时，上级配电网下发削峰填谷调峰需求，VPP 根据自身综合调峰成本进行报价，由上级配电网选择相应的用户及其调峰量；③被选中的用户按照约定调峰量进行响应并进行收益结算。

3.2.1.2　VPP 调度控制中心运行方式

对于上级电网调度指令，虚拟电厂云端调度控制中心目前支持以下几种运行方式。

ACE 模式：即区域控制偏差模式，它指的是虚拟电厂负荷不跟踪基准功率，只负责调节电网功率偏差。简单说就是周波高了就减负荷，周波低了就加负荷。

BLO 模式：指虚拟电厂只跟踪负荷曲线的模式。简单说就是只跟踪电网调度给出的计划曲线。

DER 模式：即需求响应模式，指的是正常情况下虚拟电厂和下属的分布式能源以自己设定或客户要求的模式运行，在电网有负荷需求时，优先快速响应和满足电网负荷要求。可以响应全网负荷需求，也可按区域、用户、主变等进行精准负荷需求响应。

3.2.1.3　VPP 调度控制中心对聚合分布式资源的调度

对于 VPP 聚合分布式资源的控制，虚拟电厂目前支持天然气分布式冷热电三联供、停车场分布式光伏、充放换电动汽车充电桩、直流微网、储能、园区智能楼宇空调、其他可控负荷等发电、储能、可控负荷的即插即用接入和远程协同控制，主要实现以下调度控制功能。

负荷优先方式：根据各分布式能源上报的负荷响应能力，优先满足虚拟电厂或电网的负荷调节要求和负荷快速调节时间要求，响应时间快（爬坡率高）的、负荷响应足的优先调度。

成本优先方式：在满足虚拟电厂和电网负荷要求的同时，考虑能源成本的最低和收益最大化。即在接入的能源站中，优先选择单位生产成本低、利润最大的分布式能源进行调度。

3.2.1.4　VPP 调度控制中心的调度策略

（1）基线负荷计算

接入虚拟电厂的分布式资源应具备一定的负荷调节能力，且单日累计响应时间要大于 2h，应具备和虚拟电厂虚拟调度控制中心进行数据交互的技术支持系统，并满足虚拟电厂系统接入的基本要求，可以提供总负荷及发电、储能、可控负荷等可调资源的 96 点负荷曲线（每 15min 1 点），该曲线作为该资源基线负荷认定及交易结算的基础数据。而虚拟电厂的负荷曲线即为接入虚拟电厂的所有分布式资源的负荷曲线的叠加值。

分布式资源参与虚拟电厂的调峰交易基线负荷通过其历史用电负荷进行滚动平均计算得出，以自然日为计算周期，以15min为一个计算时段，按照实际顺序依次以前5个自然日的该时段算术平均负荷作为该时段的基线负荷，计算公式如下：

$$P_{bn}(i)=\sum_{d=1}^{N=5}P_{dn}(i)/N \tag{3-1}$$

式中，$P_{bn}(i)$为第n个聚合分布式资源计算日第i个时段该资源的基线负荷值：n为第n个聚合的分布式资源；$P_{dn}(i)$为满足条件的前5d中，第d天第i个时段该资源的实际负荷值；N为计算当天以前的计算天数，目前取5d。

而虚拟电厂的基线负荷为所聚合各资源基线负荷的算术和，即：

$$P_{b}(i)=\sum_{k=1}^{n}P_{bn}(i) \tag{3-2}$$

式中，$P_{b}(i)$为虚拟电厂计算日第i个时段的基线负荷值；$P_{bn}(i)$为第n个聚合分布式资源计算日第i个时段的基线负荷值。

（2）响应负荷分配

虚拟调度中心对各分布式资源的响应负荷进行实时计算并按时段进行负荷分配和调度，其基本分配方式如下，同时需要考虑权重、能源成本、能源站响应速度（爬坡率）、区域等因素：

$$P_{en}(i)=P_{xn}(i)/\sum_{i=1}^{n}P_{xn}(i)\times P_{d}(i) \tag{3-3}$$

$$P_{e}(i)=\sum_{i=1}^{n}P_{en}(i) \tag{3-4}$$

式中，$P_{en}(i)$为第n个分布式资源当前时段所分配的响应功率；$P_{xn}(i)$为该分布式资源当前时段上报的可响应功率（具体分配时按可上调功率、可下调功率计算）；$P_{d}(i)$为当前时段电网需求负荷，假设虚拟电厂目前有n个可参与响应的分布式资源；$P_{e}(i)$为虚拟电厂总的响应功率，调节目标为$P_{e}(i)=P_{d}(i)$。

（3）执行结果认定

虚拟电厂对参与调峰交易的各分布式资源的执行、计量、结果认定及结算的基本时段均为15min，该资源每15min时段的有效调峰负荷采用以下方法认定：

$$P_{\text{有效调峰负荷}}(i)=\min[P_{\text{实际调峰负荷}}(i),P_{en}(i)] \tag{3-5}$$

$$P_{\text{实际调峰负荷}}(i)=P_{n}(i)-P_{bn}(i) \tag{3-6}$$

式中，虚拟电厂的$P_{\text{有效调峰负荷}}(i)$为电网分别的响应负荷$P_{d}(i)$与P实际调峰负荷之间的较小值；虚拟电厂的$P_{\text{实际调峰负荷}}(i)$为所聚合的各个分布式资源的实际运行负荷的叠加值与虚拟电厂该时段基线负荷的差；$P_{en}(i)$为虚拟电厂在该计算时段分配给该资源的调峰负荷；$P_{n}(i)$为该资源在该计算时段的15min实际运行负荷；$P_{bn}(i)$为该资源在该计算时段的15min基线负荷。

对各分布式资源的执行结果，引入调峰完成系数$\tau(i)$进行认定，调峰完成系数计算公式如下：

$$\tau(i)=P_{\text{有效调峰负荷}}(i)/P_{en}(i) \tag{3-7}$$

当$\tau(i)\geqslant 0.8$时，认定该资源该15min时段完成调峰任务；当$\tau(i)<0.8$时，认定该资源该15min时段未完成调峰任务。

当分布式资源在1个自然日中参与虚拟电厂调峰的所有15min时段中，如果完成调峰任务的时段达到60%，则认为该资源完成了该日的调峰任务，按当日完成调峰任务的时段参与结算；如果当日完成调峰任务的时段未达到60%，则认为该资源未完成当日的虚拟电厂调峰任务，不参与当日的费用结算。

（4）费用结算

在虚拟电厂参与电网调峰完成并与电网结算完成后，进行与参与调峰的各分布式资源的费用结算，结算的基本方式如下：

$$R_n=\left[\sum_{i=1}^{K}Q_n(i)/Q\right]\times R \tag{3-8}$$

式中，R_n 为该分布式资源参加本次调峰过程所获得的收益；$\sum_{i=1}^{K}Q_n(i)$ 为分布式资源完成调峰任务时段电量和，其中 K 为完成任务的15min的时段数量；Q 为该调峰过程中电网认定的虚拟电厂总的响应电量；R 为本次调峰过程中虚拟电厂总的收益费用。

根据调峰的类型（削峰、填谷）及调峰响应时间（中长期响应、隔天响应、即时响应）不同，每次参加调峰虚拟电厂获得的补偿收益不尽相同；一般在调峰响应完成并与电网结算完成后，调峰收益会隔月与参与调峰的各分布式资源进行结算。

通过VPP云调度控制中心，实现虚拟电厂对所接入各分布式资源的运行调度和优化，满足上级电网对负荷、响应时间、响应质量等的要求，同时在需求响应结束后实现对上级电网的费用结算以及对分布式能源响应结果的费用结算。根据上级电网的要求，VPP虚拟调度控制中心可以实现全资源响应、分区域响应、分资源类型响应、自动响应、人工响应等不同的调度响应方式。

3.2.2 调度策略与优化

3.2.2.1 能源设备模型

能源耦合设备主要包括电能转换装置和天然气转换装置，电能转换装置包括电转气和电锅炉等设备，燃气锅炉可将天然气等气能转换为热能。

电转气装置可将风光等可再生能源发电的多余电能转换为气能，具体表达式如下：

$$P_{\text{e-g}}=\eta_{\text{eg}}P_{\text{eg}} \tag{3-9}$$

式中，$P_{\text{e-g}}$ 为通过电转气装置转化得到的气能；η_{eg} 为电转气装置的转化效率；P_{eg} 为输入电转气装置的电量。

电锅炉设备可将可再生能源发电多余电能转化为热能，其转化表达式如下：

$$P_{\text{e-h}}=\eta_{\text{eh}}P_{\text{eh}} \tag{3-10}$$

式中，$P_{\text{e-h}}$ 为通过电锅炉设备转化得到的热能；η_{eh} 为电锅炉设备的转化效率；P_{eh} 为输入电锅炉设备的电量。

燃气锅炉设备可将天然气等气能转化为热能，具体表达式如下：

$$P_{\text{g-h}}=\eta_{\text{gh}}P_{\text{gh}} \tag{3-11}$$

式中，$P_{\text{g-h}}$ 为通过燃气锅炉设备转化得到的热能；η_{gh} 为燃气锅炉的转化效率；P_{gh} 为输入燃气锅炉的天然气量。

3.2.2.2 储能装置模型及约束

本节所构建多能互补虚拟电厂储能装置包括储能电池、储气罐和储热罐3种。储能装置可在系统产生能量供大于求时将能量存储起来，在系统负荷增加、能量供小于求时释放能量。广义储能模型表达式为：

$$E_s^{t+1}=E_s^t(1-\delta_s)+\left(P_{sc}^t\eta_{sc}-\frac{P_{sd}^t}{\eta_{sd}}\right)\Delta t \tag{3-12}$$

式中，s为能源种类；E_s^{t+1}为$t+1$时刻各类储能系统充放能后的储能量；E_s^t为t时刻各类储能系统充放能前的储能量；δ_s为各类储能装置的能量损耗率；P_{sc}^t、P_{sd}^t分别为t时刻各类储能装置的充能、放能功率；η_{sc}、η_{sd}分别为各类储能装置的充能、放能效率。

储能装置充放能功率约束表示如下：

$$P_{s,c/d}^{\min}\leqslant P_{s,c/d}^t\leqslant P_{s,c/d}^{\max} \tag{3-13}$$

式中，$P_{s,c/d}^{\min}$为各类储能装置的最小充/放能功率；$P_{s,c/d}^t$为各类储能装置在t时刻的充放能功率；$P_{s,c/d}^{\max}$为各类储能装置的最大充/放能功率。

电池荷电状态（state of charge，SOC）用来表示各储能装置的储能状态，储能装置储能状态约束表示如下：

$$S_{\mathrm{soc}}^{\min}\leqslant S_{\mathrm{soc}}^t\leqslant S_{\mathrm{soc}}^{\max} \tag{3-14}$$

式中，S_{soc}^t为各类储能装置在t时刻的储能状态；$S_{\mathrm{soc}}^{\min}$、$S_{\mathrm{soc}}^{\max}$分别为各类储能装置的最小、最大储能状态。

储能装置周期容量不变约束表示如下：

$$S_{\mathrm{soc}}^{24}=S_{\mathrm{soc}}^{0} \tag{3-15}$$

式中，S_{soc}^{0}、S_{soc}^{24}分别为各类储能装置在优化调度周期开始、结束时刻的储能状态。

储能装置在正常运行时充能和放能不能同时进行。其相关约束表示如下：

$$L_{s\text{-}c}+L_{s\text{-}d}\leqslant 1 \tag{3-16}$$

式中，$L_{s\text{-}c}$和$L_{s\text{-}d}$分别代表不同能源种类的充能和放能标志。

3.2.2.3 系统约束

多能互补虚拟电厂在正常运行时需要满足电能、气能和热能的功率平衡。电网系统、天然气网络、热网需要满足的功率平衡分别表示如下：

$$P_{\mathrm{PV}}+P_{\mathrm{wind}}+P_{\mathrm{e\text{-}buy}}+P_{\mathrm{e\text{-}d}}=P_{\mathrm{e\text{-}c}}+P_{\mathrm{e\text{-}load}}+P_{\mathrm{eg}}+P_{\mathrm{eh}}+P_{\mathrm{e\text{-}ab}} \tag{3-17}$$

$$P_{\mathrm{e\text{-}g}}+P_{\mathrm{g\text{-}buy}}+P_{\mathrm{g\text{-}d}}=P_{\mathrm{g\text{-}c}}+P_{\mathrm{g\text{-}load}}+P_{\mathrm{gh}} \tag{3-18}$$

$$P_{\mathrm{g\text{-}h}}+P_{\mathrm{e\text{-}h}}+P_{\mathrm{h\text{-}d}}=P_{\mathrm{h\text{-}c}}+P_{\mathrm{h\text{-}load}} \tag{3-19}$$

式中，P_{PV}和P_{wind}分别为光伏、风电出力；$P_{\mathrm{e\text{-}buy}}$为系统从外部电网购买的功率；$P_{\mathrm{g\text{-}buy}}$为系统向外部天然气网络购买的功率；$P_{\mathrm{e\text{-}c}}$、$P_{\mathrm{e\text{-}d}}$分别为储能装置的充电、放电功率；$P_{\mathrm{e\text{-}load}}$为电负荷；$P_{\mathrm{e\text{-}ab}}$为可再生能源发电弃电量；$P_{\mathrm{g\text{-}c}}$、$P_{\mathrm{g\text{-}d}}$分别为天然气储能装置的充能、放能功率；$P_{\mathrm{g\text{-}load}}$为气负荷；$P_{\mathrm{h\text{-}c}}$、$P_{\mathrm{h\text{-}d}}$分别为储热装置的充能、放能功率；$P_{\mathrm{h\text{-}load}}$为

热负荷。

各类能源设备在正常运行时，其出力大小都应该小于其上限值，均需满足以下约束：

$$0 \leqslant P_s \leqslant P_s^{\max} \tag{3-20}$$

式中，P_s 为各类能源设备的出力；$P_s^{\max}$ 为各类能源设备的最大限制出力。

能源购买约束表示如下：

$$0 \leqslant P_{s\text{-buy}}^t \leqslant P_{s\text{-buy}}^{\max} \tag{3-21}$$

式中，$P_{s\text{-buy}}^t$ 为 t 时刻各类能源系统从外部电网或天然气网络购买的功率；$P_{s\text{-buy}}^{\max}$ 为各类能源系统购买能源功率的最大值。

3.2.2.4　目标函数

本书所提多能互补虚拟电厂优化调度模型是以日内最小运行成本为目标函数，该成本包括各类能源购买费用 $f_{s\text{-buy}}$、可再生能源弃电惩罚 f_{aban} 和碳排放处理费用 f_{c}。

能源购买费用包括系统向外部能源市场购买的电功率费用和天然气费用，可表示为：

$$f_{s\text{-buy}} = c_{\text{e-buy}} P_{\text{e-buy}} + c_{\text{g-buy}} P_{\text{g-buy}} \tag{3-22}$$

式中，$c_{\text{e-buy}}$ 为多能互补虚拟电厂向外部电网购电电价；$c_{\text{g-buy}}$ 为外部天然气价格。

可再生能源弃电惩罚包括光伏发电弃电惩罚和风电弃电惩罚，两者按照统一的弃电电价计算，具体可表示为：

$$f_{\text{aban}} = c_{\text{aban}} P_{\text{e-ab}} \tag{3-23}$$

式中，c_{aban} 为可再生能源弃电惩罚系数。

碳排放量是系统从外部能源网络购买电量和天然气时碳的等效排放量，具体可表示为：

$$f_{\text{c}} = c_{\text{c}} (\beta_{\text{e}} P_{\text{e-buy}} + \beta_{\text{g}} P_{\text{g-buy}}) \tag{3-24}$$

式中，f_{c} 为单位碳排放处理费用；β_{e} 为等效购电碳排放系数；β_{g} 为等效购气碳排放系数。

3.2.2.5　基于 ADMM 的虚拟电厂优化策略

ADMM 算法在分布式算法中表现优异，存在多种改进形式。标准 ADMM 保证收敛的多区扩展形式较为复杂，与 VPP 预期的计算形式不符；GS-ADMM 不能保证 $n \geqslant 3$ 的多区扩展收敛，且其为串行计算形式。Consensus-ADMM 支持多区扩展，且为并行计算，于是将其作为本书分布式算法的改进基础。

Consensus-ADMM 算法基于 VPP 之间共识信息的调节，如图 3-4 所示，ECU 之间通过电热气网耦合连接，其与虚拟节点处的共识参数存在等式关系。

$$\begin{aligned} L_n = \sum\nolimits_{t=1}^{T} \Bigg\{ & (c_{e,t} P_{n,t}^{\text{ECU}} + c_{g,t} G_{n,t}^{\text{ECU}}) + \sum\nolimits_{p=1}^{W} (EHR_p c_{e,t} \, | H_{p,t} |) \\ & + \sum\nolimits_{\alpha \in \Theta_n} \left[\lambda_{\alpha\beta,\alpha,t} (x_{\alpha\beta,\alpha,t} - z_{\alpha\beta,t}) + \frac{\rho}{2} \| x_{\alpha\beta,\alpha,t} - z_{\alpha\beta,t} \|_2^2 \right] \Bigg\} \end{aligned} \tag{3-25}$$

$$\begin{cases} z_{\alpha\beta,t}^{k+1} = \dfrac{1}{2} [x_{\alpha\beta,\alpha,t}^{k+1} + x_{\alpha\beta,\rho,t}^{k+1} + \dfrac{1}{\rho} (\lambda_{\alpha\beta,\alpha,t}^{k} + \lambda_{\alpha\beta,\beta,t}^{k})] \\ \lambda_{\alpha\beta,\alpha,t}^{k+1} = \lambda_{\alpha\beta,\alpha,t}^{k} + \rho (x_{\alpha\beta,\alpha,t}^{k+1} - z_{\alpha\beta,t}^{k+1}) \end{cases} \tag{3-26}$$

现有工作为了保证 Consensus-ADMM 优化含有离散变量的问题时能够收敛，对算法进

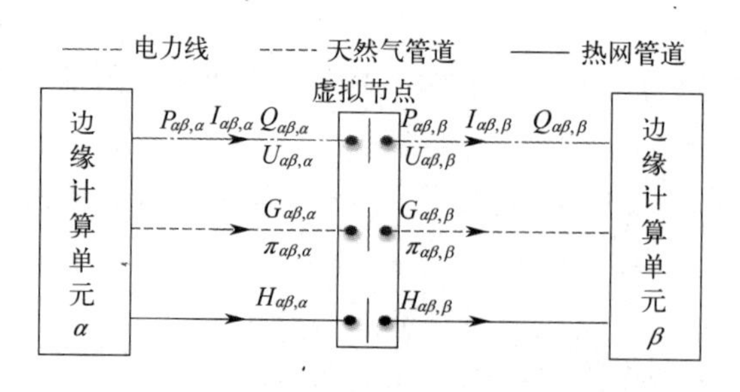

图 3-4 计算单元之间的共识变量

行了改进，如通过离散变量松弛嵌套式计算解决环状气网带来的 MISOCP 不收敛；通过在子问题中嵌入 NC-ADMM 方法解决不收敛问题等。为保证模型构成的算法在计算过程中收敛，本书 consensus-ADNN 算法基础之上加入嵌套子算法，并在子单元增广拉格朗日方程中加入了描述惩罚项式，其描述所有 ECU 共同支撑热网总损耗，以约束每次的迭代方向，提高收敛速度。算法流程图如图 3-5 所示。

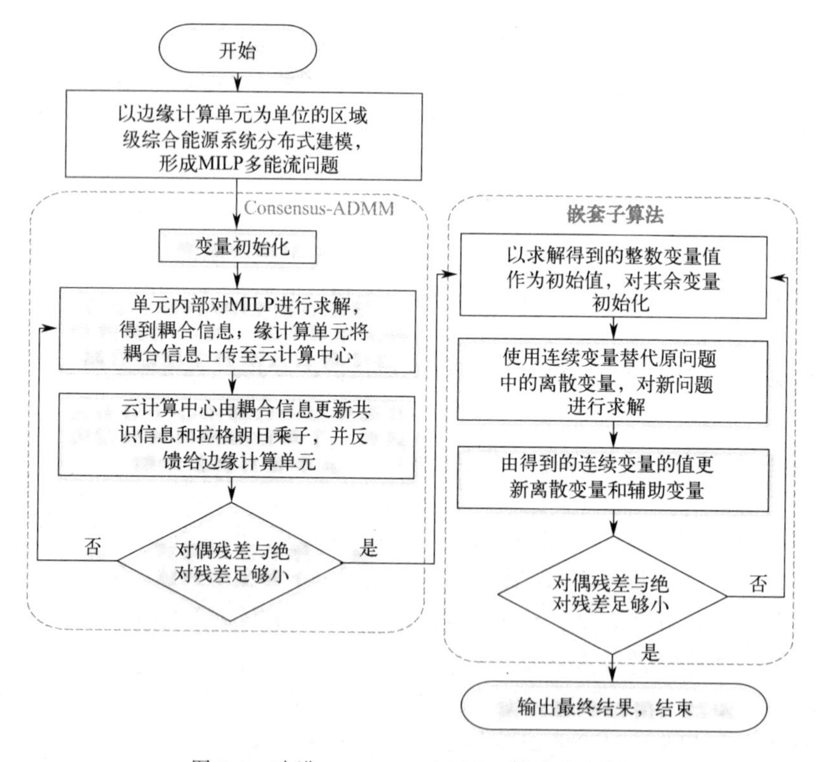

图 3-5 改进 consensus-ADMM 算法流程图

嵌套子算法的加入使得解无限逼近可行域，在原问题原始和对偶误差相差较小时加入该式子算法，能大大加快收敛进程。

本算例由 4 个边缘计算单元构成，由 IEEE33 节点配电网、7 节点气网以及包含 4 条主管道的底层热环网构成。软件平台为 MATLAB2018a，采用 Yalmip+Gurobi 作为求解器。

按照分区方法，在电网、气网和热网中插入虚拟节点，以分区规模尽可能相似的原则划分区域，如图 3-6 所示保证 4 个边缘计算单元完全而不重复地包含所有配能网络节点。

使用本章提出的改进算法优化该 VPP 系统，得到 4 个边缘计算单元内部设备能源输入

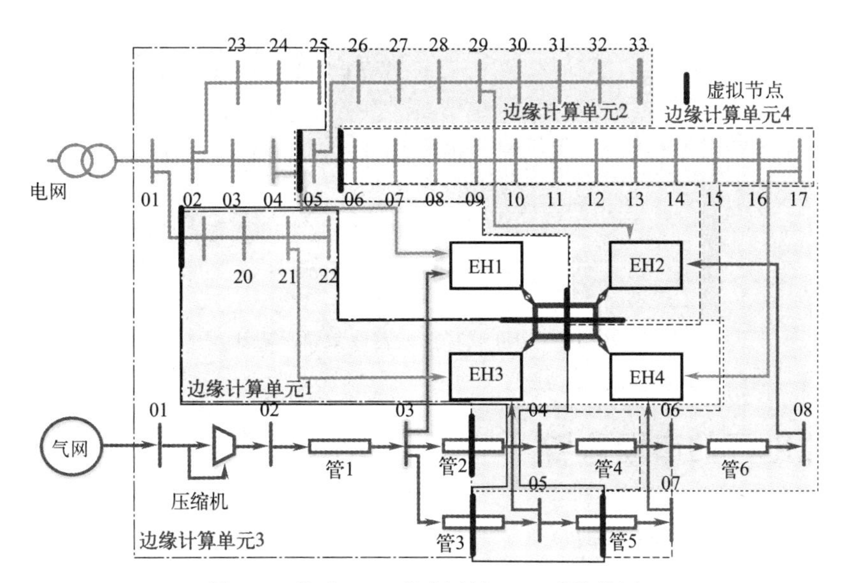

图 3-6 基于 ECU 的多区域 VPP 系统分区

情况为支撑集中在日中的用户热负荷，HP 在用电低谷一直处于工作状态，夜间的热量储存在 HS，在电价较高的时候释放，并使用 GB 支撑剩余的热量产出；由于 EH3 没有 GB，只能通过 CHP 产热，且 EH3 日电负荷最多，因此 CHP 基本一直满容量运行。除此之外，EH2 和 EH4 在日中电热负荷大的时候，其 CHP 也基本满容量运行，而 EH1 由于电热负荷相对较少，用电用热高峰期以 CHP 供电供热为主，在用电平段则会立刻启动 HP 进行热量补充。

由于 ECU 在电气网络中的耦合仅体现在能源传输，因此主要分析各 ECU 在热网中的能量交互。明显看出底层热网实现了多区域之间的热能沟通，大大增加了系统能源利用的灵活性；EH3 由于内部低成本的产热设备种类较多，与热网的交互多以热能输出为主；EH1 内部设备组成情况比较简单，交互形式以从热网获能为主；而 EH4 虽然内部产热设备种类也多，但是由于其热负荷也较多，交互形式也以从热网吸收热量为主。

经上述分析可得，该算法优化能够完全满足计算单元内部各类负荷需求，能够实现全局优化。将计算所得的数据与集中式算法比较如表 3-1 所示，总能源成本误差约为 0.1%，电成本和气成本的误差也相对较小，可见该改进的分布式算法能够取得较好的全局优化结果。

表 3-1 算法误差比较

算法	总成本		电成本		气成本	
	数值/美元	误差	数值/美元	误差	数值/美元	误差
集中式	12281.24	0	5950.02	0	6343.91	0
改进分布式	12293.95	0.1%	5715.71	3.9%	6577.99	3.7%

将本章提出的改进算法与 consensus-ADMM 算法原始残差与对偶残差的收敛情况对比可得，改进后的算法在 40 次的时候即达到精度需求，而原算法在相同的参数下需要迭代 90 次，由此得出，改进后的算法收敛性能优于原算法（图 3-7）。

使用该改进算法验证了以 ECU 为子系统的分布式优化的合理性，证实了该算法相比于标准形式的 consensus-ADMM 算法具备更好的收敛性能。ECU 为 consensus-ADMM 算法提供了标准的单位形式，二者特征紧密结合，实现了良好的优化效果。

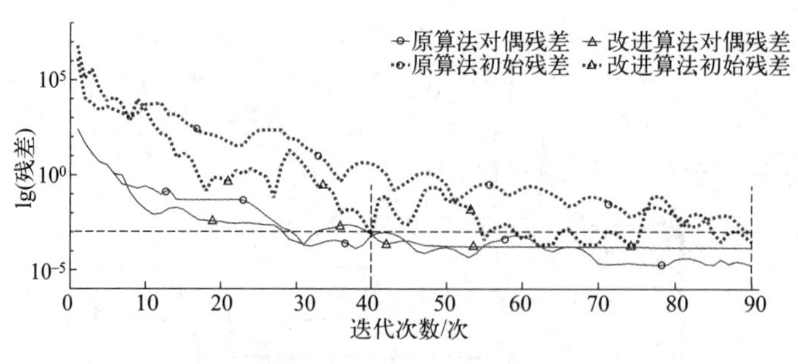

图 3-7　分布式算法残差收敛情况对比

3.3　虚拟电厂的市场参与

3.3.1　虚拟电厂的交易机制

在国家售电侧放开政策的助推下，社会资本不断注入用户侧发电、储能和需求响应资源建设。用户侧正形成以经济效益为目的的各类利益主体，例如租用屋顶进行光伏发电的发电型利益主体，提供工商业用电管理服务的负荷型利益主体。目前，我国用户侧利益主体的收益来源主要包括国家政府补贴、余电上网和削峰填谷套利。相比国外，我国用户侧利益主体的收益模式较为单一。同时，近年来补贴的持续下降使得用户侧利益主体投资回收更加困难。因此，通过聚合形成虚拟电厂来参与电力现货市场的收益模式被提出，由此拓宽用户侧利益主体的收益渠道。

这一模式的实现包含 3 个环节：①虚拟电厂决策者统筹各用户侧利益主体的资源，优化交易策略，计算预期收益；②虚拟电厂决策者向各利益主体提供预期收益的分配方案；③各个利益主体根据分配方案决定是否参与聚合，或者转而和别的利益主体聚合形成新的虚拟电厂形式，即虚拟电厂形成的博弈过程。

由于用户侧利益主体相对于传统发电商或者售电商规模小，决策能力、风险承受能力较弱，将发电侧的一次报价、电力联营体（independent system operator，ISO）集中出清的机制照搬到用户侧市场是不合理的。用户侧博弈交易机制如图 3-8 所示，用户侧利益主体通过博弈形成联盟，即虚拟电厂，与传统发电商市场主体共同在日前市场竞价。虚拟电厂的收益考虑日前和实时两阶段。用户侧博弈机制包含以下市场角色、功能以及流程。

（1）用户侧交易平台

如图 3-9 所示，建立用户侧平台，为各个利益主体提供辅助决策，预测市场价格、负荷，可再生能源出力等信息。各个利益主体如需平台服务，必须公开自身发用电参数、报价等信息。在用户侧利益主体经博弈确定联盟状态后，平台再扮演虚拟电厂决策者的角色，统一调控联盟内的用户侧资源。

（2）用户侧利益主体

考虑到用户侧利益主体的决策能力有限，允许各利益主体在平台设置的截止时间前，无限地改变联盟策略，即可以选择与其他的利益主体联盟，或者退出联盟。形成新的联盟后，

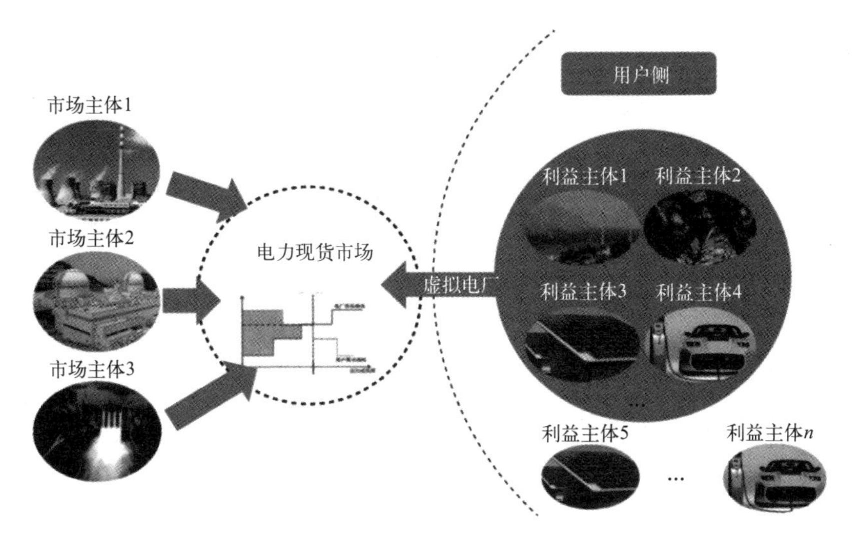

图 3-8　含虚拟电厂的用户侧和发电侧市场形式

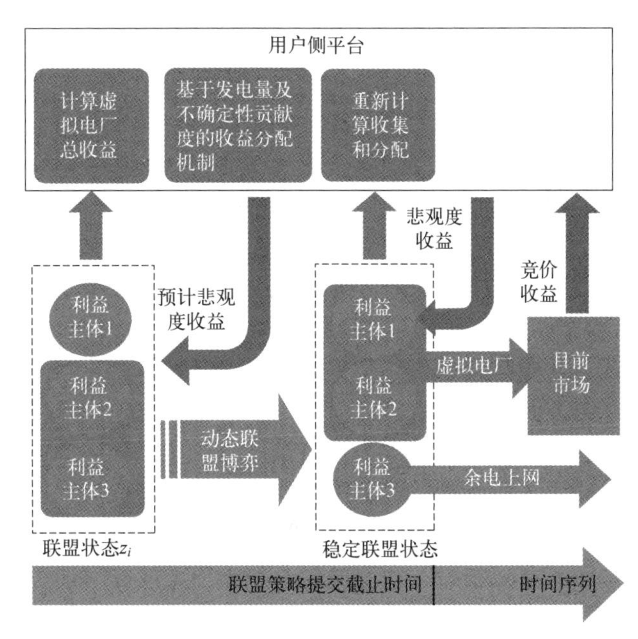

图 3-9　用户侧博弈交易机制流程

联盟向平台提交更新后的联盟状态。

（3）虚拟电厂决策者计算预期收益

平台根据最新的联盟状态计算虚拟电厂的预期收益。虚拟电厂收益包含日前市场竞价收益和实时市场的预期收益。价格制定者的定义是指虚拟电厂将价格作为决策变量，再由 ISO 根据各个市场主体的报价来分配出清电量。

模型采用区间数表述虚拟电厂所聚合的风电和负荷在实时阶段的预测值，并且基于虚拟电厂决策者的悲观度进行优化。由于风电出力和负荷的不确定性，虚拟电厂预期收益也不确定，收益区间 P 记为 $[P^L, P^R]$。P^L 和 P^R 表示区间量的左、右界，对应于预期收益的最小值和最大值。区间数也可以用区间中点和宽度来表述。预期收益中点和宽度分别记为 mid(P) 和 wid(P)。区间宽度越大，不确定性越大。显然，决策者的优化目标是要实现宽度小且中点大的收益。

在优化计算中，区间数之间，或者区间数与实数之间需要比较。当两个区间出现重叠时，则需要根据基于悲观度的区间数排序方法进行排序：决策者对于区间数 A 和 B，偏好区间数 B 的充要条件如式：

$$\mathrm{mid}(A)+(\xi-1)\mathrm{wid}(A)\ \mathrm{mid}(B)+(\xi-1)\mathrm{wid}(B) \tag{3-27}$$

式中，ξ 为决策者的悲观度，取值在[0,1]之间。可以看出 ξ 取值越大，决策者对于收益不确定性的接受度越大。

（4）基于发电量和对不确定性贡献度的分配机制

虚拟电厂的决策者作为中间商，应承担收益的不确定性。而参与虚拟电厂的利益主体 i 根据其发、用电量和不确定性获得确定性的收益分配 x_i。

$$x_i=\frac{\sum_t \mathrm{mid}(P_{t,i})}{\sum_t \mathrm{mid}(P_t^{\mathrm{VPP}})}\mathrm{mid}(P)+\frac{\sum_t \mathrm{wid}(P_{t,i})}{\sum_t \mathrm{wid}(P_t^{\mathrm{VPP}})}(\xi-1)\mathrm{wid}(P) \tag{3-28}$$

式中，$P_{t,i}$ 为利益主体 i 在 t 时段的发电或用电量区间；P_t^{VPP} 为 t 时段虚拟电厂交易电量。

根据 $P_{t,i}$ 的中点 mid($P_{t,i}$) 在虚拟电厂与主网交易电量区间中点 mid(P_t^{VPP}) 中的占比，求得在收益中点 mid(P) 中的分配。类似的 x_i 的第二部分为利益主体 i 根据其对不确定性的贡献度所分配到的收益。如果 wid($P_{t,i}$) 是负值，说明利益主体 i 是在平抑发电量的不确定性，因此会获得收益。其中，悲观度 ξ 体现了虚拟电厂决策者对于不确定性在收益分配中的权重。ξ 越低，虚拟电厂分配给起到平抑不确定性作用的利益主体的收益越多。扣除支付给各个利益主体的收益后，剩余部分仍旧为区间，其左界和右界如下式所示。这一部分为平台的预期收益。

$$x_{\mathrm{VPP}}^{\xi,L}=P^L-\sum\nolimits_t x_i \tag{3-29}$$

$$x_{\mathrm{VPP}}^{\xi,R}=P^L-\sum\nolimits_t x_i \tag{3-30}$$

（5）联盟博弈达到稳定状态

根据上述预期分配，各个利益主体考虑是否变更联盟策略。通过相互博弈，最终达到稳定的联盟状态。与此同时，随着越来越多利益主体提交信息，平台能够模拟出稳定的联盟状态并公示，为各利益主体提供辅助决策。

联盟状态的稳定性可以采用联盟博弈方法，模型如下式：

$$\Gamma=(N,Z,\{<_i\}_{i\in N},\{\rightarrow_S\}_{S\in N,S\neq\Phi}) \tag{3-31}$$

式中，N 为所有博弈参与者的集合，此处为各个用户侧利益主体；Z 为联盟状态的集合；S 为各利益主体聚合形成的联盟，即虚拟电厂；$\{<_i\}_{i\in N}$ 为各个利益主体对不同联盟状态的偏好关系集合，定义 $z_a<_S z_b$ 为联盟 S 内的利益主体在联盟状态 z_a 和 z_b 之间都严格偏好 z_b，即在 z_b 的状态下收益都更好；$\{\rightarrow_S\}_{S\in N,S\neq\Phi}$ 表示各个联盟状态之间有效关系的集合，例如 $z_a\rightarrow_S z_b$ 表示通过联盟 S 内利益主体的动作，可以从当前的联盟状态 z_a 偏移到 z_b。当利益主体被允许多次改变决策，且有“远见性”，那么利益主体可能移动到一个并不偏好的状态，再通过别的联盟，偏移到有利的联盟状态。综上，判断一个联盟状态是否稳

定，除了要考虑这一状态是否被直接占优，还要分析是否被间接占优。

（6）分配方案实际支付

稳定的联盟状态内的联盟形成虚拟电厂。虚拟电厂决策者对联盟中的利益主体按照基于发电量和对不确定性贡献度的分配机制履行支付。然后虚拟电厂统筹调度内部的资源参与日前市场交易。

为了克服 DER 在技术和商业应用中的约束，利用各类 DER 间的技术互补优势，发挥 DER 的规模效益，集成 DER 的“虚拟电厂”得到广泛的关注。如图 3-10 所示，VPP 是多个 DER 的聚合，其形成一个虚拟主体参与电网管理和电力市场。对该种聚合方式有多种定义，如虚拟 DER 聚合体（virtual DER clusters，VDC）、虚拟微电网等概念。VPP 可以定义为一个涉及多个利益相关者的虚拟实体，在信息和通信技术的支持下，利用分散、异构的 DER（可调度或不可调度的资源），形成相当于一个虚拟发电厂管理和运营的能力，并确保利益相关者之间的能量和信息流，以降低生产成本，实现利润最大化。VPP 的参与者在地理上是分散的，同时具有异构性，即各参与者的所属主体、技术特性、商业目标有显著的差异，符合当前 DER 的发展现状和趋势。

如图 3-11 所示，VPP 作为虚拟主体，其聚合外特性表现为虚拟的功率上调和下调能力。其中，功率基线为 VPP 对其不采取调控手段时 DER 聚合功率的估计值。基线功率用于确认 VPP 的调控效果，需要以 5～30min 周期滚动计算。点划线为目标设置，是 VPP 需要达到的功率调控目标。上下可调边界需要 VPP 根据所聚合 DER 的状态进行动态的估计。VPP 实际功率与基线功率的差可视为 VPP 提供的“产品”。

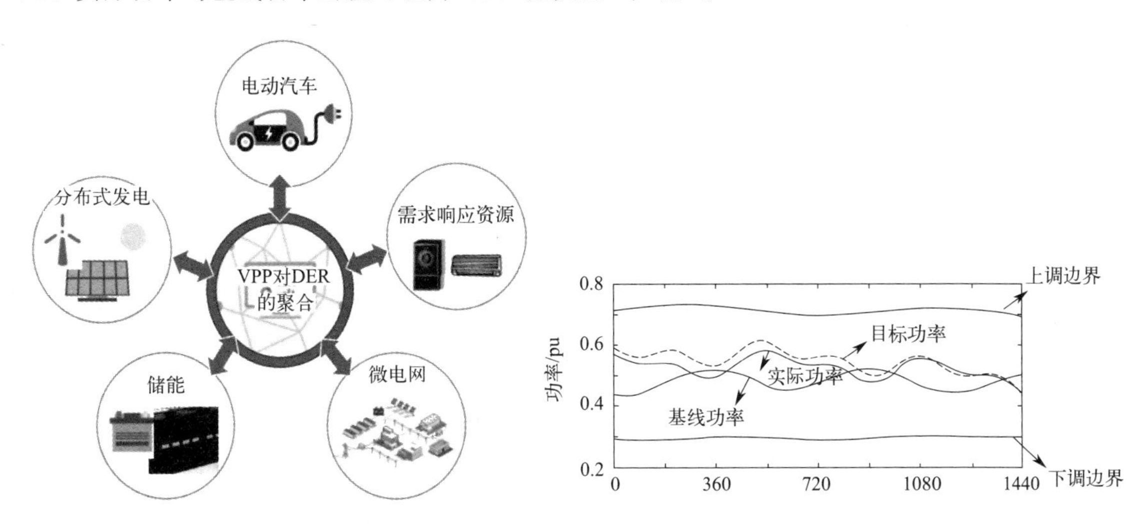

图 3-10 VPP 对分布式电源、储能、可控负荷的聚合　　图 3-11 虚拟电厂聚合外特性

3.3.2 虚拟电厂的竞价策略

（1）竞价框架

本书提出的竞价策略是基于多代理模型的竞价及调度框架，该竞价框架中主要包含 3 类代理：电网代理、发电公司代理/虚拟电厂代理、分布式单元代理。

各代理通过协调控制内部资源对外作为整体参与系统及市场运行，同时各代理之间也存在竞争关系。上级代理只需收集并处理各下级代理的上报信息，并发往再上级代理，减少了调度中心的负担。调度中心根据下级代理所上报的容量及报价信息，以整体效益最大或整体成本最小为目标，确定出清价格、编制交易计划，同时下发市场出清价和各代理出清量信息。

各代理的主要功能为考虑内部发电资源特性，包含分布式发电、需求响应、常规机组，同时还需考虑其他代理的容量及可能报价，综合以上信息向调度中心上报各时段发电负荷量及报价信息。受信息不完整的影响，各代理在报价前初步设定的内部资源运行状态和系统运行实际出清量存在偏差。在实际调度过程中，代理应以实际出力与上级调度指令偏差最小或调度成本最小为优先目标进行内部资源的二次调整，其剩余可调度量进入平衡市场再次竞价。基于多代理模式的虚拟电厂竞价及调度框架如图 3-12 所示。

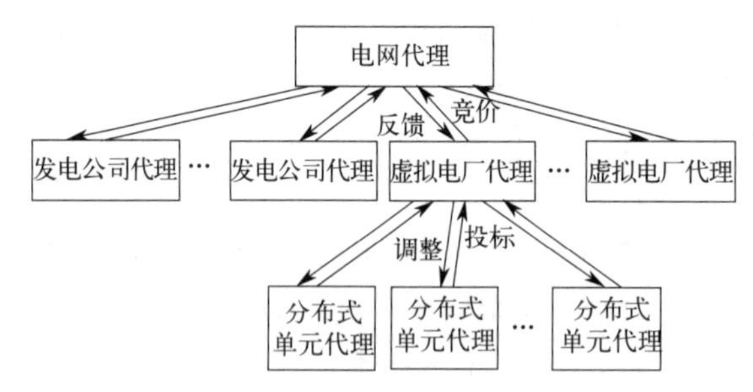

图 3-12　基于多代理模式的虚拟电厂竞价及调度框架

（2）竞价策略

虚拟电厂内既有发电机组又有负荷，因而在每个交易时段，虚拟电厂可选择作为发电商或用电商参与竞标。

① 虚拟电厂内部各发电单元根据自身发电成本，按照边际成本确定初始报价，报价函数均采用线性报价函数。风电、光伏对次日出力曲线进行预测，同时对虚拟电厂内部负荷曲线进行预测。

② 根据各发电单元的报价及出力计划，以整个虚拟电厂利润最大化为目标建立目标函数，同时考虑功率平衡等约束条件。其中，虚拟电厂为了平抑功率波动，保证对外出力的稳定性，组织储能设备作为系统备用。同时，柴油发电机和微型燃气轮机作为系统的备用电源，当风光出力波动较大、储能无法满足负荷需求或储能设备的荷电状态达到最低限值时，提供应急电力，从而保证整个系统的供电可靠性；同时，在储能的充电功率和充电时间无法得到满足时，柴油发电机和微型燃气轮机可作为储能的补充电源，为其提供稳定的充电功率和有保证的充电时间。

③ 根据优化竞价结果，虚拟电厂向下发送各发电单元的实际单元电量电价及发电量，各发电单元根据调度出清结果发电。同时，虚拟电厂向上发送其整体出力计划及上报电价。

（3）竞价模型

① 报价函数。虚拟电厂中各成员均按照自身的边际发电成本进行报价，即

$$\lambda(t)=\frac{C(t)}{q(t)} \tag{3-32}$$

式中，$\lambda(t)$为t时刻的报价函数；$C(t)$为t时刻的发电成本；$q(t)$为t时刻的发电量。

② 分布式能源竞价模型。

a. 预测误差模型。考虑到光伏、风机出力的不确定性，在建立虚拟电厂竞价模型时需考虑其预测可能存在的误差，常用的预测误差模型为误差服从均值为 0，标准差为δ的正态分布。在该竞价模型中，光伏、风机的预测周期为 24h，则其出力均可表示为：

$$q_{\mathrm{r}}(t)=q_{\mathrm{fc}}(t)+\Delta q(t) \tag{3-33}$$

$$\Delta q(t)\sim N\left[0,\delta^{2}(t)\right] \tag{3-34}$$

$$\delta(t)=\frac{1}{50}I(t)+\frac{1}{5}q_{\mathrm{fc}}(t) \tag{3-35}$$

式中，$q_{\mathrm{r}}(t)$为t时刻的功率实际值；$q_{\mathrm{fc}}(t)$为t时刻的功率预测值；$\Delta q(t)$为功率预测误差；$\delta(t)$为t时刻的出力预测误差标准差；$I(t)$为装机容量。

b. 风光成本模型。为保证光伏、风机尽可能多地出力，减少弃风弃光量，因此在此竞价模型中，主要集中于风光的前期投资成本，不考虑风光的发电成本，仅考虑弃风弃光成本，则其弃风弃光成本为：

$$C_{\mathrm{wt,pv}}(t)=a_{\mathrm{wt}}\left[q_{\mathrm{fc\_wt}}(t)-q_{\mathrm{wt}}(t)\right]+a_{\mathrm{pv}}\left[q_{\mathrm{fc\_pv}}(t)-q_{\mathrm{pv}}(t)\right] \tag{3-36}$$

$$0\leqslant q_{\mathrm{wt}}(t)\leqslant q_{\mathrm{fc\_wt}}(t) \tag{3-37}$$

$$0\leqslant q_{\mathrm{pv}}(t)\leqslant q_{\mathrm{fc\_pv}}(t) \tag{3-38}$$

式中，$C_{\mathrm{wt,pv}}(t)$为t时刻的弃风弃光成本；a_{wt}、a_{pv}为弃风和弃光成本系数；$q_{\mathrm{wt}}(t)$、$q_{\mathrm{pv}}(t)$为t时刻风电和光伏的实际调度值；$q_{\mathrm{fc\_wt}}(t)$、$q_{\mathrm{fc_pv}}(t)$为t时刻风电和光伏的预测值。

c. 储能成本模型。储能设备的成本主要由两部分组成：投资成本和运行成本。投资成本是一个与储能容量以及储能最大输出功率有关的常数，运行成本与实际运行过程中储能存储电量有关。则运行成本为：

$$C_{\mathrm{om}}(t)=c_{1}P_{\mathrm{B}}+c_{2}E(t) \tag{3-39}$$

式中，$C_{\mathrm{om}}(t)$为储能的运行成本；c_1、c_2为储能的成本系数；P_{B}为储能的额定功率；$E(t)$为t时刻储能存储的电量。此外，储能设备在实际运行中应满足各种约束。

电量平衡约束为：

$$E(t)=E(t-1)+T_{\mathrm{s}}\left[\mu_{\mathrm{n}}P(t)\eta_{\mathrm{c}}+\frac{(1-\mu_{\mathrm{n}})P(t)}{\eta_{\mathrm{d}}}\right] \tag{3-40}$$

$$E_{\min}\leqslant E(t)\leqslant E_{\mathrm{B}} \tag{3-41}$$

储能出力约束为：

$$\max\left(-P_{\mathrm{B}},\frac{E(t)-E_{\mathrm{B}}}{T_{\mathrm{s}}}\eta_{\mathrm{d}}\right)\leqslant P(t)\leqslant\min\left(P_{\mathrm{B}},\frac{E(t)-E_{\mathrm{B}}}{T_{\mathrm{s}}\eta_{\mathrm{c}}}\right) \tag{3-42}$$

式中，T_{s}为储能的采样周期，在此模型中取 1；μ_{n}为储能的状态参数，充电时取 1，放电时取 0；$P(t)$为储能在t时刻的功率；η_{c}、η_{d}为储能的充电功率和放电效率；$E_{\min}$、E_{B}为储能的功率下限值和额定容量。

d. 柴油发电机和微型燃气轮机模型。柴油发电机和微型燃气轮机的发电成本$C(t)$均可用二次函数形式表示为：

$$C(t)=[a_1q^2(t)+a_2q(t)+a_3]u(t) \tag{3-43}$$

式中，a_1、a_2、a_3 为发电成本系数；$u(t)$为状态变量，机组启动时取 1，机组停机时取 0；$q(t)$为柴油发电机或微型燃气轮机出力。

二者出力需满足上、下限约束为

$$Q_{\min}\leqslant q(t)\leqslant Q_{\max} \tag{3-44}$$

式中，$Q_{\min}$、$Q_{\max}$ 分别为出力下限和上限。

③ 目标函数。

该竞价策略的目的是通过合理调节虚拟电厂内部各分布式电源的出力，实现内部资源的优化配置，从而达到整体经济性最优。因此，在进行优化时，以虚拟电厂整体利润最大为目标函数。

$$\max\sum_i\sum_t[\lambda_i(t)q_i(t)-C_i(t)]+\sum_t r(t)q_{\mathrm{b}}(t) \tag{3-45}$$

式中，$\lambda_i(t)$为各发电单元的单位电量电价；$q_i(t)$为各发电单元的发电量；$C_i(t)$是各发电单元的发电成本；$r(t)$为 t 时刻的市场电价；$q_{\mathrm{b}}(t)$为 t 时刻虚拟电厂由于无法平抑内部功率波动而向外购电量。

④ 约束条件。

a. 功率平衡约束为：

$$q_{\mathrm{fc}}(t)+q_{\mathrm{wt}}(t)+P(t)+q_{\mathrm{GT}}(t)+q_{\mathrm{MT}}(t)+q_{\mathrm{b}}(t)>q_{\mathrm{load}}(t) \tag{3-46}$$

式中，$q_{\mathrm{GT}}(t)$、$q_{\mathrm{MT}}(t)$为柴油发电机和燃气轮机在 t 时刻的出力值；$q_{\mathrm{b}}(t)$为时段 t 向外购买的电量；$q_{\mathrm{load}}(t)$为时段 t 虚拟电厂的负荷量。

b. 联络线功率约束为：

$$P_{\mathrm{m}}^{\min}\leqslant P_{\mathrm{m,t}}\leqslant P_{\mathrm{m}}^{\max} \tag{3-47}$$

式中，$P_{\mathrm{m}}^{\max}$、$P_{\mathrm{m}}^{\min}$ 为联络线最大、最小传输功率；$P_{\mathrm{m,t}}$ 为时段 t 虚拟电厂向大电网提供的电量。

3.3.3 虚拟电厂竞价流程

虚拟电厂内既有发电机组又有负荷，因而在每个交易时段，虚拟电厂可选择作为发电商或用电商参与竞标。根据虚拟电厂内部分布式能源的组成，虚拟电厂主要参与日前市场和备用市场的竞价。其竞价流程为：

① 分布式单元数据预测。风电、光伏根据历史数据和预测模型对其自身次日发电曲线进行预测；同时，负荷单元对次日负荷曲线进行预测。

② 风电、光伏进行报价。在交易日前一天 10 点，日前市场开启；风电、光伏根据预测发电曲线及发电成本确定自身的报价信息，向虚拟电厂上报并参与日前市场竞价。

③ 虚拟电厂确定备用需求。虚拟电厂代理收集风电、光伏的预测出力信息以及预测负荷曲线；根据风电、光伏单元代理上报的发电信息，考虑预测误差，确定交易日的备用需求。

④ 虚拟电厂下发信息。虚拟电厂代理向下发送备用需求信息。

⑤ 储能、燃气轮机、柴油发电机进行报价。根据虚拟电厂代理下发的备用需求信息，储能、燃气轮机、柴油发电机依据自身的发电成本和发电容量确定自身的报价信息，向虚拟

电厂上报并参与备用市场竞价。

⑥ 虚拟电厂代理确定出力计划。根据各分布式单元上报的竞价信息，虚拟电厂代理以整体利润最大为目标，处理所有报价信息，确定各分布式单元的实际出力和实际电价，以及虚拟电厂整体的出力计划和电价。

⑦ 虚拟电厂发布出力计划。在交易日前一天 18 点前，虚拟电厂向下给各分布式单元发送其实际出力和电价，向上发送虚拟电厂整体的出力计划和报价。

⑧ 日内执行与结算。各分布式单元电源按照虚拟电厂下发的出力计划执行，在交易日结束后，由虚拟电厂代理对交易日内的各分布式单元的收益进行结算，并按照相应的利益分配策略进行合理分配。

思考题

1. 简述虚拟电厂分散式运行模式的特点。
2. 虚拟电厂集中式运行模式与分散式运行模式的主要区别是什么？
3. 简述虚拟电厂调度控制中心的主要功能。
4. VPP 调度控制中心与电网的互动主要遵循哪些原则？
5. 简述虚拟电厂优化调度模型的目标函数。

第4章

负荷管理与优化策略

4.1 负荷管理概述

虚拟电厂是一种创新的能源管理系统，通过信息技术将分布式能源资源如太阳能光伏、风能、储能系统、电动汽车充电站、可控负荷等整合起来，形成一个虚拟的、可调度的能源单元。在这个系统中，负荷管理扮演着至关重要的角色，它不仅能够优化资源配置，提高能源利用效率，还能增强电网的灵活性和稳定性。下面将详细阐述虚拟电厂中负荷管理的基本原理、目标与意义以及实施步骤。

4.1.1 负荷管理的基本原理

虚拟电场中的负荷管理旨在通过先进的信息技术和自动化控制策略，优化分布式能源资源与可调节负荷的调度，以实现电网运行、能源利用与环境目标的最优化。这一过程的核心原理可概括为以下三方面。

（1）资源集成与智能监控

首先，负荷管理通过集成各类分布式能源（如太阳能、风能、储能系统）和可调负荷资源（如电动汽车、智能电器），利用物联网、大数据等技术，对这些资源的实时状态进行全面监控，包括发电量、用电量、储能水平等，实现资源的透明化管理。资源被细致分类并标记，便于根据不同特性和需求进行针对性控制。

（2）数据分析与优化调度

基于收集的数据，运用高级分析方法预测电力供需、价格波动及系统运行状态，结合复杂的算法模型，如人工智能与机器学习，制定高效的资源调度策略。目标在于在确保电网稳定性的同时，最大限度地利用可再生能源，减少对化石能源的依赖，降低成本，提升能源效率。调度策略需兼顾经济效益、环境影响及用户满意度，实现多目标平衡。

（3）动态控制与用户参与

通过实时控制机制，将优化策略转化为具体的控制指令，动态调整各资源的运行状态，如调整负荷时间、储能充放电节奏或分布式发电的输出功率。同时，鼓励用户通过需求响应计划参与进来，根据电网需求调整用电模式，以获得经济激励或其他益处。这种双向互动机制增强了系统的灵活性和响应速度，确保负荷管理策略能够迅速适应电网变化，有效应对供需矛盾，支持绿色、可持续的电力系统运行。

4.1.2 负荷管理的目的和意义

虚拟电厂的负荷管理旨在通过高级信息技术集成可调节资源，实现电网供需的智能匹配，增强系统灵活性和稳定性，减轻电网压力，尤其在尖峰时段，降低了对外部调峰能力的依赖，促进了电力资源的高效配置。虚拟电厂通过聚合分布式能源资源和技术手段，在负荷管理上展现出多维度的价值与意义。首先，它优化了电网运行，利用可再生能源、储能及可控负荷等资源的灵活调度，不仅平滑了负荷曲线、缩小了电网峰谷差异，还显著增强了电力系统稳定性和效率。其次，虚拟电厂在供需调节中发挥着核心作用，既能于高峰时段调度资源以减轻电网负担、防止供电短缺，也能在低谷期合理存储或调配能源，确保供需平衡。此过程不仅提升了新能源的利用率，解决了可再生能源的间歇性问题，还促进了节能减排，助力环境保护，并通过参与电力市场激活了经济潜力，为用户、运营商带来经济效益，构建起一个市场导向的共赢模式。更重要的是，虚拟电厂增强了电力系统的灵活性与韧性，有效应对突发事件，且紧密契合国家能源战略方向，如中国“双碳”目标，推动能源转型和构建现代能源体系，对实现可持续发展目标具有不可小觑的战略意义。

随着我国社会经济的进步，电力用户对电能的需求迅速增长，当前的电力供给能力常常难以适应负荷增长的需求，造成供需之间矛盾突出。科学地引导广大用户积极参与有序用电，是缓解电力供需矛盾、保障供用电平衡的一种有效手段。科学合理地制定有序用电管理策略，需充分了解用户类型及其负荷特性，利用负荷曲线峰谷变化特征，做好负荷形态分类，可有效提升有序用电管理工作水平，让更多用户愿意参与到有序用电管理中来。因此，根据不同负荷特性进行用户分类，对帮助电网实施差异化供电服务、制定相应的有序用电管理策略具有重要意义。目前有序用电管理策略的制定通常是根据供需缺口进行分级，按线路和变电站逐级划分错避峰指标。

电力负荷管理技术无论是在缺电情况下的技术限电还是对用电负荷的经济管理，都是十分有效的技术手段也是移峰填谷的先进手段。在我国电力负荷管理起步较晚，在计划用电和电力供需矛盾十分突出的情况下电力负荷控制技术的研究和应用开始得到重视，随着国家经济体制改革的不断深入以及社会主义市场经济的不断发展和完善，电网的建设也有相当的规模。电力供需矛盾趋于缓和，大部分地区缺电断电的现象已基本消失，某些地区还形成了供过于求的局面。卖方市场的形成要求电力企业转变观念加强管理完善服务促进销售。从功能上增强“管理”，逐步适应电力企业的商业化营运的要求和不断改进企业管理，增强企业效益的要求在电力负荷控制的基础上加强和完善了负荷管理的功能。

实践证明，在市场经济条件下，随着电力行业的改革不断深化，电力负荷管理系统的功能将进一步扩大应用，对用电管理水平和营销管理水平起到更加积极的作用。电力营销的实质就是要调整电力市场的需求水平、需求时间、需求特点，以良好的服务质量，满足用户合理用电的要求，实现电力供求之间的相互协调。同时更强调基于用户利益上的用电服务，要求电力企业采用科学的管理方法和先进的技术手段，提高用电效率。在当前电力市场改革的大环境下，电力营销工作质量的好坏将直接关系到地区供电公司自身的生存和发展，决定着公司的市场竞争力，最终影响公司的效益。

随着传统电力系统向新型电力系统转型升级，新能源汽车、新型储能、虚拟电厂等新型主体不断涌现，电源结构、负荷特性、平衡模式、市场环境等各方面都将迎来深刻变化，电力供应保障面临极大挑战。电力负荷管理成为新型电力系统管理的重要组成部分，对保障电力系统的安全稳定运行、提高能源利用效率以及推动可持续发展具有重要意义。电力系统中的各种可调节、可控制的负荷资源，不仅包括工业负荷、商业负荷、居民负荷等传统负荷，还包括电动汽车、电采暖设备、空调热泵等新型可控负荷，这些资源具有不同的特性，例如响应时间、调节范围、调节精度等，可以为电力系统的负荷管理提供有力的支持。对电动汽车、电采暖设备、空调热泵等新型可控负荷实施灵活的管理控制，能够有效提高电力系统的运行韧性与经济性。然而，有别于传统储能电站、工厂、商超等大容量可控负荷，新型负荷的容量普遍较小、分布分散、数量庞大，对如此海量的负荷进行采集、分析、建模与优化并实施管理无疑存在数据体量庞大、计算任务繁重、资源分配不均衡等问题，具体而言：首先，在对多元可控负荷资源进行可控负荷管理时需要占用大量计算资源，传统的计算资源分配方法忽略了可控负荷边缘节点数据特性，从而导致相似类型的可控负荷边缘节点需要反复分配计算资源，导致运行效率低下，资源利用不均衡，无法在有限的计算资源下完成边缘节点数据分析任务；其次，现有方法在对多元可控负荷资源实施负荷管理时缺乏针对性，无法实现自动功率精准控制。

4.1.3 负荷管理的实施步骤

虚拟电厂中的负荷管理对于确保电网安全高效运行、促进清洁能源消纳、提升能源利用效率、实现环保目标以及构建更加灵活、智能的现代电力系统具有重要意义。虚拟电场中负荷管理的实施步骤通常包括以下几个关键阶段。

（1）资源集成与系统构建

首先，需要识别并分类潜在的分布式能源资源和可调负荷，如太阳能板、储能系统、智能电器等。此阶段虽不直接涉及复杂算法，但需使用数据标签化管理，通过地理信息系统和多维度标签（如资源类型、地理位置、行业类别）进行资源的初步筛选与归类。

（2）数据采集与负荷预测

电力负荷管理是电力系统调度、用电、计划、规划等管理部门的重要工作之一。提高负荷预测技术水平有利于计划用电管理，有利于合理安排电网运行方式和机组检修计划，有利于节煤、节油和降低发电成本，有利于制定合理的电源建设规划，有利于提高电力系统的经济效益和社会效益。因此负荷预测已经成为实现电力系统管理现代化的重要内容之一。在当前市场化运营的条件下由于电力交易更加频繁和经营主体之间的区别，会出现各种不确定的因素同时负荷对电价的敏感度也随着市场的完善而逐渐增强，这给负荷预测带来了新的难度。由于市场各方对信息的获取和运营的经济性更加重视，准确的预测对于提高电力经营主体的运行效益有直接的作用，短期负荷预测的重要性就更加突出。

（3）电力系统负荷预测步骤

① 预测目标和预测内容的确定。不同级别的电网对预测内容的详尽程度有不同的要求，同一地区在不同时期对预测内容的要求也不尽相同，因此应确定合理、可行的预测内容。

② 相关历史资料的收集。根据预测内容的要求，广泛搜集所需的有关资料。资料的收集应当尽可能全面、系统、连贯、准确。除电力系统负荷数据外，还应收集经济、天气等影响负荷变化的一些因素的历史数据。

③ 基础资料的分析。在对大量的资料进行全面分析之后，选择其中有代表性的、真实程度和可用程度高的有关资料作为预测的基础资料。对基础资料进行必要的分析和整理，对资料中的异常数据进行分析做出取舍或修正。

④ 电力系统相关因素数据的预测或获取。电力系统不是孤立的系统，它受经济发展、天气变化等因素的影响，可以从相关部门获取其对相关因素未来变化规律的预测结果作为电力系统符合预测的基础数据，在必要时电力系统有关人员还可以尝试进行相关因素的关联性分析。

⑤ 预测模型和方法的选择与取舍。根据所确定的预测内容，并考虑本地区实际情况和资料的可利用程度选择适当的预测模型。如果具有一个庞大的预测方法库则需要适当判断进行模型的取舍。

⑥ 建模。对预测对象进行客观、详细的分析，根据历史数据的发展情况并考虑本地区实际情况和资料的可利用程度根据所确定的模型选择建立合理的数学模型。一般来说这个步骤可以选取一些成熟的模型。

⑦ 预测数据处理。如果有必要可以按所选择的数学模型用合理的方法对实际数据进行预处理。例如，灰色预测中的“生成”处理，还有些模型中需要对历史数据进行平滑处理。

⑧ 模型参数辨识。预测模型一旦建立即可根据实际数据求取模型的参数。

⑨ 评价模型，检验模型显著性。根据假设检验原理判定模型是否合适。如果模型不够合适则舍弃该模型更换另外的预测模型重新进行。

⑩ 应用模型进行预测。根据所确定的模型以及所求取的模型参数，对未来时段的行为做出预测。

⑪ 预测结果的综合分析与评价。选择多种预测模型进行上述的预测过程。然后对多种方法的预测结果进行比较和综合分析，判定各种方法的预测结果的优劣程度，实现综合预测模型可以根据预测人员的经验和尝试判断对结果进行适当修正，得到最终的预测结果。

（4）负荷管理系统搭建

① 电力负荷计算。用负荷预测算法得到负荷数据，分析负荷类型及特性，如：某地区

受到天气影响，春秋季电力负荷较小，夏冬电力负荷较大。夏季气温高、用电负荷较大，春秋出现用电负荷低谷。冬季取暖、夏季制冷设备运行增加用电负荷。

② 构建功能框架。功能框架设计中，负荷管理系统应包括以下模块。

用户管理模块：功能为新增、修改用户数据。

终端管理模块：终端信息查询、删除和新增。

有序用电管理模块：拉闸管理、越限管理。

负荷监控模块：管理远程信号采集、检测、监控和调节，监控电压、电流等信息。

电力负荷统计模块：统计、存储、查询电力负荷数据，日常管理和维护系统。

③ 构建数据库。数据库的主要功能是接收、存储数据，采集相关厂站信息，包括电力运行负荷数据、电网运行参数负荷信息、设备参数以及电网线路、电网节点参数信息等。

④ 用户管理模块。系统运行中，用户管理模块主要负责维护后台，维持系统运行秩序。通过用户管理模块，管理员可增减管理系统用户，针对用户特点设置相应权限。管理系统设计中，设计用户管理的核心任务是优化电力负荷配置。为达到此目的，针对系统运行环境差异化设置权限，可有效降低系统运行风险，科学分配电力负荷，维持系统运行秩序。权限设置中，针对游客用户，可通过查询模块查看公开数据，针对操作用户可利用管理功能模块进行倒闸操作、停变压器操作等。系统管理员可根据各种权限新增用户信息。

⑤ 终端系统。

主控模块：采集、控制全部数据，集中存储数据，运算数据，连接系统主控中心、本地计算机系统。

显示模块：键盘输入数据、显示数据，主要包括发光二极管（light emitting diode，LED）数码单元以及支持和不支持菜单选择功能的 LED 点阵显示单元。

输入输出模块：利用接口连接现场设备，可输入信号、输出信号。

开关电源：负责进行开启、闭合终端。

除上述模块外，还需要构建事故追溯分析模块、漏电保护模块。通过数据库建设保证全面采集系统数据，可模拟分析系统故障。

电力负荷管理系统的优化设计目的是完善电网系统，提高供电稳定性，充分利用电力资源，维持良好的用电秩序，提高分类负荷监测准确性，平衡用电负荷调度。优化构建的电力负荷管理系统，可维持大型机组持续运行，延长发电机服役周期，减轻负荷、减少线损，提高自动处理故障能力，促进节能减排。

4.2 负荷预测技术

电力负荷预测一直是智能电网的重要组成部分，电力系统中的智能管理也高度依赖于负荷预测模型。电力负荷预测是指通过分析影响负荷的历史、行为、趋势等因素，预测负荷的未来需求。其按照时间跨度可分为长期、中期、短期和超短期的负荷预测四类。随着电力系统朝着更智能、更可持续的方向发展，出现的问题是需求的不断变化，增加了维护智能电网功率平衡和可靠的难度。高性能的负荷预测对于发电调度、燃料采购调度、基础设施维护调度、负荷切换、安全分析，降低财务成本等都是必不可少的。有统计表明，每降低 1%的预测误差能节省约 8000 万元。因此，如何构建一个行之有效的负荷预测模型至关重要。下面主要介绍短期负荷预测、中期负荷预测和长期负荷预测，它跨越几分钟、几小时、几天或几年。

4.2.1 短期负荷预测方法

短期电力负荷预测是指利用历史负荷数据，结合日期类型、气候类型等一些影响因素，在保证预测精度的前提下，预测未来几小时到几天的用电负荷的过程。它是发电厂及能源市场运营商和电力系统相关人员的日常工作任务，通过全面分析历史负荷数据等影响因素来预测几个小时或几天内的未来负荷值。以下是短期负荷预测的意义。

(1) 确保电网安全与稳定

短期负荷预测的结果为电网的安全分析提供了数据支撑，协助供电部门了解电力系统运行状态。供电部门通过合理地控制发电，实时平衡电力供应和消耗，确保发电侧与用户侧保持动态平衡的关系。此外，供电部门通过分析负荷数据，及时查漏补缺，提高电网故障的处置与恢复能力，增强电网的可靠性，从而保障电能质量和电网的安全与稳定。

(2) 优化电网调度

短期电力负荷预测结果将为发电单位、电力调度、发电机组组合和电力输送提供决策支撑，保障电力电网的实时调度并制订出更加科学的调度计划。准确的预测结果更是指导经济电力调度和确定电力市场电力交易策略的重要依据，按照用户需求优化供电结构，实施经济运行，推动实现经济效益和社会效益最大化。

(3) 促进能源交易

短期电力负荷预测结果对促进能源交易具有重要作用，它为电力市场参与者提供了准确的负荷数据，这些数据成为制定交易策略和优化供电结构的重要依据。通过精准预测，交易商能够更好地理解市场动态，在电力市场中做出更加明智的买卖决策，推动电力资源的高效配置和交易的顺利进行。随着新能源装机规模的增加，新能源发电的波动性和间歇性给电力系统的实时平衡提出了挑战。在此背景下，准确的功率预测成为新能源发电企业参与市场化交易的关键，有助于他们优化中长期合约的签订，并在现货市场中灵活调整，实现合理的套利，有效降低批发市场均价，进一步提升发电企业的整体收益。

(4) 预测模型

目前在短期负荷预测领域应用较好且较新的模型基本都是基于卷积神经网络（convolutional neural networks，CNN）和循环神经网络（recurrent neural network，RNN）[包括：长短期记忆（long short-term memory，LSTM）、门控循环单元（gated recurrent unit，GRU）] 的，或此类模型的变种，卷积神经网络的特点在于其局部特征提取效果很好，但是对于时序关系的长期依赖关系的捕获能力较弱。循环神经网络的时序依赖关系捕获能力虽优于一般网络模型，但其梯度消失问题，在训练过程中有丢掉重要信息的可能，因此基于循环神经网络的模型在短期电力负荷预测上的精度存在局限性。Transformer 是一种可以完全依赖于注意力机制来捕获时序数据之间的依赖关系的新模型，此方法被证明在机器翻译上的表现效果优于之前的模型。而机器翻译所使用的文本数据和短期电力负荷预测所使用的负荷数据都属于序列数据，为短期电力负荷预测提供了一种新的思路。以下将对一些经典的短期负荷预测网络进行介绍。

① 卷积神经网络。

CNN 是 20 世纪 60 年代科学家从动物视觉系统中获取灵感而构建的计算机神经网络模型。1998 年，Yann LeCun 首次提出了具有里程碑意义的 LeNet-5 模型，如图 4-1 所示，这不仅标志着卷积神经网络的真正成型，而且奠定了现代 CNN 模型的基本结构。尽管如此，在接下来的近十年里，由于计算机硬件能力的限制，CNN 的研究进展缓慢。直到 2006 年，研究人员通过利用 GPU 加速 CNN 的计算，使这一领域再次焕发活力，并迅速发展。如今，CNN 已成为深度学习的代表模型之一，在图像识别、音频识别等多个领域得到了广泛应用。

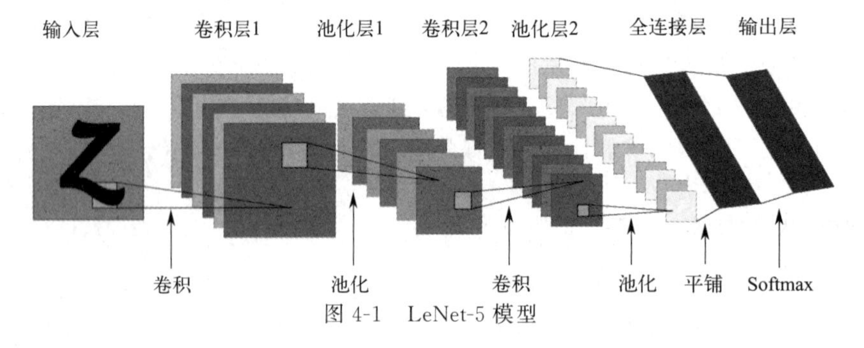

图 4-1　LeNet-5 模型

CNN 网络模型的主要结构包括卷积层、池化层、全连接层等多个部分，该网络第一步是利用卷积层初步提取输入数据的特征，之后使用池化层对提取到的特征进行精炼，最后通过全连接层输出结果。

卷积层是 CNN 最核心的部分，与多层感知器（multi layer perceptron，MLP）全连接结构不同，CNN 采用局部连接方式，即卷积层中上一层内的神经元只与下一层邻近位置的神经元相互连接，如图 4-2(b) 所示。CNN 局部连接方式能够大大降低模型的复杂度与计算时间，同时也能在一定程度上改善过拟合现象。卷积层除具有局部连接的稀疏结构以外，还具有权值共享的特点，如图 4-2(c) 所示，相同的连线表示共用相同的权重参数。全连接网络在训练时由于相邻网络层之间的神经元都有连接，而且不同神经元对应的权值互有差异，导致计算量非常大。但 CNN 通过卷积核参与训练，每个卷积核大小固定，在计算过程中权重也就不变。以图 4-2(a)、(b)为例，相比于全连接结构需要 15 个权重值，使用权值共享方式仅需要 3 个参数，并且当神经元达到一定数量时，CNN 权值共享的优势会更加明显。CNN 局部连接与权值共享的特性，使其非常适合处理诸如电力负荷这种样本集大、影响因素多的数据，不仅能有效提取负荷数据内在特征规律，还极大地简化了网络结构与模型训练时的复杂度，降低了过拟合的风险。

卷积层主要通过卷积核实现对输入信息的特征提取，CNN 卷积层中的卷积核按照预先设置的滑动步长先从左到右，再从上到下进行移动，直至扫描整个输入特征图。通常每一个卷积层含有多个卷积核共同对输入信息进行运算，提取关键特征。卷积层的运算公式为：

$$y_j^{(l)}=f(\sum w_{ij}^{(l)} * x_i^{(l-1)}+b_j^{(l)}) \tag{4-1}$$

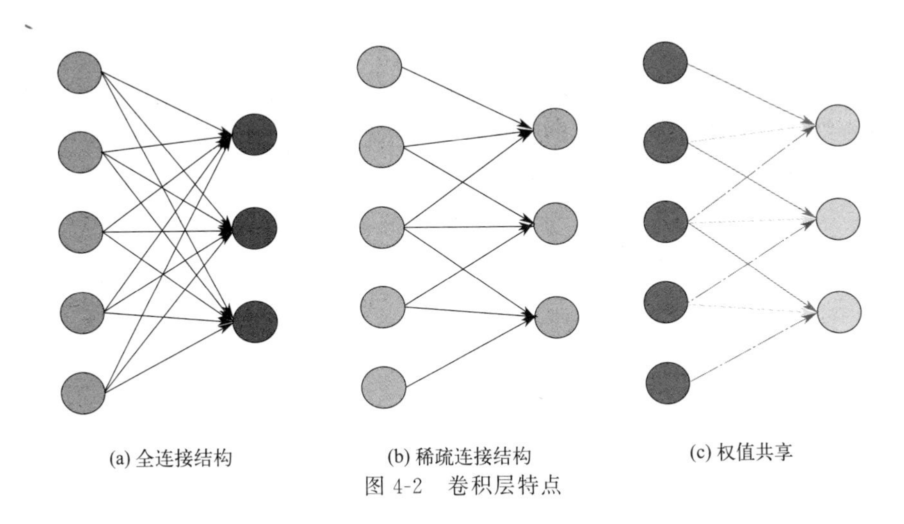

图 4-2　卷积层特点

式中，$y_j^{(l)}$ 为第 l 层卷积层输出；$f()$ 为激活函数；w 为卷积核权重；$*$ 为点成；$x_i^{(l-1)}$ 为第 l 层输入；b 为偏置。

池化层的作用是对卷积层中提取的特征进行二次挑选，在保留主要特征的同时进一步简化模型的复杂度，故池化操作一般发生在卷积操作之后。卷积层相当于减少了不同神经元之间连接的数量，但神经元的个数并没有显著减少，这时就需要池化层参与。池化的本质就是降采样，即对特征进行降维，常见的池化操作方式有最大池化和平均池化。与卷积层的工作方式不同，池化操作是通过尺寸为 $n \times n$ 滑动窗口的移动，求其覆盖矩阵中的最大值或者平均值，而卷积层是做互相关运算。

在 CNN 结构中，全连接层通常位于尾部，该层的每一个神经元都要和上一层中所有神经元进行全连接。卷积层和池化层的作用主要是进行特征提取，全连接的主要作用是分类：对前面经由多次卷积和池化操作后得到的特征向量进行整合、降维，获取深层信息；最后一层的全连接层输出值，通过 Softmax 函数对各种分类情况输出一个概率。因为电力负荷数据的本质为时序数据，是随着时间推移并按照时间顺序进行记录的一组数据，因此使用一维卷积神经网络进行处理会更加有效。如图 4-3 所示。

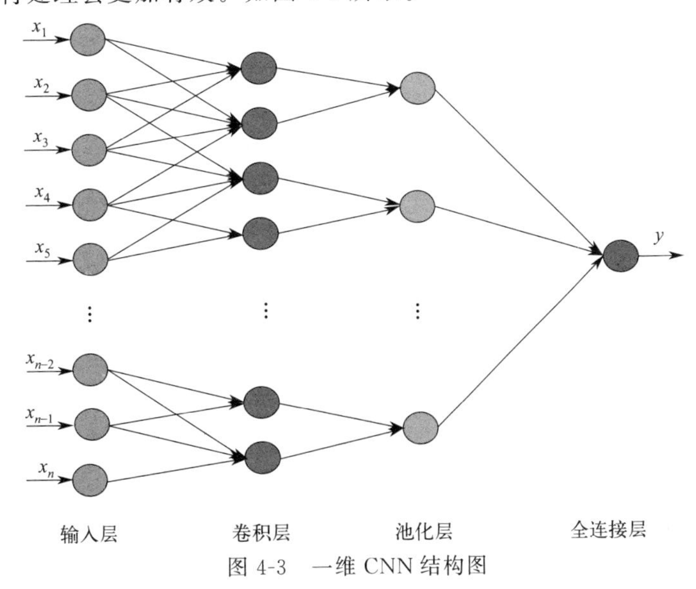

图 4-3　一维 CNN 结构图

利用卷积神经网络进行短期负荷预测，首先将历史电力负荷数据以及其他影响负荷变化的因素作为输入变量，卷积层通过多组卷积核的不断滑动，对输入数据进行初步特征提取，然后经激活函数对卷积层提取的特征向量进行非线性映射后传递给池化层。池化层按照设定的池化窗口通过平均池化或最大值池化的方式，对特征信息进行二次提取，最后经过全连接层输出结果。

卷积神经网络在短期负荷预测中的优点和缺点如下。

a. 优点。

(a) 特征提取能力强：CNN 能够有效地从历史负荷数据中提取特征，捕捉局部相关性，获取高维数据特征。

(b) 具有非线性处理能力：CNN 通过其非线性激活函数，可以处理负荷数据的非线性变化，提高预测精度。

(c) 多因素融合：CNN 可以结合历史负荷数据和其他影响因素（如天气、日期类型等），通过特征构造提高预测的准确性。

(d) 减少过拟合：通过池化层和正则化技术，CNN 可以减少过拟合的风险，提高模型的泛化能力。

(e) 权值共享：CNN 特有的权值共享机制降低了模型的复杂性，提高了对高维数据的处理能力。

b. 缺点。

(a) 对超参数敏感：CNN 的性能在很大程度上依赖于超参数的选择，如卷积核大小、步长、层数等，需要通过交叉验证等方法进行调整。

(b) 对数据预处理要求高：CNN 需要对输入数据进行归一化等预处理，以提高模型的训练效率和预测精度。

(c) 解释性差：作为深度学习模型，CNN 的决策过程不够透明，难以解释模型的预测结果。

(d) 对异常值敏感：CNN 模型可能对异常值敏感，需要对数据进行清洗和处理以避免影响预测结果。

② 循环神经网络（以 LSTM 为例）。

LSTM 是一种特殊的循环神经网络，能够处理序列数据，如语音、文本或时间序列。与传统的 RNN 相比，LSTM 引入了“门控机制”技术，有效地控制信息流动。LSTM 由一系列的“记忆块”组成，每个记忆块含有 3 个门：输入门、遗忘门和输出门。输入门决定新输入数据中哪些信息被加入当前状态中；遗忘门决定从当前状态中遗忘哪些信息；输出门则控制当前状态输出多少信息给下一个时间步骤。通过这种方式，LSTM 能够长期记住并传递之前的信息至未来，从而更好地处理长序列数据，并避免梯度消失问题。

LSTM 是一种门控循环神经网络，其设计目标在于解决传统 RNN 在处理序列输入数据时遇到的长期依赖性问题。通过引入一套精巧的门控机制，LSTM 能够有选择地记住或遗忘信息，从而有效地学习并处理输入数据中的长期依赖关系，避免了梯度消失问题。LSTM 中的门控机制允许它们控制信息在网络中的流动，有助于避免梯度爆炸问题。因此，LSTM 已成为许多涉及序列数据处理应用的热门选择。LSTM 能够利用长期的先前状态序列信息，并借助门控机制，即输入门状态（I_t，N_t）、遗忘门状态（F_t）和输出门状态（O_t），来实现这一功能。LSTM 单元结构图如图 4-4 所示。

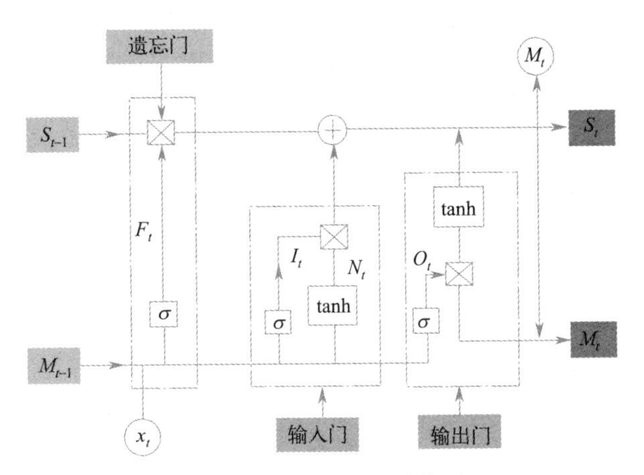

图 4-4　LSTM 单元结构图

相关计算公式如下所示：

$$F_t=\sigma(b_f+W_{fx}x_t+W_{fm}M_{t-1}) \tag{4-2}$$

$$I_t=\sigma(b_i+W_{ix}x_t+W_{im}M_{t-1}) \tag{4-3}$$

$$N_t=\Phi(b_n+W_{nx}x_t+W_{nm}M_{t-1}) \tag{4-4}$$

$$O_t=\sigma(b_o+W_{ox}x_t+W_{om}M_{t-1}) \tag{4-5}$$

$$S_t=S_{t-1}\otimes F_t+N_t\otimes I_t \tag{4-6}$$

$$M_t=\Phi S_t\otimes O_t \tag{4-7}$$

式中，⊗表示向量中元素按位相乘；Φ 表示 tanh 函数变化；b_o，b_n，b_i，b_f 分别为相应门的偏置项；W_{fx}，W_{fm}，W_{ix}，W_{im}，W_{nx}，W_{nm}，W_{ox} 和 W_{om} 分别为输入 x_t 和中间输出 M_{t-1} 与对应门相乘的矩阵权重。

LSTM 在短期负荷预测中的优点和缺点如下。

a. 优点。

(a) 强大的时间序列处理能力：LSTM 能够学习时间序列中的长期依赖关系，这对于捕捉负荷变化的趋势非常有利。

(b) 避免梯度消失问题：LSTM 的门控机制可以有效防止在训练过程中出现的梯度消失问题，允许网络学习更深层次的模式。

(c) 模型的灵活性和扩展性：LSTM 可以容易地扩展到更深层的网络结构，以适应更复杂的预测任务。

b. 缺点。

(a) 超参数调整困难：LSTM 模型的性能对超参数敏感，需要通过交叉验证等方法进行调整，这可能需要大量的实验和时间。

(b) 模型解释性差：LSTM 作为深度学习模型，其内部工作机制不够透明，导致模型的预测结果难以解释。

③ Transformer 是文献提出并应用于机器翻译领域。所谓机器翻译，就是将一种语言通过机器、模型翻译成另一种指定语言，如图 4-5 所示，将德语“Ich liebe dich”通过 Transformer 模型翻译成英语“I love you”。受 Transformer 强大能力的启发，随后研究者开始将 Transformer 应用到计算机视觉领域，研究表明 Transformer 在图像分类、目标检测、语义分割、视频处理等方面都表现出出色的性能。下面介绍 Transformer 模型的基本结构。

Transformer 模型是一种基于编解码的模型结构。每个编解码器由多头注意力机制和全连接的前馈神经网络组成，中间采用残差连接和层归一化方式实现。模型内部使用的是一种全新的结构，仅通过注意力机制来捕获时序信息。此外，编解码组件都可以由多个同结构编解码器构成，在具体实践过程中，编解码器的层数可以作为超参数进行调整。通过使用编解码多层堆叠的方式加深模型结构能够充分挖掘数据特性，提高模型预测的准确率。对于机器翻译，输入不同的句子或者段落，翻译后输出的单词数量并不相同，即输出向量长度未知，因此输出时并不指定输出序列的长度，这种情况下使用 Transformer 时在编码组件进行编码之后，必须使用解码组件进行解码。而对于短期负荷预测此类时序任务来说，并不存在上述情况，对于不同的输入，输出长度固定。因此，在使用 Transformer 进行时序预测任务时，可以只使用 Transformer 的编码器部分。Transformer 编码器结构如图 4-6 所示。

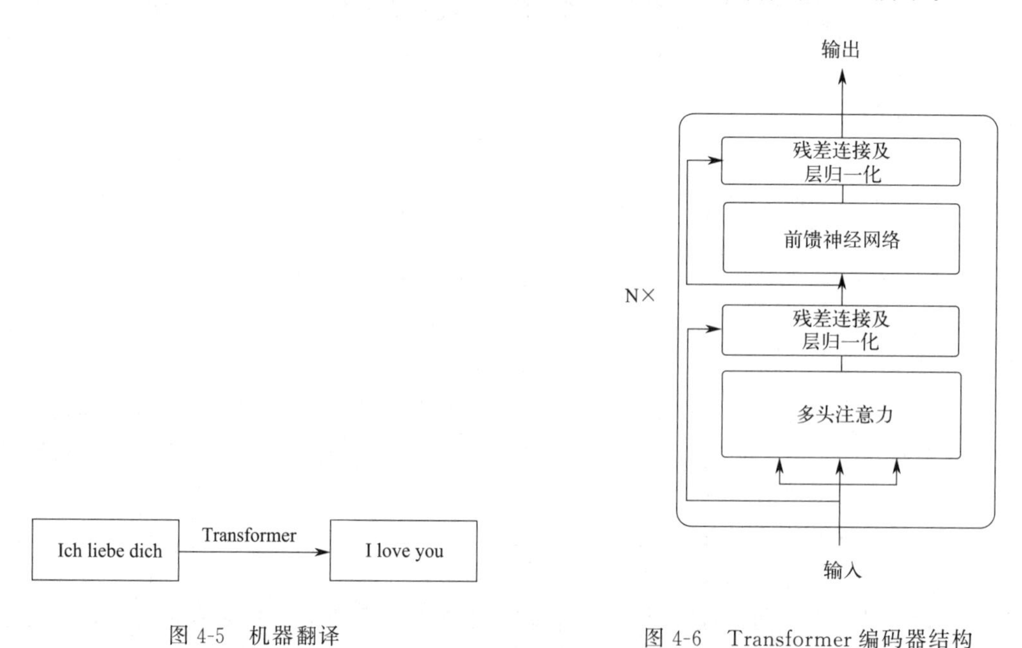

图 4-5　机器翻译

图 4-6　Transformer 编码器结构

此外，由于 Transformer 无法捕捉不同负荷点之间的相对位置关系，因此在将负荷数据输入到 Transformer 编码组件中进行编码时，必须对其进行“位置编码”以识别输入序列的相对位置关系。后续会对 Transformer 编码组件中包括的多头注意力机制和由前馈神经网络组成的前馈层，以及位置编码进行详述。

多头注意力机制是 Transformer 的主要部分。多头注意力机制通过多次自注意力计算来关注序列不同位置的子空间表示信息，从而捕获输入元素之间的多个相关性。同时多头注意力机制中的不同的头可以关注序列的不同模式，比如关注负荷序列的不同周期特性，即负荷变化的短期模式和长期模式。以天为单位的变化周期，或以周为单位的变化周期等。

在介绍多头注意力机制前，先解释一下注意力机制。所谓注意力机制是对输入给予不同的注意力。比如，人在看一幅图片时，并不总是给予图片中所有的点相同的注意力，而是更加关注这幅图片的核心部分，即给予重要的部分更高的注意力，而不太重要的部分更少的注意力。注意力机制最初由 Dzmitry Bahdanau 等人提出，用于 NLP 领域，其核心概念正是模仿了人脑的这种机制。对于短期负荷预测，通过注意力机制可以识别负荷输入序列中的重要的点来辅助预测，负荷输入序列中较重要点获得较高的权重，反之，对不重要的点获得较低权重。注意力函数通常有三个输入，分别为查询向量 Q、键向量 K 和值向量 V。通过 Q 和 K 计算注意力权重，并进行归一化处理得到权重 α，然后对值向量进行加权处理得到输出 out。

$$\alpha=\operatorname{softmax}[f(QK)] \tag{4-8}$$

$$\text{out}=\sum \alpha_i * v_i \tag{4-9}$$

式中，softmax(·) 为归一化函数；f 为注意力分数计算函数。

注意力分数计算公式如下所示：

$$f(Q,K)=\frac{QK^T}{\sqrt{d_k}} \tag{4-10}$$

式中，d_k 为输入向量的编码维度。

因此，自注意力机制中的注意力分数的计算公式可以表示为：

$$\text{Attention}(Q,K,V)=\text{Softmax}(\frac{QK^T}{\sqrt{d_k}})V \tag{4-11}$$

在自注意力机制中，$Q=K=V$。而单一的注意力机制能挖掘到的信息有限，因而引入了多头注意力机制（MHSA）。多头注意力表示如下：

$$\text{Head}_i=\text{Attention}(QW_i^Q,KW_i^k,VW_i^V) \tag{4-12}$$

$$\text{MultiHead}(Q,K,V)=\text{Concat}(\text{head}_1,\cdots\cdots,\text{head}_h)W^o \tag{4-13}$$

Transformer 中前馈神经网络（前馈层）由两层非线性变换组成，表示如下：

$$\text{FFN}(x)=\max(0,xW_1+b_1)W_2+b_2 \tag{4-14}$$

式中，x 为多头注意力机制的输出；W_1，b_1，W_2，b_2 是相应的权重和偏置参数。

由于 Transformer 无法捕捉不同负荷点之间的相对位置关系，因此在将负荷数据输入到 Transformer 编码组件中进行编码时，必须对其进行“位置编码”以识别输入序列的相对位置关系。本书采用正弦、余弦的方式进行“位置编码”来捕获输入负荷数据间的时间相对关系，具体公式如下：

$$\begin{cases} pe_k=\sin(\text{pos}/10000^{k/d_{\text{model}}}),k\ \text{为偶数} \\ pe_k=\cos(\text{pos}/10000^{k/d_{\text{model}}}),k\ \text{为奇数} \end{cases} \tag{4-15}$$

式中，pos 是该点在负荷序列中的位置；k 为维度索引；d_{model} 为负荷序列编码维度。

Transoformer 在短期负荷预测中的优点和缺点如下。

a. 优点。

(a) 高预测精度：Transformer 模型利用自注意力机制，能够捕捉时间序列数据中的长期依赖性和周期性信息，这使得它在短期负荷预测中能够提供较高的预测精度。

(b) 并行化计算：Transformer 模型的自注意力机制允许并行处理序列中的所有元素，这为模型训练和预测提供了高效的计算能力。

(c) 多变量输入：Transformer 能够有效处理多变量输入，这使得它可以整合更多的特征信息，提高预测的准确性。

b. 缺点。

(a) 数据需求量大：Transformer 模型为了达到较好的训练效果，通常需要大量的数据，这可能在某些情况下难以满足。

(b) 模型复杂性：Transformer 模型结构复杂，需要更多的参数和计算来训练，这可能导致模型训练和调优的难度增加。

4.2.2 中期负荷预测方法

中期负荷预测，预测时间尺度一般为几天至几个月，预测结果主要用于安排机组检修计划和装机计划，以便于解决季节性的需求问题。目前，国内外对于中期负荷预测研究较少，多为短期负荷预测和长期负荷预测，因为，大多数长期负荷预测方法亦可用于中期负荷预测。以下简单介绍基于 LightGBM 的中期负荷预测方法。

利用 LightGBM 进行中期负荷预测是一种高效的机器学习方法。LightGBM 在中期负荷预测问题上展现了其多方面的优势，主要表现在处理大规模时间序列数据时的高效率和准确性。它利用基于直方图的决策树算法，有效降低了模型训练过程中的时间和空间复杂度，同时保持了对关键时间点预测的精确度。通过单边梯度采样和特征捆绑技术，LightGBM 能够减少计算量并提高模型的泛化能力，避免在复杂的中期负荷数据中过拟合。此外，LightGBM 的高效并行处理能力，使其在分布式计算环境中能够快速处理和分析庞大的历史负荷数据集，从而实现更为迅速和准确的中期负荷预测。这些特性使得 LightGBM 成为解决中期负荷预测问题的理想选择，尤其是在需要处理大量历史数据并进行快速预测的场景中。

LightGBM 在中期负荷预测中的优缺点如下。

a. 优点。

（a）高效率：LightGBM 采用基于直方图的决策树算法，大幅减少了计算量和训练时间。

（b）低内存消耗：与传统的梯度提升决策树（gradient boost decision tree，GBDT）算法相比，LightGBM 使用直方图算法减少了内存的使用。

（c）高准确率：LightGBM 通过优化的算法和参数调整，能够实现较高的预测准确率。

（d）正则化能力强：通过参数如 min_data_in_leaf 和 lambda_l2 等，LightGBM 具备良好的正则化能力，有助于防止过拟合。

（e）支持并行处理：LightGBM 支持特征并行、数据并行和投票并行，能够高效利用多核处理器进行快速训练。

（f）模型解释性：LightGBM 提供了特征重要性分析和 SHAP 值等模型解释工具，有助于理解模型预测背后的逻辑。

b. 缺点。

（a）过拟合风险：虽然具备正则化能力，但在某些情况下，LightGBM 模型可能仍然面临过拟合的风险，特别是在数据特征非常复杂时。

（b）参数调优难度：LightGBM 的参数较多，找到最优的参数组合可能需要大量的调优工作。

4.2.3 长期负荷预测方法

长期负荷预测通常指的是对电力系统在未来较长一段时间内的负荷进行预测，比如一年、五年甚至十年等时间尺度的预测。这种预测对电网规划、电力市场运作、电力投资决策等方面具有极其重要的作用。它需要考虑包括历史负荷数据、国内生产总值及其增长率、电源和电网发展状况、大用户用电设备信息、水情气象等可能影响季节性负荷需求的因素。长期负荷预测应每年滚动修订一次，并且至少应采用连续几年的数据资料进行分析。

准确的长期负荷预测对电力系统的安全性、稳定性和经济性至关重要。随着智能电网技术的发展，深度学习因其在数据特征提取和模式识别方面的潜力而广泛应用于电力系统负荷预测，包括基于 Transformer 模型的预测方法，这些方法通过注意力机制能够更好地捕获时间序列中的长期依赖性和周期性信息。

电力系统的负荷序列与文本类序列相比，具有不同的特征属性，其显著的区别是负荷序列具有更明显的趋势性特征和周期性特征，目前大多数模型仅仅关注于短期负荷预测领域，在长期负荷预测问题上的研究进展较少，针对现有研究，总结了两个挑战：

① 许多模型忽略了捕捉时间序列高阶特征（趋势项，周期项）的能力，这些因素影响着模型的拟合能力，使得预测结果滞后性严重。

② 误差累积效应一直在神经网络训练中存在，随着预测步数的增加，单一神经网络逐渐会变得低效，例如传统 RNN 网络在进行更长时间步的模型推理任务上预测精准性会急剧下降。

以下介绍一种基于自注意力机制的长期负荷预测模型，名为 LTSNet，重点优化了长期负荷预测模型在数据特征提取、数据生成效率、数据分布改善三个方面的性能，以此提升模型的预测准确性和推理速度。

整体架构基于分层分解注意力机制的长序列预测网络整体框架如 4-7 图所示，其中 Pre-tasks 用于对原有数据进行特征增强，集成后的特征会通过 TSTree 自上而下的学习特征潜在表示，最后进行特征汇聚，整个过程是递归执行的，TSBlock 是详细的训练过程。整个模块分为特征提取特征编码，模型生成 3 个部分。下面是对这 3 个部分的详细介绍。

（1）特征增强模块

为了提升原始负荷序列特征包含的信息度，模型在原有的特征数据基础上，构建出了更多的嵌入特征，具体来说，输入的嵌入由一个标量投影、位置编码投影、全局时间戳嵌入（分钟、小时、周、月、假日等）投影组成，整体设计如图 4-8 所示。

假设在 t 时刻有 H 个输入序列 $x_t \in R^{B\times H\times d_m}$，其中 B 为 batch size 大小，H 为序列数量，d 是序列维度大小，x 通过一个加性公式就可以得到嵌入后的输入向量 x'_t。如下式所示，α 是一个范围在 0 到 1 之间的温度系数，PE(・) 是位置编码函数。

$$x'_t=\alpha x_t+\mathrm{PE}(x_t)+\mathrm{SE}(x_t) \tag{4-16}$$

$$x_p, x_w, x_m, x_h=\mathrm{SE}(x_t) \tag{4-17}$$

式(4-16) 和式(4-17) 中的 SE(・) 是特征提取函数，作用是对原有时间戳进行分解从而得到相应的分解项，并对分解项进行非线性转换，从而得到新的嵌入特征。式(4-17) 通过一个加性模型就可以得到组合后的时间序列向量。除去电力设备本身的特性，负荷数据受时间点影响的比重会更高，例如一天中的负荷高峰阶段可能大量集中在上午 8 点至 12 点与下午 2 点至 6 点之间，负荷低谷阶段可能大量集中在 23 点至次日 6 点之间。通过对原数据加入更多具备周期性影响的嵌入特征，可以有效提升模型对序列变点的捕捉能力与拟合能力。

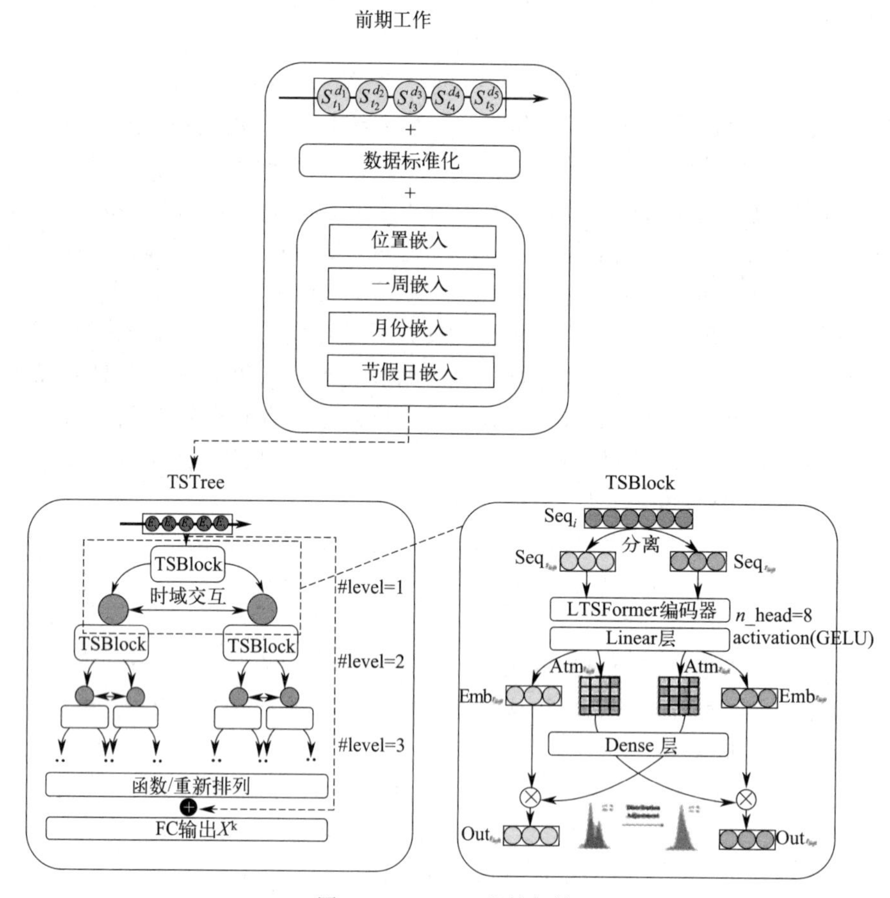

图 4-7 LTSNet 整体架构

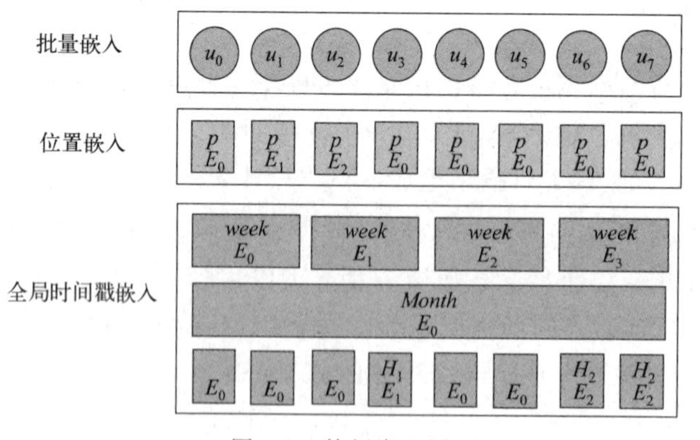

图 4-8 特征嵌入层

（2）层次编码器模块

将融合了多种时序嵌入特征的数据输入到 LTSNet 的层次编码层（TSTree）中的目的是训练模型，用于在测试集上的模型迁移。具体步骤为，首先，对序列进行平衡采样，并发送 TSTree 中 TSBlock 的残差自注意力块中进行编码，之后通过一组具有共享权重的全连接层对两个时序信号进行交互学习，然后对所有分解后的低频子序列信号进行重排，重组为一个完整的时间序列来表示整体的波动情况，最后，模型对预测部分先进行掩码覆盖，使用生成式解码来预测未来的序列走势。在本模型中，TSBlock是LTSNet的基本模块，它通过分割和交互学习的操作，将输入特征 $X=(x,x,x,\cdots,x)$ 均等划分为前后两段序列 X 和 X，对每一段序列进行编码后再进行划分，直到达到划分阈值后，再进行序列重排，进而生成预测结果。整个划分过程相当于不断对原有的数据进行降采样，将原有序列划分后的前后两部分序列的结果如式（4-16）～式（4-19）所示，接下来将重点介绍编码器各个组件的设计。

$$X_p=(x_1,x_2,x_3,\cdots,x_{t/2}) \tag{4-18}$$

$$X_f=(x_{t/2+1},x_{t/2+2},x_{t/2+3},\cdots,x_t) \tag{4-19}$$

① Embedding层设计。Embedding层引入了残差自注意力机制（Residual Self-Attention，RSA）来捕获序列中不同片段之间的依赖关系，相比于传统的自注意力机制（Self-Attention），RSA在Attention模块内部添加了跳层连接机制来传播Attention的序列关系概率矩阵，经过计算后的每层的Attention矩阵更具有稀疏性和强关联性，相当于对特征进行了正则化，从而保证在能够堆叠更多的SA单元的同时避免模型训练的梯度出现不稳定现象，使得模型对超参数调节更具有鲁棒性。RSA将残差计算放置在了Attention矩阵上，整体保持了Post-LN的结构，既保持了Post-LN的性能，又融合了残差的友好。如式(4-20)所示，RSA添加了 Attn_p 变量，$\mathrm{Attn}_p\in R^{h\times from_seq\times to_seq}$ 代表着当前网络单元前一层的Attention矩阵分数，它将会作为一个额外输入，作为当前RSA模块的输入，在式（4-20）中，$\mathrm{head}_i=\mathrm{ResidualMultiHead}(QW_i^Q,KW_i^K,VW_i^Q,\mathrm{Attn}_{p_i})$，其中Attn的维度和head一样，在Attn之上添加残差分数，然后再计算加权和，因此在每一层都可以保留新的注意力矩阵分数 $((Q'K'T)/(\sqrt{d_k})+\mathrm{Attn}_p)$。

$$\mathrm{ResidualMultiHead}(Q,K,V,\mathrm{Attn}_p)=\mathrm{Concat}(\mathrm{head}_1,\cdots,\mathrm{head}_h)W^O \tag{4-20}$$

$$\mathrm{ResidualMultiHead}(Q',K',V',\mathrm{Attn}'_p)=\mathrm{Softmax}(\frac{Q'K'T}{\sqrt{d_k}}+\mathrm{Attn}'_p)V' \tag{4-21}$$

如图4-9所示，LTSNet的层次编码器在Residual Multi-Head Self-Attention基础上，将原有的FFN结构更新为了两个ConvNet结构，并在两个结构之间通过一个高斯误差线性单元（gaussian error linear unit，GeLU），引入随机正则来提升编码器对序列数据学习的鲁棒性。

② 特征交互层设计。给定经过TSBlock分割后的两个原始特征图 $F_p\in R^{B\times L\times D}$，$F_f\in R^{B\times L\times D}$，$B$ 为batch size大小，L 为输入序列的长度，D 为序列的特征维度。通过公式(4-22)～式(4-23)，LTSNet的Encoder模块 M 可以分别提取出两个特征图的注意力矩阵 Attn_p 和 Attn_f，以及两个编码后的特征图 Fp' 和 Ff'，对 Attn_p 和 Attn_f 通过一个非线性转换层 M 就可以映射到与 $Fp'(Ff')$ 相同的维度，非线性转换的公式如式(4-24)所示，对编码后的特征图和非线性转换后的注意力矩阵进行交叉对应位相乘，就可以得到特征交互后的结果，执行过程如式(4-24)～式(4-26)所示。

$$F'_p,\mathrm{Attn}_p,F'_f,\mathrm{Attn}_f=M_s(F_p,F_f) \tag{4-22}$$

$$\mathrm{Attn}'_p,\mathrm{Attn}'_f=M_1(\mathrm{Attn}_p,\mathrm{Attn}_f) \tag{4-23}$$

$$y=xA^T+b \tag{4-24}$$

$$F''_p=F'_p\odot\mathrm{Attn}'_f \tag{4-25}$$

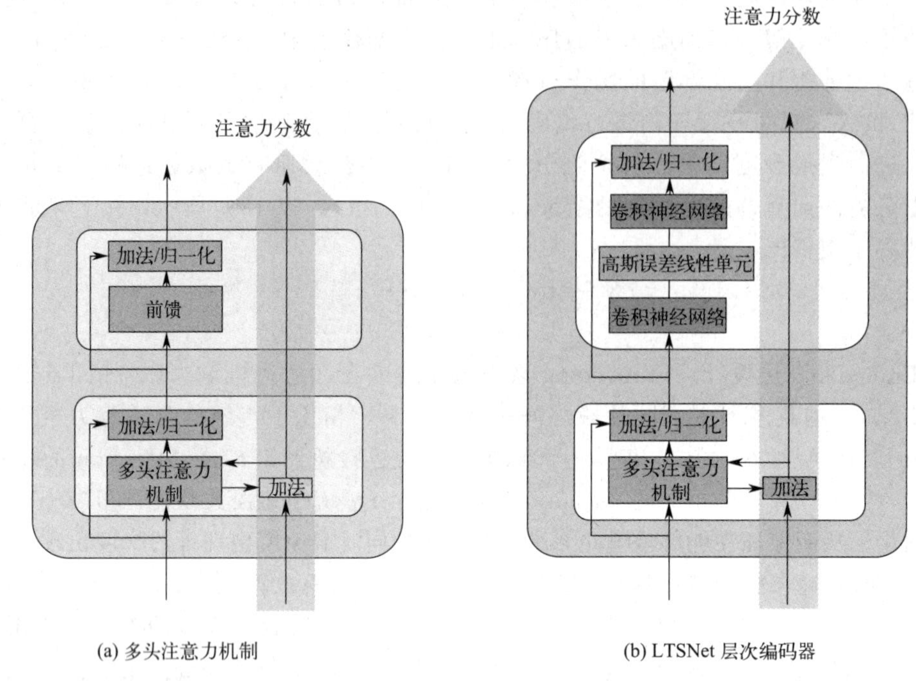

(a) 多头注意力机制　　(b) LTSNet 层次编码器

图 4-9　Residual Multi-Head Self-Attention 模块

$$F_{f''}=F_{f'}\odot \mathrm{Attn}_{p'} \tag{4-26}$$

式中，M 是一个非线性转换层；⊙代表着矩阵对应位相乘，也称为哈达玛积，在操作过程中，两个不同时间域的序列片段的注意力矩阵将会被广播到其他序列上，有效避免了模型训练的过拟合问题并增加了输出的稀疏性，有利于下一层神经网络的学习。

（3）长序列生成模块

模型的生成式推理最开始被运用在自然语言处理领域的“动态编码”中，将其扩展为用于时间序列数据生成的策略。具体做法是在输入序列中采样一个标记长序列 L_{token}，以预测 168 个步长为例子，对于在同一个相等的 batch size 以及同一个时间步 T 下输入到模型中的三维张量 $X_{in}^{T}\in R^{L\times H}$ 表示在一个时间步下输入序列 X 的长度，默认为 96，H 代表序列的特征维度，在训练过程中，编码器将会降低输入序列的维度，总体处理过程可分为四个步骤：

第一步，使用 LTSNet 结构中的 TSTree 框架对特征进行分割和嵌入，使用 TSBlock 模块对特征进行层次挖掘。

第二步，将 TSTree 训练出的编码特征通过一层一维卷积网络进行一个前向的生成，生成中间压缩嵌入特征为 $X_{\text{token}}^{T}\in R^{L_{\text{token}}\times H}$，其中 L_{token} 表示在一个时间步下序列 X_{token} 的生成序列长度，从 X_{in}^{T} 后半部分截取一段序列长为 $X_{\text{out}}^{T}\in R^{D\times H}$，其中 D 和 L_{token} 的长度是相等的，D 默认长度为 48。

第三步，将 X_{token} 和 X_{out}^{T} 添加到损失函数中进行比较，通过反向传播算法来更新神经网络的参数，直到 LTSNet 模型整体训练完毕。

第四步，准备进行预测步骤，定义历史序列为 $X_{\text{prev}}^{T}\in R^{L'\times H}$，定义预测序列为 $X_{\text{pred}}^{T}\in$

$R^{P\times H}$，P 为用户接受的用于预测的范围长度，在本模型中默认 P 等于 L'，X_{pred}^{T} 首先要被初始化为全零的张量，并且需要拼接到 X_{prev}^{T} 之后，则 X_{prev}^{T} 表示为 $X_{\text{prev}}^{T}=\text{Concat}(X_{\text{prev}}^{T},X_{\text{pred}}^{T})$，然后将 X_{prev}^{T} 通过已经训练完毕的 LTSNet 中，X_{prev}^{T} 就会被填充为生成后的预测结果 $X_{\text{pred}}^{T+1}\in R^{P\times H}$，整个执行过程如图 4-10 所示。

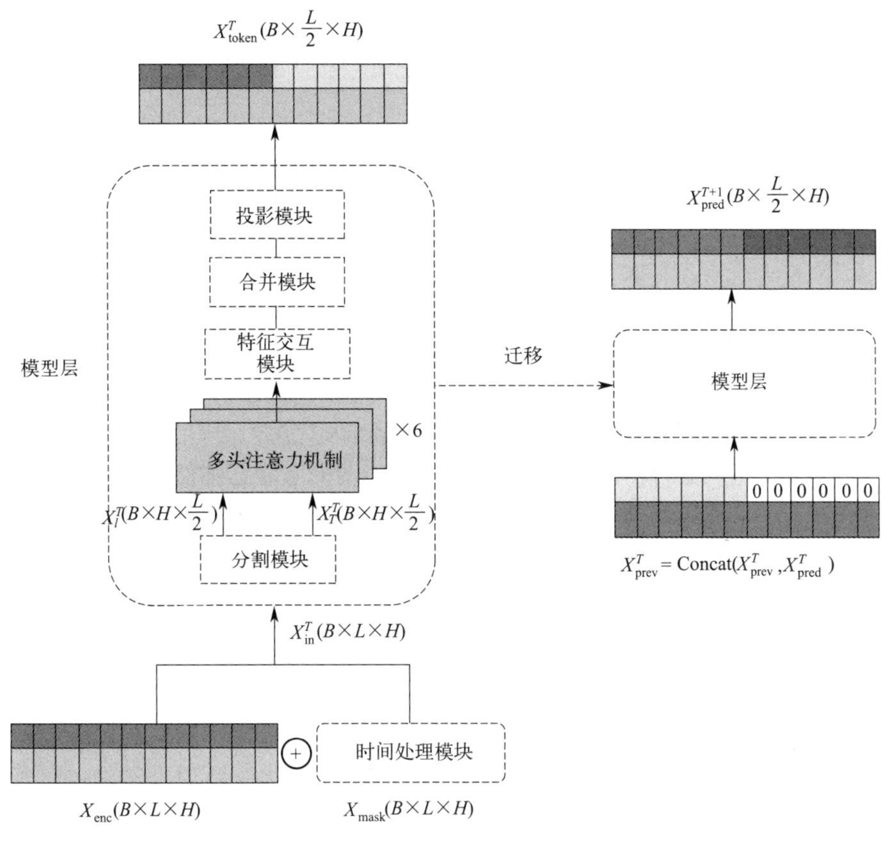

图 4-10 生成式解码

LTSNet 可以通过层次编码，特征交互，生成式预测技术来学习有效的时序表示。结合改进后的 Self-Attention 机制，可以更好地捕捉到数据或特征的内部相关性，进而解决长距离依赖问题，使用局部特征交互可以减少在模型训练过程中出现的数据分布漂移现象，增加模型的稳定性，使用生成式预测可以缓解传统编解码结构串行推理的局限性，在避免误差堆积现象的同时提升模型推理速度。

LTSNet 在长期负荷预测上优缺点如下。

a. 优点。

(a) 分层特征提取：LTSNet 采用树形分解神经网络架构，自顶向下增量挖掘时间分量的高维特征，这有助于更好地理解和预测长期负荷趋势。

(b) 稳定性和速度：在长期预测服务中，LTSNet 保持了稳定的预测性能和速度，适合于智能电网能耗规划、居民用电监测等实际应用。

(c) 多变量和单变量预测：LTSNet 能够处理多变量和单变量预测，提供可靠的预测结果，增强了模型的适用性和灵活性。

(d) 特征交互：通过注意力矩阵用于每一层的特征交互，减少了不同领域时间序列片段之间的分布差距，预测的准确性提升显著。

b. 缺点。

(a) 计算复杂性：虽然 LTSNet 通过分层结构提高了预测精度，但这种结构可能带来较高的计算复杂性，尤其是在处理大规模数据时。

(b) 超参数调整：作为深度学习模型，LTSNet 可能需要调整多个超参数以获得最佳性能，这可能需要大量的实验和计算资源。

(c) 对数据质量的依赖：长期负荷预测模型通常对输入数据的质量有较高要求，数据中的噪声和异常值可能会影响 LTSNet 的预测性能。

(d) 模型泛化能力：尽管 LTSNet 在特定领域表现出色，但其泛化能力到其他领域或不同类型的负荷预测任务可能受限，需要进一步验证。

4.3 优化调度策略

虚拟电厂是一种将分布式电源（distributed generation，DG）、用电负荷、储能设备及输配电装置搭配整合的小型“源-荷-储”系统，可以通过能源的互联互补促进可再生能源的就地消纳，其因较低的污染排放和较高的资源利用率得到了快速发展。新能源出力以及负荷波动性、随机性和间歇性等多元不确定性，给微电网的安全、经济调度发展带来了一系列挑战。如何在尽可能利用清洁能源的同时，保证系统的安全经济运行具有十分重要的研究价值和意义。

多能虚拟电厂系统的系统层包含两个方面：一是负责整个虚拟电厂系统与配电网的电能交易；二是调节虚拟电厂系统中各虚拟电厂间的电能交互，实现系统内电能的实时平衡。系统层作为整个虚拟电厂系统的枢纽，连接着配电网与本地层，起到类似“桥梁”的作用。虚拟电厂运营商可将自己所采集的信息，如风力发电机和光伏电池的出力大小、储能装置的荷电状态、热电联供系统的运行情况以及负荷的需求，通过信息流线路传至虚拟电厂的能量管理中心（energy management center，EMC）。EMC 可根据所掌握的信息并结合配电网的交易电价和虚拟电厂间的交易电价等条件，通过分布式求解得出虚拟电厂的最优调度，并发送给虚拟电厂运营商。虚拟电厂运营商根据这一已知量控制其内部分布式电源的出力和与外部的电能交易量。虚拟电厂 EMC 根据采集到的各虚拟电厂分布式电源出力情况以及负荷需求，判断虚拟电厂是否需要接收来自外部的电能交互。

在虚拟电厂的运行中，虚拟电厂运营商可能面临以下三种情况：

① 如果虚拟电厂自身的发电量刚好满足本地负荷的要求，则无须和外部有电能的交互，仅需虚拟电厂运营商根据内部运行状态优化各分布式电源的出力。

② 如果虚拟电厂自身的发电量不能满足本地负荷的要求，需要首先考虑向有足够可再生分布式电源出力的虚拟电厂寻求电能的交互，既可弥补这一部分的功率缺额，也可实现对可再生能源的合理利用和高效消纳，避免了“弃风弃光”这一现象带来的能源浪费。如果其余可再生能源充足的虚拟电厂无法满足功率缺额，则需使用储能装置来进行补足。但储能装置受的实时荷电状态的约束，仍有存在功率缺额的可能，这时就需要向配电网进行购电，直至供需平衡。

③ 如果虚拟电厂自身的发电量在满足本地负荷的要求之外仍有富余，可先通过虚拟电

厂 EMC 进行调节，向有功率缺额的虚拟电厂交互电能现系统内的最优运行。剩余电能可储存于储能装置中，以便在需要时提供电力的需求。储能装置受其容量的限制，不一定能消纳完全，此时可向配电网进行电能交易，售出额外的电能。

4.3.1 调度优化模型

在传统的集中式优化中，中心节点需对各子节点的信息进行全局收集与处理，并集中计算并决策。由于所有的数据处理均在中心节点上完成，使得系统过分依赖于中心节点，其性能瓶颈会限制整个系统的计算、处理能力。一旦中心节点出现故障或不可用，整个系统也将无法运行，大大降低了系统的可靠性。这种架构通常适用于较小规模的系统，以提供简单、集中化的管理和控制。近年来，随着虚拟电厂的迅速发展，更大的系统容量、更多的能源形式、更广的数据规模和更高的运行要求使得集中式优化的弊端显得尤为突出。在这样的背景下，分布式优化架构显然更加适合虚拟电厂的要求。

分布式优化调度模型在虚拟电厂的运营管理中起着至关重要的作用。这些模型通过数学建模和计算方法解决复杂的调度问题，确保电力系统的可靠性和经济性。常见的分布式优化调度模型包括交替方向乘子法（alternnate direction multiplier method，ADMM）、博弈论模型、多代理系统（multi-agent system，MAS）、分布式梯度下降以及分布式共识算法等。这些模型能够支持多个参与方之间的协同优化，实现全局最优解或近似最优解，同时考虑到了参与方的隐私保护需求和计算能力限制。例如，ADMM 方法可以用于确定每个时段内各发电资源的最佳发电量、储能系统的充放电策略以及是否参与需求响应等决策，通过设定目标函数和约束条件，ADMM 方法会通过迭代求解，最终找到最优的调度方案。通过合理选择和集成不同的模型，虚拟电厂可以有效地管理其资源，实现节能减排的同时保证电力系统的稳定运行。随着计算能力的增强和优化理论的发展，未来的分布式优化调度模型将会更加高效和智能，为虚拟电厂的运营管理提供更加强大的支持。ADMM 方法作为一种典型的分布式优化求解方法，由于其收敛强、鲁棒性好及应用范围广而被广泛使用。但直接采用 ADMM 方法对复杂的多能虚拟电厂进行优化求解时仍存在一些不足，如收敛困难、迭代次数过多等。分布式计算模型是对分布式系统中模型参数的计算和通信过程的一种抽象，是优化算法分布式实践中的关键层次。在采用基于数据并行分布式算法中，主要可分为批量同步并行和异步并行这两种计算模型。

（1）批量同步并行模型（batch synchronization parallel，BSP）

在采用 BSP 模型计算时，每次迭代都需要等待所有节点全部计算完成才可以进行全局更新，这样可以保证计算参数的强一致性，保证了算法能可靠收敛。但是在基于分布式的系统中，由于不同节点所需的计算时长并不相同，同时全局更新时网络通信也存在延迟，BSP 模型的频繁同步会消耗系统大量的通信等待时间，即计算速度快的节点需要等待计算速度慢的节点完成计算后才能全局更新。而电力系统的分布式优化都具有一定范围内容错区间，对在优化求解时产生的微小误差具有一定的鲁棒性，所以在采用如随机梯度下降（stochastic gradient descent，SGD）和 ADMM 等算法时可应用基于较少同步次数的计算模型，以减少迭代时长。

（2）异步并行模型（an synchronous parallel， ASP）

在ASP模型中，所有节点可以并行地计算子问题，并且无须等待其他节点即可进行全局更新。在迭代过程中，每个节点间相互独立求解，也无须互相等待。但由于系统内所有节点间缺少同步这一步骤，使得ASP模型的精度通常较低，收敛性也不稳定，甚至有时不能完成收敛，所以该计算模型在实际应用中比较少。因此本研究将采用基于批量同步并行模型的分布式优化算法，以实现计算的全局一致性。

4.3.2 调度优化算法

调度优化算法在虚拟电厂的运营管理中起着至关重要的作用，它们通过数学建模和计算方法来解决复杂的调度问题，以确保电力系统的可靠性和经济性。常见的调度优化算法包括线性规划、整数规划、混合整数规划、动态规划、遗传算法、粒子群优化、模拟退火、人工神经网络以及深度强化学习等。这些算法可以帮助虚拟电厂确定最经济的发电组合、储能系统的充放电策略、用户的需求响应参与程度以及参与电力市场的最佳策略。例如，混合整数规划可以用来综合考虑设备的启停成本和运行成本，以实现成本最小化；而遗传算法和粒子群优化则适合解决复杂的非线性优化问题，特别是在不确定性条件下寻求最优调度策略。通过合理选择和集成不同的算法，虚拟电厂可以有效地管理其资源，实现节能减排的同时保证电力系统的稳定运行。随着计算能力的增强和优化理论的发展，未来的调度优化算法将会更加高效和智能，为虚拟电厂的运营管理提供更加强大的支持。

为了满足在迭代计算时参数的一致性和算法的可靠收敛，雅可比迭代法在每轮迭代更新时，需等系统所有的节点更新完成后才能对全局变量计算并对全局更新，这样频繁的更新再同步的过程将消耗掉系统大量的通信等待时间，降低算法的计算速度。因此本研究将在经典交替方向乘子法的基础上进一步改进，采用基于梯度下降法的加速方案来对对偶变量的更新进行加速，以提高计算性能，减少计算时长。

在分布式环境下，数据和计算资源通常分布在多个节点上的，各节点处于完全平等的层级，没有主次之分。其核心思想是将较大的问题分解为许多个较小的局部问题，并在不同节点上分别对各个子问题进行求解，最终再进行汇总。通过这样的分布式计算可在更短的时限内完成更大规模的计算内容。

相较于集中式结构，系统运行控制由某一节点进行集中管理。在分布式结构中，各节点在功能和结构上彼此独立，因此系统具有较高的鲁棒性和可扩展性，即使系统的某一部分发生故障，整个系统仍可以正常运行。但是由于分布式结构特性的限制，导致各节点往往只包含局部信息，通常情况下无法保证达成全局最优，并且由于各智能体之间均需要信息交互，导致通信网络的成本也大大增加。

主要的分布式优化算法包括：

① 基于梯度的优化算法。通过梯度迭代以求得最优解，最常见的就是随机梯度下降算法。

② 二阶分布式优化算法。利用目标函数的一阶导数信息和二阶导数信息计算最优解，相比于基于一阶导数信息的梯度下降算法，其具有更快的收敛速度。

③ 分布式交替方向乘子法。将较复杂的问题分解为若干个较小的子问题，通过对局部子问题的计算与协调而得到大问题的最优解。

目前，SGD 算法已被广泛应用于各种大型凸或非凸的优化问题，由于在求解过程中使用随机梯度来逼近全梯度，所以容易使其陷入局部最优解。二阶优化算法虽然收敛速度快，但应用场景受限于需要目标函数满足二阶可导。分布式交替方向乘子法算法是一种通用的优化算法框架，相比于上述两类算法，其可求解带约束项的优化问题，并且实现更灵活，非常适合在分布式环境下求解各类优化问题。

4.3.3 实施调度与优化

4.3.3.1 优化数据整合

虚拟电厂利用大数据分析技术通过对大量数据的训练和学习，自动识别数据中的模式和特征，对数据进行深度挖掘和趋势预测，发现数据中的隐藏规律和趋势，预测未来的电力需求和能源供应情况。预测结果能为优化调度提供重要决策，对数据开展进一步的探索和分析。虚拟电厂需要从多种分布式能源资源及用户侧收集大量的实时数据，这些数据包括但不限于发电量、储能状态、用户的用电行为、天气状况以及市场价格等多个维度的信息。数据收集是整个大数据分析流程的基础，它确保了后续分析的准确性和有效性。为了提高数据质量，还需要进行数据预处理和清洗工作，包括去除异常值、填补缺失数据、标准化数值等操作。

4.3.3.2 加强数据处理效率

虚拟电厂采用分布式计算、并行计算等高效的数据处理技术和算法，将大规模电力数据分割成小块，并在多个计算节点上同时进行处理。通过并行计算技术，在多个计算节点上同时执行相同的计算任务，通过流处理技术对实时数据进行快速、高效的处理和分析，对电力生产数据进行实时监测和报警。针对特定的数据处理问题，开发高效的数据处理应用程序和工具。通过针对具体问题设计和优化数据处理流程，可实现虚拟电厂数据处理过程的自动化处理。

从原始数据中提取有意义的特征是关键步骤之一。通过统计方法、机器学习算法等技术，可以识别出哪些特征对于预测未来电力需求和能源供应最为重要。特征选择有助于减少计算复杂度，同时也能提高预测模型的性能。利用经过处理和筛选的数据集训练预测模型，常用的预测模型包括线性回归、支持向量机、神经网络等。通过不断迭代训练过程，模型能够学习到数据中的潜在规律，并且能够在新的数据上进行有效的预测。此外，还需要采用交叉验证等技术来评估模型的泛化能力，避免过拟合现象的发生。

4.3.3.3 完善数据可视化

虚拟电厂结合大数据分析技术开发数据可视化应用程序和插件，实现数据可视化与数据分析的有机结合。为了实现数据可视化与数据分析的有机结合，利用大数据分析技术对大规模数据进行快速、准确的分析和处理。针对数据可视化，开发专门的数据可视化应用程序和插件。从电力系统的各个监测设备中收集数据，包括发电机组的状态、功率输出、运行状态等数据，在收集到数据后使用大数据分析技术对数据进行处理，得出优化调度方案的最终结果。另外，通过数据展现，能够了解电力系统在不同时间点的运行情况，以及调度方案的实施情况，更好地了解电力系统的运行情况，制订行之有效的调度方案，提高电力系统的稳定性和效率。

4.3.3.4 各因素关联规律分析

在虚拟电厂中，不同节点之间的信号传输需要保持同步，否则可能导致系统运行不稳定。系统的同步性还与电力系统的稳定性密切相关，若不同步可能会导致电力系统崩溃。在此基础上，虚拟电厂的一个重要特性是去中心化，这使系统的各个节点之间相互独立，不会因为某个节点的故障导致整个系统的崩溃。同时，去中心化也使系统的可靠性和稳定性得到了极大的提高。虚拟电厂由多个节点组成，每个节点可以独立工作，相互之间通过信号传输进行通信与协调。在这种系统中，节点之间的信号传输需要保持同步，即各个节点之间的操作时钟需要保持一致，这样才能确保系统的稳定运行。假设一个虚拟电厂中有两个节点，节点 A 负责发电，节点 B 负责传输电能。如果节点 A 的信号传输延迟，导致其发出的电能信息在时间上滞后于节点 B 接收电能信息的时间，会导致节点 B 无法根据最新的电能信息进行合理的操作，进而引发电能传输过载或不平衡的问题，影响整个系统的稳定性。一旦模型训练完成并经过验证后，就可以应用于实际场景中，对未来的电力需求和能源供应情况进行预测。基于这些预测结果，虚拟电厂可以提前做出调度决策，比如调整发电计划、优化储能策略、参与电力市场交易等，以确保电力系统的稳定运行和经济效益的最大化。

虚拟电厂通过大数据分析得到的结果不仅限于预测，还可以帮助运营者了解不同场景下的最佳行动方案。例如，在预测到未来某个时间段内电力需求将激增时，虚拟电厂可以通过调动储能设备释放电力、激励用户减少非必要用电等方式来缓解供电压力。这种基于数据驱动的决策支持大大提高了虚拟电厂的灵活性和响应速度。此外，虚拟电厂还能根据预测结果参与电力市场交易，为分布式能源资源所有者创造额外的经济收益。

4.3.3.5 场景构建

构建虚拟电厂场景与构建源荷协同优化调度模型构建之间存在密切的关系。虚拟电厂场景的构建是为了模拟实际运行中可能出现的各种情况和变化，这些概率模型描述了不同要素（如风机、光伏、负荷）在不同时段内的实际值和预测值，以及它们符合的概率密度函数，帮助预测各个要素的变化和波动程度，以便于源荷协同优化调度模型在这些变化中实现能源的最优分配和调度。

针对上述单元的不确定性，采用抽样方法生成样本。设置随机变量数量 n 和抽样规模 m，则满足正态分布的样本为 $X=[x_1,x_2,\cdots,x_n]$，第 i 个样本表示为 $X=[x_{i1},x_{i2},\cdots,x_{in}]$，虚拟电厂微网源荷协同优化调度模型构建方法的具体抽样过程为：

① 确定状态为 x_{wj} 的随机变量 x_w 的总数 $mp(x_{wj})$，$p(x_{wj})$ 代表的是变量 x_w 处于状态 x_{wj} 时对应的概率；

② 建立样本 X 的 $m\times n$ 维状态矩阵 X_s，由 $mp(x_{wj})$ 个状态 x_{wj} 构成矩阵的第 w 列元素；

③ 在第 i 次抽样过程中，采用随机抽样的方式依次从状态矩阵 X_s 中抽取样本，获得样

本值 x_{wj}。

上述抽样获取的样本数量较大，为此，通过下述过程削减样本：

① 计算样本 X_i、X_j 之间存在的距离 d_{ij}：

$$d_{ij}=\sqrt{\sum_{w=1}^{n}(x_{iw}-x_{jw})^2} \tag{4-27}$$

② 针对 $A_{di}=p_i c_i$ 最小的样本 i 予以删除，其中，c_i 代表的是 i 对应的密度距离；p_i 描述的是 i 出现的概率。

② 设 p_l、p_k 分别代表的是样本 l 和 k 出现的概率，通过下式对其展开更新：

$$\begin{cases}p_l=p_k+d_{ik}p_i/(d_{il}+d_{ik})\\ p_k=p_{ij}+d_{il}p_i/(d_{il}+d_{ik})\end{cases} \tag{4-28}$$

式中，d_{ik}、d_{ij} 为样本 i 与样本 l、k 之间存在的距离。

④ 重复上述过程，当样本数量符合场景构建的要求时停止，获得 N_{PV} 个 $P_{PV,t}^{\max}$、N_W 个 $P_{W,t}^{\max}$、N_L 个 $P_{L,t}^{\max}$、N_{TI} 个 $X_{TI,t}$、N_{TI} 个 $X_{I,t}$、N_{TII} 个 $p_{TII,t}$，获得的虚拟电厂场景为 N_s：

$$N_s=p_l f(p_{TII,t})f(N_{TI})N_{PV}N_W N_L N_I N_{TII} \tag{4-29}$$

4.3.3.6 优化调度模型构建方法

主要利用大数据分析介入系统层面，收集虚拟电厂中的各种数据，包括发电机组的状态、功率输出、运行时间、负荷需求、新能源发电预测等数据。提取出有用的信息，将数据转化为优化调度模型可以使用的形式。在数据处理之后，开始构建优化调度模型。模型包括电力系统的状态预测、负荷需求预测、新能源发电预测等，同时，还需要考虑虚拟电厂的稳定性、可靠性、经济性等多个方面的因素。模型构建完成后，需要对模型进行验证，以确保其能够有效地降低供电公司的运行成本。

完成场景构建后，将最小运行成本、最大可再生能源消纳量和最小环境成本作为优化目标，建立虚拟电厂微网源荷协同优化调度模型。假设节点系统具有多个发电节点、传输节点和负载节点，每个节点都有特定的功率需求和运行成本，通过模型来决定每个发电节点的输出功率，并将电力传输到各个负载节点，以满足其能源需求。在优化调度模型中，引入一个目标函数，例如最小化总的运行成本。该目标函数可以考虑发电节点的燃料成本、传输线路的损耗等成本因素，并结合节点间的功率平衡条件进行优化。

（1）电力系统经济调度问题描述

电力系统经济调度问题的本质就是在满足每个发电单元的发电量范围和整个电力系统的功率供需平衡的情况下，实现最小化电力系统发电成本的目标。电力系统经济调度问题通常被表示为：

$$s.t.\ \sum_{i=1}^{n}x_i=d \tag{4-30}$$

式中，x_i 为发电单元 i 的发电量；n 为发电单元的总数，是一个局部的成本函数，指发电单元 i 的发电成本；d 为电力系统的总需求；$\sum_{i=1}^{n}x_i$ 为所有发电单元的总发电量；$\sum_{i=1}^{n}x_i=d$ 为电力系统的功率供需平衡。

此外，$x_i^{\max}$ 和 $x_i^{\min}$ 分别表示为发电单元 i 的发电量的上界和下界。显然，以上经济调度问题必须满足 $\sum_{i=1}^{n} x_i^{\min} \leqslant d \leqslant \sum_{i=1}^{n} x_i^{\max}$ 。为了方便后面的分析，我们做出以下假设。

假设 1 每个智能体的局部目标函数 f_i 是严格凸的且足够光滑的。该假设确保了问题（1）有唯一的最优解。

（2）问题转化和模型设计

设计一种新颖的分布式优化算法来解决电力系统经济调度问题，将每个发电单元当作不同的智能体，每个智能体都有其唯一的目标函数和约束集，这些智能体通过无向图 G 与相邻的智能体进行信息交流，共同解决电力系统经济调度问题。将问题（1）转化为以下分布式优化问题：

$$\min f(x) = \sum_{i=1}^{n} f_i(x_i)$$
$$s.t.\ Ax = d \tag{4-31}$$

式中，$x_i \in R^n$ 为第 i 个智能体的输出状态。

$$\boldsymbol{x} = \mathrm{col}\{x_1, x_2, \cdots, x_n\}, \boldsymbol{L} = L_n \otimes I_m$$
$$\boldsymbol{A} = \mathrm{blkdiag}\ \{A,\ A,\ \cdots,\ A\}$$
$$\boldsymbol{d} = \mathrm{col}\ \{d,\ d,\ \cdots,\ d\} \tag{4-32}$$

为了方便解决问题（2），我们建立以下罚函数：

$$\boldsymbol{H}(\boldsymbol{x}) = \| \boldsymbol{A}^{\boldsymbol{T}} (\boldsymbol{A}\boldsymbol{A}^{\boldsymbol{T}})^{-1} (\boldsymbol{A}\boldsymbol{x} - \boldsymbol{d}) \|$$

和

$$H_i(x_i) = \| A^T (AA^T)^{-1} (Ax_i - d) \| \tag{4-33}$$

为了方便分析，问题（2）的等式可行域被定义为

$$S = \{\boldsymbol{x} \in R^{nm} : \boldsymbol{H}(\boldsymbol{x}) = 0\} = \{\boldsymbol{x} \in R^{nm} : \boldsymbol{A}\boldsymbol{x} = \boldsymbol{d}\} \tag{4-34}$$

并且第 i 个智能体的等式可行域被定义为

$$S_i = \{\boldsymbol{x} \in R^m : H_i(x) = 0\} \tag{4-35}$$

假设 2 对于任意的 $i \in \{1,\ 2,\ \cdots,\ n\}$，$\Omega_i$ 是有界的。

引理 假设函数 $V(t):[0, +\infty) \to [0, +\infty)$ 是可微的，

并且

$$\frac{\mathrm{d}V(t)}{\mathrm{d}t} \leqslant -KV(t)^{\alpha} \tag{4-36}$$

其中 $K>0$ 和 $0<\alpha<1$，则 $V(t)$ 将在有限时间内收敛到 0，并且对于任意 $t>t^*$，$V(t)=0$。提出一个分布式优化算法解决问题（2）：

$$\dot{x}_i = -\partial f_i[x_i(t)] - z_i[x_i(t)] \frac{\sum_{j \in N_i} [x_i(t) - x_j(t)]}{\left\| \sum_{j \in N_i} [x_i(t) - x_j(t)] \right\|}$$
$$-2z_i[x_i(t)] \partial H_i[x_i(t)] - 4z_i[x_i(t)] \frac{x_i(t) - P_{\Omega_i}[x_i(t)]}{\| x_i(t) - P_{\Omega_i}[x_i(t)] \|} \tag{4-37}$$

其中，$\partial H_i[x_i(t)]=P^T A^T(AA^T)^{-1}(Ax-d)/\|A^T(AA^T)^{-1}(Ax-d)\|$，$z_i[x_i(t)]=\|\partial f_i[x_i(t)]\|+\alpha$ 和 $\alpha>0$。$-2z_i[x_i(t)]\partial H_i[x_i(t)]$的作用是使第 i 个智能体进入各自的等式约束集内，$-4z_i[x_i(t)]\{x_i(t)-P\Omega_i[x_i(t)]\}/\left\|\sum_{j\in N_i}\{x_i(t)-P\Omega_i[x_i(t)]\}\right\|$ 的作用是使第 i 个智能体进入各自的闭凸集约束集内，$-z_i[x_i(t)]\sum_{j\in N_i}[x_i(t)-x_j(t)]/\left\|\sum_{j\in N_i}[x_i(t)-x_j(t)]\right\|$ 作用是确保所有智能体能达成共识，$-\partial f_i[x_i(t)]$的目的是最小化问题（2）的局部目标函数。

下面将对算法的实现步骤进行简单描述：

第一步：输入初始点 $x(0)=\mathrm{col}\{x_1(0),x_2(0),\cdots,x_n(0)\}$。

第二步：计算得到 $4z_i(x_i)(x_i-P_{\Omega_i}(x_i))/\|x_i-P_{\Omega_i}(x_i)\|$、$z_i(x_i)\sum_{j\in N_i}(x_i-x_j)/\left\|\sum_{j\in N_i}(x_i-x_j)\right\|$、$\partial f_i(x_i)$和 $2z_i(x_i)\partial H_i(x_i)$的值，然后对 $\dot{x}_i$ 进行积分得 x_i。

第三步：判断所有 x_i 是否满足收敛准则，如果满足则输出 x_i 并结束算法；否则，继续执行第二步。

4.3.3.7 指令下发与执行监控

将优化后的调度计划转换为具体操作指令，通过可靠的通信网络下发给各资源端点。此阶段可能应用到模糊控制、模型预测控制（MPC）等算法，确保控制指令的精确执行与系统响应的灵活性。同时，实时监控执行状态，及时反馈调整，维持系统稳定。

4.3.3.8 效果评估与策略迭代

收集执行效果数据，包括经济收益、能效提升、用户满意度等指标，利用统计分析、A/B 测试等方法评估策略效果。根据评估结果，利用梯度下降、遗传编程等算法对模型进行微调，迭代优化调度策略，形成闭环反馈机制，不断提升虚拟电厂的整体效能和适应性。

4.4 需求响应策略

4.4.1 需求响应的基本概念

虚拟电厂背景下的需求响应，是指通过先进的信息与控制技术，将分布式的需求侧资源集成并智能化管理，形成一个统一协调的资源池参与电力市场活动。这不仅包括根据市场价格信号和电网需求自动调整用户用电模式以实现削峰填谷，还涉及在电力现货市场和辅助服务市场中作为整体参与交易，创造经济和社会价值。借助自动化与智能化调度，虚拟电厂下的需求响应更加高效、灵活，同时依托于政策与市场机制的支持，为电力系统的灵活性、可靠性和能源转型提供强有力支撑。如图 4-11 为虚拟电厂交易架构。

作为一种用于聚合和统一完全分散控制方式结构图控制多个分布式资源和用户需求的能源管理模式。虚拟电厂更加强调其外部特征，其基本应用场景是电力市场，虚拟电厂可以参与不同时间尺度以及不同辅助服务的不同市场。随着分布式能源的快速发展，越来越多的学者关注短期市场研究，例如日前市场和日内市场，以最大限度地减少分布式能源波动对电网稳定运行造成的影响。本书重点介绍虚拟电厂参与日前和日内市场的运行流程。在日前市场，虚拟电厂将内部资源优化组合为一个整体参与到电力系统运行调度与市场竞标中。虚拟电厂首先根据各发电单元的边际成本，确定其初始报价，然后使用通信系统采集各单元的发、用电量信息，之后对于分布式电源如风电、光电等不可控单元的出力情况和辖区内的灵活性用电单元的用电情况进行预测。最后在满足内部负荷需求的基础上，结合预测的电力市场价格，以虚拟电厂整体收益最大化为目标，对其内部各单元进行组合优化，制订合理的购/售电计划，向电力交易中心上报其竞标策略。电力交易中心根据收到的各发/售电厂商的竞标策略，考虑电力系统调度运行安全约束等进行市场出清，并将结果下发至各发/售电厂商，至此，虚拟电厂参与日前市场优化调度结束。在日内市场，虚拟电厂根据竞标结果，与电力市场交易中心签订交易合同，合同中规定了虚拟电厂的次日发电量、购/售电价格及惩罚措施等内容。之后虚拟电厂对其出力进行技术确认，确认过程中需要综合考虑交易合同以及本地网络拓扑，技术确认完成后，虚拟电厂会根据市场交易合同及实时监测数据，对次日各发电单元进行具体的出力执行计划分配，并据此进行相关调度和控制。由于虚拟电厂内部存在诸多不确定因素，其实际出力不一定与上报出力完全吻合。为满足日内签订的合同，虚拟电厂需要在日内对可控发电单元的出力进行二次调整，避免因无法满足日前的合同电量使得虚拟电厂需要参与日内实时市场交易或按照惩罚措施进行赔偿。

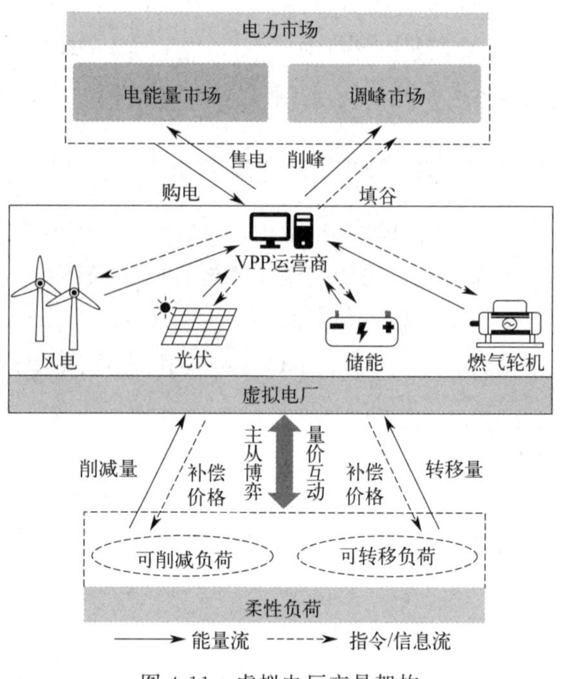

图 4-11　虚拟电厂交易架构

高比例可再生能源的接入给电力系统安全稳定运行带来很大的挑战，而需求响应技术对可再生能源的消纳具有积极意义。随着能源互联网的发展，电力系统多能耦合特性越发明显，使得传统电力需求响应向包含电、热、气等多种需求响应资源的综合需求响应转变。除传统的价格型和激励型需求响应外，以能源间耦合特点为基础的替代型需求响应运而生。虚拟电厂作为对分布式电源接入电网及需求响应资源进行管理的有效手段，其内部主体也变得多元化，这些主体可能拥有不同的目标和利益，使得虚拟电厂内部的利益关系交互复杂。因此在虚拟电厂优化调度中需要充分考虑内部各主体的独立性，研究它们之间的利益交互关系。博弈论是一种用于解决不同利益主体之间复杂关系问题的工具已广泛应用于电力系统优化调度中。

4.4.2 需求响应的实施方案

4.4.2.1 平台构建与技术整合

开发智能调度平台，构建集数据采集、分析、决策于一体的虚拟电厂管理平台，集成先进的物联网、大数据分析及人工智能技术，实现对分布式能源资源（含用户侧负荷）的实时监测与智能控制。

（1）数据采集与集成

智能调度平台的首要任务是实现对各种分布式能源资源的全面数据采集。在构建虚拟电厂管理平台的过程中，数据的集成与采集是核心环节，它涉及使用物联网技术对风能、太阳能、储能设备及用户侧负荷等分布式能源资源进行全面而深入的数据收集。这包括实时监控设备的运行状态、能耗数据和环境因素，确保数据的时效性、准确性和完整性。通过数据集成技术，将不同来源和格式的数据整合成统一的数据视图，同时采用合适的数据存储解决方案进行有效管理。在这一过程中，需要严格遵守数据安全和隐私保护法规，采用加密和访问控制等安全措施，确保用户数据安全。此外，推动智能电表和智能家居系统的智能化升级，实现自动数据上报和自我诊断，同时制定统一的数据采集标准和协议，提高数据处理的效率和系统的可扩展性。

（2）大数据分析

通过集成高级的数据分析工具和技术，虚拟电厂平台能够高效地处理和分析来自分布式能源资源的大量数据。这些数据涵盖了从能源的生成、存储到消耗的每一个环节，包括但不限于设备的性能指标、实时的环境监测数据以及用户的用电行为模式。例如，平台可以收集太阳能光伏板的输出功率数据，结合当地的日照强度、温度和湿度等环境参数，使用时间序列分析方法来预测未来一段时间内的能源产量。

时间序列分析是一种统计方法，它通过历史数据来预测未来的趋势。在虚拟电厂的背景下，这种方法可以用来预测能源价格的波动。例如，通过分析过去一年中每天不同时间段的电价变化，平台可以识别出电价的周期性模式和异常波动，从而预测未来电价的变化趋势。这种预测对于需求响应至关重要，因为它可以帮助虚拟电厂决定在电价高时减少负荷，在电价低时增加负荷或存储能源，以实现成本效益最大化。此外，平台的机器学习算法能够处理复杂的数据集，识别出不同的能源消耗模式。例如，通过聚类分析，平台可以将具有相似用电行为的用户分为一组，识别出商业楼宇和居民用户的能耗特征差异。这有助于虚拟电厂为不同的用户群体设计定制化的需求响应策略，提高能源管理的精确度和效果。通过关联规则学习，平台可以发现能源使用和供应之间的潜在联系。例如，虚拟电厂平台收集了大量用户的用电数据，包括用电量、用电时间、用电设备类型等，以此把用户分组。利用 k-means 算法，平台可以将用户分为不同的用电行为簇。例如，算法可能识别出“夜间高用电量”簇，其中包含那些在夜间用电较多的家庭用户，这可能与家庭中的电加热器或空调的使用模式有关。另外，可能还存在一个“工作日高峰”簇，涵盖那些在工作日白天用电需求较高的商业用户。通过 k-means 算法的聚类分析，虚拟电厂能够识别出具有相似用电模式的用户群体，并为每个群体定制需求响应策略。例如，对于“夜间高用电量”簇的用户，虚拟电厂可以在夜间提供电价折扣，鼓励用户在这些时段使用更多可再生能源，如风能或太阳能。对于“工作日高峰”簇的用户，虚拟电厂可以在高峰时段实施需求侧管理措施，如调整供暖和空调系统的运行计划，以减少对电网的压力。

最后，平台的异常检测算法能够实时监控系统状态，及时发现和诊断潜在的故障和异常。例如，如果某个风力发电机的输出功率突然下降，异常检测系统会立即发出警报，通知运维团队进行检查和维护。这不仅有助于减少意外停机时间，也有助于预防潜在的设备损坏，降低运营成本。

（3）人工智能（AI）决策支持系统

主要通过集成人工智能算法，对分析结果进行深入学习，从而提供智能的调度决策支持。其中包括负荷预测、能源优化分配、故障检测和预防性维护等。系统通过深度融合先进的数据分析技术和机器学习算法，为能源管理者提供一系列智能化的决策工具。系统能够利用历史和实时数据，进行精准的负荷预测，优化能源分配，实现成本效益和环境影响的最佳平衡。同时，它通过持续监测设备状态，实现故障的早期检测和预防性维护，减少停机时间，提高系统可靠性。此外，AI 系统还能够根据市场动态调整定价策略，管理需求响应，以及评估不同决策的风险，提供灵活的风险缓解方案。系统还具备自适应学习能力，能够不断根据新的数据优化其模型，适应市场变化。最终，AI 决策支持系统通过提供用户定制化建议，帮助用户实现个性化的能源使用优化，全面提升虚拟电厂的智能化水平和运营效率。

（4）用户交互界面

直观易用的用户界面，是连接用户与系统功能的关键桥梁。通过可视化工具，如图表、仪表盘和地图，用户能够一目了然地查看能源消耗模式、实时数据流和系统状态。通过个性化的能源管理建议，用户可以根据系统提供的洞察优化自己的能源使用习惯，比如在电价较低时使用更多能源，在高峰时段减少使用。其次，允许用户根据自己的偏好和需求调整界面布局和展示的信息。例如，工业用户可能更关注能耗分析和成本节约，而住宅用户可能更关心实时监控和节能建议。界面还支持多设备访问，随时随地查看和管理自己的能源使用（表 4-1）。

表 4-1　用户界面模块构成

模块元素	描述	功能
Web 框架	Dash 或 Flask	用于构建用户界面的基础 Web 框架
实时状态显示	界面组件	在界面上显示电网和储能系统的实时状态
控制参数调整	交互式控制面板	允许操作员通过界面手动调整控制参数
历史数据查看	数据展示区	提供界面选项查看历史数据
预测结果展示	图表/报告	展示基于预测模型得出的未来数据和结果
用户交互反馈	反馈表单/对话框	收集用户操作反馈

4.4.2.2　用户招募与协议签订

（1）多渠道招募

虚拟电厂的用户招募策略是一个多渠道、多层次的推广过程，旨在吸引和汇集不同类型的能源消费者。通过与政府机构合作，利用政策导向和激励措施，可以有效地吸引工业和商业用户参与到需求响应计划中。同时，社区宣传活动能够提高居民用户对虚拟电厂的认识，激发他们的参与兴趣。此外，与企业建立合作关系，尤其是与能源密集型企业，可以确保虚拟电厂在需求响应方面的稳定性和可靠性。这些企业通常拥有较大的能源使用量，他们的参与对于平衡电网负荷具有重要意义。通过这些途径，虚拟电厂不仅能够扩大其用户基础，还能够促进能源的高效利用和电网的稳定运行。

（2）签订服务协议

与用户签订的服务协议是虚拟电厂运营中的一个重要环节，它确立了用户参与需求响应计划的法律基础和操作框架。服务协议中明确了用户在需求响应事件中的义务和权利，包括响应的具体时间、所需的响应量，以及用户因参与需求响应所能获得的经济补偿标准。此外，协议中还涵盖了隐私保护条款，确保用户的个人信息和能源使用数据得到妥善处理和保护，符合数据安全和隐私法规的要求。通过这些细致的条款，服务协议不仅保障了用户的合法权益，也为虚拟电厂提供了一个稳定和可预测的运营环境。透明的协议内容有助于建立用户信任，促进用户与虚拟电厂之间的长期合作关系，共同推动能源的可持续发展和电网的智能化管理。

4.4.2.3 市场机制对接与策略制定

（1）市场准入申请

为确保虚拟电厂在电力市场中的有效参与，首先必须完成市场准入申请。这一过程涉及遵循当地电力市场的规则进行注册与认证，包括提交企业资质证明、技术平台能力证明以及财务信用评估。通过这些审核后，虚拟电厂将获得参与电力现货市场和辅助服务市场的资格。这一准入机制是确保虚拟电厂合法运营并能够响应市场供需变化的基础。

（2）响应策略优化

虚拟电厂需要制定并不断优化其市场响应策略。这基于对市场电价的深入预测、对电网负荷需求的准确预测以及对用户负荷特性的细致分析。通过这些数据支持，虚拟电厂能够动态调整其价格响应策略和辅助服务策略，确保其响应不仅经济高效，而且能够及时适应市场的波动。此外，虚拟电厂还需建立风险管理机制，通过多元化能源组合和灵活的市场策略来降低市场不确定性带来的风险，同时通过定期的策略评估和反馈循环，保证其市场定位与业务目标的一致性。

4.4.2.4 教育培训与模拟演练

（1）用户教育

虚拟电厂的成功运作离不开用户的积极参与和响应。为此，虚拟电厂应组织全面的教育培训计划，旨在提高用户对虚拟电厂运作原理的认识，理解需求响应的重要性，以及明白参与虚拟电厂对个人或企业可能带来的经济和环境利益。通过线上线下结合的培训方式，不仅可以覆盖更广泛的用户群体，还可以提供灵活的学习途径，确保用户能够根据自己的时间安排进行学习。教育内容应包括虚拟电厂的基本概念、操作界面的使用、需求响应的操作方法以及如何通过参与需求响应获得可能的经济补偿或减少能源消耗。此外，通过案例分享和互动讨论，可以进一步激发用户的参与热情，提高他们的实际操作能力。

（2）模拟演练

为了确保虚拟电厂在实际运行中的高效性和可靠性，定期开展需求响应的模拟演练是必不可少的。这些模拟演练可以帮助测试和评估用户的反应速度、系统的调度效率以及市场交易的整个流程。通过模拟不同的运行场景和突发事件，虚拟电厂可以验证其策略的有效性，并在实际操作中发现潜在的问题和瓶颈。演练结果将为系统提供宝贵的数据支持，帮助运营团队及时调整和优化响应策略，提高系统的鲁棒性。同时，模拟演练也是对用户教育成果的一种检验，可以帮助用户在没有实际风险的情况下熟悉需求响应流程，增强他们对虚拟电厂运作的信心。通过这种实践与反馈的循环，虚拟电厂能够不断提高其服务质量，确保在真实的市场环境中能够迅速、准确地响应电网的需求变化。

4.4.2.5 实施监控与效果评估

（1）实时监控与调度

在需求响应活动的实施阶段，虚拟电厂依赖先进的智能监控平台来实现对用户负荷变化的实时监控。这一平台能够精确捕捉到负荷的微妙波动，并及时调整调度策略，以确保需求响应目标的实现。在监控过程中，系统能够自动识别和预测潜在的偏差，并触发自动或人工的调度响应机制，采取必要的控制措施来引导负荷的合理分配。这种实时监控和调度能力不仅保障了电网的稳定运行，也提高了需求响应的灵活性和精确度。此外，通过实时数据的分析，虚拟电厂能够快速响应市场变化，优化发电资源的配置，实现经济效益的最大化。

（2）效果评估与反馈

需求响应活动结束后，虚拟电厂将进入效果评估阶段。这一阶段的关键是通过对响应效果的全面分析来评估活动的成功程度，包括负荷削减量、经济效益和用户体验等多个维度。通过收集和处理活动过程中的数据，虚拟电厂能够详细了解需求响应的实际效果，识别策略的优势和不足。评估结果将用于不断优化需求响应策略，提高未来活动的效率和效果。同时，虚拟电厂还需向参与的用户反馈响应成效，包括他们在能源节约、成本降低和环境贡献等方面的表现。这种透明的反馈机制不仅增强了用户的满意度，也有助于建立起用户的忠诚度，促进他们在未来的需求响应活动中更加积极地参与。通过这种方式，虚拟电厂与用户之间形成了良性的互动关系，共同推动能源系统的可持续发展。

4.4.2.6 政策与机制适应性调整

（1）政策跟进

虚拟电厂的有效运作需要与电力市场政策保持同步。这要求虚拟电厂运营者紧密跟踪政策动向，理解并适应电力市场政策、补贴机制以及法规的任何变动。通过深入分析政策变化对市场运作的影响，虚拟电厂能够及时调整自身的参与策略，确保其操作模式符合最新的法规要求，并能够充分利用政策提供的激励和补贴机会。这种敏捷的政策适应性不仅有助于规避潜在的合规风险，还能够把握政策变动带来的新机遇，增强虚拟电厂的市场竞争力和盈利潜力。

（2）持续优化

虚拟电厂的长期成功依赖于不断的技术创新和服务优化。基于市场反馈和技术进步，虚拟电厂应持续迭代升级其平台功能，提高能源管理的智能化水平和运行效率。这包括采用最新的数据分析技术、人工智能算法和自动化工具，以优化能源资源的调度和负荷响应。同时，虚拟电厂应积极探索创新的商业模式，如基于服务的能源解决方案、需求侧管理策略和多能源系统整合，以满足市场的多样化需求。通过这些措施，虚拟电厂不仅能够强化其在电力系统中的灵活性和可靠性，还能够在推动能源转型和实现可持续发展目标中发挥关键作用。

4.4.3　需求响应的经济效益分析

需求响应策略通过精准对接电力市场的供需变化，为虚拟电厂及其参与方带来了一系列显著的经济效益。首先，通过在电价高峰时段减少用电量或将部分负荷转移到电价较低的时段，用户能够显著降低电费支出，实现直接的经济节约。其次，虚拟电厂通过优化资源配置和调度策略，能够更高效地利用分布式能源资源，减少对昂贵备用电源的依赖，进而降低整体运营成本。此外，需求响应还为虚拟电厂提供了参与电力市场交易的机会，通过提供调频、备用等辅助服务或在现货市场中交易电能，虚拟电厂能够获得额外的收入来源。同时，用户通过参与需求响应，不仅能获得电网公司或政策制定者提供的经济补偿和奖励，还能通过提高能源使用效率减少能源浪费，实现长期的能源成本节约。综合这些因素，需求响应策略不仅提升了虚拟电厂的市场竞争力，也为用户带来了经济利益，推动了能源系统的可持续发展。

4.4.3.1　降低系统运行成本

（1）削峰填谷效应

虚拟电厂通过精心设计的需求响应策略，能够在电网的用电高峰期实现削峰填谷效应。这种策略通过激励用户在高峰时段减少用电或转移部分负荷至非高峰时段，有效降低了电网的瞬时峰值负荷。由此，电网运营商可以减少对昂贵的备用发电资源和调峰资源的依赖，这些资源通常在电力供应紧张时以较高成本运行。需求响应的实施不仅减轻了电网在高峰时段的压力，还有助于平滑电网负荷曲线，使得电力供应更为均衡，降低因负荷波动带来的损耗和成本。

为了达到削峰填谷，可以采用一种模型预测控制策略（图 4-12），其核心在于利用当前和预测的系统信息来优化控制器的输出。在此模型预测控制策略的应用中，MPC 可以实时调整充放电策略，以应对电力需求的波动，从而实现电网负荷的平衡。MPC 的实现依赖于对电力系统状态的准确模型和未来负荷的预测，其设计过程可以概括为以下几个步骤。

① 系统建模：需要建立一个准确的分布式储能系统模型，包括储能容量、充放电效率、能量转换损失等参数，以及电网负荷需求的动态变化。这一模型是 MPC 设计的基础。

② 预测模型：基于系统建模，进一步开发负荷预测模型，采用时间序列分析、机器学习等方法，根据历史负荷数据预测未来一段时间内的电力需求。

③ 目标函数和约束条件：定义一个优化目标函数，通常是最小化电力系统的运营成本或最大化储能利用效率。同时，设定约束条件，包括储能容量限制、充放电速率限制等，确保控制策略的可行性和安全性。

④ 优化算法：选择合适的优化算法来求解 MPC 问题，常用的算法包括线性规划（LP）、二次规划（QP）等。优化算法的选择依赖于目标函数的性质和问题的复杂度。

⑤ 反馈和调整：在实际运行中，控制系统需要根据实时监测的数据和预测模型的输出，不断调整充放电策略，以适应电力需求的变化。

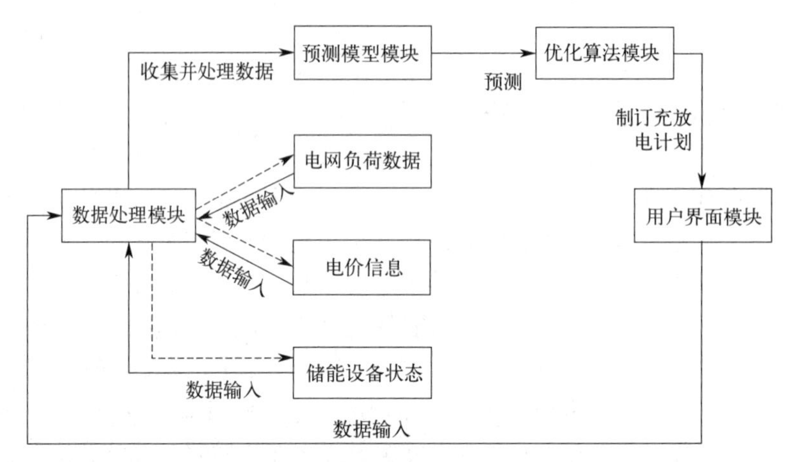

图 4-12　模型预测控制策略示意图

（2）部署集成控制策略

部署集成控制策略是该技术体系中的核心环节，其主要目的在于通过集成化的软件和硬件平台，实现对电力系统运行状态的实时监控、预测和控制，以此来提高电力系统的运行效率和可靠性，同时降低能源成本。部署集成控制策略首先涉及高精度的电力负荷预测技术，这包括利用大数据分析、人工智能算法如神经网络和机器学习等方法对电网的负荷趋势进行分析预测。这种预测不仅基于历史数据，还需考虑天气变化、季节性因素和经济活动等多种影响因素，以提高预测的准确率和可靠性。在此基础上，结合电力系统的实时监测数据，可以为分布式储能系统的优化调度提供科学依据。优化算法的选择和应用是部署集成控制策略中的关键技术之一，这包括线性和非线性规划、动态规划以及模型预测控制（MPC）等方法，用于解决储能系统的充放电策略优化问题。这些算法能够根据预测的电力负荷和实时的电网运行状态，动态调整储能系统的运行模式，如充电、放电或待机状态，以实现削峰填谷的目标，即在高峰时段释放储能减轻电网负担，在低谷时段储存多余电能。

（3）减少输配电投资

随着虚拟电厂需求响应策略的深入实施，电网的总体负荷需求模式将得到优化。这种优化减少了电网因应对极端负荷需求而必须进行的扩容或升级，这些升级通常涉及大规模的资本开支和长期规划。通过更有效地利用现有电网资源和提高能源效率，虚拟电厂有助于延缓或避免对输配电基础设施的昂贵投资。此外，需求响应还能够提高电网的运行效率，减少因电网过载或不稳定而造成的维护和故障处理成本。综合这些因素，虚拟电厂不仅提升了电网的经济性，还为电力系统的可持续发展和长期财务健康做出了贡献。

4.4.3.2 增强市场竞争力与收入多元化

（1）参与市场交易

虚拟电厂在电力市场中扮演的角色越来越重要，其灵活性使其成为电力市场中不可或缺的参与者。通过参与电力现货市场，虚拟电厂能够根据实时或日前的电价信号，调整其分布式资源的输出，从而在电价高时出售更多电力，在电价低时减少输出或存储能源。此外，虚拟电厂还能参与辅助服务市场，提供如频率调节、备用容量等关键服务，这些服务对于维持电网的稳定和可靠性至关重要。通过这些市场活动，虚拟电厂不仅可以为自身带来额外的收入，还能增加其用户和运营商的经济回报，实现经济效益的最大化。

（2）优化资源配置

需求响应机制为虚拟电厂提供了优化资源配置的重要手段。通过精准的需求预测和实时的负荷监控，虚拟电厂能够更高效地整合各种分布式资源，如太阳能光伏、风能、储能设备以及可控负荷等。这种优化不仅涉及能源的时空分布，还包括不同资源类型的协调运作。例如，虚拟电厂可以在太阳能或风能发电过剩时，减少对传统能源的依赖，或在需求高峰时释放储能设备中的电能，以满足需求。通过这种方式，虚拟电厂能够提高能源资产的利用率和整体收益率，同时减少对环境的影响。需求响应的实施，使虚拟电厂成为电力系统中提高能源效率、降低成本和推动可持续发展的关键力量。

4.4.3.3 用户经济激励

（1）节省电费

用户参与需求响应计划最直接的经济激励是电费的节省。在电力市场中，尖峰时段的电价往往显著高于其他时段，因为此时电力供应紧张，需求高涨。用户通过参与需求响应，能够在这些高电价时段减少用电量，从而有效降低电费支出。例如，工业用户可能在电价较低时启动大型机器，而住宅用户可能选择在非高峰时段使用洗衣机或洗碗机。这种策略不仅减轻了电网在高峰时段的压力，也帮助用户实现了成本节约。随着智能技术的普及，用户可以更加灵活和精确地管理自己的用电行为，确保在享受需求响应带来的好处的同时，不会影响日常生活和生产活动。

（2）获得补偿与奖励

除通过减少用电量直接节省电费外，用户还可能从多个渠道获得经济补偿和奖励。当用户遵循虚拟电厂的调度指令，通过减少用电或提供需求响应服务时，电网公司、政府或虚拟电厂运营商可能会提供一定的经济激励。这些补偿和奖励可以是一次性的支付、长期的价格折扣或其他形式的财务激励。例如，政府可能会提供税收优惠或补贴，以鼓励用户参与需求响应；电网公司可能会根据用户减少的用电量提供一定的补偿；虚拟电厂运营商可能会通过积分或忠诚度奖励计划来增加用户的参与度。这些经济激励措施不仅提高了用户参与需求响应的积极性，也有助于构建一个更加灵活和响应迅速的电力系统。通过这种方式，需求响应计划能够更好地平衡电力供需，促进能源效率的提升，同时为用户带来实实在在的经济收益。

4.4.3.4 促进可再生能源消纳

（1）平衡供需

需求响应在电力市场中发挥着至关重要的作用，尤其是在可再生能源的整合方面。由于风能和太阳能等可再生能源具有间歇性和不可预测性，它们在发电高峰时段可能会超出当前的用电需求，导致所谓的“弃风”或“弃光”现象。通过实施需求响应，可以在这些高峰时段刺激用电需求，例如通过降低电价来鼓励用户增加用电或转移用电时间。这样不仅减少了能源浪费，还提高了清洁能源的利用率。长期而言，这种供需平衡有助于减少对传统能源的依赖，降低能源供应的总成本，并推动电力系统向更绿色、更经济的方向发展。

（2）辅助储能价值提升

需求响应与储能技术的结合为电力系统提供了更多的灵活性和经济性。储能设备可以在电价低时存储过剩的可再生能源，并在电价高时释放能量，从而实现能源的时空转移。需求响应策略可以优化储能设备的充放电时机，确保在电价最高时释放能量，使储能项目的经济效益最大化。此外，通过智能控制策略，储能系统可以响应电网的需求，提供必要的辅助服务，如频率调节、负荷平衡等，进一步增加其盈利空间。这种结合不仅提高了储能项目的经济吸引力，也为电力市场提供了更加灵活和可靠的调节资源，有助于构建一个更加稳定和高效的电力系统。随着技术的进步和成本的降低，储能与需求响应的结合将成为推动能源转型和实现可持续发展的关键因素。

4.4.3.5 社会与环境效益转化为经济价值

（1）减少碳排放

需求响应计划通过降低在高峰时段对化石燃料发电的依赖，有效减少了温室气体的排放。这种环境效益虽然可能不会立即转化为直接的金钱收入，但随着全球对气候变化的关注和碳交易市场的逐步成熟，减少的碳排放可以转化为碳信用，为参与者带来经济上的回报。企业和个人通过参与需求响应，不仅有助于减缓全球变暖的进程，还能通过碳交易获得额外的经济激励。此外，随着环保法规的加强和公众环保意识的提升，低碳排放的企业和产品越来越受到市场的青睐，这为实施需求响应的参与者带来了额外的社会认可和潜在的市场优势。

（2）提升公共形象与品牌价值

企业通过参与虚拟电厂的需求响应，不仅展示了其对环境保护的承诺，也彰显了其采用创新技术实现能源效率的前瞻性。这种积极的公共形象有助于建立企业的绿色品牌，增强消费者的信任和忠诚度。随着消费者对可持续发展和企业社会责任的日益关注，展现出绿色发展理念的企业更有可能获得市场的认可和支持。此外，良好的品牌形象可以转化为更高的产品溢价、增加的市场份额和强化的客户忠诚度，为企业带来长远的商业利益。通过需求响应，企业不仅能够实现经济效益的增长，还能在竞争激烈的市场中通过差异化战略获得优势，创造更多的商业机会和建立更多的合作伙伴关系。

思考题

1. 什么是短期负荷预测？

2. 短期负荷预测有什么意义？

3. 常见的短期负荷预测模型有哪些？各有什么特点？

4. 请简要描述 Transformer 模型的结构，以及 Transformer 是以什么机制捕获负荷序列中的时间特征的？

5. 长期负荷预测与短期负荷预测的不同之处在哪里？

6. 相比于短期负荷预测，长期负荷预测面临的挑战是什么？

第5章

虚拟电厂的故障预警与故障识别

5.1 概述

5.1.1 故障预警与故障识别的基本概念

故障预警是一种预防性技术，它依赖于对电力设备和系统运行状态的持续监测。如图5-1所示，通过实时分析关键操作参数及环境因素，该技术能够在问题发生前预测并提示潜在的设备故障。此过程核心在于运用先进的监测设备和算法建立有效的预警系统，目的是使运维团队能够及时响应，通过调整或维修措施预防故障发生，极大地减少故障对生产的影响。

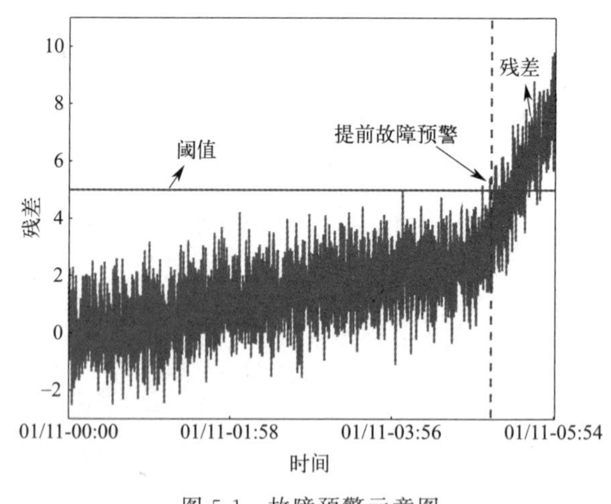

图5-1　故障预警示意图

故障识别则聚焦于已发生的故障，通过详细分析故障事件收集的数据来精确确定故障的类型、位置和原因。这一过程采用诊断工具和技术，快速准确地识别问题本质，是恢复设备运行的首要步骤。故障识别的效率直接关系到修复时间的长短和恢复生产的速度，对减少经济损失和保障系统可靠性至关重要。

5.1.2 虚拟电厂中故障预警与故障识别的重要性

在现代电力系统中，虚拟电厂作为一种整合多种分布式能源资源的智能化管理平台，逐渐展现出其重要的作用。虚拟电厂通过信息通信技术将分布式能源、储能系统、电动汽车和需求响应等多种资源进行集成和协调，从而实现优化调度和能效管理。故障预警与故障识别在此环境中发挥着不可或缺的作用，主要体现在以下几个方面。

① 提高能效与优化响应。通过对各种能源资源如风电、太阳能及储能设备等的实时监控和数据分析，故障预警系统能够预测并快速响应潜在问题，从而优化能源分配和利用，提高整体能效。

② 降低维护成本和延长设备寿命。故障预警能够减少突发性大规模维修，通过预防性维护措施减轻设备负荷，延长设备使用寿命。及时的故障识别帮助迅速定位问题，减少因故障导致的设备停机时间和维修成本。

③ 增强系统稳定性和可靠性。虚拟电厂依赖于众多分布式能源的协同工作。故障预警和识别系统能确保所有部分高效协同，预防因单一点故障引发的连锁反应，保持系统的整体稳定性和可靠性。

④ 提升安全标准和合规性。电力系统的安全和合规标准日益严格。有效的故障预警与识别不仅能预防潜在的安全事故，还能确保虚拟电厂符合相关法规和标准，避免因故障造成的法律和财务风险。

⑤ 支持决策制定。准确的故障分析提供必要的信息支持，帮助管理层制定更为明智的策略和决策。这包括资源分配、设备升级或更换计划，以及应对突发事件的策略调整。

在虚拟电厂这种高度集成和技术密集的系统中，故障预警与识别的角色不仅是技术需求，更是保障运营连续性和经济效益的关键因素。因此，投资于先进的监测和诊断技术，不断提升这些系统的智能化和自动化水平，是实现虚拟电厂可持续发展的重要方向。

5.1.3　故障预警与识别系统的整体架构

在虚拟电厂中，故障预警与识别系统由四个关键组成部分构成，如图 5-2 所示，分别是：数据采集与传输层、数据处理与分析层、预警与识别层及决策支持层。

① 数据采集与传输层。这一层是系统的基础，负责从分布式能源资源、储能系统、电力设备以及通信网络中收集关键的实时运行数据，如电压、电流、功率、温度和设备状态。各种传感器、智能电表等监测设备不断地收集数据并将其传输至中心处理系统。这一层的数据可靠性和实时性对于整个系统的准确性至关重要。

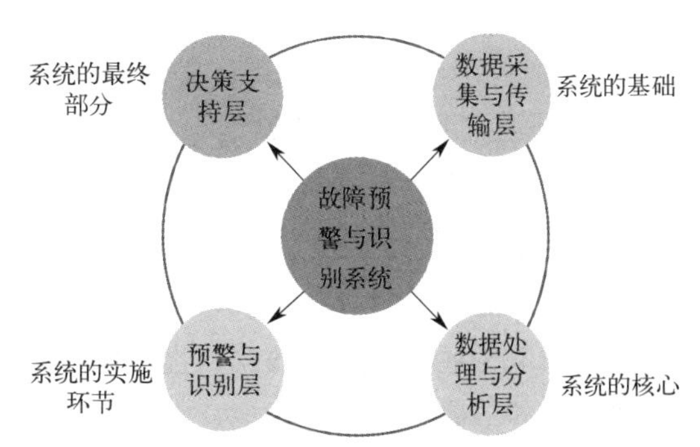

图 5-2　故障预警与识别系统的组成部分

② 数据处理与分析层。作为系统的核心，此层处理和存储采集的数据。初步的数据处理步骤包括数据清洗、格式转换和筛选，确保数据质量。再应用大数据技术和先进的机器学习算法对数据进行深入分析，此外还包括历史数据的管理，这些都是构建和训练故障识别模型及进行趋势分析和预测的基础。

③ 预警与识别层。这一层是系统的实施阶段，它利用上一层分析得到的信息执行故障预警和识别任务。预警系统通过分析实时数据与历史数据的差异，并结合预设的警报阈值，

来监测潜在的故障风险，并向运营人员发出预警。一旦故障发生，识别系统能够迅速确定故障的具体类型、位置和可能的影响，以便及时响应。

④ 决策支持层。这是系统的最终部分，它根据预警与识别层提供的信息，为运营人员提供决策支持。此层生成的处理建议和策略是基于全面的数据分析和系统诊断，帮助运营团队采取如设备维修、部件更换或负荷调整等措施。

以上各层协同工作，确保虚拟电厂能够在故障发生初期做出快速准确的响应，最大程度地减少停机时间和经济损失，提升电厂的整体运行效率和可靠性。

5.2 数据收集与处理

5.2.1 虚拟电厂中的数据源与传感器网络

虚拟电厂依赖于精确的数据收集与智能管理系统来优化其运营，通过整合分布式能源资源如光伏发电、风力发电及储能系统，实现高效的能源调度与管理。这一过程中，数据源和传感器网络扮演着核心角色，它们提供必要的实时信息，支持电厂的智能化决策和运营。

（1）虚拟电厂中数据源的种类

① 分布式能源资源。如光伏发电、风力发电、燃料电池等。这些能源资源的输出数据（电压、电流、功率等）是虚拟电厂运行管理的基础。

② 储能系统。如电池储能系统。储能系统的状态数据（充放电状态、储能容量、温度等）对于能量管理和调度优化至关重要。

③ 电动汽车。作为移动的储能单元，电动汽车的数据（电池状态、位置、充电需求等）也被纳入虚拟电厂的管理范围。

④ 用电设备与负荷。包括工业、商业和家庭用电设备的用电数据（实时功率、用电量等），这些数据用于需求响应和负荷管理。

⑤ 环境与气象数据。如温度、湿度、风速、太阳辐射等。这些数据对于预测可再生能源发电量和负荷需求有重要参考价值。

（2）传感器网络

为了获取上述数据源的数据，虚拟电厂依赖于广泛部署的传感器网络。传感器网络的主要组成部分和功能如下。

① 智能电表。智能电表是虚拟电厂中关键的数据采集设备，负责实时监测和记录用电设备和负荷的电力数据，并通过通信网络将数据传输至中央管理系统。

② 环境传感器。用于监测气象和环境参数，如温度、湿度、风速、光照强度等。这些传感器通常部署在光伏电站、风电场和关键负荷点。

③ 设备监测传感器。包括电流传感器、电压传感器、温度传感器等，广泛应用于发电设备、储能系统和电动汽车等，实时监控设备状态和运行参数。

④ 通信网络。数据传输的关键环节，通常采用无线通信技术（如蜂窝网络、Wi-Fi、

Zigbee 等）和有线通信技术（如光纤、电力线通信等）相结合，确保数据的可靠传输和实时性。

虚拟电厂中的数据源与传感器网络是实现智能化管理和优化调度的基础。通过这些广泛部署的传感器和高效的数据传输网络，虚拟电厂能够实时获取和分析关键数据，优化能源资源配置，提高系统的运行效率和可靠性，从而实现更加高效和可持续的能源管理。

5.2.2　数据采集与传输技术

在虚拟电厂的运营中，数据采集与传输技术是连接实时监控系统与中央处理系统的关键环节，确保了从各种数据源收集的信息能够快速、准确地被处理和应用。这些技术支持虚拟电厂实现高效的资源管理和故障响应，是智能电网技术不可或缺的组成部分。

（1）数据采集技术

① 传感器技术。包括用于测量电流、电压、温度、压力等物理量的传感器。这些传感器能够提供设备运行状态的实时数据，对于预防故障和优化性能至关重要。

② 智能电表。能够记录和传输关于电能消耗的详细数据。智能电表的广泛应用不仅提高了数据采集的效率和准确性，还支持了更复杂的数据分析和能源管理策略。

③ 数据采集单元（DCU）。作为多个传感器和设备的中心数据接收点，DCU 负责收集数据，并在预处理后传输至更高级的数据处理系统。

（2）数据传输技术

① 有线通信技术。如光纤和电力线通信（PLC），提供高带宽、低延迟的数据传输能力，尤其适合于数据量大的场景。

② 无线通信技术。包括蜂窝网络（如 4G 和 5G）、Wi-Fi 和低功耗广域网技术（如 LoRaWAN）。这些技术支持灵活的传感器布局和远距离的数据传输，对于扩展虚拟电厂的运营范围尤为重要。

③ 网络安全技术。确保数据传输的安全性和数据在传输过程中的加密，防止数据泄露和未经授权的访问，这对于保护敏感能源数据至关重要。

综合使用这些先进的数据采集与传输技术，虚拟电厂能够实现对分布式能源资源的高效管理，同时优化其响应机制和维护策略，提高系统的整体可靠性和效率。这不仅提升了电网的智能化水平，也为用户和运营商创造了更大的经济价值。

5.2.3　数据预处理

在虚拟电厂的运营中，数据预处理是关键的一步，它确保收集到的大量数据能够为后续的分析和决策提供准确、可靠的支持。有效的数据预处理不仅提高了数据的质量，也极大地增强了数据分析的效率和准确性。以下详细介绍数据预处理在虚拟电厂中的实施方法和步骤。

（1）数据清洗

作为数据预处理的初始步骤，旨在从数据集中去除噪声、填补缺失值，并消除异常值，以保证数据集的质量和完整性。这一过程涵盖了以下关键操作。

① 缺失值处理。对缺失数据采取不同策略，如删除或通过均值、中位数或插值法进行填补，以保持数据的完整性。

② 噪声数据处理。识别并纠正数据中的随机误差或无关信息，常用技术包括平滑处理（例如移动平均法）和滤波（例如卡尔曼滤波）。

③ 异常值处理。通过统计方法（如箱线图和 3σ 原则）如图 5-3 所示，或机器学习技术（如孤立森林和主成分分析）来识别并处理数据中显著偏离正常范围的值。

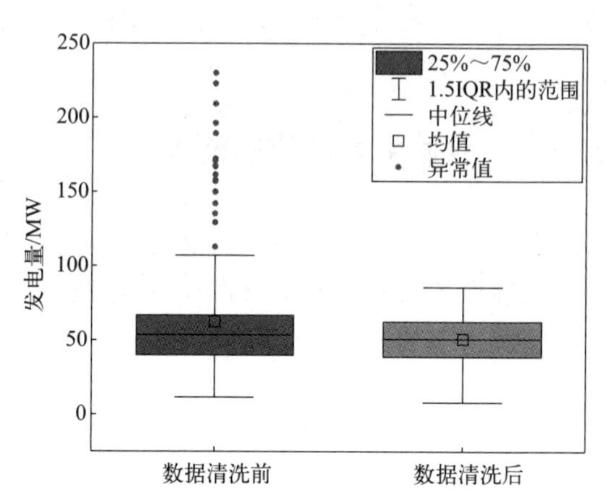

图 5-3　对发电量进行数据清洗的示意图

（2）数据集成处理

目的是将来自不同数据源的数据统一化，以实现数据的一致性和可比性，关键步骤包括：

① 数据格式转换。统一不同来源数据的格式，以便进行有效处理和分析。

② 数据对齐。确保数据在时间戳上对齐，保证时间序列数据的连续性和一致性。

③ 数据融合。整合来自多个传感器或数据源的信息，增强数据的全面性和准确性。

（3）数据变换

目标是调整数据的尺度和分布，以适应后续的分析或模型构建需求，主要包括：

① 标准化。将数据缩放至标准范围，如使用均值和标准差执行 z-score 标准化，其数学表达式如下。

$$z=\frac{X-\mu}{\sigma} \tag{5-1}$$

式中，X 为原始数据点；μ 为数据集的均值；σ 为数据集的标准差；z 为计算出的标准化得分。

② 归一化。将数据缩放至［0，1］或［−1，1］区间，常通过最小到最大归一化实现，其数学表达式如下。

$$X_{norm}=\frac{X-X_{min}}{X_{max}-X_{min}} \tag{5-2}$$

式中，X 为原始数据点；X_{min} 为数据集中的最小值；X_{max} 为数据集中的最大值；X_{norm} 为归一化后的数据点。

③ 离散化。将连续变量转换为类别变量，常用方法包括等宽离散化和等频离散化，以简化模型的复杂性。

（4）数据降维

数据降维是减少数据集中特征数量的过程，目的是提高数据处理的效率和模型的泛化能力，关键技术包括如下。

① 特征选择。基于特征的重要性筛选最相关的特征，常用技术包括过滤法（如方差选择法）、包装法（如递归特征消除）和嵌入法（如LASSO回归）。

② 特征提取。通过数学变换如主成分分析（PCA）、线性判别分析（LDA）和独立成分分析（ICA）转化特征，以提取最有用信息。

通过上述预处理步骤，虚拟电厂能够构建出一个干净、有组织的数据集，这为后续的数据分析和机器学习应用奠定了坚实的基础。数据预处理不仅提升了数据分析的质量和效率，也帮助电厂管理者做出更准确的操作决策，优化能源管理和设备维护策略。

5.3 虚拟电厂故障预警方法

5.3.1 基于统计分析的故障预警方法

在虚拟电厂的运营管理中，基于统计分析的故障预警方法发挥着核心作用。这些方法通过深入分析运行数据，建立模型来预测和识别潜在的故障，从而使运维团队能够及时响应并采取相应的预防措施。该方法的实施过程包括特征提取、模型构建和预警策略的设定等关键步骤。

（1）特征提取

① 时间特征。分析数据的时间戳，包括周期性变化和趋势，以识别时间相关的模式。

② 统计特征。包括数据的均值、方差、偏度和峰度，这些统计量帮助描述数据的分布特性。

③ 频域特征。利用傅里叶变换等技术提取频谱密度和谐波成分，分析数据的频域属性。

（2）基于统计分析的故障预警模型

① 时间序列分析。应用自回归积分滑动平均模型（ARIMA）、自回归（AR）和移动平均模型等，分析数据的时间依赖性，预测未来的行为和可能的故障点。最常用模型是ARIMA，它结合了自回归（AR）、差分（I）和滑动平均（MA）三种方法，用于分析和预测时间序列数据。以下是ARIMA模型的一般数学表示。

$$\left(1-\sum_{i=1}^{p}\phi_i L^i\right)(1-L)^d X_t=\left(1+\sum_{j=1}^{q}\theta_j L^j\right)\epsilon_t \tag{5-3}$$

式中，X_t为时间序列数据；ϕ_i为自回归部分的参数；θ_j为移动平均部分的参数；L为滞后算子；d为差分的阶数，用来使非平稳时间序列变得平稳；p为自回归模型的阶数，代表考虑到的滞后项的数量；q为移动平均模型的阶数；ϵ_t为白噪声误差项。

② 回归分析。通过线性回归和多元回归建立不同变量间的关系，预测关键性能指标的

变化。

③ 控制图技术。使用 X-Bar 图、R 图和 CUSUM 图等方法监控数据变化，及时识别出异常波动。

④ 聚类分析。运用 K-Means、DBSCAN 等方法进行数据聚类，区分正常和异常的数据模式。

（3）预警策略

① 阈值预警。设定关键参数的阈值，当数据超过这些阈值时自动触发预警。

② 趋势预警。分析数据趋势，当参数持续异常变动时发出预警。

③ 模式识别预警。通过模式识别技术，如聚类分析，识别并预警与已知故障模式匹配的数据。

④综合预警。结合多种预警方法，提高预警的准确性和及时性，如同时使用阈值和趋势预警，以应对复杂的故障情形。

通过这些精确的统计分析方法，虚拟电厂能够提前识别潜在故障，实施有效的维护策略，从而保持系统的高效稳定运行。这些方法不仅提高了预警的准确性，还增强了电厂对未来故障风险的管理能力。

【实际案例】某虚拟电厂由多个分布式能源资源组成，包括风力发电机、太阳能电池板和储能系统。这些设备通过物联网技术实现互联，共同为电网提供稳定的电力输出。然而，随着设备的老化和外部环境的变化，故障风险也在增加。为了提高电厂的可靠性和运行效率，该虚拟电厂运营团队决定采用基于统计分析的故障预警方法。首先，团队对各设备的运行数据进行了时间特征提取。例如，他们分析了风力发电机的输出功率随时间的变化趋势，识别出日夜周期和季节性变化模式。此外，团队还对设备的运行时间进行统计，以捕捉设备的磨损和老化规律。

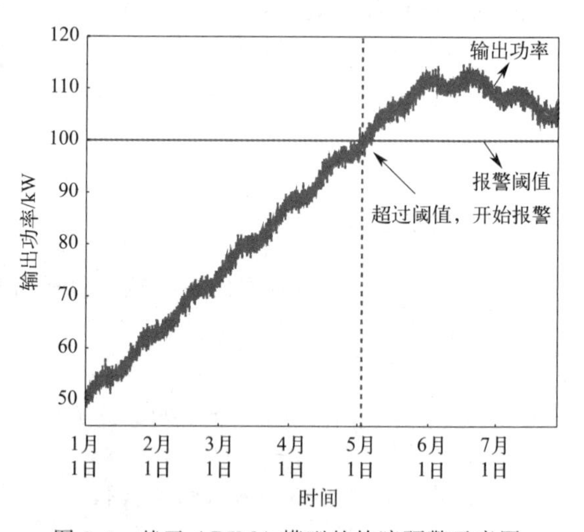

图 5-4　基于 ARIMA 模型的故障预警示意图

然后团队采用 ARIMA 模型对风力发电机的输出功率进行了时间序列分析。通过对历史数据的建模和预测，他们能够识别出未来可能的故障点。如图 5-4 所示，某风力发电机的输出功率在过去一段时间内出现了明显的波动，ARIMA 模型预测其在未来几天内可能会发生故障。通过提前预警，运维团队得以提前安排检修，避免了故障的发生。

5.3.2　基于浅层机器学习的故障预警方法

在虚拟电厂中，基于浅层机器学习的故障预警方法通过分析历史和实时数据，建立模型来有效预测并及时发出故障预警。这一节重点探讨了浅层机器学习模型的构建和应用，以便为运营人员提供准确的预警信息，使其能够迅速采取预防措施。对于特征提取和预警策略，由于在上一小节已经进行了详细描述，这里不再赘述。基于浅层机器学习的故障预警方法主要包括多种回归算法，如图 5-5 所示，这些算法在虚拟电厂中的应用如下。

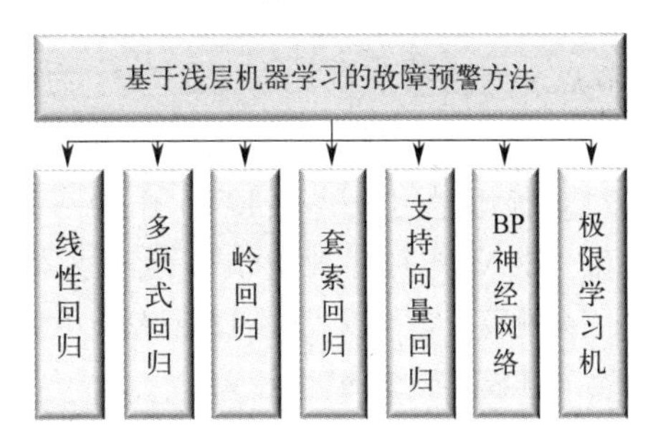

图 5-5　多种基于浅层机器学习的故障预警方法

① 线性回归。这是最基本的回归分析方法，用于预测因变量和一个或多个自变量之间的线性关系。在虚拟电厂中，线性回归用于分析具有线性变化的参数，辅以阈值判断潜在的故障风险。它的优势在于简单易懂且计算效率高，但其局限在于不能处理非线性数据。

② 多项式回归。作为线性回归的扩展，多项式回归通过加入多项式项来捕捉变量间的非线性关系，适用于分析变化趋势复杂的设备参数，以提升故障预警的精确度。虽然能处理非线性关系，但它易于过拟合，选择合适的多项式阶数是关键。多项式回归模型的具体数学表达式如下：

$$y=\beta_0+\beta_1 x+\beta_2 x^2+\cdots+\beta_n x^n+\varepsilon \tag{5-4}$$

式中，y 为因变量；x 为自变量；β_0，β_1，β_2，…，β_n 为回归系数；x^2，x^3，…，x^n 为 x 的高次项，用于捕捉 x 和 y 之间的非线性关系；n 为多项式的阶数，决定了模型的复杂度；ε 为误差项，通常假设为均值为零的随机变量。

③ 岭回归。岭回归通过引入 $L2$ 正则化项改进了线性回归，有效地减少模型的过拟合问题，特别适合处理包含高维数据的情形。这种方法增强了模型的稳定性和预测性能，但需要适当调整正则化参数。岭回归模型的具体数学表达式如下：

$$\hat{\beta}=\underset{\beta}{\operatorname{argmin}}(\|Y-X\beta\|^2+\lambda\|\beta\|^2) \tag{5-5}$$

式中，X 为一组预测变量；β 为一个 $p\times 1$ 的系数向量；Y 为一个 $n\times 1$ 的目标值向量；$\|Y-X\beta\|^2$ 为残差平方和，即普通最小二乘的损失函数；$\lambda\|\beta\|^2$ 为 $L2$ 正则化项，也称为岭惩罚，用于控制系数的大小；λ 为正则化参数，一个非负值，控制了正则化项的强度。

④ 套索回归。套索回归通过 $L1$ 正则化实现对模型系数的稀疏化，自动执行特征选择，从而提高模型的解释性和预测能力。尽管在特征选择方面表现优异，但在特征具有多重共线性时可能不够稳定。

⑤ 支持向量回归（SVR）。基于支持向量机的 SVR 适合处理复杂的高维和非线性数据问题，能够提供精确的故障预警。它的主要优点是强大的泛化能力，但计算复杂度高且参数选择具有挑战性。

⑥ BP 神经网络。作为一种多层前馈神经网络，BP 神经网络通过反向传播算法优化，能够处理复杂的非线性关系，适用于预测设备参数的变化趋势。其主要优点是强大的建模能力，缺点在于训练时间长，且参数调节复杂。

BP 神经网络具体结构如图 5-6 所示，包括输入层、隐藏层和输出层。每一层的节点（神经元）通过加权连接相互作用。下面是基于这个网络结构的数学公式描述：

$$a_i^2=\max\left(0,\sum_{j=1}^{3} w_{ji}^1\cdot x_j+b_i^2\right) \tag{5-6}$$

式中，a_i^2 为隐藏层的第 i 个节点的激活值；w_{ji}^1 为从输入节点 j 到隐藏节点 i 的权重；x_j 为输入层的第 j 个节点的值；b_i^2 为隐藏层第 i 个节点的偏置。

⑦ 极限学习机（ELM）。作为一种效率高的单隐层前馈网络，ELM 特别适合于快速处理大规模数据集，提供即时的故障预警。它训练迅速且泛化能力强，但对数据噪声较为敏感，且模型的解释性较差。

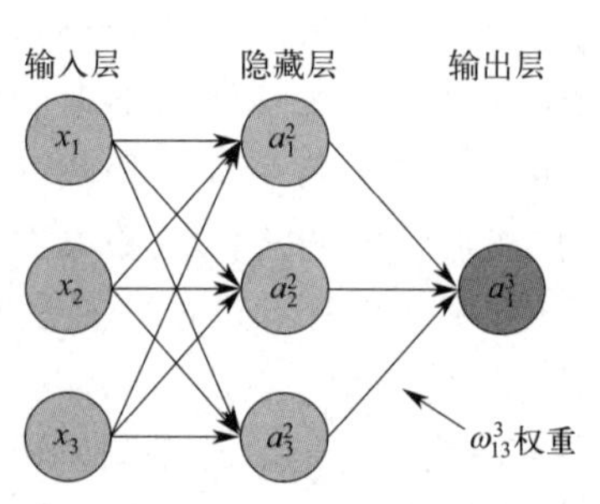

图 5-6 BP 神经网络的结构示意图

通过这些浅层机器学习方法，虚拟电厂可以实现高效和准确的故障预测，为维护和操作决策提供科学依据，从而优化资源利用和提高系统的可靠性。

【实际案例】某虚拟电厂（VPP）由多个分布式能源资源组成，包括风力发电机、太阳能电池板和储能系统。为了提高电厂的运行可靠性，运维团队决定采用基于浅层机器学习的故障预警方法。由于多项式回归能够捕捉变量间的非线性关系，该方法被选择用于分析风力发电机的输出功率，以提升故障预警的精确度。运维团队收集了风力发电机的历史运行数据，包括输出功率、风速、温度等。经过数据清洗和归一化处理后，选取了输出功率作为因变量（y），风速和温度作为自变量（x_1，x_2），以构建多项式回归模型。基于时间和频域特征的提取方法，团队进一步分析了风力发电机输出功率的时间序列数据，识别出其中的周期性变化和趋势。特别是，团队提取了风速和温度的多项式特征，以便捕捉其与输出功率之间的非线性关系。

运维团队采用多项式回归模型来预测风力发电机的输出功率。通过对历史数据的建模，确定了最佳的多项式阶数为 3，从而构建了以下多项式回归模型：

$$y=\beta_0+\beta_1x_1+\beta_2x_2+\beta_3x_1^2+\beta_4x_2^2+\beta_5x_1x_2+\beta_6x_1^3+\beta_7x_2^3+\varepsilon \tag{5-7}$$

式中，y 为输出功率；x_1 为风速；x_2 为温度；β_0，β_1，…，β_7 为回归系数；ε 为误差项。

通过对模型的训练和交叉验证，团队得到了最优的回归系数。为了验证模型的预测精度，团队使用部分历史数据进行了模型测试，结果显示预测值与实际值之间的误差在可接受范围内。基于多项式回归模型，团队设定了输出功率的预警阈值，如图 5-7 所示。当实际输出功率与模型预测值之间的误差超过预设阈值时，系统自动发出故障预警，提醒运维人员进行检查和维护。

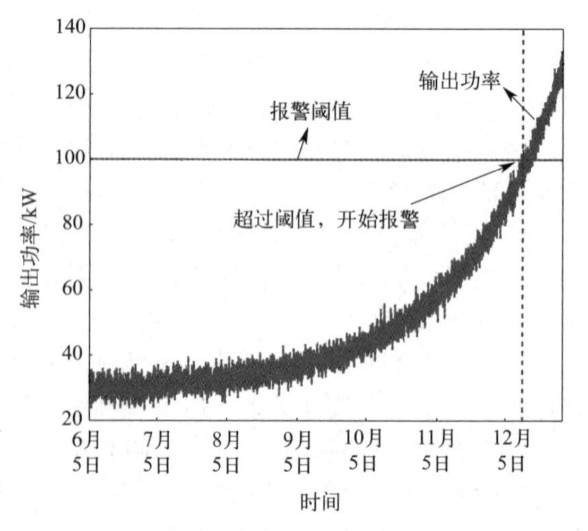

图 5-7 基于多项式回归的故障预警示意图

5.3.3 基于深度学习的故障预警方法

在虚拟电厂中，基于深度学习的故障预警方法利用先进的模型来分析历史与实时数据，实现故障的早期识别和预警。这些方法依赖于深度学习技术的强大能力，以处理和解析高维度、非线性和结构复杂的数据集。本节详细探讨各种深度学习模型在故障预警中的应用及其优缺点。

① 深度神经网络（DNN）。DNN 通过多层隐藏层的堆叠捕获数据中的复杂模式。在虚拟电厂中，这种模型用于分析设备关键参数的变化，以准确预警潜在故障。优点是强大的数据处理能力，能够适应复杂的数据结构；缺点是其训练要求大量数据和计算资源，且耗时较长。

② 多层感知机（MLP）。作为简化版的 DNN，MLP 通过其前馈网络结构直接从输入数据学习到输出结果，被用于预测和预警设备参数变化。优点是结构简单、实现容易；缺点是在处理复杂数据关系时能力有限。

③ 卷积神经网络（CNN）。CNN 特别适用于处理图像数据，如用于分析设备的热成像图。通过卷积层提取图像中的关键特征来进行故障检测。优点是在图像数据分析方面表现出色；缺点是对于非图像数据处理能力不足，且对训练数据需求高。

卷积神经网络的结构如图 5-8 所示，可以看到卷积神经网络由输入层、卷积层、池化层以及全连接层组成。每一层的数学表达式如下：

$$Z_{t,k}=\sum_{m=0}^{M-1} I_{t+m}\cdot K_m^k+b_k \tag{5-8}$$

式中，I_{t+m} 为在时间点 $t+m$ 时的输入数据值；K_m^k 为第 k 个卷积核在位置 m 的权重；b_k 为第 k 个卷积核的偏置；$Z_{t,k}$ 为在时间点 t，第 k 个卷积核产生的输出；M 为卷积核的大小。

$$P_{t,k}=\max_{m\in[0,M-1]} Z_{t\times s+m,k} \tag{5-9}$$

式中，$P_{t,k}$ 为在时间点 t 和第 k 个卷积核后的池化层输出；s 为步长，决定了池化层窗口的滑动间隔。

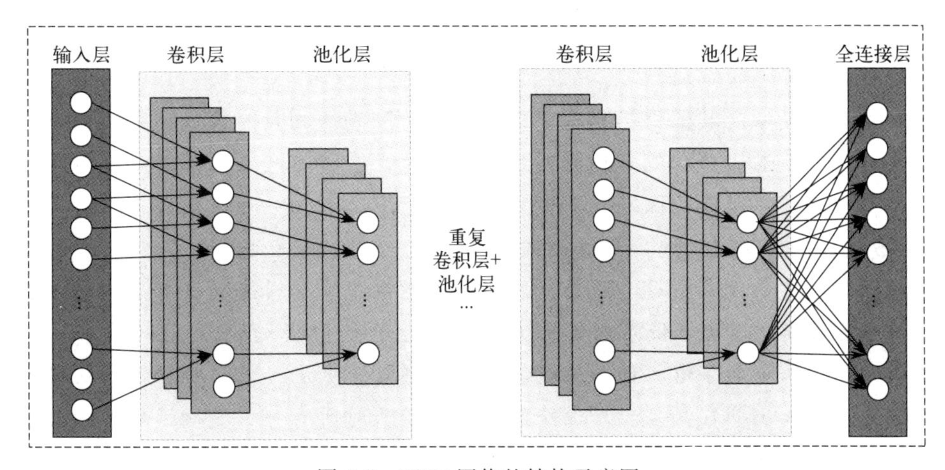

图 5-8 CNN 网络的结构示意图

④ 循环神经网络（RNN）。RNN 设计用来处理序列数据，能够通过其内部状态的循环传递捕获时间序列中的依赖关系。在虚拟电厂中，它用于预测设备的运行参数变化。优点是对时间序列数据处理出色；缺点是训练过程中可能出现梯度消失或爆炸问题。

⑤ 长短期记忆网络（LSTM）。作为 RNN 的改进型，LSTM 通过引入门控机制有效地处理长时间序列数据。它在虚拟电厂中用于长期数据的故障预测。优点是处理长序列数据能力强，有效避免了梯度问题；缺点是需要较长的训练时间和较多计算资源。

LSTM 的网络结构如图 5-9 所示，可以注意到，LSTM 由输入门、遗忘门、记忆单元、输出门组成，具体的数学表达式如下所示：

$$f_t=\sigma(W_f \cdot [h_{t-1},x_t]+b_f) \tag{5-10}$$

式中，f_t 为当前时刻的遗忘门输出；σ 为激活函数；W_f 为遗忘门的权重矩阵；h_{t-1} 为上一个时间步的输出；x_t 为当前时间步的输入；b_f 为遗忘门的偏置。

$$i_t=\sigma(W_i \cdot [h_{t-1},x_t]+b_i) \tag{5-11}$$

式中，i_t 为输入门的输出；W_i 为输入门的权重矩阵；b_i 为输入门的偏置。

$$o_t=\sigma(W_o \cdot [h_{t-1},x_t]+b_o) \tag{5-12}$$

式中，o_t 为输出门的输出；W_o 为输出门的权重矩阵；b_o 为输出门的偏置。

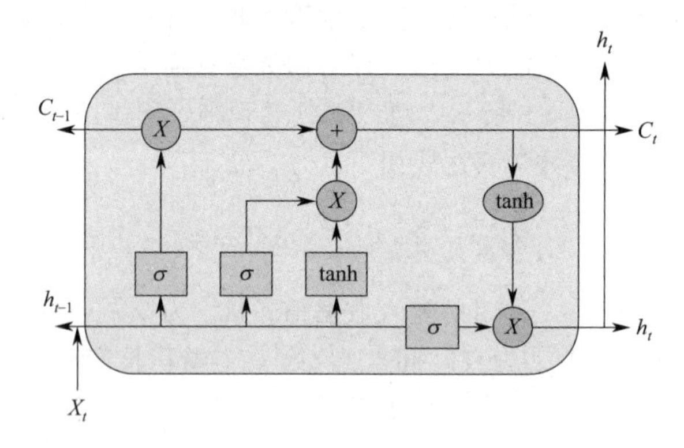

图 5-9　LSTM 网络的结构示意图

⑥ Transformer 模型。最初用于处理语言数据，Transformer 的自注意力机制使其优秀地处理各种序列数据。在虚拟电厂中，此模型用于分析复杂的时间序列数据以预测故障。优点是处理长序列数据能力极强，能够捕获深层次的数据关系；缺点是模型复杂，需要大量的训练数据和资源。

这些深度学习模型的共同目标是提高故障检测的准确性和及时性，帮助虚拟电厂优化运营并降低维护成本。通过持续的数据分析和模型优化，这些方法不断提升虚拟电厂的智能化水平。

【实际案例】在虚拟电厂中，电机是关键设备之一，其稳定运行对整个生产过程至关重要。电机过热往往是由于负载过重、维护不当或冷却系统故障引起的。本案例通过应用长短期记忆网络（LSTM）模型，使用电机的实时温度数据来预测并预警可能的过热故障。

首先，运维团队采集了电机的多维数据，包括温度、电流、振动和转速，这些数据通过传感器每分钟记录一次。在数据预处理阶段，运维团队对所有特征进行了缺失值处理和标准化，使用前向填充或线性插值来填补缺失的数据点，并进行 Z-score 标准化以确保数据的一致性和模型训练的有效性。

接着，构建了一个基于 LSTM 的深度学习模型，设计为接收过去 60min 的四种数据作为输入，输出的是预测的接下来 10min 内的电机温度。每个 LSTM 层专门处理一种类型的传感器数据，通过堆叠多个层来提取时间序列数据中的复杂模式，并通过全连接层直接输出预测的温度值。

最后，在故障预警实施阶段，系统根据模型实时预测出的温度数据进行监控。一旦预测温度超过设定的安全阈值，系统自动触发预警并实时通知运维团队进行检查，从而提前采取必要的维护措施，如图 5-10 所示。

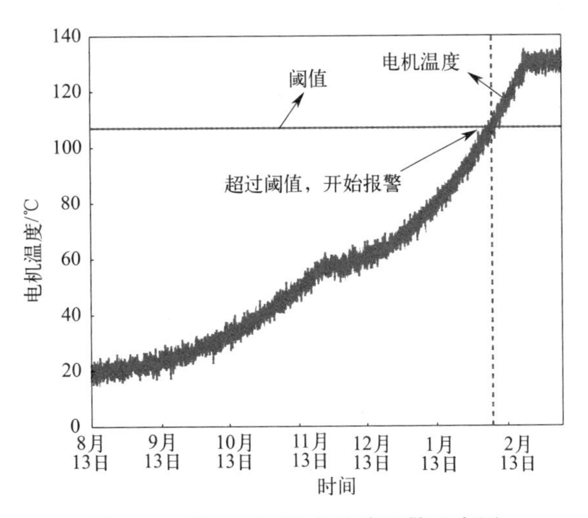

图 5-10　基于 LSTM 的故障预警示意图

5.4 虚拟电厂故障识别方法

5.4.1 基于专家系统的故障识别方法

专家系统是一种模拟人类专家决策过程的计算机程序，它使用知识库和推理机制来解决复杂问题，这些系统主要依赖于领域特定知识的集成，通过逻辑推理和规则匹配来模拟专家的问题解决方式，具体示意图如图 5-11 所示。在虚拟电厂中，专家系统通过整合专业知识库与高效推理算法，实现对设备故障的快速识别和诊断。这些系统通过逻辑推理和规则匹配来准确识别故障，能够清晰地解释诊断过程，特别适用于具有明确规则的故障类型。

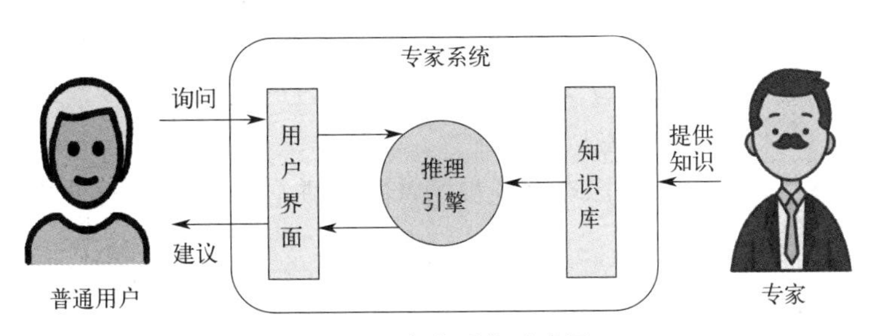

图 5-11　专家系统示意图

【优点】 专家系统的主要优势在于其决策过程的透明性，使得故障诊断具有高度的可解释性，便于操作人员理解和追踪问题原因。此外，它们能够在遵循已定义规则的情况下快速准确地识别常见故障。

【缺点】 专家系统的主要挑战在于依赖于知识库的广度和深度。构建和维护一个全面且更新的知识库需要大量投资，尤其是时间和成本方面的投入。此外，这些系统在处理未知或复杂的故障类型时表现不足，因为它们依赖于先前定义的规则，对于新出现的故障情况可能需要频繁更新知识库以适应变化。

专家系统为虚拟电厂提供了一种结构化和可靠的故障识别方法，尽管面临更新和适应新挑战的需求，它们在确保电厂运行的稳定性和安全性方面发挥着关键作用。

【应用示例】 在虚拟电厂中，一套基于专家系统的故障诊断识别被配置用于监控和分析风力涡轮机的状态。这个系统包括一个庞大的知识库，其中包含了各种风力涡轮机常见故障的特征和对应的诊断规则，例如“如果涡轮机的振动频率突然增高，并且发电效率下降，则可能是由于轴承损坏”。在实际应用中，系统实时接收来自涡轮机传感器的数据，包括振动频率、温度、电力输出等信息。当系统检测到振动频率超过预设的安全阈值时，它会立即通过规则引擎分析这一情况是否符合轴承损坏的故障模式。如果匹配成功，系统不仅会对故障类型进行分类，并且还会提供一份详细的诊断报告，包括故障原因、可能的影响和建议的维护措施。

这种专家系统的优势在于其快速响应和高度可解释的决策过程，使得操作人员可以迅速理解问题并采取措施。例如，当风力涡轮机的温度异常升高时，系统通过比对知识库中的规则，诊断出是冷却系统的故障所致。系统立即通知运维团队，并提供了可能的修复方案，如检查和替换散热器部件，这帮助虚拟电厂有效地防止了一次大规模的设备故障。

5.4.2 基于浅层机器学习的故障识别方法

浅层机器学习，通常是指包含少量隐藏层或不包含隐藏层的模型，不需要大规模数据或复杂计算资源即可进行有效训练。虽然这些模型结构简单，但在处理特定类型的结构化数据时非常高效，特别是当数据特征关系明显且数据量适中时。

在虚拟电厂故障识别中，浅层机器学习方法展现出其独特优势。与传统专家系统相比，这些方法提供了更高的自适应性和自动化能力。本节将深入探讨基于浅层机器学习的故障识别方法，包括关键技术、实施步骤以及面临的挑战和优势。

（1）关键技术和算法应用

① 逻辑回归。通常应用于二分类问题，这种方法通过逻辑函数预测事件属于某个类别的概率。

② 朴素贝叶斯。基于贝叶斯定理，假设特征之间独立，适用于高维数据处理，尤其是在文本分类中表现出色。

③ 决策树。通过递归地分割数据构建树形结构，每个叶节点代表一个分类结果，易于理解和实施。

④ K-最近邻（K-NN）。一种基于距离的分类方法，根据最近的 K 个邻居的类别来预测新样本的类别。

⑤ 支持向量机（SVM）。通过在特征空间中寻找最大间隔超平面来区分不同的类别，适用于复杂分类边界的识别，具体表达式如下：

$$\min_{w,b}\frac{1}{2}\|w\|^2 \quad \text{subject to} \quad y_i(w\cdot x_i+b)\geqslant 1 \tag{5-13}$$

式中，w 为权重向量；b 为偏置项；x_i 为特征空间中的数据点。

该公式的目标是找到能够最大化两个类别之间间隔的超平面，从而提高模型的泛化能力。通过优化这个目标函数，SVM确保找到的决策边界不仅仅是将数据分类正确，而且对新的、未见过的数据具有良好的分类效果。

（2）故障识别过程

① 数据预处理。包括数据清洗、归一化和特征选择。去除噪声和异常值是确保模型准确性的关键步骤，归一化处理有助于加快模型收敛速度，而合理的特征选择可以显著提高模型性能。

② 模型训练。选定合适的浅层机器学习算法后，将数据集分为训练集和测试集，利用训练集数据学习模型参数。模型的评估通常依赖于分类准确率和混淆矩阵等统计指标。

③ 故障识别。在模型训练完毕后，实时数据将被用于进行故障识别，模型会基于输入数据的特征输出故障类型或故障概率。

（3）优势与挑战

① 优势。提高了自动化程度和实时性，能够无须专家干预自动识别故障模式，增强了系统的响应速度和运维效率。

② 挑战。数据质量对模型性能的影响极大，数据预处理和特征选择的复杂性高，模型泛化能力和算法的选择也是实施中需要克服的技术难题。

综上所述，虽然基于浅层机器学习的故障识别方法面临一些挑战，但它们通过有效的数据分析和建模技术，在提高虚拟电厂故障诊断的准确性和效率方面具有不可忽视的价值。

（4）案例

在虚拟电厂环境中使用K-最近邻（K-NN）算法来识别和分类设备故障的示例，首先，电厂从设备传感器，如风力涡轮机、太阳能板和储能单元中收集数据，这些数据包括温度、振动、电流和电压等关键指标。这些原始数据通过数据清洗去除无效或错误的记录、归一化处理以消除不同量级的影响，以及通过特征选择分析各特征与故障类型的关联度来进行预处理。之后，利用这些预处理后的数据构建K-NN模型，通过交叉验证方法确定最优的K值，并使用欧几里得距离来计算数据点之间的距离。

在模型训练完成后，将实时监控的数据输入到K-NN模型中进行故障诊断。对于每个新的数据点，系统计算它与训练集中所有数据点的距离，选择距离最近的K个数据点，并通过这些点的已知故障类型进行投票，出现次数最多的故障类型即被判定为新数据点的故障类型。

5.4.3 基于深度学习的故障识别方法

深度学习，通过其多层次的神经网络架构，为故障识别提供了一种处理复杂、非线性数据的强大方法。这种方法通过学习大量数据中的隐含模式，能够自动识别和分类数据中的异常和故障状态，尤其适合于处理那些传统算法难以解决的复杂故障识别问题。

在虚拟电厂故障识别的应用中，深度学习技术能够通过详细分析已发生的故障事件数据，准确地确定故障的类型、位置和原因。这不仅有助于快速恢复设备运行，而且对于减少运维成本和提高电厂运行效率至关重要。本书将详细介绍四种常用的深度学习方法：深度自编码器、孪生网络、深度残差网络和生成对抗网络，并探讨它们在虚拟电厂故障识别中的应用。

（1）关键技术和算法应用

① 深度自编码器。深度自编码器主要用于无监督学习，通过输入数据的低维压缩表示进行重构，学习数据的核心特征。在故障识别中，自编码器被训练来重构正常运行时的数据。当出现与训练数据显著不同的输入时，重构误差会增加，指示潜在的故障。这种方法对于发现那些难以直接观察的异常特别有效，尤其是在复杂系统中。

② 孪生网络。孪生网络通过双网络结构比较两组输入数据的相似性，适用于小样本学习。在故障识别中，孪生网络可以比较设备的当前状态与已知故障状态的特征，快速识别和分类设备故障。这种网络对于新故障类型的快速适应和识别尤其有价值。

③ 深度残差网络（ResNet）。深度残差网络通过引入残差学习解决深层网络训练困难的问题，使模型能在更深的网络结构中有效学习。ResNet 在虚拟电厂故障识别中通过识别多层次的故障特征来增强识别准确性，适用于复杂故障模式的精准分类。残差网络的结构如图 5-12 所示，深度残差网络也就是多个残差模块的叠加。

从图 5-12 可以注意到，在残差模块中，输入 X 通过一系列权重层和非线性激活层，然后与原始输入相加，形成了最终的输出。下面是这个过程的数学描述：

$$F(X)=W_2\cdot \text{ReLU}(W_1\cdot X+b_1)+b_2 \tag{5-14}$$

式中，$F(X)$ 为变换后的输出；W_1 和 W_2 为权重矩阵，分别代表两个连续的权重层；b_1 和 b_2 为偏置项。

$$H(X)=F(X)+X \tag{5-15}$$

式中，$H(X)$ 为整个残差模块的输出。

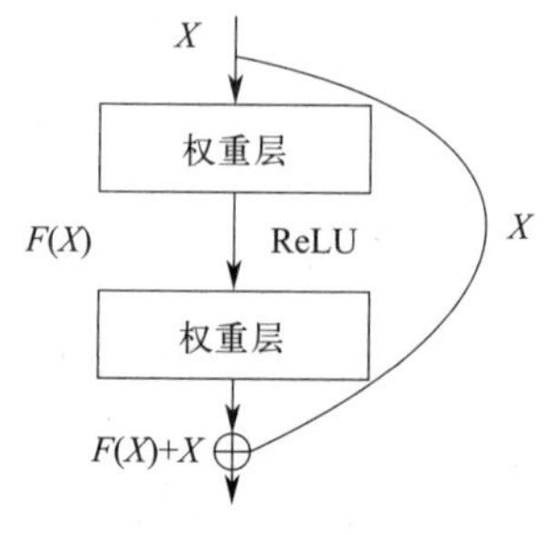

图 5-12 残差网络结构示意图

④ 生成对抗网络（GAN）。GAN 通过生成器模拟新的故障实例和判别器学习区分真实与生成的数据，增强了模型对未知故障类型的识别能力。这种方法不仅可以用于数据增强，还能提高模型对罕见故障类型的识别能力。

（2）故障识别过程

① 数据收集和预处理。在深度学习模型应用于虚拟电厂故障识别前，首先需进行数据收集和预处理。这一阶段包括从虚拟电厂的多种传感器（如温度、压力、振动等）获取实时数据。预处理步骤也至关重要，可确保数据的质量和一致性。数据清洗移除任何错误或异常数据点，归一化处理确保所有数据在相同尺度上操作，降低模型复杂性。此外，特征工程通过选择有助于区分不同故障类型的特征，为后续模型训练打下坚实基础。

② 模型训练。模型训练环节涉及选择合适的深度学习架构来处理预处理后的数据。常用模型如深度自编码器和深度残差网络等，这些模型在训练阶段需要大量地标注数据，通过监督学习方法，模型能够学习如何从输入数据中区分不同的故障类别。训练过程中，模型在

训练集上进行参数调整，在验证集上进行性能验证，以确保模型能在未见数据上表现良好，避免过拟合。

③ 故障识别。训练完成的模型将部署于生产环境中，对收集到的实时数据进行持续的故障识别。这一过程中，模型利用其学到的特征识别模式，将输入数据归类到预定义的故障类别中。通过这种方式，深度学习模型能够有效识别虚拟电厂中的各种故障，如泵故障、电路故障等。这不仅提高了故障处理的响应速度，还能准确地指导运维团队进行针对性的修复工作，显著减少停机时间和维修成本，从而保证电厂的高效稳定运行。

（3）应用示例

在虚拟电厂中，故障识别的第一步是从关键设备如蒸汽涡轮机、冷却系统、发电机和变压器等收集实时运行数据。这些数据包括温度、压力、电流和振动等多种传感器输出。收集后的数据经过一系列预处理步骤，包括数据清洗以去除无效或异常读数，归一化处理以确保数据在同一尺度上操作，并通过特征工程提取有助于故障分类的关键信息，如时间窗内的平均值、最大值和标准偏差等。

假设我们选用深度残差网络（ResNet）作为故障分类的主要模型，因其能有效处理复杂的数据并解决深度网络训练中常见的梯度消失问题。模型在历史数据集上进行训练，该数据集标注了已知的故障实例及正常运行数据，利用交叉验证技术进行模型优化以避免过拟合。训练完成的模型部署在生产环境中，实时分析来自设备的数据，以准确分类当前的设备状态。

当变压器的监测数据通过实时处理发现与历史绝缘故障数据相似的模式，深度残差网络即刻识别并分类该情况为“绝缘故障”。系统随即通知运维团队进行检查和维修，从而迅速响应故障，减少潜在的停机时间和维护成本。通过这种方式，深度学习技术提高了故障处理的速度和精确性，显著提升了虚拟电厂的运行效率和系统可靠性。

（4）优势与挑战

① 优势如下。

a. 强大的特征提取能力。深度学习模型能自动识别和提取复杂数据中的关键特征，无须手动设定或专家介入，这对于处理多源和高维度的传感器数据尤为重要。

b. 提升识别精度。通过深层网络结构，深度学习方法能够学习数据中的微妙模式和非线性关系，从而在故障识别任务中达到较高的准确率。

c. 适应性强。深度学习模型能够适应新的、未见过的故障模式，尤其在数据量足够且多样化的情况下，模型的泛化能力较强。

d. 处理复杂数据结构。深度学习非常适合处理时间序列数据、图像数据等复杂数据类型，这在监控电厂设备状态时极为有用，如通过分析设备的热成像来识别故障。

② 挑战如下。

a. 对数据和计算资源的高需求。深度学习模型通常需要大量的训练数据以及显著的计算资源（如 GPU 加速），这可能导致较高的实施成本。

b. 训练时间长。与浅层机器学习模型相比，深度模型因其复杂性通常需要更长的训练时间，这可能影响到故障响应的时效性。

c. 模型透明度和可解释性问题。深度学习模型通常被视为“黑盒”，其决策过程难以解释，这在电力行业中可能会成为一个问题，特别是在需要解释模型决策以获得监管批准或进行故障后分析时。

d. 依赖数据质量和多样性。虽然深度学习能处理未知的故障模式，但模型的表现极大依赖于训练数据的质量和多样性。如果数据存在偏差或覆盖不全，模型可能无法正确识别所有故障类型。

综合来看，虽然深度学习在虚拟电厂的故障识别中提供了显著优势，但其实现仍面临不少技术和实际挑战。这要求在采用深度学习之前，仔细评估项目的具体需求、数据可用性和成本效益。

思考题

1. 什么是故障预警？请简要解释其主要作用。
2. 虚拟电厂中故障预警与故障识别的重要性主要体现在哪些方面？
3. 虚拟电厂中故障预警与识别系统的四个关键组成部分是什么？
4. 虚拟电厂中的主要数据源有哪些？
5. 数据预处理包括哪些主要步骤？请简要说明。
6. 基于统计分析的故障预警方法有哪些关键步骤？
7. 浅层机器学习中常用的回归算法有哪些？
8. 专家系统在故障识别中的优点和缺点是什么？
9. 浅层机器学习与深度学习在故障识别中的主要区别是什么？
10. 结合实际应用，讲述一个虚拟电厂中故障识别的具体实例。

第 6 章

基于电碳市场的虚拟电厂定价关系研究

6.1 引言

电力市场、碳市场和备用市场是虚拟电厂运营的三个重要组成部分。碳市场是一个基于经济激励的工具，旨在减少温室气体（主要是二氧化碳）的排放。其主要原理是通过设立和交易碳排放配额来促使企业和组织减少排放。随着电力市场环境的进一步开放，具有电能生产和消费能力的 VPP 作为新型市场主体的参与趋势日益明显，而在这一背景下，单一 VPP 在直接与电网交互时，可能会因线路传输条件、准入规则限制、资源类型单一和内部消纳能力不足等问题，导致资源利用不充分，甚至造成资源浪费。而随着属于不同利益主体的越来越多 VPP 接入电网，虽然带来了多元化发展的趋势，但是增加了各 VPP 之间的协调互动的复杂性，如何通过有效的市场机制激励虚拟电厂集群（virtual power plant cluster，VPPC）内部资源的高效利用与减排，成为研究的重点。

它们之间的耦合关系与虚拟电厂的资源调度、环境效益和收益分配等环节息息相关，本章将介绍虚拟电厂主要机组模型及碳配额分配机制，并分别阐述这三个市场的交易机制，分析它们之间的耦合关系。

6.2 基于碳排放权交易体系的虚拟电厂协调优化基本原理

6.2.1 碳排放权交易体系基本原理

碳排放权交易体系旨在通过规定和约束温室气体排放量，并将其作为交易对象，以此来实现减排目标。这种交易体系与传统的实物商品市场有很大不同，它是一种由法律规定和人为建立的政策性市场，旨在通过合理分配减排资源，降低温室气体排放的成本。其基本原理如图 6-1 所示。

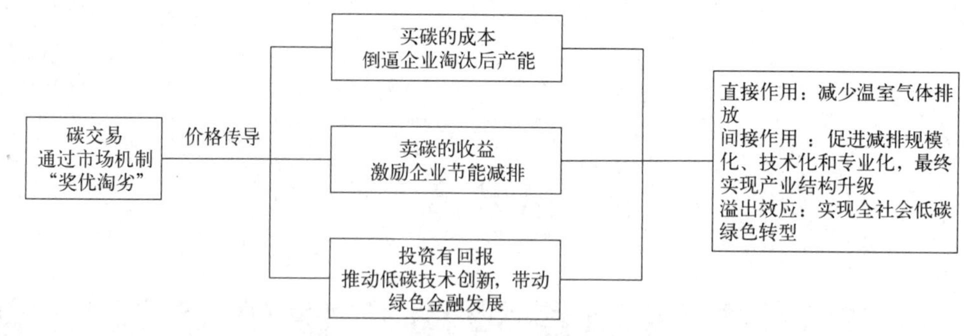

图 6-1　碳排放权交易体系基本原理

罗纳德・科斯（Ronald Coase）的产权理论为碳排放权交易体系提供了一种有效的解决方案，它旨在通过确定碳排放权交易制度，有效地分配资源，从而减少公共物品的浪费，并有效地应对气候变化带来的挑战。在碳排放权交易体系诞生之前，排放权交易已经在美国的酸雨计划中取得了成功，有效地减少了 SO_2 的排放。1997 年，《UN 气候框架公约》第三届缔约国会议批准的《京都议定书》，不仅明确了国家的碳排放量限额，而且还采取了碳排放权交易体系，以此来实现碳排放量的有效控制，并且可以有效地节省碳排放的费用，从而实现碳排放的有序排放。《京都议定书》第一次明确规定了碳排放权的交易，将碳排放权作为一种可交易的财富，从而将碳排放权作为一种可持续发展的重要财富，从而改变了人们的经济和社会状况。碳排放权交易体系的基本原理包括总量控制交易机制和基准线信用机制。

6.2.2　基于总量控制交易机制的碳排放权交易体系

很多碳排放权利交换制度都引入总量的交换方式，即采取立法或其他合理的方法，为某个特定的国家的温室气体排放者确定最高总量，并把这种总量分摊在一定的额度内，以无偿或拍卖的形式进行交换。通过配额交换，碳排放权能够被各种市场主体所享用，但排放者的总量应当小于所享有的额度，从而保证生态的安全发展。当每次履约循环完成时，管理者要对排放者进行履约评估，一旦排污者上缴的总量超过额度，将被认为未能完成的任务，应当接受处罚。

在数量控制交易机制下，配额的数量设定与分配就完成了排放权的授权过程，而减排与成本的差异也导致了交易的产生。企业为达到减排目标，不惜采用各种办法，一些企业会选择大量的配额，以适应企业的发展需要；而另一部分企业则会选择更为合理的方案，如灭排，以获得更高的利润，最后，这部分企业将会承受最低的减排成本，以便于达到全社会的平均减排水平。

6.2.3　基于基准线信用机制的减排量交易体系

通过建立基准线信用机制，人们可以更好地控制碳排放，这种交易体系与传统的总量控制交易体系相辅相成。这种交易体系允许企业在实际碳排放量低于排放基准线的情况下，获得额外的碳排放信用，并将其转化为商品。最典型的基准线信用机制应用为基于项目的减排量交易体系，碳排放权交易体系的抵消机制原理如图6-2，为减排信用提供了一种新的解决方案，它不仅可以部分取代碳配额，从而降低履约成本，而且还可以通过自愿交易，让企业或个人购买灭排量，从而实现减排目标，并且能够有效地履行社会责任。

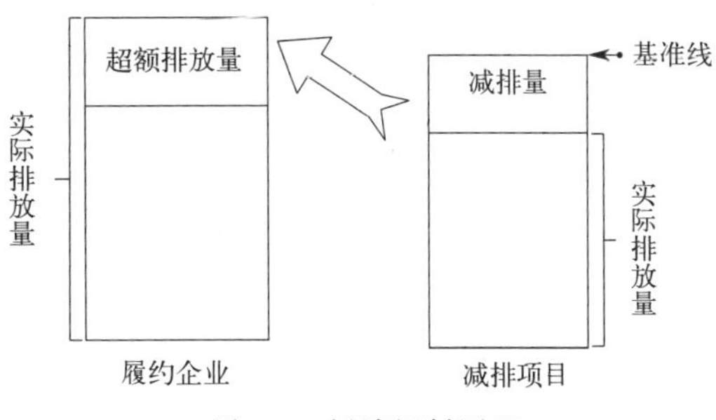

图6-2 抵消机制原理

6.2.4 两种交易体系的关系

碳排放权交易体系和减排量交易体系在性质上存在显著差异，但它们之间也存在着密切的联系。前者以总量控制为基础，以配额交易为主，而后者则以基准线信用为基础，以减排量交易为主。

① 与传统的环境保护政策有所不同，配额交易采用的是一种全面的、统一的、可持续的环境管理模式，而减排量交易则采用的是一种根据个人意志和环境影响来决策的方式，它们的差异体现在：a. 环境保护政策的规划和执行，以及环境保护政策的执行效果。b. 环境保护政策的执行效果和效果的评估，以及环境保护政策的执行效果的评估和效果的评估。c. 环境保护政策的执行效果和效果的评估，以及环境保护政策的执行效果。只有通过严格的审查和验证，企业才可以精确地测定出减少了多少排放。

②交易的范围存在差异。传统的配额交易局限于欧盟，而中国的碳排放交易试点，允许试点本土的企业参与交易。而减排量交易更加灵活，它的交易范围更广。CDM项目就是如此，它们的核证诚排量信用可以被传播到世界各个角落，而且还允许参与者选择参加更多的减排活动，从而实现更多的环境保护。中国的核能（China certified emission reductions，CCER）技术和其他国际技术都能够被应用于碳排放权交易试点，从而实现碳排放的有效控制。这些技术不仅能够实现国内的碳排放控制，而且还能够将国内的碳排放控制技术应用到国际市场上。

③交易方式有所差异。配额交易旨在促进企业遵守环保义务，但减排量交易则旨在促进更多企业及个体参与环保活动，从而实现更高效、更环保。尤其是那些自愿参与环保活动，如制定核定减排标准、实施黄金标准等的企业，旨在更好地实现企业环保义务。由于碳市场的发展，对于配额的需求已经大大增加，但是对于减少污染的要求却并未得到满足。

为确保排放交易的可持续性，许多国家都采取措施来控制排放交易的规模，特别是大多数国家的排放交易试点都将排放交易的规模设定在（CCER）的10%左右。

在两种交易体系中，总量控制碳排放权交易体系实际上是碳市场的主体。因此后面将主要从总量控制交易机制的原理出发，介绍碳排放权交易体系的核心要素和支撑系统。

6.3 虚拟电厂参与电力市场的交易模式

随着新型电力系统的建设与电力市场改革的逐步推进，电力需求侧资源从传统的电网购电过渡到能够以多种形式参与电力市场，面临更多的市场机遇。虚拟电厂在聚合电力需求侧资源参与电力市场时可综合考虑参与多种市场效益，通过合理配置资源以获得较大市场效益。本节主要阐述虚拟电厂参与电力市场的交易模式以及相应的市场价值。

6.3.1 虚拟电厂参与电力市场价值

在传统电力市场中，需求侧资源往往只作为买方，支付给电力供应商电费和相关服务费用，需求侧是买方完全竞争、供给侧是卖方竞争性垄断，需求侧电力用户处于被动地位。在竞争市场中卖方可以通过控制价格转移买方效益至卖方，这不仅仅损害需求侧效用、降低整个社会的市场效益，更不利于竞争性电力市场的建设。

随着新型电力系统的建设，虚拟电厂通过聚合分布范围广、个体数目多、单个容量相对较小的电力需求性资源，不仅可以作为买方获得电力服务，还可以作为卖方为电网、能源供应商等提供服务。新型电力系统建设背景下，虚拟电厂能够为电力需求侧资源提供以下服务：聚合需求侧资源。虚拟电厂的一体化平台提供了连接各类需求侧资源的技术、设备和管理条件，可以聚合大量的需求侧用户，为各类资源的整合、调度和管理提供条件。信息集成、共享与控制。新型电力系统汇集全方位的、海量的数据并实现允许范围内的信息共享，为聚合后的需求侧资源决策提供信息支撑。单一用户难以负担相关设备、信息的管理成本，也难以准确设计合理参与电力市场的策略，人工智能技术的发展为新型电力系统中虚拟电厂相关信息处理与决策提供条件。

虚拟电厂参与电力市场运营能够体现电网调节价值、灵活互动价值以及电力电量价值。在电网调节价值方面，随着新能源占比的逐步提升，其具备的随机性和波动性对电力系统调节能力的需求增大，供给侧的经济性与资源利用效率受限，虚拟电厂可以提供辅助服务或参与需求响应，促进新能源的消纳。在灵活互动价值方面，虚拟电厂通过充分参与电网双向互动促进新能源消纳；新能源波动大、难以精确预测的特点使得新能源厂商面临并网考核困境，虚拟电厂参与供需互动可降低其考核难度。在电力电量价值方面，随着电力市场的建设，新型电力系统下虚拟电厂参与电力交易有助于实现中长期交易到现货交易的过渡。

6.3.2 体现电网调节价值的虚拟电厂交易模式

6.3.2.1 参与辅助服务

我国各地相继出台电力辅助服务市场交易规则，部分地区参照需求侧资源参与电力辅助服务交易。在传统的并网辅助服务市场交易中，辅助服务的分配旨在对效率较低的火电厂商惩罚分摊，同时使效率较高的火电厂商能够获得相应的辅助服务奖励。新阶段辅助服务由新能源厂商支付，火电获得辅助服务补偿费用，各地区调峰辅助服务市场交易价格见表 6-1。

表 6-1 各地调峰辅助服务市场交易价格

地区	实时深度调峰	可中断负荷调峰	电储能调峰
华东	第一档，上限 0.3 元/(kW·h) 第二～第五档，上限 0.4 元/(kW·h)、0.6 元/(kW·h)、0.8 元/(kW·h)、1.0 元/(kW·h)	—	—

续表

地区	实时深度调峰	可中断负荷调峰	电储能调峰
东北	第一档，0～0.4 元/(kW·h) 第二档，0.4～1 元/(kW·h)	报价下限：0.1 元/(kW·h)； 报价上限：0.2 元/(kW·h)	报价下限：0.1 元/(kW·h)； 报价上限：0.2 元/(kW·h)
华北	第一档，0～0.3 元/(kW·h) 第二档，0～0.4 元/(kW·h)	—	—
西北 甘肃	第一档，0～0.4 元/(kW·h) 第二档，0.4～1.0 元/(kW·h)	报价下限：0.1 元/(kW·h)； 报价上限：0.2 元/(kW·h)	报价下限：0.1 元/(kW·h)； 报价上限：0.2 元/(kW·h)
南网	第一档，上限 0.2 元/(kW·h) 第二～第五档，上限 0.4 元/(kW·h)、0.6 元/(kW·h)、0.8 元/(kW·h)、1.0 元/(kW·h)	—	—

然而，仅仅依靠火电机组提供的辅助服务，一方面影响火电机组运行经济性和使用寿命；另一方面会给生态环境带来负面影响。虚拟电厂作为一种新型的能源聚合方式，电力物联网的建设为其提供了及时的信息传输与设备控制技术，使其具有参与调峰、提供短期备用等辅助服务的能力。虚拟电厂参与辅助服务市场已有市场建设基础，在火电厂商调峰能力达到上限或者调峰成本高于虚拟电厂调峰成本时具有竞争优势。在参与辅助服务市场过程中，首先，虚拟电厂按照其聚合的柔性负荷、储能等分布式能源资源的容量、可调节范围及可调节时间等进行分析，得到虚拟电厂参与调峰或备用等辅助服务的可调节容量；然后，在辅助服务市场中报价，签订不同时段、调节能力和价格辅助服务合同；最后，在得到辅助服务调度指令后通过电力物联网信息通信系统的信息传递、用户响应等方式，及时调控柔性负荷和储能充放电等分布式能源资源参与辅助服务。

6.3.2.2 参与需求侧响应

一般情况下，需求响应交易中需求侧用户申报容量越大、报价越低越能够成交。然而，在传统需求响应交易中，用户由于规模较小、响应能力（包括速度、时间、成本）较弱而难以获得有力的市场竞争力，因而在需求响应方式的选择上也相对受限。虚拟电厂能够聚合海量的需求侧资源，聚合后的响应容量得到极大的提升；由于其设备控制能力强、预测技术高、设备条件足，其在响应能力上也具有明显的提升；因此，虚拟电厂参与需求响应交易具有明显的优越性。虚拟电厂首先统计负荷曲线，预测负荷基线走向；然后通过考虑可控负荷、储能资源等的响应能力，确定虚拟电厂的可调节范围；进而在需求响应市场上报容量和价格；最后通过新型物联网的控制设备或者信息通信系统等方式参与需求响应。

虚拟电厂参与需求响应交易在提高新能源的消纳能力、保障电力稳定可靠供应的基础上，同时获得需求响应收益。虚拟电厂参与需求响应的收益计算方式如式(6-1)～式(6-3)所示：

$$\Delta_1 = |f(k) - h(k)| \tag{6-1}$$

$$w_n = \begin{cases} 0, \Delta_1 < pro_{n,\min} \\ \sum_{i=1}^{j} [|f(k) - h(k)| \lambda_i k_{n,i} p_n], pro_{n,\min} < \Delta_1 < pro_{n,\max} \\ \sum_{i=1}^{j} (pro_{\max} \lambda_i k_{n,i} p_n), pro_{n,\max} < \Delta_1 \end{cases} \tag{6-2}$$

$$W_2=\sum_{n=1}^{m}w_n \tag{6-3}$$

式中，W_2 为厂需求响应负荷大于虚拟电厂参与需求响应的收益；Δ_1 为虚拟电厂负荷变化量；$f(k)$为用户第 k 次参与需求响应的负荷；$h(k)$为用户响应的负荷基线；$pro_{n,\min}$ 为约定第 n 种需求响应最低响应量；$pro_{n,\max}$ 为约定第 n 种需求响应最高响应量；λ_i 为第 i 类需求响应系数；p_n 为第 n 种需求响应价格；w_n 为第 n 种需求响应收益；j 为需求响应系数类别；$k_{n,i}$ 为第 n 种、第 i 类需求响应次数；m 为不同地区按照市场的不同需求响应基础价格的分类。

6.3.3 体现灵活互动价值的虚拟电厂交易模式

6.3.3.1 低谷弃电曲线追踪

可再生能源具有清洁、安全、变动成本较低等特点，高比例可再生能源接入对于改善能源结构、提高电力经济性具有重要意义。然而，当调度调峰能力达到极限，在电力充沛的情况下往往放弃出力波动性大的可再生能源，选择其他出力稳定的能源。

供需灵活互动可以有效消纳弃电。虚拟电厂聚合需求侧资源，一方面满足电力电量需求，另一方面提升电力供应经济性。对低谷弃电进行追踪，以相对较低的价格实现弃电交易，帮助虚拟电厂解决上述两方面需求。首先由清洁能源场站发布低谷弃电消纳需求信息给虚拟电厂，由虚拟电厂及时调动储能资源充电或灵活性负荷用电以完成弃电消纳，最终按照不同电力交易方式进行结算。

按照调节技术难度和市场完善度，可设计弃电追踪交易、峰谷分段电量交易和曲线追踪交易 3 种低谷弃电追踪交易方式，不同方式采用不同结算机制。对于弃电追踪交易，新能源场站发布弃电信息，虚拟电厂调控资源进行弃电消纳，最终按照弃电消纳量进行结算。对于峰谷分段电量交易，新能源场站发布不同时段电量电价信息，直接对低谷电量以较低价格进行打包集中交易，而对负荷高峰时段电量则以较高的价格交易，激励虚拟电厂及时调整负荷曲线，最终按照峰谷电量、电价进行结算。对于曲线追踪交易，考虑电量电价和容量电价，将电站功率曲线划分为若干段，每段以不同的交易价格进行追踪交易，可将电站功率曲线按 30min 分段，每段实行不同的电力价格。

低谷弃电追踪交易可以使供给侧弃电得到消纳、发电站可以获得电量收益，而虚拟电厂获得更加低价电，降低电力电量成本。虚拟电厂参与低谷弃电曲线追踪的效益计算方式如式(6-4) 所示：

$$W_3=\begin{cases} q_1(P_0-P_{qi}),\text{弃电追踪交易} \\ C-\sum\limits_{t=1}^{3}(q_{3t}gp_{3t}),\text{峰谷分段电量交易} \\ C-\sum\limits_{t=1}^{48}(q_{3t}gp_{3t}),\text{曲线追踪交易} \end{cases} \tag{6-4}$$

式中，W_3 为需求侧参与低谷弃风追踪交易的收益；C 为不参与低谷弃风追踪时的电费；q_1 为弃电追踪电量；P_0 为常规电价；P_{qi} 为弃电电价；q_{3t} 为第 t 段时间内的用电量，

峰谷分段交易中 t 代表为峰/谷/平段；p_{3t} 为第 t 段时间内的用电价格。

6.3.3.2 新能源与用户偏差代替

新能源并网需要接受考核及结算，但由于新能源发电预测难度较大，如何减少考核费用成为新能源场站面临的重要问题。

需求侧资源与电网的双向友好互动为解决新能源并网考核问题提供新思路。针对并网考核问题，虚拟电厂拥有大量可调度资源，可与新能源场站灵活互动。对于用户侧需接受偏差考核的第一类电力用户，新能源场站也可以辅助其免于偏差考核。在替代方法上，当新能源场站发现下一节点新能源出力无法达到偏差范围内的预测发电量时，可及时向虚拟电厂发送并网考核需求；当虚拟电厂接收到新能源场站的处理曲线信息后，可及时调度负荷和储能资源，减少新能源场站的考核偏差量，由此使得新能源场站免于并网考核。新能源与用户偏差替代方式如图 6-3 所示。虚拟电厂通过调度资源辅助并网，抑制新能源波动性，不仅辅助新能源场站免于考核，同时还辅助用户侧免于偏差考核。

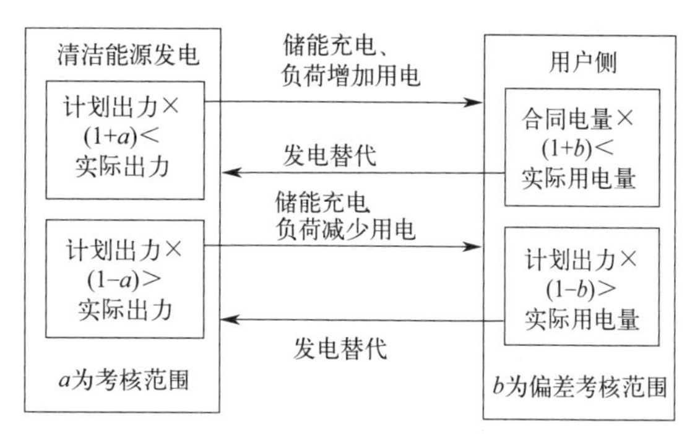

图 6-3 新能源与用户偏差替代方式

在新能源与用户偏差替代中，供给侧获得并网考核费用减少效益；虚拟电厂获得新能源场站的辅助并网补贴，其效益计算方式如式(6-5)所示：

$$W_4 = Q_4 \cdot P_4 \tag{6-5}$$

式中，W 为新能源与用户偏差代替效益；Q_4 为偏差替代电量；P_4 为偏差替代价格。

6.3.4 体现电量电力价值的虚拟电厂交易模式

6.3.4.1 分布式能源与储能灵活性应用

2020 年 6 月，为贯彻落实《中共中央、国务院关于进一步深化电力体制改革的若干意见》及相关配套文件要求，深化电力市场建设，进一步指导和规范各地电力中长期交易行为，适应现阶段电力中长期交易组织、实施、结算等方面的需要，国家发改委、能源局发布《电力中长期交易基本规则》。该文件肯定了电力中长期交易在电力交易中的主体地位，体现了市场机制既要促进可再生能源的消纳，也应合理体现和保障火电、储能、需求侧灵活性资源参与电力平衡、保障系统安全的价值，发展高比例可再生能源所引起的辅助服务成本的提高，也应在用户用电成本中有所体现并合理分摊。分布式能源与储能是需求侧能源供应与资源灵活性应用的重要来源。传统的分布式能源发电，通过储能设备缓解电力波动，进而供用户使用以获得电量效益。在新型电力物联网下，其效益具有进一步扩大的空间。新型电力系统建设背景下整合各类型资源，分布式能源发电一方面可以直接供用户使用，另一方面，通过储能在尖峰电价时储存分布式能源电能，在电价低谷时释放储存电能，从而使用户在获得电量收益的同时享受分时电价效益。在实践方法上，虚拟电厂售电分析、感知平衡区域内发用电情况，确定有条件参与分布式能源与储能灵活性应用的个体、负荷曲线和容量；然后根据电力历史运行情况设置储能响应曲线，储能主体按照储能设备充放电情况选择不同灵活性互动方式。图 6-4 所示为分布式能源与储能灵活性应用能流示意图。

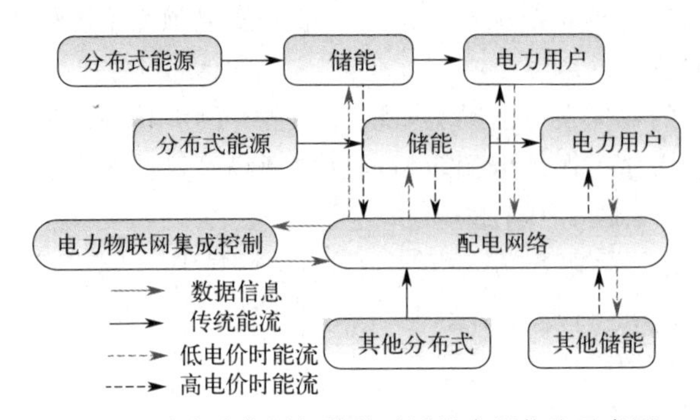

图 6-4　分布式能源与储能灵活性应用能流示意图

6.3.4.2　兼顾现货的带曲线中长期交易

传统的电力中长期交易按照年度、月度等多时间尺度展开电量交易，签订相应时间内的电量合同，在合同执行期间按计划执行，并对供需双侧进行偏差考核。该种模式方便电力交易的管理，但未能充分体现电力电量价值，市场需要根据供需情况根据发用电需求，优化资源配置。在未来电力市场交易中，立足于电力中长期交易为实物交易的基本属性，要求电力中长期交易在不同时间尺度进行进一步划分，针对峰谷时段签订不同价格和电量的交易合约，利用市场竞争机制还原电力电量的价值属性。与此同时，兼顾电力现货市场作为补充手段，以日前、日内、实时三种尺度展开交易合约之外的电量交易，进一步优化资源配置。

兼顾现货的带曲线中长期交易是新型电力系统建设背景下考虑电力电量价值和电力价值的电力交易方式。首先，在该市场的年度交易中，按照年度峰谷平交易时段进行分解，不同时间分段的供需双方可签订不同电价的交易合约；其次，在月度交易中，按照月度“24 点”分解，将月度交易时段分解为多节点时段，供需双方签订不同分段电量电价的交易合约；再次，在周内短期交易中，对周内短期交易进行分时段电力电量分解，进一步细化交易时段和方案，此时电力电量交易的时段和方案的细致程度与实物电量曲线相似；最后，可进一步实现日间“48 点”等分段电量交易，在电力现货交易市场中完成负荷偏差补充。

在该形式下，中长期电力合约为交易双方规避了现货风险，还原了电力的价值曲线，同时最大限度地拟合电力价格与电力价值的曲线变化。其中，短期交易能应对新能源发电波动性和随机性特点，与现货交易相比，可以降低刚性、挖掘更大的调节能力。因此，兼顾现货的带曲线中长期交易能够促进新能源消纳，反映快速调节能力的时空价值。

6.3.5　虚拟电厂参与电力市场的发展路径

考虑面向供需灵活互动的电力市场，本节总结了 6 种需求侧参与电力市场模式，特点、效益来源、能力实现方式、适用条件见表 6-2。值得注意的是，需求侧资源参与不同的市场交易模式需要考虑政策与技术等因素，在适当的时机进入市场才能获得最大效益，不同模式对于政策和技术要求示意图如图 6-5 所示。

表 6-2　新型电力系统下需求侧资源参与电力市场交易

<table>
<tr><th>模式</th><th>特点</th><th>效益来源</th><th>能力实现方式</th><th>适用条件</th></tr>
<tr><td>参与辅助服务市场</td><td>有市场基础,简单起步</td><td>电厂分摊</td><td>调节</td><td rowspan="2">调峰能力不足、峰谷差较大的区域</td></tr>
<tr><td>参与需求响应市场</td><td>补偿价格可观</td><td>政府补贴</td><td>调节</td></tr>
<tr><td>新能源与用户偏差替代</td><td>抑制波动性,减少偏差</td><td>新能源补贴</td><td>存储</td><td rowspan="2">新能源富裕地区，用户灵活性较高的区域</td></tr>
<tr><td>低谷弃电曲线追踪</td><td>曲线追踪</td><td>弃电降价,分时电价</td><td>存储、调节</td></tr>
<tr><td>分布式储能交互</td><td>时间价值，增值服务模式</td><td>分时电价</td><td>存储</td><td>现货交易地区</td></tr>
<tr><td>兼顾现货的中长期电力交易</td><td>构建灵活互动的价值体系</td><td>电量价值＋电力价值</td><td>存储、调节</td><td>未来电力市场</td></tr>
</table>

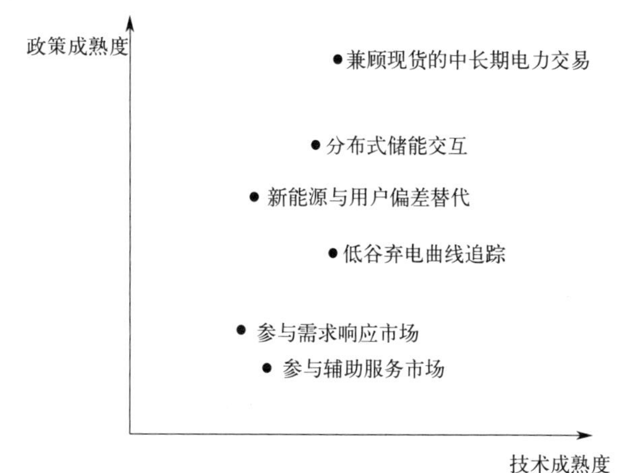

图 6-5　不同模式对于政策和技术要求示意图

目前，在我国电力交易市场中，部分地区已经出台了相应的需求响应和辅助服务市场规则，鼓励需求侧资源参与市场交易。我国已在江苏、宁夏、吉林、上海等地开展促进新能源消纳的市场建设相关试点工作。本节提出的需求侧资源参与电力市场模式，充分考虑了用户参与条件与能力，兼顾实际情况与创新性技术。在未来高比例可再生能源接入的条件下，发展需求侧与新能源的灵活互动空间巨大。

6.4　虚拟电厂多层次准入标准体系

6.4.1　概述

电力市场的多层次准入体系从逻辑上可划分为物理层、信息层和价值层三个层次，通过信息能源深度融合的全息系统、完全信息下资源的优化配置市场经济引导的能源互联互通，实现能源互联网能源、信息、价值多元的深度耦合。

完善的电力市场建设是三个层次融合、共同发挥作用的结果。物理层由实体的基础电力设施构成，包括发电厂、电动汽车充电站、负荷等，物理层以电为核心，集成冷、热、气等能源，以多能互联增强系统融合性和灵活性：信息层是由各种数据库、数据分析终端组成的，信息层和物理层融合度较高，信息层借助信息化手段，增加系统协调性，实现对电力系统的全景感知和数据化管控；价值层作为统领，以物理层和信息层作为支撑，协调所有的信息交互和能量传递，以市场引导系统可持续发展、机制设计等。针对虚拟电厂参与电力市场物理层、信息层和价值层三个层次可以分别更准确地描述为市场主体的可调控性能、满足交易要求的分时计量与数据传输性能、聚合商与终端用户的委托代理关系等，如图 6-6 所示。

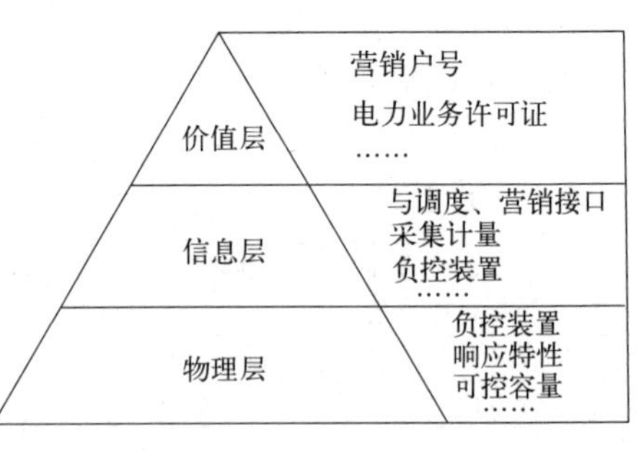

图 6-6　市场多层次准入体系

各层次准入要求如下所示。

物理层：应依据容量规模、响应特性、响应时长、响应速度、响应性能等技术指标制定具体的市场准入要求，各地可结合虚拟电厂发展以及电力系统运行情况，制定针对性的市场准入要求。

信息层：应满足电网接入要求，具备执行市场出清结果的能力，可实现电力、电量数据分时计量采集与实时上传，数据准确性与可靠性应满足市场运营机构的有关要求。与调度机构签订并网协议的新型储能，除满足上述要求以外，还需具备应向调度机构实时准确传送现货及辅助服务市场运行数据、接受和分解调度指令、电力（电量）计量、清分结算等有关技术能力。

价值层：市场主体以聚合模式参与电力市场，虚拟电厂运营商除自身满足市场准入要求外，还应与代理市场主体签订代理协议，按照公平合理的原则与其代理的市场主体分配市场收益。

6.4.2 物理层

以能源资源与能源需求的原始分布形态为出发点，通过电、热、水、油气、运输的互通转换网络建设，在物理层实现能量的互联互通，形成多种能量流的广义能量供需平衡。物理层设计如图 6-7 所示。

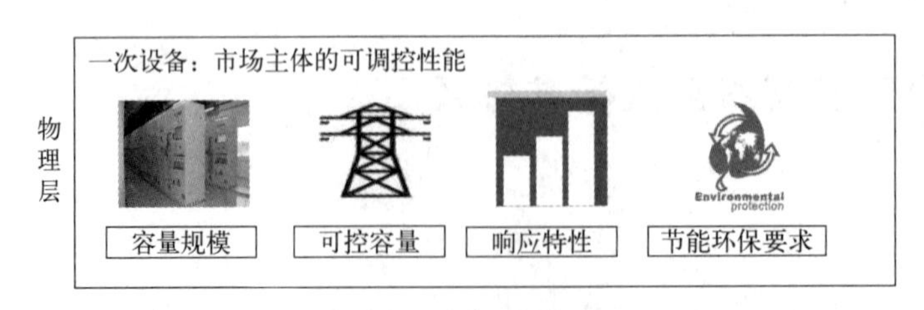

图 6-7　物理层设计

物理层是针对一次设备来说的，是指市场主体的可调控性能。具体来说，包括虚拟电厂的容量规模、可控容量、响应特性、节能环保要求等。对发电企业来说，容量规模一般是机组额定功率，是电站建设规模和电力生产能力的主要指标之一，举例来说，《山东电力辅助服务市场运营规则（试行）》第十条提到的“火电机组参与范围为单机容量 100MW 及以上的燃煤、燃气、垃圾、生物质发电机组”就是对容量规模的要求。可控容量指虚拟电厂聚合需求侧资源后能够控制输出的容量范围，《广州市虚拟电厂实施细则》要求负荷聚合商的总响应能力不低于 2000kW，同时参与实时响应的负荷聚合商须具备完善的电能在线监测与运行管理系统、分钟级负荷监控能力。响应特性是指用户根据收到的价格信号，相应地调整电力需求所需要的响应时间和所具有的响应能力，通常在需求响应的相关文件里出现，比如《江苏省电力需求响应实施细则（试行）》中指出的“单个工业用户的约定响应能力不高于年度有序用电方案调控容量，原则上不低于 500kW，单个非工业用户的约定响应能力原则上不低于 200kW”。节能环保要求是根据国家标准或本省环保政策对发电企业在节能、节水、排污等方面做出的要求，例如《河北省电力直接交易实施方案（试行）》对发电企业准入提出的条件：“环保设施已正常投运，符合国家环保要求和河北省超低排放标准，相关环保设施在线监控信息已接入电力调度机构。”

6.4.3　信息层

构建信息能量深度融合的全信息系统，在信息层构建能源大数据平台，实现对整个多能源网络所有物理节点的数字镜像。信息层设计如图 6-8 所示。

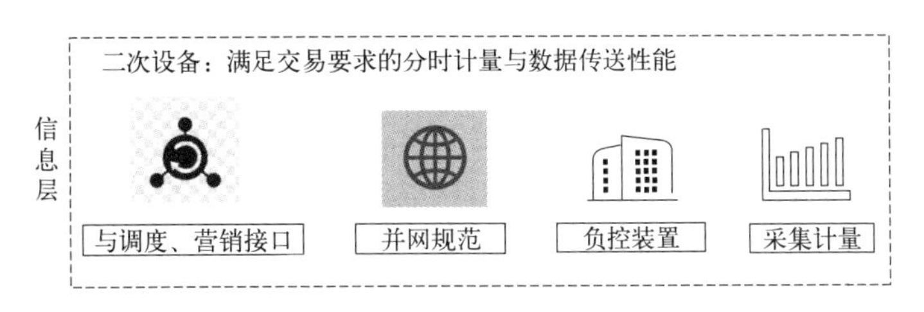

图 6-8　信息层设计

信息层的要求是针对二次设备的，要求满足交易要求的分时计量与数据传送性能，主要包括与调度、营销接口，并网规范，负控装置，集计量。具体来说，与调度、营销接口是指保证配电系统与调度、营销部门的系统能够进行数据交换的程序。例如《江苏省电力需求响应实施细则（试行）》在用户申请条件中提到的“已实现电能在线监测并接入国家（省）电力需求侧管理在线监测平台的用户优先”。并网规范是指发电机组的输电线路与输电网接通的规范，例如《江苏省分布式发电市场化交易规则（试行）》第十一条提到的“（三）符合电网接入规范，满足电网安全技术要求，（四）微电网用户应满足微电网接入系统的条件”。负控装置是指电力负荷控制装置，可对分散在供电区内众多的用户的用电进行管理，适时拉合用户中部分用电设备的供电开关或为用户提供供电信息，例如鲁能源电力字（2019）176 号《关于开展 2019 年电力需求响应工作的通知》对电力用户的要求：“具备完善的负荷管理设施、负控装置和用户侧开关设备，实现重点用能设备用电信息在线监测。”采集计量是指采集用户发用电数据信息，了解用电习惯、用电量变化规律，例如《江苏省分布式发电市场化交易规则（试行）》第七条要求“具备零点采集抄表条件”。

6.4.4 价值层

价值层是基于信息层之上反映市场主体之间的经济关系，将实现基于能源大数据的运行调度、市场交易等各种业务。通过信息的双向流动，经济层所制定的调控指令、交易结果，通过信息层反馈到能源层，实现资源的优化配置，对能量层中多能系统的互联互通起发挥引导作用。价值层设计如图 6-9 所示。

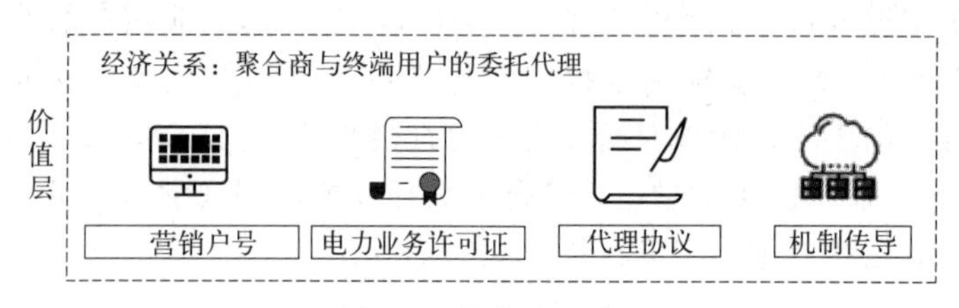

图 6-9 价值层设计

价值层的要求可以看作一种经济关系，具体是指虚拟电厂运营商与终端用户的委托代理关系，包括营销户号、电力业务许可证、代理协议、机制传导等。营销户号是指进行电力营销业务的用户进行注册时生成的本主体的唯一识别码，是常规要求，例如鲁能源电力字（2019）176 号《关于开展 2019 年电力需求响应工作的通知》要求“同一市场主体（含售电企业）具有多个电力营销户号，该市场主体（含售电企业）应上报一个补偿基准价格”。中国境内从事发电、输电、配电和售电业务，应当按照《电力业务许可证管理规定》的条件、方式取得电力业务许可证，这也是一个常规的要求，是基本的准入门槛。《电力中长期交易基本规则（暂行）》第十四条规定“依法取得核准和备案文件，取得电力业务许可证（发电类）”。代理协议也称代理合同，是用以明确委托人和代理人之间权利与义务的法律文件，近年来随着聚合商的兴起，代理协议也随之成为常规的要求，例如鲁发改能源（2020）836 号关于印发《2020 全省电力需求响应工作方案》的通知规定“原则上单个工业用户响应量低于 1000kW、非工业用户响应量低于 400kW 的由负荷聚合商代理参与需求响应”。机制传导是指有机体之间相互影响、带来变化，例如虚拟电厂参与电力市场所获得的收益在参与虚拟电厂的各类主体之间的利益分配关系，具体可见《电力中长期交易基本规则（暂行）》补贴核发的规定：“负荷集成商视为单个用户参与响应并领取补贴，负荷集成商与电力用户分享比例由双方自行协商确定。”

6.4.5 虚拟电厂“N+X”多级准入机制

随着电力市场交易品种不断丰富，批发侧呈现多品种交易，多类型市场例如需求响应、辅助服务、常规电能量交易、分时段交易等。不同市场准入条件不同，虚拟电厂在参与不同类型市场交易时，需满足不同的准入条件。成熟期市场准入机制可以概括为“$N+X$”模式，如图 6-10 所示。其中 N 代表 N 条通用准入条件，是一般需满足的电力市场运营规则基本准入条件。X 代表专用准入条件，针对不同市场特点设置专门准入条件，分别用 X_1、X_2 等依次表示。以售电企业为例阐述这一模式：在成熟期售电企业市场准入机制中涉及需求响应、辅助服务、常规电能量交易、分时段交易，除常规电能量交易准入条件可以用 N 即通用准入条件表示之外，其他交易模式分别有专用准入条件。辅助服务市场准入条件 X_1 包括：具备分时用电数据采集、负荷具有灵活可调性、具备接收信息终端设备、其他满足辅助服务要求的条件；需求响应市场准入条件 X_2 包括：具备分时用电数据采集、负荷具有灵活可调性、具备接收信息终端设备、其他满足需求响应要求的条件；分时段交易准入条件 X_3 包含：具备分时用电数据采集、负荷具有灵活可调性、其他满足分时交易要求的条件。总的来说，条件 N 是基础条件，是所有市场准入必备条件；条件 X 是专用准入条件，尽管 X_1、X_2 之间并非完全相同，但具备一定的相似性。

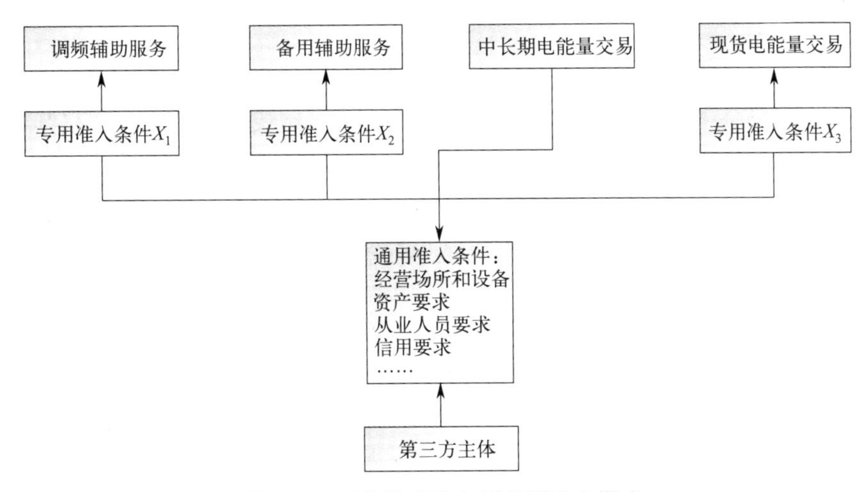

图 6-10　成熟期虚拟电厂市场准入模式

在成熟期虚拟电厂聚合资源参与中长期、现货、辅助服务、容量市场等不同品种交易，准入条件可依据技术指标、经济关系和具备的能力来设定。

① 参与中长期市场。中长期市场的准入要求也是基本准入要求。由于“电力产消者”的双重属性，虚拟电厂需同时满足发电企业和售电公司的基本准入条件，包括财务、信用、协议签订等。而技术方面，虚拟电厂需具备智能标记，其所聚合的各类分散可调资源主体需要具备精确的电力曲线记录功能，或虚拟电厂本身关口需具备以上条件；虚拟电厂还需要具备双向通信功能，能够向交易平台提交申报信息、接收交易平台或调度平台下发的市场交易信息和调度指令信息。

② 参与现货市场。虚拟电厂在满足基本准入条件外，在技术上需要满足调节速率、分时计量等具体要求；在容量上所聚合的各类分布式电源的有效容量/负荷的有效调节容量之和满足市场对主体的最低要求；从通信上需要具备参与现货市场申报的双向通信条件，接入相应的市场平台。

③ 参与辅助服务市场。虚拟电厂在满足基本准入条件外，要根据调峰、调频、备用等不同辅助服务交易品种在响应速度、调节速率、响应时间、响应时长等方面不同的技术要求，对虚拟电厂提出不同的准入条件。参与调峰市场的虚拟电厂需要满足调节速率和调节容量的要求，同时接入资源具备的可观、可测、可控能力。如针对调峰市场，可要求虚拟电厂聚合各类分布式能源资源后的有效容量不少于 5MW，且灵活调节能力不低于 1MW，响应速度在 15min 以上，响应持续时长在 1h 以上。调频市场对主体的调节精度要求更高，因此参与调频市场的虚拟电厂在性能上需满足更高要求。

④ 参与容量市场。在满足基本准入条件的基础上，应按照统一的容量市场准入要求，综合出力特性、资源结构、调节能力、停机概率等多方面因素，对虚拟电厂开展有效容量核定，以反映虚拟电厂对电力系统容量的实际贡献。

6.5 虚拟电厂机组模型及碳配额分配机制

6.5.1 虚拟电厂机组模型

单个虚拟电厂内部的成员可以分为可调度单元和不可调度单元两类。虚拟电厂的可调度单元是指那些能够根据电网需求和市场信号，通过远程控制或自动化系统调整其电力生成的能源设施。这些单元可以是多种类型的能源资源。它们之所以被称为可调度单元，是因为它们能够根据电力系统运营者的指令或市场价格信号，灵活地调整其电力输出。在虚拟电厂的运作中，这些可调度单元通过先进的监控和控制系统集成在一起。这些系统能够实时监测电力需求和市场价格变化，并作出相应的调整，以确保虚拟电厂整体的运营效率和经济性。通过参与市场交易和响应电网运营需求，虚拟电厂的可调度单元可以提供灵活性和可靠性，支持电力系统的稳定运行和电能的高效利用。可调度单元包括微型燃气轮机（micro gas turbine，MT）、可中断负荷（interruptible load，IL）和储能系统（energy storage，ES）等，提供虚拟电厂运行的调节支撑。不可调度单元主要包括风电（wind power，WP）、光伏（photo voltaic，PV）和不可控负荷等。

（1）微型燃气轮机机

虚拟电厂中的微型燃气轮机是一种常见的可调度单元类型。微型燃气轮机是一种高效的能源转换设备，通过燃烧天然气或其他燃料产生高温高压的燃气，驱动涡轮发电机生成电力。它们通常具有以下特点和优势。

① 高效能源转换。微型燃气轮机具有较高的能源转换效率，能够将燃料的化学能有效地转化为电能，提供可持续且高效的电力输出。

② 快速启动和停机。这些设备具备快速启动和停机的能力，能够在电网需求变化时迅速响应，调整电力输出。

③ 灵活性和可调度性。微型燃气轮机可以通过远程监控和控制系统进行调度，根据市场需求或电网运营商的要求调整输出功率。这使它们成为虚拟电厂中重要的可调度资源。

④ 低排放和环保。相较于传统的火电站，微型燃气轮机通常具有较低的排放水平，有助于减少对环境的影响。

在虚拟电厂的运作中，微型燃气轮机作为可调度单元之一，通过智能化的集成管理系统与其他能源资源协同工作，以实现电力系统的稳定性、经济性和可持续性。

微型燃气轮机广泛应用于分布式能源系统和虚拟电厂内部，以提供电力和热能供应。与传统的大型燃气轮机相比，微型燃气轮机具有体积小、启动快和维护简便等优点。在虚拟电厂运行中，通常包括以下几个关键参数和约束条件，如式(6-6) 和式(6-7) 所示：

$$0 \leqslant P_{i,t}^{\mathrm{MT}} \leqslant P_{i,\max}^{\mathrm{MT}} \tag{6-6}$$

$$P_{i,\mathrm{dn}}^{\mathrm{MT}} \leqslant P_{i,t}^{\mathrm{MT}} - P_{i,t-1}^{\mathrm{MT}} \leqslant P_{i,\mathrm{up}}^{\mathrm{MT}} \tag{6-7}$$

式中，$P_{i,\max}^{\mathrm{MT}}$ 为第 i 个虚拟电厂与虚拟电厂 C 服务商最大交易电量。

（2）储能

虚拟电厂中的储能系统是一种关键的可调度单元，它们能够有效管理电力系统的负载平衡和响应电网需求。储能系统通常包括电池能量储存、水泵储能、压缩空气储能等技术，其主要特点和功能包括：

① 平衡电网负载。储能系统可以在电力需求高峰时段储存多余的电力，而在需求低谷时段释放储存的能量，从而平衡电网负载，减少对传统发电设施的依赖。

② 调节频率和电压。储能系统能够快速响应电网频率和电压的变化，提供快速稳定的功率调节能力，确保电力系统的稳定性和可靠性。

③ 提供备用电力。在电力系统出现故障或紧急情况时，储能系统可以迅速投入运行，提供备用电力支持，帮助维持电网的运行稳定性。

④ 增加可再生能源利用率。储能系统可以与可再生能源如风能和太阳能光伏电池系统结合使用，解决这些能源波动性大、有间歇性的问题，提高其利用效率。

⑤ 经济性和环保性。储能系统的运行成本相对较低，同时减少对传统化石燃料的依赖，有助于减少碳排放和环境影响。

在虚拟电厂的运作中，储能系统通过智能化的监控和控制系统与其他可调度单元协同工作，提高电力系统的灵活性和响应能力，支持能源的可持续发展和电力市场的有效运作。储能系统在虚拟电厂中起着至关重要的角色，通过平衡供需、提供备用和调峰服务，以及优化可再生能源的使用等。储能系统特性和约束的数学模型，如式(6-8)～式(6-11)所示：

$$P_{i,\min}^{\mathrm{ES}} \leqslant P_{i,i}^{\mathrm{ES}} \leqslant P_{i,\max}^{\mathrm{ES}} \tag{6-8}$$

$$S_{i}^{\mathrm{ESmin}} \leqslant S_{i,t}^{\mathrm{ES}} \leqslant S_{t}^{\mathrm{ESmax}} \tag{6-9}$$

$$S_{i,t}^{\mathrm{ES}} = S_{i,t-1}^{\mathrm{ES}} - \frac{P_{i,t}^{\mathrm{ES}}}{\eta^{\mathrm{ES}}} \tag{6-10}$$

$$S_{i,0} = S_{i,t} \tag{6-11}$$

式中，$P_{i,\max}^{\mathrm{ES}}$、$P_{i,\min}^{\mathrm{ES}}$ 分别为第 i 个虚拟电厂的储能最大、小出力；$S_{i,t}^{\mathrm{ES}}$、$S_{i,t-1}^{\mathrm{ES}}$ 分别为 t 时段和 $t-1$ 时段的储能容量；S_{t}^{ESmax}、S_{i}^{ESmin} 分别为 $S_{t,i}^{\mathrm{E}}$ 的上下限；η^{ES} 为储能的效率；$S_{i,0}$、$S_{i,t}$ 分别为储能的初始和最终状态，周期始末时段一致，从而保证调度的连续性。

（3）可中断负荷

虚拟电厂中的可中断负荷是指能够在电力需求高峰时期，根据需要暂时中断其电力使用的设备或用户。这些设备通常与电网运营者签订协议，在需要减少负荷或平衡电网负载时，通过远程控制或自动化系统执行负荷中断操作。主要特点和功能包括：

① 灵活性和响应能力。可中断负荷能够快速响应电网运营者的调度指令，根据市场需

求或电网负荷情况暂时停止使用电力。

② 经济激励。通常通过电力市场的激励机制，电网运营者向参与可中断负荷的设备或用户提供经济补偿，以鼓励其参与负荷调节和电网稳定性维护。

③ 应急备用。在电力系统出现突发故障或紧急情况时，可中断负荷可以作为备用负荷，帮助维持电网的运行稳定性。

④ 节能减排。通过减少电力需求，可中断负荷有助于优化能源利用，减少电力生产过程中的碳排放和环境影响。

可中断负荷是电力系统需求侧管理的重要手段，核心思想是通过经济补偿机制切断一部分负荷，以此来维持电网高需求时段的供给平衡。在虚拟电厂中，可中断负荷被划分为 A 类和 B 类两种类型，A 类可中断负荷响应速度较慢但成本较低，B 类可中断负荷响应速度较快但成本较高，如式(6-12)～式(6-14)所示：

$$0 \leqslant P_{i,t}^{\mathrm{ILA}} \leqslant P_{i,t}^{\mathrm{Amax}} \tag{6-12}$$

$$|P_{i,t}^{\mathrm{ILA}} - P_{i,t-1}^{\mathrm{ILA}}| \leqslant R_{\mathrm{ILA}} \tag{6-13}$$

$$\sum_{t=1}^{T} \chi_{i,t}^{\mathrm{CA}} \leqslant N_{\max} \tag{6-14}$$

式中，$P_{i,t}^{\mathrm{Amax}}$ 为 A 类 IL 第 i 个虚拟电厂 t 时段最大削减值；$|P_{i,t}^{\mathrm{ILA}} - P_{i,t-1}^{\mathrm{ILA}}|$ 表示 t 时段和 $t-1$ 时段响应差；R_{ILA} 为响应速率；$\chi_{i,t}^{\mathrm{CA}}$ 为 IL 响应状态；$N_{\max}$ 为 IL 最大响应次数。

B 类 IL 类似上述。

（4）分布式能源

虚拟电厂中常见的可再生能源有光伏和风电，能够提供清洁低碳的电力，是实现能源转型和减少温室气体排放的关键。然而由于其出力不稳定和难以预测的特点，对虚拟电厂平稳运行提出了挑战。

① 光伏。光伏通过将太阳光直接转换成电能来发电，其出力受到太阳辐射强度、温度、阴影遮挡以及系统本身效率的影响，这些光伏系统可以作为分布式能源的一部分，集成到虚拟电厂的管理和运营中，以提供可再生的电力资源。虚拟电厂中的光伏系统可以通过智能控制系统实现对电力输出的监控和调节，以响应市场需求或电网运营者的要求，例如在电力需求高峰期间增加电力输出。光伏系统不仅减少对传统能源的依赖，还有助于减少碳排放和环境影响，支持能源系统向更加可持续的方向发展。主要特点是清洁和无噪声，但出力具有明显的日变化和季节变化特性，且容易受到天气条件的影响，如式(6-15) 所示：

$$P_{i,t}^{\mathrm{PV}} = \eta_{\mathrm{PV}} \cdot G_{i,t} \cdot A \tag{6-15}$$

式中，$P_{i,t}^{\mathrm{PV}}$ 为第 i 个虚拟电厂 t 时段的光电出力；η_{PV} 为光伏转换效率；$G_{i,t}$ 为 t 时段的太阳辐射强度；A 为光伏板的有效面积。

② 风电。风电通过风力驱动风轮进而通过发电机转换成电能，风力发电机组通常安装在风速较高且稳定的地理位置，如海岸线、山脉或大开阔地区。风电是一种清洁的可再生能源，不会产生二氧化碳等温室气体，对环境影响较小，并有助于减少对传统能源的依赖。虚拟电厂中的风电系统可以通过智能控制系统实现对电力输出的监控和调节，以响应市场需求或电网运营者的要求，例如在电力需求波动时调整电力输出。其出力受到风速、风向、空气

密度以及风机自身特性的影响，具有能源成本低、对环境影响小的优点，但会伴随着风力资源的间歇性和不确定性，如式(6-16) 所示：

$$P_{i,t}^{\mathrm{WP}}=\frac{1}{2}\cdot\rho\cdot A_{\mathrm{rotor}}\cdot C_p\cdot V_{i,t}^3 \tag{6-16}$$

式中，$P_{i,t}^{\mathrm{WP}}$ 为第 i 个虚拟电厂 t 时段的风电出力；ρ 为空气密度；A_{rotor} 为风轮的旋转面积；C_p 为功率系数；$V_{i,t}$ 为 t 时段的风速。

6.5.2 碳配额分配及碳排放计算

随着碳足迹及实时碳排放检测技术的发展，提供了碳排放即时控制的基础及需求，并且相对电力，碳配额作为非物理商品，更易存储和转移，在虚拟电厂的运作中，碳交易机制允许虚拟电厂通过碳市场交易额外的碳排放配额或售出未使用的配额，从而激励减排并实现额外收益，基于上述提出了碳配额多维度分时定价交易机制，通过机制进行内部分时的碳排额的交易，引导虚拟电厂参与碳市场，以更清洁低碳的方式出力。

碳配额的分配原则是根据虚拟电厂内部各机组的碳排放性能和发电量进行分配的，确保整个虚拟电厂的碳排放控制在合理范围内。碳配额无偿分配机制主要基于三种模式：有偿分配、无偿分配和混合模式分配。在电力行业，通常采用基于基准线的无偿分配模式，即虚拟电厂获得的初始碳排放配额与其发电量直接相关，配额的计算基于以下模型：

（1）无偿碳配额计算

无偿碳配额通常涉及公司或个人在特定时间段内产生的二氧化碳排放量的核算和分配。这种计算可以用来衡量和监测一个组织或个人的碳足迹，并可能与碳市场或碳交易相关联。虚拟电厂的无偿碳排放配额由虚拟电厂产生的电能和热能共同决定，如式(6-17) 所示：

$$E_{p,i,t}=\kappa_e\cdot(P_{i,t}^{\mathrm{MT}}+P_{i,t}^{\mathrm{WP}}+P_{i,t}^{\mathrm{PV}})+\kappa_h\cdot(Q_{i,t}^{\mathrm{MT}}+Q_{i,t}^{\mathrm{GB}}) \tag{6-17}$$

式中，κ_e 和 κ_h 分别为单位电能和单位热能的碳排放配额系数；$P_{i,t}^{\mathrm{MT}}$、$P_{i,t}^{\mathrm{WP}}$ 和 $P_{i,t}^{\mathrm{PV}}$ 分别为第 i 个虚拟电厂 t 时段微型燃气轮机、风电和光伏的电能输出；$Q_{i,t}^{\mathrm{MT}}$ 和 $Q_{i,t}^{\mathrm{GB}}$ 分别为 t 时段微型燃气轮机和燃气锅炉的热能输出。

（2）碳排放量计算

虚拟电厂的实际碳排放量根据其各能源组件的实际运行情况计算，如式(6-18)、式(6-19) 所示：

$$E_{\mathrm{ac},i,t}=a_1+b_1P_{\mathrm{gas},i,t}+c_1P_{\mathrm{gas},i.t}^2+\kappa_{\mathrm{TP}}P_{\mathrm{TLb},i,t} \tag{6-18}$$

$$P_{\mathrm{gas},i,t}=P_{i,t}^{\mathrm{MT}}+Q_{i,t}^{\mathrm{MT}}+Q_{i,t}^{\mathrm{GB}} \tag{6-19}$$

式中，$E_{\mathrm{ac},i,t}$ 为 t 时段实际碳排放量；a_1、b_1、c_1 为天然气单位电能产生的碳排放系数；$P_{\mathrm{gas},i,t}$ 为微型燃气轮机和燃气锅炉输出功率之和；κ_{TP} 为火电机组的碳排放系数；$P_{\mathrm{TLb},i,t}$ 为虚拟电厂从配电网购的功率。

6.6 电、碳和备用市场交易机制及耦合关系分析

6.6.1 电能量市场交易机制

电能量市场是虚拟电厂直接参与的主要市场之一，该市场主要分为日前和实时两个部分。虚拟电厂通过整合风电、光伏和储能等多种分布式能源资源，参与市场交易，通过资源的优化配置，提升电力生产的效益及其调度的灵活性。市场价格信号对于虚拟电厂而言至关重要，它不仅指导电力调度决策，还直接关系到运营策略和经济收益。

对于涉及多个虚拟电厂的场景，本节介绍一种 VPPC 服务商模型。根据 VPPC 服务商提供的电力价格信息，调整其电量输出以适应市场需求。交易流程不仅涉及电力的产供销各个环节，还包括了价格信息的反馈机制，确保了电力供应的效率和经济性。电能量市场交易流程图如图 6-11 所示。

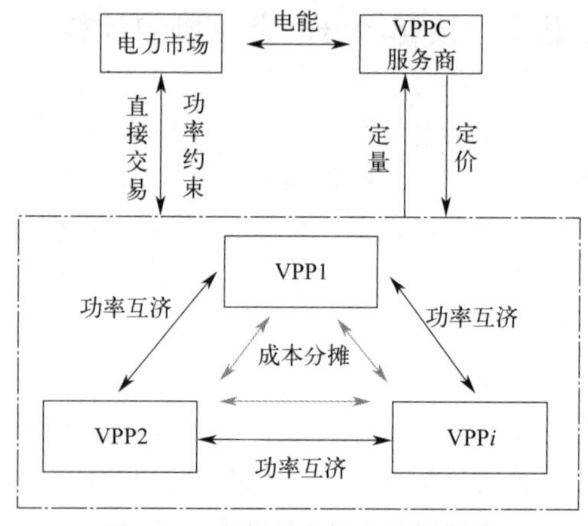

图 6-11 电能量市场交易流程图

6.6.2 碳市场交易机制

我国碳排放交易市场包括碳配额市场及需经第三方验证的自愿减排量市场。碳配额或排放权是按照企业在该区域内的历史排放量分配的，通常采取基准线方法，虚拟电厂可将多余的碳配额在碳市场汇总出售以获得额外收益；反之，若碳排放量超出额度，则应缴纳罚款。自愿减排量市场即绿证市场，虚拟电厂可将额外措施减排量经第三方认证后，以绿证的形式交易。

在履约周期前由企业按照行业规定的标准对自身碳排放进行测量，向监管机构报告后由政府统一分配，在履约周期内可参与市场与其他主体进行交易消纳，履约周期后需进行校核与审计。虚拟电厂参与碳市场交易流程如图 6-12 所示。

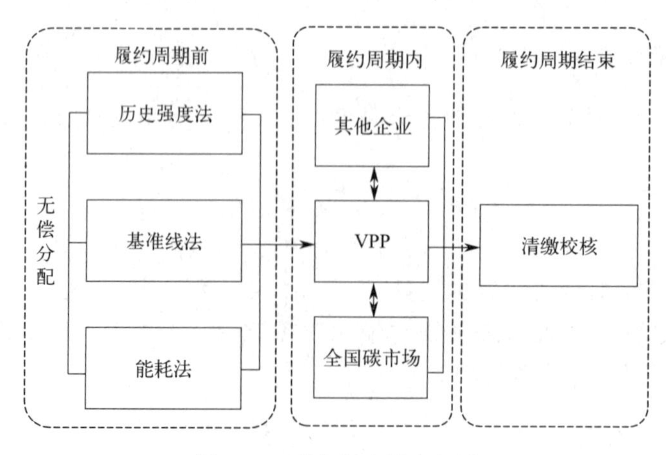

图 6-12 碳市场交易流程图

6.6.3 备用市场交易机制

备用市场主要是为了维持电力系统的可靠性和稳定性，通过提供备用容量来应对系统负荷波动和发电不确定性。国内各区域电力市场对备用资源的分类较为一致，通常将备用划分为旋转和非旋转两大类，尽管备用资源的市场化交易机制仍在发展阶段，当前多依赖于传统的补偿规则来进行经济补偿。然而，随着电力市场改革的推进，这一机制逐渐向更加灵活和经济效益驱动的方向发展，虚拟电厂的介入为这一转型提供了动力，通过整合分布式能源资源，虚拟电厂能够在提供调频和调峰服务方面迅速响应市场需求，增强电力系统的调节能力，不仅带来了额外收益，也提高自身市场竞争力。

虚拟电厂主要在日内平抑波动阶段参与备用市场。首先对虚拟电厂进行偏差分析，包括风电日内偏差、光伏日内偏差、负荷日内偏差。其次根据偏差分析，确定备用需求，包括可中断负荷需求、储能需求、可调机组需求。最后，根据备用需求，对备用资源进行优化调度，提交备用市场申请，执行备用服务并进行服务结算。备用市场交易流程图如图 6-13 所示。

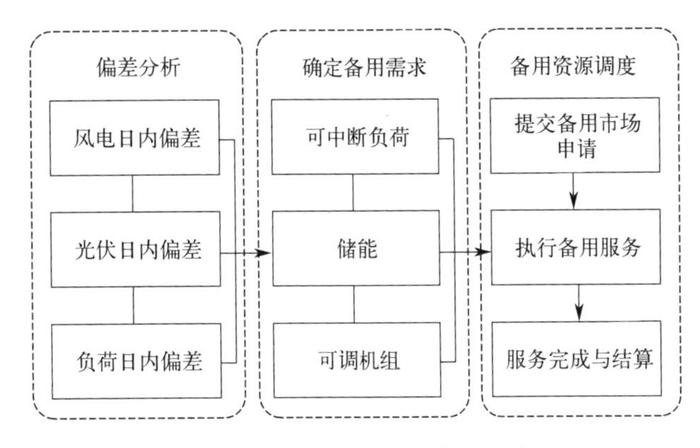

图 6-13　备用市场交易流程图

6.6.4 市场耦合关系分析

电能量市场、碳市场和备用市场是虚拟电厂多市场协调交易策略的重要组成部分。它们之间的耦合关系直接影响虚拟电厂的收益分配、资源调度和环境效益，还关系到能源系统的可持续性和稳定性。下面对这些市场之间的耦合关系进行深入分析。

电能量市场和碳市场的价格信号相互影响，碳市场价格直接影响发电成本。对于那些主要依赖于化石燃料的发电企业来说，碳价的上涨导致发电成本增加，从而提高电能量市场价格，虚拟电厂需调整出力方式及以购电为主参与电市场。受价格影响的供需关系也反过来影响价格，即当电价上升到一定程度，由于从配电网购买的电力一部分也计入碳排放，虚拟电厂参与电市场的意愿进一步降低，供需关系的改变也可能导致电价下降。

备用市场与电能量市场关系密切，主要体现在出清协调与价格方面。出清协调主要有单独出清、顺序出清、联合出清，本书主要研究采用日前仅通过备用资源平衡电力供需，不参与备用市场，日内参与备用市场交易实时调节的策略。价格方面，二者主要呈正相关关系，即电能量市场价格较高时，备用市场的价格也随之升高。

碳市场与备用市场具有间接的耦合关系，即碳价的波动会影响虚拟电厂对于备用资源的选择和调度策略。在虚拟电厂提供备用服务额外收益的同时，也可能会增加自身的碳排放量，因此在考虑参与备用市场时，需要综合考虑碳排放影响，并通过优化资源分配减少碳排放，即鼓励虚拟电厂采用更清洁低碳的备用能源方案及技术，减少对高碳排放备用资源的依赖。

综上所述，虚拟电厂的运营及市场参与策略与电能量、碳和备用市场之间的耦合关系密切相关。后续将继续进行仿真分析，通过深入理解这些市场的相互作用，可以更有效地辅助虚拟电厂制定运营决策。

6.7 基于 Kriging-Var 的动态时间步耦合分析方法

6.7.1 Kriging 元模型

在解决主从博弈问题时，常用的方法包括传统的优化技术、启发式算法以及机器学习方法。尽管这些方法各有优势，但它们在面对复杂的电力系统运营优化问题时，尤其是在考虑市场耦合下的多虚拟电厂优化问题时，这些方法可能面临求解速度缓慢、准确度不足等局限性。

针对这一问题，本研究采用基于 Kriging 元模型求解主从博弈模型，Kriging 元模型是一种在多个领域中广泛使用的高效空间插值方法，尤其在地质统计学和环境科学中得到了广泛应用，它在解决具有空间相关性及高不确定性的优化问题上展现了显著的求解效率和高度的适应性，能够在不完全了解物理模型的情况下，有效地对数据进行预测和近似，特别适用于数据驱动的决策过程，这不仅降低了计算负担，还提高了模型求解的速度和准确性。

此外，基于 Kriging 元模型的方法尤其注重数据的隐私保护，因为它不需要获取各虚拟电厂的全部运行数据就能进行有效的全局优化，Kriging 元模型能够利用空间相关性信息，通过少量的样本点预测整个决策空间的性能，大幅减少了对全面数据依赖的需求，这对于确保虚拟电厂间的数据安全和保护商业敏感信息至关重要。

Kriging 元模型主要内容如下。

（1）数据准备和预处理

在 Kriging 模型中，首先从目标区域收集一组空间位置数据 $\{Z(x_i) \mid x_i \in D, i=1,\cdots,n\}$，其中 x_i 是空间位置，$Z(x_i)$ 为其位置的观测值，在本研究中分别代表内部电碳价格以及购售量，D 为研究区域，n 为样本点的总数。接着进行数据标准化，减少量纲的影响，确保数据具有零均值和单位方差，如式(6-20) 所示：

$$Z_{\text{std}}(x_i) = \frac{Z(x_i) - \bar{Z}}{s_Z} \tag{6-20}$$

式中，$Z_{\text{std}}(x_i)$ 为位置处的原始观测值；$\bar{Z}$ 为所有观测值的均值；s_Z 为观测值的标准样本差。

（2）变异函数建模

实验半方差是用于估计变异函数的基础。变异函数描述了空间数据的相关性如何随距离变化，相关性计算如式(6-21）所示：

$$\gamma(h)=\frac{1}{2N(h)}\sum_{\{i,j\mid d(x_i,x_j)=h\}}[Z(x_i)-Z(x_j)]^2 \tag{6-21}$$

式中，$N(h)$ 为距离 d 的数据对的个数；$d(x_i, x_j)$ 为 x_i 和 x_j 之间的距离。

（3）求解最优加权系数

元模型中的权重基于最小化插值误差的方差确定，需要满足无偏约束条件，采用拉格朗日乘数法，构建优化问题，如式(6-22）所示：

$$L(\omega,\mu)=\sum_{i=1}^{n}\sum_{j=1}^{n}\omega_i\omega_j\gamma[d(x_i,x_j)]+2\mu\left(\sum_{i=1}^{n}\omega_i-1\right) \tag{6-22}$$

解得上述优化问题可得拉格朗日乘数 μ 和最优权重 ω_i，其中 μ 保证了所有权重之和为 1，即 $\sum_{i=1}^{n}\omega_i=1$，保证了插值的无偏性。

（4）预估值计算

$$\hat{Z}(x_0)=\sum_{i=1}^{n}\omega_i Z(x_i) \tag{6-23}$$

使用最优权重 ω_i，对未知位置的值 x_0 进行预测。

6.7.2 Var 模型

传统 Kriging 元模型主要关注单一变量或假设多个变量之间相互独立，难以直接处理变量之间的动态耦合和相互作用。此外，其主要用于空间数据的插值，对于随时间变化的动态数据处理能力有限，当数据涉及时间序列且显示出明显的时间动态性时，传统的 Kriging 元模型可能无法有效捕捉这种动态变化。

针对上述问题，引入 Var 模型的概念与之相结合，它是一种统计模型，用于捕捉多个时间序列数据之间的线性依赖性，常用于分析各种宏观经济变量之间的动态关系，适用于多变量时间序列分析。

在经济学研究中，预测诸如 GDP 增长率和失业率这类经济变量是常见的需求。通常有两种方法进行预测：一种是单独使用单变量时间序列方法对每个经济变量进行预测；另一种是将所有关心的变量放在一起作为一个系统进行预测，以确保预测结果之间相互一致，这种方法被称为多变量时间序列分析，Var 模型便是这类分析的一个典型例子，它将所有的变量视为内生的，并对所有变量的一定滞后长度的值（不包括当前值）进行回归分析，实现了从单变量自回归模型向多变量自回归模型的扩展，Var 模型如式(6-24)、式(6-25)、式(6-26)所示：

$$x_t = A_0 + A_1 x_{t-1} + A_2 x_{t-2} + \text{K}\ A_p x_{t-p} + e_t \tag{6-24}$$

$$x_t = \begin{pmatrix} x_{1t} \\ x_{2t} \\ \vdots \\ x_{dt} \end{pmatrix}, e_t = \begin{pmatrix} e_{1t} \\ e_{2t} \\ \vdots \\ e_{dt} \end{pmatrix}, A_0 = \begin{pmatrix} a_{10} \\ a_{20} \\ \vdots \\ a_{d0} \end{pmatrix} \tag{6-25}$$

$$A_i = \begin{bmatrix} a_{11}(i) & a_{12}(i) & \cdots & a_{1d}(i) \\ a_{21}(i) & a_{22}(i) & \cdots & a_{2d}(i) \\ \vdots & \vdots & \vdots & \vdots \\ a_{d1}(i) & a_{d2}(i) & \cdots & a_{dd}(i) \end{bmatrix} (i = 1, 2, \cdots, p) \tag{6-26}$$

式中，x_t 为一个 d 维的内生变量向量；$A_i(i=1, 2, \cdots, p)$ 为 $d \times d$ 维的系数矩阵；e_t 为一个 d 维的扰动向量。

假设各分量独立同分布，扰动向量的协方差矩阵如式(6-27) 所示：

$$\sum_{e_t} \begin{bmatrix} \sigma_1^2 & \sigma_{12} & \cdots & \sigma_{1d} \\ \sigma_{21} & \sigma_2^2 & \cdots & \sigma_{2d} \\ \vdots & \vdots & \vdots & \vdots \\ \sigma_{d1} & \sigma_{d2} & \cdots & \sigma_d^2 \end{bmatrix} = E\left(\begin{bmatrix} e_{1t} \\ e_{2t} \\ \vdots \\ e_{dt} \end{bmatrix} [e_{1t}\ e_{2t}\ \cdots\ e_{dt}] \right) \tag{6-27}$$

式中，$\sigma_{ij} = \sigma_{ji}(i, i = 1, 2, \cdots, n)$；$\sum_{e_t}$ 为对称阵。

在建立 Var 模型时，需要确定变量的滞后阶数和系统中包含的变量数目。选择滞后阶数通常依据信息准则，如 AIC（赤池信息准则）和 BIC（贝叶斯信息准则）。基于 Var 模型残差，可以估计协方差矩阵，如果样本量为 T，则 AIC 和 BIC 的计算如式(6-28) 和式(6-29) 所示：

$$\text{AIC}(p) = \ln \left| \hat{\sum}_{e^t} \right| + K \frac{2}{T} \tag{6-28}$$

$$\text{BIC}(p) = \ln \left| \hat{\sum}_{e^t} \right| + K \frac{\ln T}{T} \tag{6-29}$$

式中，K 为模型中估计参数的数量；$\ln \left| \hat{\sum}_{e^t} \right|$ 为残差的协方差矩阵估计值。

选取适当数量的变量显得尤为关键。模型的复杂性与包含的变量数量直接相关，进而影响到参数估计的准确性以及模型预测的可靠度。过多的变量会导致参数估计误差增大，可能降低模型的预测精度，而变量过少则可能忽略关键信息，引入模型偏差。

6.7.3 动态时间步耦合分析方法

基于上述理论基础提出一种基于 Kriging-Var 的动态时间步耦合分析方法，旨在考虑不同市场定价间的耦合关系，为后续章节定价策略作铺垫，因此本章重点介绍耦合关系分析流程，流程图如图 6-14 所示。

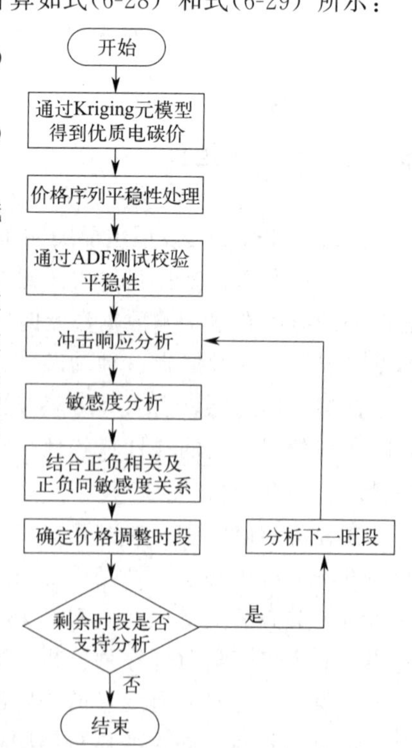

图 6-14 动态时间步耦合分析流程

首先基于 Kriging 元模型配合粒子群算法寻优得到优质电碳价。然后通过价格序列平稳处理、通过增广迪基-富勒测试（augmented dickey-fuller，ADF）对一阶差分后的数据进行平稳性检验、冲击响应分析、敏感度分析，结合正负相关及正负向敏感度关系。最后对优质电价和碳价进行冲击响应分析及敏感度分析，根据结果的相关性结合电碳价敏感度，得到适合调整价格的时段。

① 基于 Kriging 元模型，配合粒子群算法获取能最大化收益时的电碳价。

② 通过一阶差分处理优选价格序列，确保数据的平稳性。

③ 使用增广迪基-富勒测试校验一阶差分后的价格序列是否平稳。

④ 对平稳后的电碳价序列进行冲击响应分析，同时评估各时段交易量对价格波动的敏感度。

⑤ 综合价格序列的正负相关性与时间序列的正负敏感度，确认适宜调整电碳价的关键时段。

⑥ 验证剩余时段能否继续通过 Var 分析，若可以返回第三步继续调整。

⑦ 基于 Var 模型分析结果调整时段初始随机定价权重。

6.8　基于 Kriging-Var 的动态时间步耦合分析

设置两种策略对比分析本章所提出方法的效果，策略 1：使用本章提出的方法。策略 2：使用多变量自适应回归样条（multiple adaptive regression splines，MARS）方法直接分析电碳价格与对应交易量间的关系调整定价。

（1）动态时间步耦合分析方法

经 Kriging 元模型配合粒子群算法得到的初始的电碳购售价如图 6-15 所示，横坐标代表 24h 的售电价与购电价。

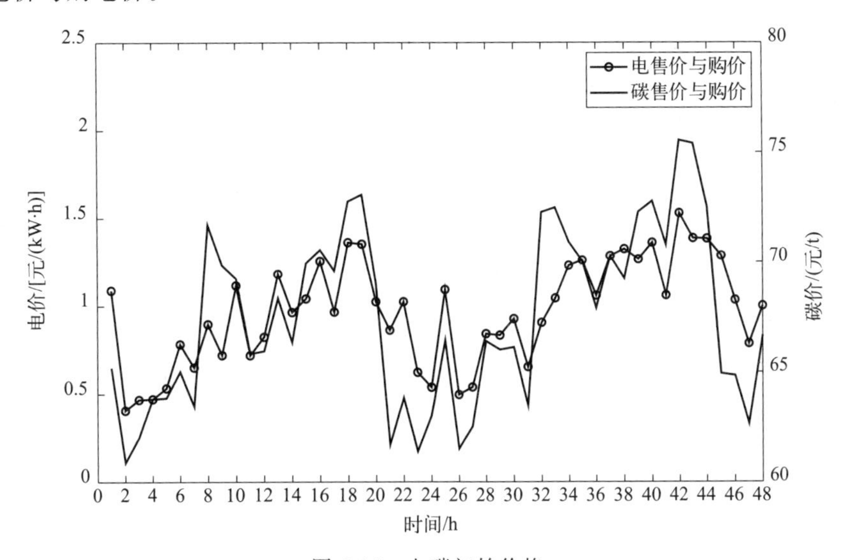

图 6-15　电碳初始价格

通过一阶差分对24小时的电碳购售价进行预处理，结果如图6-16和图6-17所示。

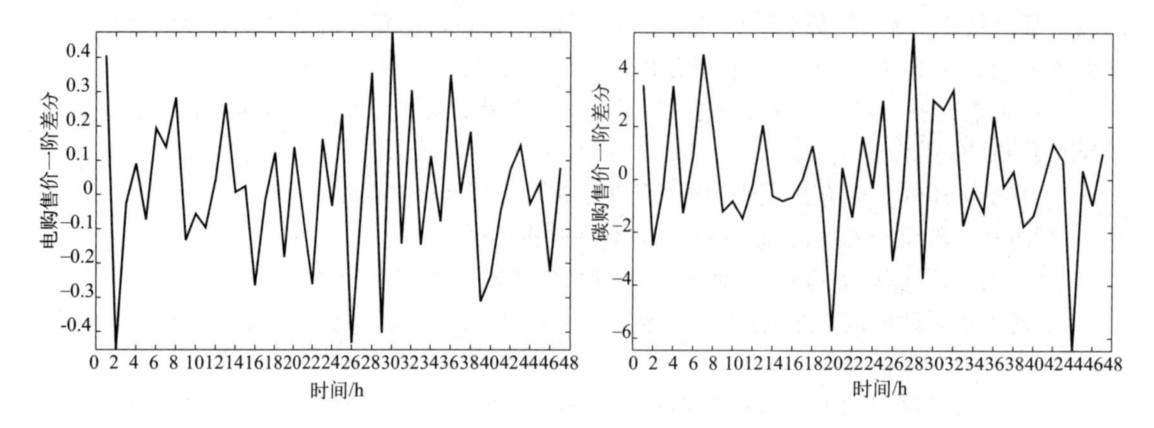

图6-16　电购售价差分结果　　　　图6-17　碳购售价差分结果

对差分并通过ADF测试的电碳价数据进行冲击响应分析，第一时段的分析结果如图6-18所示。

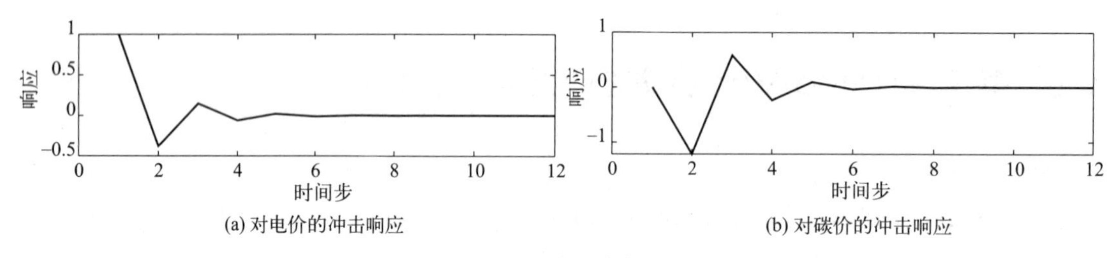

(a) 对电价的冲击响应　　(b) 对碳价的冲击响应

图6-18　电碳价冲击响应

由图6-18可知，在前几个时间步，电价和碳价之间具有明显的响应，并且整体呈正相关关系，在仅考虑单次冲击的情况下，随着时间步的推进，响应逐渐衰减为0，说明市场在经历初始的波动后，能够逐渐恢复到新的平衡状态。

接着改变不同时段的价格，对各时段的交易量进行敏感度分析，旨在分析价格调整对交易量的影响，正向敏感度如图6-19和图6-20所示，负向敏感度如图6-21和图6-22所示。基于敏感度分析结合冲击响应结果调整定价，即若电碳价呈正相关关系，则取二者同时正向敏感时段调整；若呈负相关关系，则取一者正向敏感，一者负向敏感时段调整。

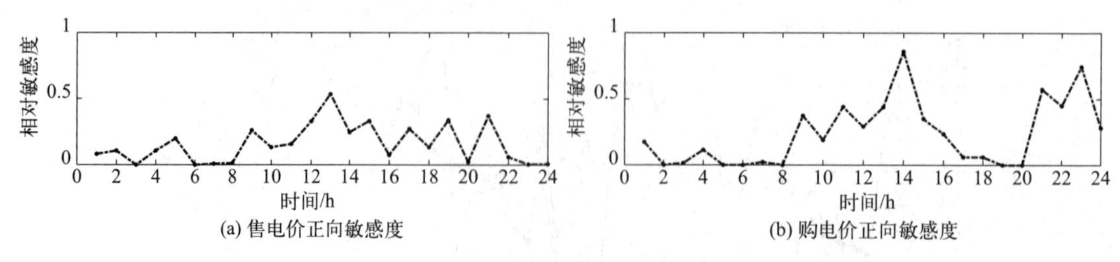

(a) 售电价正向敏感度　　(b) 购电价正向敏感度

图6-19　购售电价正向敏感度

由图6-18～图6-22可知，购售电价正向敏感度主要集中在白天时段，此时提升购售价格较能提高交易量，负向敏感度分布较为平均，对于碳的购售价格，主要呈正向敏感，说明提高碳的价格对虚拟电厂的出力及交易计划影响较大。

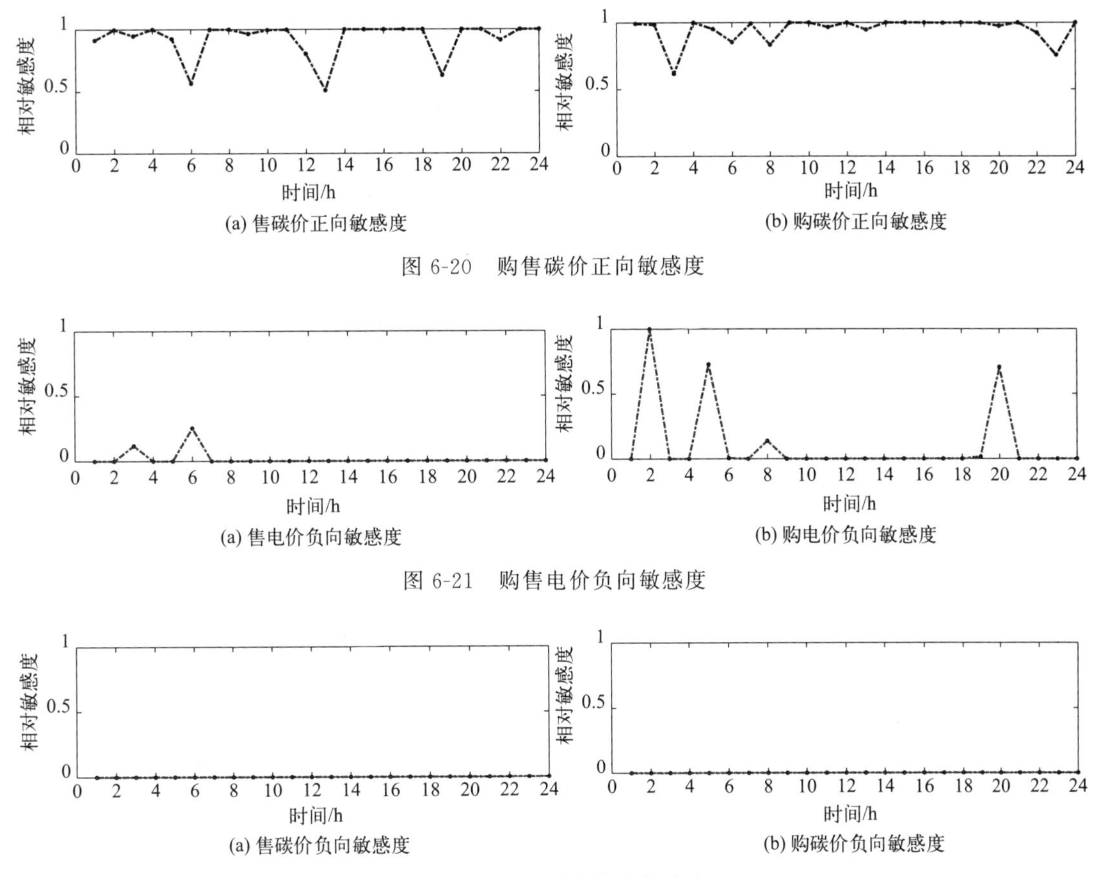

图 6-20　购售碳价正向敏感度

图 6-21　购售电价负向敏感度

图 6-22　购售碳价负向敏感度

结合前述分析的第一时段的电碳价呈正向关关系，因此设敏感度阈值为 0.3，取售碳价与售电价同时正向敏感且大于阈值的时间段，购碳价与购电价同时正向敏感且大于阈值的时间段，适合调整时段如表 6-3 所示。

表 6-3　适合调整时段表

价格	时段/h
提升电碳购价	12、13、14
提升电碳售价	10、12、13

提高这些时段电碳价可以促进交易量，将调整这些时段电碳价初始权重，并进行下一时段的分析，将适合调价时段回馈给 Kriging 元模型的初始数据集，以提升拟合效果及交易量。

（2） MARS 方法

接着，使用 MARS 法分析，其作为一种非参数回归技术，可通过建立一系列自适应样条函数来揭示电碳价与交易量之间的非线性关系。基于预测结果与数据的差异比率，以制定针对性的定价策略，结果如图 6-23～图 6-26 所示。

基于上述数据计算预测结果与原有数据的差异比率，设阈值为 0.05。如果差异比率高

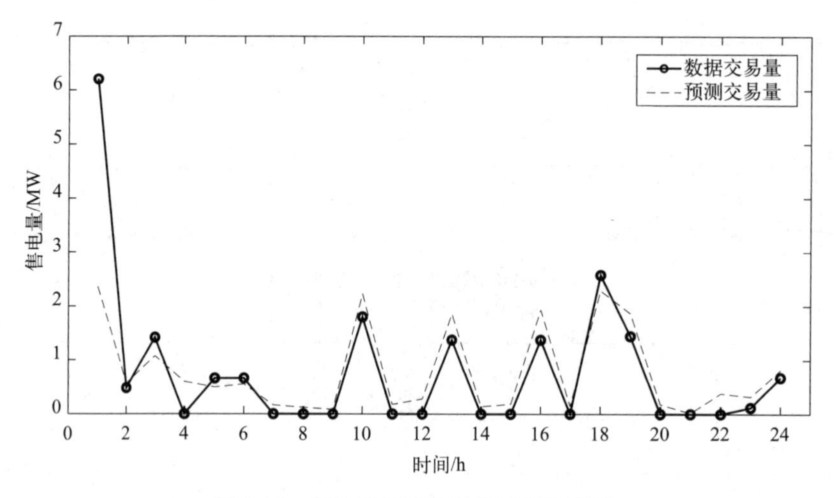

图 6-23 售电量预测与价格调整策略图

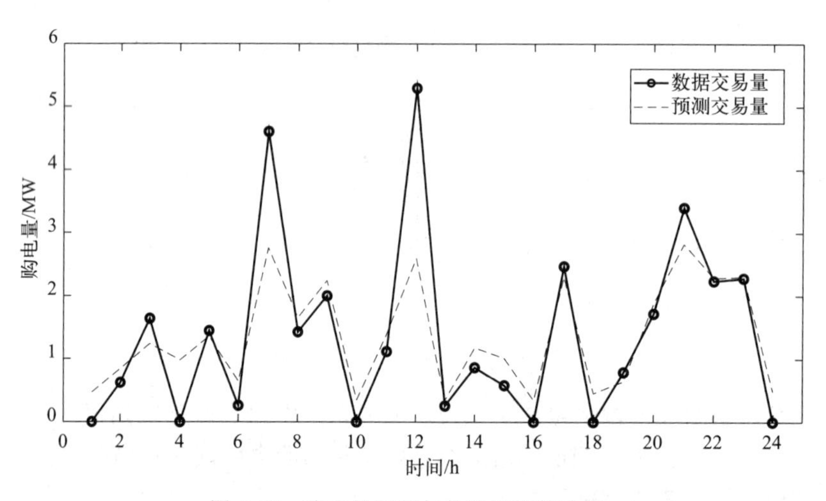

图 6-24 购电量预测与价格调整策略图

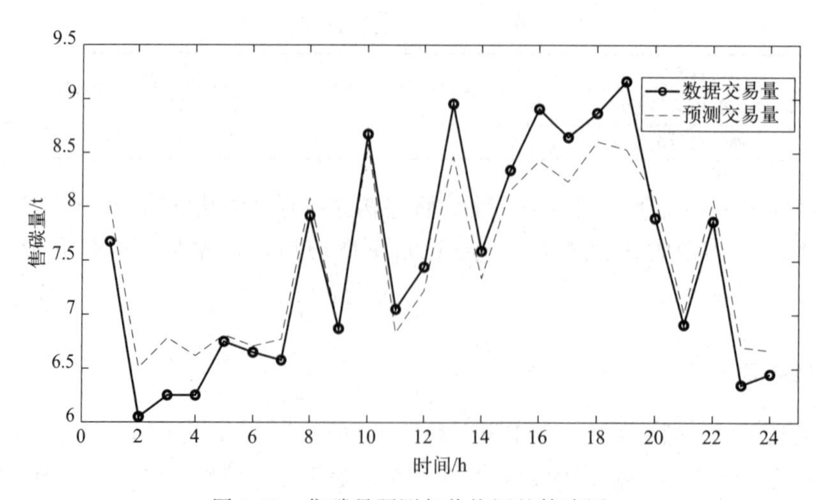

图 6-25 售碳量预测与价格调整策略图

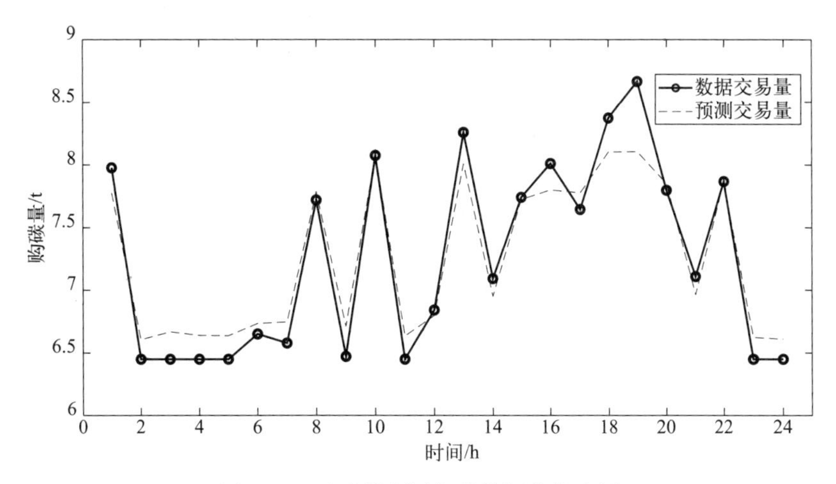

图 6-26　购碳量预测与价格调整策略图

于正阈值，这表明预测的需求量超过了实际的交易量，可能是由于当前价格较低，市场能够接受更高的价格，在这种情况下，提高价格可以帮助增加收入，同时不会大幅影响销量。如果差异比率低于负阈值，这表明预测的需求量低于实际的交易量，当前价格可能过高，这种情况下通过价格下调，提升参与市场意愿，从而增加总体的交易量。

最后，对比各方法的交易量如表 6-4 所示。

表 6-4　交易量对比

项目	调整前	MARS 方法	动态时间步耦合分析方法
电交易量/MW	53	55	63
碳交易量/t	336	349	380

由表 6-4 可知，考虑定价耦合关系及对出力影响，通过对特定时段的电碳价进行调整，可以有效促进市场交易量的增加，较调整前后综合电交易量提高 17.8%，碳交易量提升 13.1%；相较 MARS 法电交易量提高 14.5%，碳交易量提升 7.8%。

思考题

1. 碳交易机制的基本原理是什么？如何通过市场机制实现碳减排目标？
2. 碳交易中，虚拟电厂起到什么作用？
3. 虚拟电厂有哪些准入机制？

第7章

面向零售市场的虚拟电厂增值服务

7.1 引言

虚拟电厂并不是一个实体的电厂，而是一种通过软件和智能技术将分散的能源资源进行集成和优化管理的概念。它的核心在于通过数字化手段，实现对各种能源资源的高效利用和调度。它是一种新型的电源协调管理系统，通过信息技术和软件系统，实现分布式电源、储能、可调负荷等资源的聚合和协同优化。虚拟电厂能够根据电网的需求，动态地调整其内部资源，以满足电网的供需平衡，促进新能源的消纳，并为用户提供增值服务。

虚拟电厂是一种集成和协调分布式能源资源的管理平台，通过多种策略优化电力系统的效率和稳定性。其关键服务包括需求响应、能效优化、辅助服务交易、市场化交易、储能利用、负荷特性分析和实时电价联动等。虚拟电厂利用智能技术和大数据分析，实时调整用户的用电行为，减少电网负荷波动，提升整体能源利用效率。分级响应机制和激励补偿措施能有效鼓励用户参与，同时应急响应和法规遵循确保系统的稳定和合规。通过多能源协同优化和实时监控，虚拟电厂提升了电网的灵活性和可靠性，为用户和电力市场带来了经济和环境效益。

虚拟电厂由可控机组、不可控机组，如风、光等分布式能源、储能、可控负荷、电动汽车、通信设备等聚合而成，并进一步考虑需求响应、不确定性等要素，通过与控制中心、云中心、电力交易中心等进行信息通信，实现与大电网的能量互换。根据虚拟电厂对外特征，不同类型特征的虚拟电厂具有不同的服务能力，虚拟电厂可以分为电源型虚拟电厂、负荷型虚拟电厂、储能型虚拟电厂、混合型虚拟电厂等类型。

面向零售市场的虚拟电厂增值服务，主要是指虚拟电厂在零售电力市场中为终端用户提供的一系列服务和解决方案，以实现能源的优化配置、成本节约和提升能效等目标。

7.2 考虑用户负荷特性的增值服务

面向零售市场的虚拟电厂增值服务环节的设计中，考虑用户负荷特性就显得尤为重要。

依据其特殊的用户负荷类型设计相应的增值服务策略，有助于更好地实现虚拟电厂的优化调度和电网的稳定运行。在考虑用户负荷特性的增值服务方面，虚拟电厂在现代电力系统中扮演着越来越重要的角色，能够提供多种服务以提升电网的稳定性、效率和经济性。

虚拟电厂通过需求侧响应服务，与终端用户互动，激励其在电网需求高峰或电力供应过剩时调整用电行为。这种服务利用实时数据和先进的分析工具来预测和响应电网负荷的变化，帮助平衡电网负荷，提高能源效率，降低运营成本，并促进可再生能源的整合。用户通过参与需求响应计划，如在电价较低时增加用电或在电价较高时减少用电，能够获得经济效益，同时优化电网的运行。

能效优化是另一个关键服务。虚拟电厂通过集成和分析来自多种分布式能源资源和用户侧负荷的数据，运用先进的能源管理技术和算法，实现对电力生产、分配和消费的实时监控和优化。此服务旨在提高整体能源利用效率，降低能源成本，并通过需求响应和负荷管理策略，维护电网的供需平衡。

在辅助服务交易方面，虚拟电厂能够参与电力市场，提供频率调节、备用容量、黑启动、无功功率支持等辅助服务。通过集成和管理分布式能源资源，虚拟电厂能够快速调整电力输出或吸收，维持电网的稳定性和可靠性，同时通过市场交易获得经济收益。

虚拟电厂的现货交易能力使其能够在电力现货市场中买卖电力，进行优化的电力交易决策。通过实时监控分布式能源资源的产出和用户负荷需求，虚拟电厂能够根据市场价格信号进行竞价和交易，从而优化电力资源的分配，提高市场竞争力，并为电力系统的稳定运行作出贡献。

虚拟电厂的市场化交易能力使其能够在电力市场中进行电力买卖、提供辅助服务以及参与需求响应计划。这种能力使虚拟电厂能够在电力市场中扮演重要角色，争取更优惠的电价，获取交易分成或服务费，同时为电网提供必要的调节服务。

虚拟电厂通过深入分析用户的用电模式和负荷特性，能够揭示用户群体的用电行为，预测负荷的峰谷时段，并评估需求响应的潜力。这种分析能力为优化电力资源分配、提高电网运行效率、降低运营成本以及参与电力市场交易提供了科学依据，并帮助用户更有效地参与电力市场。

这些服务不仅提高了电网的运行效率和可靠性，也为用户带来了经济效益，推动了能源的可持续利用。随着技术的发展和电力市场机制的完善，虚拟电厂的潜力将进一步得到挖掘。

通过这些服务，虚拟电厂不仅能够为电网提供必要的调节能力，保障电网的稳定运行，同时也能够为参与的用户带来经济上的收益，实现双赢的局面。随着技术的进步和电力市场机制的完善，虚拟电厂的商业模式和应用场景将更加多样化和成熟。

7.2.1　用户负荷特性研究

虚拟电厂的用户负荷特性指的是连接到虚拟电厂的终端用户群体在电力消费方面的行为和模式，也指虚拟电厂在管理和调度其集成的分布式能源资源时，所面临的电力需求和消耗行为的特点。这些特点包括电力负荷的规模、变化模式、时间分布、可预测性、响应性等。这些特性对于虚拟电厂进行有效的需求侧管理和优化电力资源分配至关重要。虚拟电厂通过优化这些负荷特性，可以更有效地参与电网运行和电力市场交易。虚拟电厂的用户负荷特性展现出多样性和复杂性，这种复杂性主要体现在以下几个方面：区域性特征、时间性特征和随机波动性。负荷需求因地区差异、时间段变化以及天气条件等因素而表现出不同的模式，并且具有一定的随机性和不确定性。

区域性特征是指用户负荷在不同地区因气候、温度、季节以及当地用电习惯等因素的差异而表现出的不同特点。比如，北方地区冬季取暖需求高，而南方则在夏季空调使用较多，这种区域性差异使得各地的负荷需求存在显著差异。因此，虚拟电厂在设计和调度时需考虑这些区域性特征，以便更有效地管理和优化电力资源。

时间性特征涉及负荷需求在一天中的不同时间段的变化，这种变化形成了日负荷曲线，包括高峰时段、低谷时段和肩部时段。负荷的变化不仅受到日常活动的影响，还与季节变化和天气条件密切相关。例如，工作日和周末、白天和夜晚的用电高峰和低谷时段不同。因此，虚拟电厂需要根据时间性特征进行精确的负荷预测和调度。

随机波动性是另一个关键特征，用户负荷受多种随机因素的影响，如天气变化和用户行为的不确定性。这些随机因素使得负荷预测存在一定的波动性，并给虚拟电厂的负荷预测和调度带来挑战。虚拟电厂需要通过高效的数据分析和预测技术，减少这些随机波动对系统的影响。

虚拟电厂通过需求响应（demand response，DR）和技术手段可以对负荷进行调节。需求响应是指通过调整用户的用电行为，在电网需要时减少或增加电力消耗，从而帮助平衡电网负荷。负荷类型的多样性也是虚拟电厂的一大特点，包括住宅、商业和工业等不同用电类型，每种类型的负荷具有独特的消耗模式和需求曲线。负荷的规模从家庭用电到大型工业用电不等，这对电网的影响也有所不同。

用户对外部刺激的响应程度会影响需求响应的效果。例如，用户可能会根据电价变化、激励措施等调整用电行为。经济因素如电价政策和用电成本也对负荷特性产生影响。技术参数，如电热水器、空调系统和电动汽车充电器等设备的运行特性，也会影响负荷特性。因此，虚拟电厂需要综合考虑这些技术和经济因素，以实现负荷的有效调节。

负荷的峰谷特性是虚拟电厂需要处理的一个重要问题。负荷在一天中的变化呈现出明显的峰谷特征，虚拟电厂需要通过科学的调度策略来平衡这些变化，以避免电网过载或资源浪费。为提高负荷预测的准确性，虚拟电厂可以利用历史数据、天气预报和用户行为分析等手段进行预测，从而在实际运行中更好地调整负荷。

虚拟电厂还需要通过储能、分布式发电等手段实现负荷的灵活调整。储能系统可以在电网负荷低谷时储存电能，在负荷高峰时释放电能，从而平衡电网负荷。分布式发电则可以通过在用户端或附近生成电力，减少对集中发电厂的依赖，提高电网的灵活性和可靠性。

虚拟电厂在优化负荷特性时，需要与发电侧、储能侧等能源资源的特性进行集成考虑。通过综合管理和优化各类能源资源，虚拟电厂能够实现整个系统的高效运行，满足电网的稳定性和经济性需求。这种集成化的管理模式使虚拟电厂能够应对复杂的负荷特性，优化电力资源配置，提高系统的整体运行效率。

2024 年 6 月 1 日起施行的《电力市场监管办法》，明确新增虚拟电厂作为电力交易主体，这将为可控负荷、新型储能、分布式新能源等灵活性资源提供进入市场的机会，充分激发和释放用户侧灵活调节能力，促进电力市场的多元化和效率提升。2022 年 6 月，山西省能源局印发《虚拟电厂建设与运营管理实施方案》，是国内首份省级虚拟电厂运营管理文件，引导虚拟电厂规范入市。之后，北京、上海、深圳、江苏、浙江等省份（直辖市）也出台相关政策，加速推进虚拟电厂建设。

虚拟电厂虽然已经走进现实，但目前仍处于探索阶段，面临技术、政策、市场等多方面的挑战。

技术方面，虚拟电厂是一项软硬件结合的技术，在硬件方面较为成熟，但其核心技术如智能调度算法、预测模型等仍有待提升。此外，许多工业生产装备数字化、智能化程度不高，信息交互接口和标准不统一，难以建立精确的模型，灵活性潜力难以准确评估。

政策方面，虚拟电厂作为一种新兴市场主体，需要落地并能够执行的政策来引导其发展。当前，我国大部分省份虽已出台虚拟电厂的相关政策，但在具体落实上存在差异，虚拟电厂资质获取困难。

市场方面，各地虚拟电厂目前多为迎峰度夏期间配套有序用电的应急机制，以试点方式在推进，响应总量和补偿标准每年更新，尚未形成成熟稳定的盈利模式，持续盈利能力较差，无法提供稳定的投资信号。

那么如何将这些用户负荷特性考虑到电网建设规划中去呢，不同种类的用户负荷类型对电网规划又有哪些具体的影响需要我们考虑在内呢？根据调查研究和长期积累的实际经验来分析判断，虚拟电厂的用户负荷特性的多样性和规模性对电网规划有以下几个具体影响。

虚拟电厂的用户负荷特性的多样性和规模性对电网规划产生了深远的影响。这些影响体现在多个方面，涉及电网供需平衡、电力系统调节能力、电网投资成本、新能源消纳、电力市场发展、技术与政策创新、负荷特性理解及分布式能源管理等关键领域。

首先，用户负荷特性对电网的供需平衡具有显著影响。这些特性直接决定了电力需求的总量和分布，包括用户的日常用电行为、用电设备的效率、对电价信号的响应以及参与需求侧管理的意愿。用户的负荷特性影响虚拟电厂在特定时间段内需要供应或调度的电量。例如，用户在电价高峰时段减少用电或将可再生能源发电设备产生的多余电力反馈给电网，可以帮助虚拟电厂减少对外部电力的依赖，降低电网负荷，从而优化供需平衡。然而，如果用户用电需求突然增加或在高峰时段集中使用高耗能设备，可能会导致电网负荷急剧上升，给虚拟电厂的调度和电网的稳定性带来挑战。

电力系统的调节能力同样受用户负荷特性的影响。虚拟电厂通过提供调峰、调频等辅助服务，提升电力系统的综合调节能力。尤其是在面对新能源发电的随机性和波动性时，虚拟电厂能够平抑这些影响，提高新能源的利用率。例如，用户在电价高峰时段减少用电或在低谷时段增加用电的行为，可以帮助虚拟电厂更有效地进行负荷管理，减少对昂贵峰值发电资源的依赖，提高电力系统的调节能力和整体效率。反之，若用户负荷难以预测或响应性差，虚拟电厂在电力系统调节方面可能面临更大的挑战，需要更多的备用资源和更复杂的调度策略来应对供需波动。

用户负荷特性对电网投资成本的影响也不容忽视。虚拟电厂作为一种灵活调节资源，可以减少对传统电厂的依赖，降低电网建设和运营成本。与传统火电厂相比，虚拟电厂在削峰填谷方面的投资成本更低。用户负荷特性决定了电网的负荷需求、峰谷差异和供需平衡的复杂性。如果用户负荷表现出高度的可预测性和可调节性，虚拟电厂可以通过更精准的需求响应策略和负荷管理来减少对新增发电和输电设施的投资需求，从而降低电网扩展和升级的成本。然而，如果用户负荷特性表现出高度的不确定性和波动性，虚拟电厂可能需要更多的备用容量和灵活的调节资源来应对潜在的供需不平衡，这可能会增加电网的建设和运营成本。

在新能源消纳方面，用户负荷特性同样起着重要作用。虚拟电厂通过聚合用户侧资源，能够促进清洁能源发电量的充分消纳，推动绿色能源转型，对实现“双碳”目标具有重要意义。用户通过需求响应措施，如在可再生能源发电量高时增加用电或在发电量低时减少用电，可以帮助虚拟电厂更有效地平衡供需，减少新能源的弃用。此外，用户侧的储能设备可以在新能源发电过剩时储存能量，并在需求高峰或发电不足时释放，进一步增强电网对新能源的消纳能力。用户的这些参与行为不仅提高了新能源的利用率，还帮助虚拟电厂减少对传统能源的依赖，促进能源结构的优化和可持续发展。因此，用户负荷特性的积极管理和用户的主动参与是虚拟电厂成功促进新能源消纳的关键因素。

在电力市场发展方面，虚拟电厂作为电力市场的新主体，促进了市场的多元化和效率提升，为电力市场带来新的商业模式和投资机会。用户的用电行为、响应需求侧管理措施的能力以及参与电力市场交易的意愿，共同塑造了电力市场的供需动态。当用户展现出较高的负荷可调节性和对价格信号的敏感性时，虚拟电厂可以更有效地实施需求响应策略，优化电力资源的分配，降低市场运营成本，并提高电力系统的灵活性和效率。此外，用户的积极参与还能增强市场的竞争力，推动电力市场创新，如通过实时定价机制、绿色能源证书交易等方式，进一步激励新能源的开发和利用。因此，用户负荷特性的优化和用户的市场参与度对于推动电力市场的发展和成熟至关重要。

技术与政策创新方面，虚拟电厂的发展需要技术创新和政策支持，包括智能调度算法、预测模型等核心技术的研发，以及相关政策的制定和执行。用户的多样化用电需求和行为模式促使虚拟电厂不断探索和应用新技术，如智能计量、先进的数据分析和预测工具，以及需求响应自动化平台，以更好地管理和优化负荷。同时，用户的参与度和反馈为政策制定者提供了宝贵的数据支持，有助于制定更加精准和有效的能源政策，推动电力市场的改革和创新。例如，用户对动态电价的响应可以激发实时定价机制的发展，而用户对分布式能源的采用则可以推动政策在促进可再生能源集成和提高能源效率方面的创新。

深入理解用户负荷特性对于虚拟电厂而言至关重要，这使得虚拟电厂能够更准确地预测电力需求，设计更有效的需求响应策略，优化资源调度，提高电网的运行效率和可靠性。此外，用户负荷特性的分析还有助于虚拟电厂制定定制化的服务方案，满足用户的特定需求，同时促进电力市场的创新和竞争力。因此，用户负荷特性的深入理解对于虚拟电厂实现其运营目标和提升用户满意度至关重要。

在分布式能源管理方面，用户的用电行为、需求的可预测性以及对价格信号的敏感度直接影响虚拟电厂如何调度和优化其分布式能源资源，如太阳能光伏、风能发电和储能系统。用户侧的储能设备和可控负荷可以作为虚拟电厂的灵活资源，参与电网的频率调节和峰谷负荷管理。虚拟电厂通过管理分布式能源资源，推动了配电网的智能化和数字化，这对电网规划中分布式能源的接入和管理提出了新的设计和运营思路。因此，用户负荷特性的理解和适应对于虚拟电厂实现高效、经济和可持续的分布式能源管理至关重要。

基于上文中的讨论研究，用户负荷的多样性和规模性都将对电网规划产生深远影响，因此在实际生产规划中要求对用户负荷的类型进行相应的考虑和深入的研究，以满足复杂负荷类型下电网运行的稳定要求。

在用户负荷特性研究中，虚拟电厂的工作涵盖了多个方面。首先，研究涉及负荷数据的收集与处理，包括实时监测用户用电行为、数据清洗与整合，以及利用先进技术如机器学习来分析数据。其次，通过数据分析技术识别不同的用电模式和规律，如周期性和季节性变化，从而提高负荷预测准确性和需求响应能力。

负荷预测方面，研究利用统计学和机器学习技术分析历史数据、天气条件、用户行为模式等，建立精准的预测模型，从而优化电力资源调度和分配。负荷特性分析则全面监测和分析用户用电行为的各种特征，如负荷波动和电价响应，以提高需求侧管理的效果。

影响因素研究。探讨了天气、经济活动、市场价格等多种因素对用电行为的影响，并优化了需求响应策略。负荷分类与标签化则通过系统性分类和标签化用户负荷，以实现精细化的需求管理。需求响应能力评估量化了用户对不同电价和激励措施的反应能力，优化需求响应策略。

用户行为研究。分析用户在不同条件下的用电模式，负荷聚合与优化则关注如何将分散负荷资源有效整合并优化管理，以提高能源效率。

风险与不确定性分析。识别和量化电力系统中的不确定性因素，并提出相应应对策略。

技术与设备研究。开发和评估用于精确测量和控制负荷的先进技术。

政策与市场机制研究。分析电力市场规则和激励措施对负荷特性的影响，并提出新的市场模型和定价策略。用户参与意愿与能力评估探讨了用户参与需求响应计划的动机和实际调节能力。经济性分析则研究负荷管理措施的成本效益和需求响应策略的经济影响。最后，互动性研究关注用户负荷与电网的双向互动，探讨通过虚拟电厂平台实现有效的互动方式。

用户负荷特性研究的目的是更好地理解和管理用户侧的用电行为，为电网的稳定运行、能源效率的提升和电力市场的健康发展提供支持。

在用户负荷预测中，常用的统计学和机器学习算法涵盖了多种方法，能够有效提高预测的准确性和实用性。时间序列分析方法，如自回归移动平均模型（ARMA）、自回归积分滑动平均模型（ARIMA）和季节性自回归积分滑动平均模型（SARIMA），用于捕捉负荷数据的趋势、季节性和周期性特征。随着技术的发展，机器学习算法也得到了广泛应用，包括随机森林、支持向量机（SVM）、神经网络和长短期记忆网络（LSTM），这些算法能够处理非线性关系并从大量历史数据中学习复杂模式，从而提高预测准确性。

指数平滑法是一种常用的统计方法，通过对最新观察数据赋予更大权重来平滑处理时间序列数据，适用于具有趋势或季节性的数据。线性回归分析通过建立自变量与负荷之间的线性关系来预测负荷值。

机器学习算法中的支持向量机（SVM）通过找到数据点之间的最优边界来处理分类和回归问题。随机森林作为一种集成学习方法，通过构建多个决策树并平均预测来提高精度。梯度提升决策树（GBDT）则通过逐步优化决策树来最小化损失函数，也适用于负荷预测。

长短期记忆网络（LSTM）是一种适合处理时间序列数据的循环神经网络，能够捕捉长期依赖关系。卷积神经网络（CNN）虽然主要用于图像处理，但也可以应用于时间序列预测，通过卷积层提取数据特征。混合密度网络（MDN）通过学习输入特征和输出概率分布之间的关系，适合处理具有多模态的数据分布。

时间序列生成对抗网络（TimeGAN）结合生成对抗网络（GAN）和时间序列分析，用于生成符合时间序列特性的合成数据。深度置信网络（DBN）通过堆叠多层受限玻尔兹曼机（RBM）进行非线性特征学习。主成分分析（PCA）则用于数据降维，减少模型复杂性。

聚类分析，如 K-Means，用于将具有相似用电行为的用户分组。强化学习通过智能体与环境的交互学习最优策略，适用于动态调整负荷预测。集成方法，如堆叠泛化或投票机制，通过结合多个模型的预测结果，提高预测的准确性和鲁棒性。

这些算法可以根据具体的数据特性、预测目标和计算资源进行选择和调整。在实际应用中，通常需要对多种算法进行测试和比较，以确定最适合特定负荷预测任务的模型。

进行用户负荷预测，需要先确定负荷预测问题的具体要求；然后对历史数据进行探索性分析，了解数据的分布、趋势、季节性、周期性等特性；接着对数据进行预处理，包括清洗、归一化、去噪、处理缺失数值等步骤；再接着针对数据组提取和构建影响负荷预测的特征；然后根据问题特性和数据特点选择一组候选模型；使用交叉验证的方法评估该模型的性能；紧接着，将不同模型的预测性能进行比较，选取数据贴合性最优的模型；对选出的模型进行参数调优，并使用独立测试集对模型进行最终验证，确保其具有良好的泛化能力。

近年来，虚拟电厂用户负荷特性的研究取得了一系列显著成果，主要集中在几个方面。首先，负荷预测精度得到了显著提升，通过先进的量测技术和信息通信技术，对温度敏感负荷等关键负荷类型进行精准预测，为制定需求响应方案和参与电力市场交易提供了有效依据。其次，负荷特性分析方面，研究提出了针对温度敏感负荷的分析方法，采用改进的时间序列生成对抗网络来扩充数据，提高了预测精度。负荷资源精细化管理也得到了深入探索，包括标签化管理、实时数据动态运营以及资源等值聚合等方法，有助于优化电网运行。调峰潜力的评估与差异化决策方面，通过基于价格弹性机制和消费者心理的调峰潜力评估模型，结合 LSTM 和 MDN 技术，实现了调峰潜力的精细分布，并构建了调峰决策模型。运营机制及关键技术的研究则强调了虚拟电厂在聚合分布式电源、柔性负荷、储能等资源中的潜力，有助于提高电力系统的经济性和可靠性。市场运营架构方面，提出了包括日前日内协调优化调度模型和多虚拟电厂联合优化调度决策方法的市场运营架构，提升了运营收益和可调节功率的比例。通过对国内外虚拟电厂的发展现状进行对比分析，指出了国内外在技术成熟度、政策及市场机制方面的差异，并提出了发展方向。最后，区域资源 VPPS 分析探讨了虚拟电厂在不同电网交互场景下的需求和资源供需匹配问题，以及在不同场景下的应用潜力。这些研究成果为虚拟电厂的发展提供了坚实的理论基础和技术支持，推动了其在电力系统中的广泛应用。

7.2.2 基于负荷特性的能源增值服务研究

基于负荷特性的能源增值服务研究主要关注如何利用用户负荷的特性来提供额外的服务和价值，以提高能源效率、降低成本、增加用户满意度，并为能源供应商创造新的收入来源。关键的研究领域涵盖了虚拟电厂和电力系统管理的多个方面，综合考虑了用户负荷特性及其对能源系统的影响。研究主要集中在以下几个方面。

负荷特性分析。关注用户的用电模式，如时间分布、季节性变化和对电价信号的响应，以识别负荷的特点和变化规律。

需求侧管理（demand side management，DSM）。通过需求响应策略，激励用户在电价高峰时减少用电，在电价低谷时增加用电，从而优化电网负荷和稳定性。

能源效率优化。研究如何通过改进设备运行和建筑能效提升来降低能耗，提高能源使用效率。

用户行为分析。探讨用户对能源使用的反应和偏好，及其对价格信号和激励措施的响应，这有助于制定更有效的能源管理策略。

智能计量和监控。利用智能电表等设备实时收集用电数据，为负荷预测和能源管理提供支持。

储能系统优化。研究如何通过存储低谷时段的电能，并在高峰时段释放，以实现成本效益最大化。

可再生能源集成。探讨如何将太阳能、风能等可再生能源与用户负荷特性相结合，提高其利用率。电力市场参与者研究如何通过虚拟电厂等模式参与电力市场，提供调频、调峰等辅助服务，以增强电力系统的灵活性和可靠性。

风险管理关注。如何通过负荷特性分析降低能源供应的不确定性和风险。

个性化能源解决方案则根据用户的特定负荷特性提供定制化的能源服务，如需求响应策略和能源采购建议。技术与政策创新研究新技术（如物联网、大数据、人工智能）如何促进能源服务创新，并探索政策如何支持这些服务的发展。经济性评估则涉及基于负荷特性的能源服务对用户和供应商的经济影响，包括成本节约和收入增加。环境影响分析评估这些服务如何促进节能减排，推动环境可持续性发展。

客户参与度提升研究如何通过透明度、教育和沟通提高用户对能源服务的理解和参与度，而跨领域服务创新探索能源服务与其他领域（如交通、建筑、工业）的融合，创造新的增值服务。

基于负荷特性的能源增值服务研究是一个多学科、多技术融合的领域，需要电力工程、经济学、数据科学、环境科学等多个领域的知识和技能。通过这些研究，可以为用户和能源系统带来更高效、更经济、更环保的能源解决方案。

7.3　增值服务下面向零售市场的需求响应机制

在增值服务这一要求的大背景之下，面向零售市场的需求响应机制也需要做出相应的改变以适应发展要求。在这一大前提下，面向零售市场的需求响应机制现状有几个重要的转型。

在需求响应资源的市场化调动方面，需求响应是推动能源低碳转型和终端用能电气化的重要手段。目前，我国电力需求响应试点始于“十二五”期间，通过需求侧管理引导低碳电气化发展。

同时要降低准入门槛，需求响应实施方案的准入门槛进一步降低，允许包括居民负荷在内的电力用户参与需求响应，同时鼓励新兴市场主体如售电公司、负荷聚合商等参与，这极大挖掘了需求响应的潜力。

市场要求机制中达到补偿标准和资金来源的多样化，要求补偿标准形成机制呈现多样化，包括单边竞价、定额补偿等。补偿资金来源也有所不同，可能来自购电侧价差资金池、售电侧价差资金池。

要求达到需求响应与电力市场的协同，需求响应实施结果需要与电力市场进行协同，包括中长期交易、现货市场、辅助服务市场等。目前，需求响应多以单独列支的模式起步，其效果应体现在辅助服务市场中。

在需求响应关键技术与市场机制的探索中，要求实现需求侧响应的实施依赖于现货市场的建设，现货市场提供价格信号，激励用户调整用电行为。需求侧响应可以参与多种形式的辅助服务，提高电网运行的灵活度。

要求尽快实现零售市场的数字化转型，因为零售行业正在经历数字化转型。这影响了需求响应机制的发展。零售企业正从信息化、线上化向数字智能化、平台化、生态化转型，需求响应作为电力市场的一部分，也需适应这一转型趋势。

在增值服务体系与定价机制研究中，面向用户的能源增值服务与零售套餐定价机制正在被研究，以形成定制化的增值服务体系和科学合理的零售套餐，反映供电成本和市场价值，同时优化用电行为。

现阶段计算模型大多选用基于用户可再生能源偏好的需求响应模型，这一模型究了基于用户可再生能源偏好的电力市场需求响应，能够促进可再生能源在零售市场的消纳，并保证电力负荷稳定。

针对于综合能源零售市场最优策略的研究提出了基于风险价值（value at risk，VaR）理论的综合能源园区零售最优定价方法，研究了综合能源服务商的静态零售定价最优策略，以应对多能源供给-传输-使用的耦合和用户使用形式的多样化。

上述现状表明，需求响应机制正在不断发展和完善，以适应市场化改革的深入和零售市场的数字化转型，同时也在不断探索与电力市场其他部分的有效协同。

7.3.1 需求响应实施机制

电网中，为满足用户负荷需求响应的实施机制要降低准入门槛。当前电力需求响应对市场主体的要求相对较低，除必要的计量和管理系统外，允许包括居民负荷在内的电力用户参与需求响应，同时鼓励新兴市场主体如售电公司、负荷聚合商、储能、充电桩等参与，这极大挖掘了需求响应的潜力。

需求响应内涵的延展：需求响应在我国的应用起初基于削减高峰负荷，但近年来随着可再生能源渗透率的提高，系统峰谷差持续增加，通过用电低谷时段增加用电促进可再生能源消纳也被大多数省份所接受，并在品种设计中采取了区别考虑的补偿和交易机制。

需求响应资源库的构建要求各省级电力运行主管部门应根据需求响应的资源类型、负荷特征等关键参数，形成可用、可控的需求响应资源清单，并基于需求响应实际执行情况等动态更新。

需求侧资源参与市场的常态化运行，要为鼓励满足条件的需求响应主体提供辅助服务，保障电力系统稳定运行，并支持符合要求的需求响应主体参与容量市场交易或纳入容量补偿范围。

需求响应与电力运行调节的衔接机制要逐步将需求侧资源以虚拟电厂等方式纳入电力平衡，提高电力系统的灵活性。

需求响应价格机制的完善要根据“谁提供、谁获利，谁受益、谁承担”的原则，支持具备条件的地区，通过实施尖峰电价、拉大现货市场限价区间等手段提高经济激励水平，并鼓励需求响应主体参与相应电能量市场、辅助服务市场、容量市场等，按市场规则获取经济收益。

重点关注需求响应实施细则的制定。例如，江苏省制定了《江苏省电力需求响应实施细则》，明确了实施原则、目标、内容、流程及补贴标准等，为需求响应的实施提供了详细的指导和规范。

技术体系架构的建立要加强需求响应技术体系架构的建立，推进需求响应资源、储能资源、分布式可再生能源电力以及新能源微电网的综合开发利用，并提高需求侧大数据分析能力，实现需求响应资源的智能调控。

上述这些实施机制有助于充分调动用户侧的负荷资源，优化电力资源配置，保障电网安全稳定运行，并促进可再生能源的消纳。

虚拟电厂中的需求响应实施机制是一种通过激励和引导用户调整其电力消费行为，以响应电网供需变化的管理策略。虚拟电厂往往会通过实时电价信号、通知或控制指令，向用户传达电网当前的需求状态和预期的负荷调整需求。当用户参与其中时，要求用户根据需求响应信号，自愿调整其用电行为，如推迟非紧急的电力使用、减少高峰时段的用电或在电价低时增加用电。同时，为了鼓励用户参与，虚拟电厂通常会提供经济激励，如折扣、奖励或补贴，这些激励可以基于用户减少的电力量或参与的频率和效果。在现代的电网设计和运行中强调自动化控制，即对于签约参与需求响应的用户，虚拟电厂可以通过智能设备和控制系统，如智能恒温器、能源管理系统，自动调整用户的用电设备。为了实现高度自动化，就对实时监控和通信功能提出了要求，要求在虚拟电厂中采用先进的通信技术和实时监控系统，跟踪用户用电情况和需求响应的实施效果，确保及时响应电网的变化。

虚拟电厂会定期评估需求响应实施的效果，包括负荷减少量、用户参与度和经济效益，根据评估结果不断优化需求响应策略。用户与虚拟电厂之间通常会签订需求响应协议，明确参与条件、激励机制、用户的权利和义务等。因此为了明确义务和责任，需求响应实施机制通常需要相应的法规和政策支持，确保用户权益的保护和需求响应活动的合法性。

7.3.2　用户需求响应特性分析

用户需求响应特性分析是电力系统规划和管理的重要部分，涉及深入理解用户用电行为及其对价格信号或激励措施的反应。这一分析有助于优化需求侧资源配置，通过实时采集和分析用户用电数据，为电力资源的合理配置和电网运行效率提升提供决策支持。

需求响应作为智能电网的核心组成部分，通过激励用户调整用电行为，从而改善负荷分布和提升电网稳定性。它不仅增强了电网对可再生能源波动的调节能力，还促进了新能源的消纳，尤其在新能源出力不稳定时，需求响应提供了灵活的电网运行资源。此外，需求响应还支持电力市场的发展，提供新的交易机制和运营模式，使电力资源能够在市场中得到更好的配置。

通过对用户用电习惯和偏好的分析，需求响应能够提高用户参与度和满意度，进而推动能源转型和低碳发展。它为智能电网提供了数据支持，有助于实现更加精细化和智能化的电网调度和管理。同时，需求响应技术的发展，尤其是开放式自动需求响应（Open ADR）的应用，使得需求侧管理更加自动化和智能化，提高了响应效率和可靠性。

总的来说，需求响应特性分析在应对电力系统中的不确定性、实现电网的灵活调节和推动智能电网的发展方面发挥了关键作用。

通过这些角色，需求响应特性分析不仅提高了电网的运行效率和可靠性，而且促进了新能源的高效利用，为智能电网的建设和发展提供了强有力的支持。

对于用户特性的分析研究，以下是一些关键点，涉及用户需求响应特性分析的主要方面。

用电模式识别的应用，分析用户的日负荷曲线，识别其用电模式，如迎峰型、高负荷率型、避峰型等。这有助于了解用户在不同时间段的用电习惯和可能的调节潜力。

对于用电规律性评估，通过聚类分析等方法，评估用户的用电规律性。其中包括用电曲线的一致性和重复性，从而预测用户参与需求响应的可靠性。

在价格弹性方面的分析，研究用户用电量对电价变化的敏感度。价格弹性这一概念的定性，有助于预测电价变化时用户的响应程度。

划定激励型需求响应这一概念，有助于分析用户对固定价格补偿等激励措施的反应，以及这些措施对促进需求响应的效果。

针对需求响应潜力的评估，综合考虑用户的适合性和用户流程、设备的特性，同时评估用户参与需求响应的潜力，其中包括短期和中长期的需求响应潜力。

构建用户满意度模型。构建用户满意度模型，依此综合考虑用户用电方式的满意度和电费支出的满意度，最终得以评估用户参与需求响应的意愿和满意度。

其中相对来说最重要的是负荷特性分析。它从隶属维度、时间维度、响应维度三个方面评估负荷的用电特性，对应于对用户的激励型用户潜力和价格型用户潜力的分析。通过这些考虑，可以更准确地评估激励型用户潜力，并制定有效的需求响应策略，以实现电网的优化运行和用户的经济利益。

对需求响应实施后的效果进行客观综合的评估，包括负荷削减量、用户参与度、电网稳定性提升等，以指导未来的政策制定和资源配置。

通过上述分析，电力系统运营商可以更好地理解用户需求响应的特性，制定有效的需求响应策略，优化电力资源的配置，提高电网的运行效率和可靠性。

7.3.3 基于需求价格弹性的需求响应模型

基于需求价格弹性的需求响应模型是一种考虑用户对电价变化敏感度的模型，用于预测和量化用户在不同电价水平下的用电行为变化。同时，需求价格弹性是衡量需求量对价格变化反应程度的经济指标。

在需求响应模型中，基于需求价格弹性的模型主要涉及几个关键要素。首先，电价作为主要的输入信号，是模型的核心。电价可以是分时电价或实时电价等形式。其次，用户的用电数据，如用电量、时间和设备类型等，必须被收集以建立准确的模型。需求函数则用于描述用户用电需求与电价之间的关系，通常采用线性或非线性形式来进行建模。

需求价格弹性系数是关键参数，它反映了用户用电需求对电价变化的敏感度，通常通过统计分析或计量经济学方法来估计。利用这一系数和电价信号，预测模型可以预测用户在不同电价下的用电量变化。

一些模型还包含优化算法，帮助确定用户如何调整用电行为，以响应电价变化，从而实现成本最小化或收益最大化。同时，用户行为因素如消费习惯和风险偏好，也可能影响用户对价格信号的反应。最后，模型还需考虑电力市场的机制，包括市场结构、价格形成机制以及需求响应的激励政策等，这些因素对模型的准确性和适用性有重要影响。

基于需求价格弹性的需求响应模型广泛应用于电力系统规划、运行和管理中，帮助电网运营商和市场监管者理解用户对电价变化的反应，优化电力资源配置，提高电网运行效率，降低系统运营成本，并促进能源的可持续利用。

在需求价格弹性估计中，选择合适的统计方法至关重要，以确保得出的结论具有说服力。最常用的线性回归方法是最小二乘法（OLS），它通过最小化观测值与预测值之间的平方差来估计需求价格弹性。对于处理因果推断问题，双机器学习方法（DML）提供了一种先进的工具，它通过两轮机器学习模型来减少遗漏变量带来的偏差，从而更准确地估计处理效应。

当数据呈现计数特性或非正态分布时，Poisson回归是一种适用的方法。此外，多元岭回归可用于处理存在多重共线性的问题，提高回归模型的稳定性和准确性。聚类分析和模糊聚类方法则可以帮助识别具有相似用电行为的用户群体，从而更精确地估计这些群体的需求价格弹性，同时考虑数据的不确定性和模糊性。

层次分析法通过将复杂问题分解为多个组成因素，并进行成对比较，来评估需求响应潜力。而信息理论中的方法，如信息熵，可以用来评估用户用电的规律性，从而影响需求价格弹性的估计。综合分析则结合了多种统计和计量经济学方法，例如时间序列分析与机器学习技术，提供了一种更全面的需求价格弹性估计方式。

在需求价格弹性的需求响应模型中，弹性系数是一个重要的参数。要想准确估计这一重要参数，需要收集有关商品或服务的价格以及相应时期的需求量数据；还需要明确需求量（Q）和价格（P）之间的关系，并确定价格变化（ΔP）和需求量变化（ΔQ）；计算价格变动的百分比以及需求量变动的百分比，即变动量和原始值之间的百分占比；使用需求价格弹性的公式来计算弹性系数（Ed），弹性系数是需求量变化百分比和价格变动的百分比之比；在计算价格和需求量的变动百分比时，使用平均价格和平均数量，以获得弹性的最准确衡量；要考虑时间因素，价格变动的时间越长，需求通常越富有弹性，因为消费者有更多的时间来适应价格变化。

7.4 面向需求响应的虚拟电厂零售套餐定价分析

面向需求响应的虚拟电厂零售套餐定价分析是一个复杂的过程，它涉及多种因素和目标的平衡。

虚拟电厂需要深入了解用户的用电需求特性，包括用电模式、用电规律性、用电设备的可调节性等，以便设计合适的零售套餐。虚拟电厂在设计零售套餐时，需要考虑购售电策略的优化，包括中长期市场和现货市场的购电比例，以及面向用户的分时电价。利用需求-价格响应曲线模拟售电公司在中长期合约市场的博弈行为，以确定合理的零售套餐定价。提出基于条件风险价值（CVaR）的交易风险损失指标量化方法，以量化售电公司在批发市场购电的风险。建立包含多个价格区间、多阶段的交易决策和分时电价的双层优化模型，考虑批发侧市场的购电策略和零售侧售电收益。虚拟电厂通过需求响应项目为用户提供市场参与渠道，调用柔性负荷资源实现需求响应，平衡偏差电量在现货市场的价差风险。虚拟电厂的定价机制需要考虑市场价格、成本价格、用户行为、市场竞争、交易成本、风险溢价等多种不确定性因素，并使其尽量可控。虚拟电厂可以参与中长期合约市场、现货市场、绿电交易市场、辅助服务市场等，其主要盈利模式除了需求响应，还包括辅助服务交易、电力现货交易等。虚拟电厂在设计零售套餐时，需要考虑前期固定成本、运维成本、用户参与度、响应补贴等因素，以确保整体效益的最大化。虚拟电厂的零售套餐定价还受到政策和市场环境的影响，需要考虑政策支持、市场开放程度、交易规则等因素。

通过这些策略和分析，虚拟电厂能够为零售用户提供具有竞争力的套餐，同时确保自身的经济效益和市场竞争力。

7.4.1 考虑需求响应的零售套餐模式

需求响应的零售套餐模式在电力市场中是一种创新的商业模式，旨在通过激励用户在电价高时减少用电或在电价低时增加用电，以实现电网负荷平衡和优化电力资源配置。该模式的主要特点包括：分时电价套餐，根据一天中的不同时间段设定不同电价，鼓励用户在电价低时用电更多；实时电价套餐，用户根据实时电价变化调整用电行为；可中断负荷合同，用户同意在高峰时段减少特定量的用电以换取补偿或优惠电价；需求响应补偿机制，为减少的用电量提供经济补偿，补偿价格根据用户用电特性和电网需求确定。

此外，用户定制套餐提供根据用户特定需求和偏好的套餐，如夜间或周末用电套餐；需求响应资源库对用户的可调节负荷进行分类和管理，以便快速调度；技术平台支持利用智能计量设备和能效管理系统实时监控用户用电数据，并提供自动化控制；用户教育和参与通过教育和宣传提高用户对需求响应的认识，鼓励积极参与。

风险管理和合同条款设计时明确用户和电力供应商在需求响应事件中的权利和义务；政策和市场机制协同确保零售套餐模式与现有政策框架相协调；环境效益和社会效益考虑需求响应对环境和社会的积极影响，如减少温室气体排放和提高能源利用效率；动态定价策略根据电网实时状况和市场供需情况调整电价，激励用户参与需求响应。

通过这些策略，考虑需求响应的零售套餐模式能够为用户和电网带来双赢的结果，即用户可以通过灵活的用电行为节省电费，而电网则能够通过需求侧管理提高运行效率和可靠性。

7.4.2 虚拟电厂或负荷聚合商收益影响因素分析

电力市场改革：电力市场化改革的深度和广度直接影响虚拟电厂的盈利模式和盈利空间。当前我国电力市场化改革仍在进行中，市场机制的完善程度将决定虚拟电厂能否在较小的电价差内实现盈利。

电价是影响虚拟电厂收益的关键因素。峰谷电价差越大，用户购买辅助服务和需求响应的激励也越大。此外，电价平均水平的高低也直接影响虚拟电厂现货交易的收益。

虚拟电厂通过参与需求响应机制，如邀约型或市场型需求响应，聚合可调节负荷和储能资源，提供削峰填谷服务，获取辅助服务收入或需求响应补贴。

虚拟电厂的核心技术包括能源管理系统、储能技术、智能电网技术等。技术的进步和成本的降低有助于提高虚拟电厂的响应速度和效率，同时降低建设和运营成本。

政府对清洁能源的支持力度以及社会对清洁能源的需求不断增加，为虚拟电厂提供了更大的市场空间和发展机遇。

虚拟电厂通过优化算法对聚合的分布式资源进行有效调度，实现资源的最大化利用，提高整体经济效益。

用户的参与意愿和能力也是影响虚拟电厂收益的一个重要因素。用户的用电特性、生产计划和用电设备的可调能力，以及对需求响应价格信号的响应程度，都会影响虚拟电厂的盈利能力。

虚拟电厂的运营策略，包括如何对负荷进行分类、组合、优化和运营，以及如何与电力市场和需求响应机制有效对接，对收益产生直接影响。

随着虚拟电厂聚合的资源种类和数量增加，其跨空间自主调度能力的提升有助于实现更广泛的资源优化配置。

虚拟电厂在运营过程中需要面对市场风险、技术风险和政策风险等，有效的风险管理对于保障收益稳定性至关重要。

综合考虑上述这些因素，虚拟电厂或负荷聚合商可以更好地制定策略，优化运营模式，从而提高其盈利能力和市场竞争力。

7.4.3　基于需求响应的零售套餐定价模型

建立基于需求响应的零售套餐定价模型是一个复杂的过程，涉及对用户用电行为的深入理解、市场机制设计以及价格策略的制定。首先，需要进行市场调研与数据收集，获取用户的用电数据并了解其对不同电价策略的响应情况和偏好。

其次，通过分析用户用电特性，识别其用电行为的规律性和对电价变化的敏感度。设计需求响应机制，确定其类型、触发条件、持续时间和可能的补偿机制，并明确定价目标，如最大化利润或用户满意度。进行成本分析以评估提供零售套餐的相关费用，并选择合适的定价模型，如分段定价或实时定价。数学建模与优化阶段使用数学工具和优化算法建立定价模型，模拟不同定价策略下的市场反应和用户行为。确保模型符合政策与法规要求，评估风险如市场、政策和技术风险，并制定相应的管理措施。通过实际运行数据验证定价模型的有效性，并根据市场反馈进行调整优化。同时，向用户清晰解释定价机制，提高其认知度和参与度。

最后，建立技术支持系统，如智能计量设备和自动化控制系统，以实现定价模型的实施和管理。

依此，就可以建立一个既能激励用户参与需求响应，又能保证电力供应商经济效益的零售套餐定价模型。

在需求响应模型的实施中，存在若干关键挑战和技术难题。首先，用户对价格信号的响应具有不确定性，这影响了需求响应的效果。可以通过建立数据驱动的用户行为建模方法，如使用深度学习网络（如 LSTM）来表征用户复杂的响应特征。其次，用户组合后的整体响应特性可能呈现高维、非线性、非凸的复杂性，这要求通过深度学习技术来突破时序特征的表征难点。

隐私保护也是一个重要问题，需在数据收集和使用中保障用户隐私，建议采用不涉及用户隐私的环境气象数据、电价数据及历史互动数据进行建模。实时电价的实施难度较大，要求更细致的时段划分和实时通信系统，强化学习算法可以用于自适应地确定零售电价，并考虑用户负荷需求曲线的不确定性。

市场机制的不完善，特别是在非现货市场环境下，分时电价可能需要新的发展趋势。可以通过深化市场机制在需求响应补贴定价中的应用，逐步建立需求响应资源直接参与电力市场交易的机制。技术挑战方面，实施需求响应定价模型需强大的技术支持系统，可以开发基于图深度学习的动态定价机制来准确评估消费者的能源消费行为。

另外，需求响应补偿资金的来源和分摊方式可能存在问题，需要研究保障电力需求响应补贴资金的政策，并明确成本分摊方式。尖峰电价的触发条件和定价基准可能随着新能源的大规模接入而变化，建议考虑与批发市场对应时段电价挂钩。

最后，需求侧竞价方式可以直接参与电能量市场竞价，满足系统高频调节需求，试点推动需求响应主体参与现货市场和辅助服务市场的探索也十分必要。

思考题

1. 虚拟电厂的核心功能是什么？
2. 需求响应服务在虚拟电厂中扮演什么角色？
3. 虚拟电厂如何通过能效优化和管理提高能源使用效率？
4. 虚拟电厂在市场化交易中的作用是什么？
5. 虚拟电厂如何利用储能资源？
6. 虚拟电厂在负荷特性分析和管理中的作用是什么？
7. 实时电价联动零售套餐在虚拟电厂中如何运作？
8. 虚拟电厂的聚合商运营管理平台有什么重要性？

第8章

基于合作博弈理论的虚拟电厂分布式交易策略

8.1 虚拟电厂的合作博弈方法概述

8.1.1 合作博弈纳什议价原理

博弈论起源于经济学，也可被称为对策论、赛局理论等，是用于解决多主体间合作与冲突问题的数学模型。博弈论是一种在多利益主体之间涉及利益关联、利益冲突的情况下，剖析探讨各主体如何利用自身现有条件及关键信息，做出有利于维护自身利益的统计科学理论。博弈问题的四大元素包括：博弈参与者、博弈策略、收益函数和博弈均衡。博弈过程的关键在于：理性假设和信息共享。各博弈参与者都是理性的，会根据全局已知的共享信息进行博弈，针对他方信息做出符合实际情况且自身利益最大化的有效决策，不会因为个别主体私欲而出现欺诈性行为，最终实现总体利益的均衡分配。

根据博弈参与者间约束力协议的存在与否，分为非合作博弈和合作博弈。非合作博弈的典型算法就是Stackelberg博弈，其核心在于策略选择，在多主体间利益互相影响、相互冲突的前提下，每个博弈参与者都只关心个体利益，自主决策选取实现自身利益最大化的方案，这样势必会对其他参与者造成负面影响。合作博弈则是指各参与者为提高自身利益结成联盟，签署一份具有约束力的联盟协议，强调在合作的模式下进行博弈，进而明确联盟内各主体的协作方式以及合作后的效益分配机制，意在提高联盟集体的经济效益，且保证各博弈参与者均无利益损失。对于各参与主体，达成合作博弈的动机是获得更多的利益，因此同时满足整体合理性和个体合理性就是合作博弈成立的条件。

如图8-1所示，合作博弈的第一阶段旨在利益争取，注重联盟团体理性，追求联盟整体效益最大化。第二阶段旨在利益分配，注重联盟个体理性，追求个体自身效益最大化。

合作博弈第二阶段利益分配问题的常用方法包括：纳什议价解、Shapley值和核心方式

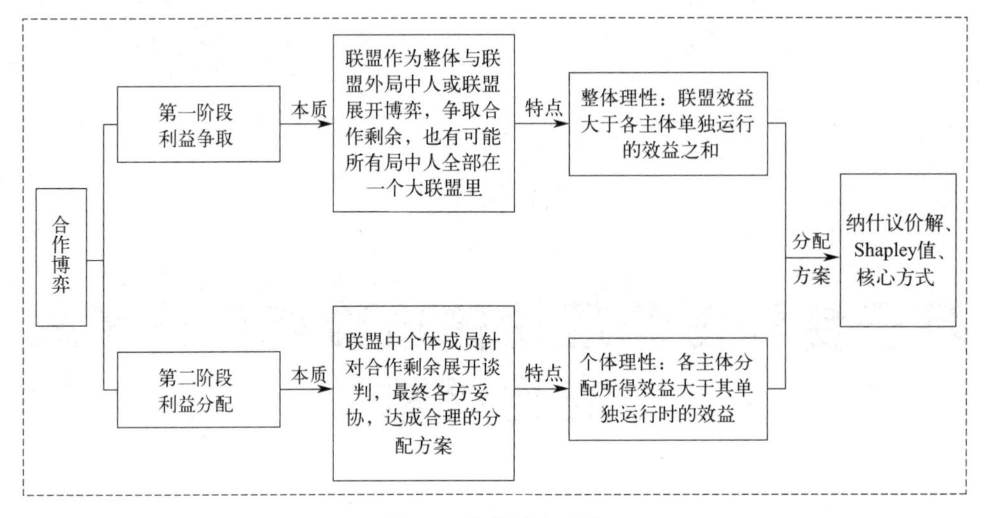

图 8-1　合作博弈理论

等，目前常用的是前两种，本书主要研究合作博弈纳什议价理论在多主体优化调度系统集群中的应用。

对纳什议价问题进行定义：令 $N=\{1,\cdots,n\}$ 为博弈参与主体的集合，则 $C(N)=\{C_1,\cdots,C_m\}$ 为联盟中任意子集。设 R^N 表示一个 n 维欧氏空间，$S\subset R^N$ 为可行集，$b\in R^N$ 为谈判破裂点，表示合作议价、谈判破裂时的效益，则 $[C(N),S,b]$ 就表示一个纳什议价问题。若 F 表示纳什议价问题 $[C(N),S,b]$ 的一个有效解，则纳什议价解 $F[C(N),S,b]\in S$ 应同时满足以下 4 条公理。

(1) 帕累托最优性

纳什议价模型寻求最优解的过程中，任何一个参与者都无法通过单独改变策略，获得比纳什议价解更高的效益。

(2) 匿名性

对于任意变换 $\phi: N\rightarrow N$，如果令 $\phi(D)=\{\phi(i)\in N, i\in D\}, \forall D\subset N$，对任意子集 $C(N)=\{C_1,\cdots,C_m\}$，有 $\phi[C(N)]=[\phi(C_1),\cdots,\phi(C_m)]$。对于任意 $u\in R^N$，都有 $\phi(u)=(u_{\phi(i)})_{i\in N}$，$\phi[C(N),S,b]=\phi[C(N),\phi(S),\phi(b)]$。如果 ϕ 是 N 中博弈参与者的变换，那么得出：$F[\phi(C(N),S,b)]=\phi[F(C(N),S,b)]$。

(3) 仿射变换不变性

若 λ 在 R^N 是仿射变换，那么存在实数 α_1，…，α_n，β_1，…，β_n 其中 β_1，…，$\beta_n>0$，则有 $\lambda(u)=(\alpha_1+\beta_1 u_1,\cdots,\alpha_n+\beta_n u_n)$，满足 $F[C(N),\lambda(S),\lambda(b)]=\lambda F[C(N),S,b]$。纳什议价模型中采用线性关系描述博弈参与者，其中 $\lambda(S)=\{\lambda(u)\in R^N, u\in S\}$，表示纳什议价解的结果不会跟随效益函数和谈判破裂点的线性变化而变化。

(4) 相互独立性

如果存在另外一个纳什议价问题$[C(N),\widetilde{S},b]$，满足$\widetilde{S}\subset S$，则有$F[C(N),\widetilde{S},b]=F[C(N),S,b]$。表明如果在可行集的较小域范围内找到了纳什议价解，该解不会受可行集增大的影响，仍然是谈判博弈的唯一最优解。

为了产生合作联盟纳什议价问题的唯一解，除以上四条公理外，还应引入对称性。对任意两个参与博弈的主体i，$l\in N$，将$\phi^{i,l}: N\rightarrow N$定义为一个变换，需满足$\phi(i)=l$，$\phi(l)=i$，且$\phi(k)=k$，$\forall k\neq i,l$ 则对任意$i,l\in C_j$，均可得到$\phi^{i,l}(S)=S$，$b_i=b_l$，即博弈参与者的议价结果由各主体的目标效益函数决定，与其决策顺序无关。

8.1.2　基于 ADMM 算法的多主体分布式求解方法

交替方向乘子法广泛应用于求解大规模分布式凸优化问题。相较于传统集中式算法求解优化调度问题，ADMM 分布式算法收敛性好、鲁棒性强，且无须收集各主体内供能设备的运行数据、负荷运行计划等隐私信息，对通信设备的时延、带宽要求降低。

ADMM 算法的核心是通过分解协调机制将优化模型的目标函数解耦成多个易于求解的局部子问题，再根据变量关系特点更新对偶变量，进行交替迭代计算，最终实现算法的收敛，得到全局问题的解。

ADMM 算法的标准形式表示为：

$$\begin{cases}\min f_1(x_1)+f_2(x_2)\\ s.t.\ A_1x_1+A_2x_2=b\end{cases}\tag{8-1}$$

式中，$x_1\in R^m$、$x_2\in R^n$ 均为可分离优化的决策变量；$A_1\in R^{p\times m}$、$A_2\in R^{p\times n}$、$b\in R^p$ 均为约束常系数矩阵；f_1、f_2 为两个目标凸函数。

构造增广拉格朗日函数表示为：

$$\begin{aligned}L_\rho(x_1,x_2,\lambda)=&f_1(x_1)+f_2(x_2)+\lambda(A_1x_1+A_2x_2-b)\\&+\frac{\rho}{2}\|A_1x_1+A_2x_2-b\|_2^2\end{aligned}\tag{8-2}$$

式中，λ 为拉格朗日乘子，也称对偶变量；ρ 为惩罚参数，且 $\rho>0$；$\|\cdot\|_2^2$ 为向量的 2-范数的平方。

ADMM 算法的迭代求解过程表示为：

$$\begin{cases}x_1^{k+1}=\arg\min\limits_{x_1}L_\rho(x_1,x_2^k,\lambda^k)\\ X_2^{k+1}=\arg\min\limits_{x_2}L_\rho(x_1^{k+1},x_2,\lambda^k)\\ \lambda^{k+1}=\lambda^k+\rho(A_1x_1^{k+1}+A_2x_2^{k+1}-b)\end{cases}\tag{8-3}$$

式中，k 为迭代次数；arg min 为目标函数取最小时决策变量的值。

引入拉格朗日乘子 $u=\lambda/\rho$，合并线性部分和增广拉格朗日函数的二次项，得到简化后的迭代求解过程表示为：

$$\begin{cases} x^{k+1}=\arg\min\limits_{x_1}\left(f_1(x_1)+\dfrac{\rho}{2}\|A_1x_1+A_2x_2^k-b+u^k\|_2^2\right) \\ x_2^{k+1}=\arg\min\limits_{x_2}\left(f_2(x_2)+\dfrac{\rho}{2}\|A_1x_1^{k+1}+A_2x_2-b+u^k\|_2^2\right) \\ u^{k+1}=u^k+A_1x_1^{k+1}+A_2x_2^{k+1}-b \end{cases} \tag{8-4}$$

原始残差收敛情况和对偶残差收敛情况均满足收敛条件时，迭代过程终止，认为ADMM算法收敛。

$$r^k=\|A_1x_1^{k+1}+A_2x_2^{k+1}-b\|_2\leqslant\varepsilon_{\text{prim}} \tag{8-5}$$

$$s^k=\|\rho A_1^TA_2(x_2^{k+1}+x_2^k)\|_2\leqslant\varepsilon_{\text{dual}} \tag{8-6}$$

式中，$\varepsilon_{\text{prim}}$、$\varepsilon_{\text{dual}}$ 分别为原始残差和对偶残差的收敛精度。

8.1.3 基于合作博弈理论的交易问题的等效转化方法

对于纳什议价模型中包含能量与能源价格乘积的非凸非线性优化问题，无法使用商业求解器直接求解，因此需要考虑采用等效转换方法进行求解。等效转换方法对问题的求解精度和效率会产生一定的影响，需要进行适当的折中，以平衡模型的简化程度和求解的准确性。基于这个等价转换，可以利用社会效益最大化的方法来解决纳什议价原问题。

将社会效益定义为系统中各组成部分的效益之和，可以表示为：

$$F_{\text{social}}=\sum_{i=1}^{N}\sum_{j=1}^{N}(f_{i1}+f_{i2}+\cdots+f_{ij}) \tag{8-7}$$

在 t 时刻，各部分的最大化社会效益模型表示为：

$$\max\sum_{i=1}^{N}\sum_{j=1}^{N}(f_{i1}+f_{i2}+\cdots+f_{ij}) \tag{8-8}$$

要证明纳什议价问题的最优解也是社会效益最大化的最优解，可以从以下步骤进行推导。

首先，将VPP集群的合作运行纳什议价模型化成对数形式，可以表示为：

$$\max\sum_{i=1}^{N}\ln\sum_{j=1}^{N}(f_{i1}+f_{i2}+\cdots+f_{ij}) \tag{8-9}$$

为了简化证明，对变量进行以下转化：

$$\begin{cases} f_{ij}=\sum\limits_{t=1}^{T}\sum\limits_{i=1,j\neq i}^{N}z_{ij,t} \\ f_{i1}=\sum\limits_{t=1}^{T}w_{i,t} \end{cases} \tag{8-10}$$

式中，$z_{ij,t}$ 为 t 时刻第 i 个与第 j 个组成部分互济的交易量。

将 f_{ij} 展开表示为：

$$\begin{cases} f_1 = \sum_{t=1}^{T} z_{1\text{-}2,t} + \sum_{t=1}^{T} z_{1\text{-}3,t} + \cdots + \sum_{t=1}^{T} z_{1\text{-}N,t} \\ f_2 = -\sum_{t=1}^{T} z_{1\text{-}2,t} + \sum_{t=1}^{T} z_{2\text{-}3,t} + \cdots + \sum_{t=1}^{T} z_{2\text{-}N,t} \\ f_3 = -\sum_{t=1}^{T} z_{1\text{-}3,t} - \sum_{t=1}^{T} z_{2\text{-}3,t} + \cdots + \sum_{t=1}^{T} z_{3\text{-}N,t} \\ \vdots \\ f_{N\text{-}1} = -\sum_{t=1}^{T} z_{1\text{-}(N\text{-}1),t} - \sum_{t=1}^{T} z_{2\text{-}(N\text{-}1),t} - \cdots + \sum_{t=1}^{T} z_{(N\text{-}1)\text{-}N,t} \\ f_N = -\sum_{t=1}^{T} z_{1\text{-}N,t} - \sum_{t=1}^{T} z_{2\text{-}N,t} - \cdots - \sum_{t=1}^{T} z_{(N\text{-}1)\text{-}N,t} \end{cases} \tag{8-11}$$

将式(8-9) 转化为：

$$\max \sum_{i=1}^{N} \ln\left(\sum_{t=1}^{T} w_{i,t} + \sum_{t=1}^{T} \sum_{i=1,j\neq i}^{N} z_{i\text{-}j,t} + A_i\right) + \ln\left(B_i - \sum_{t=1}^{T} \sum_{i=1}^{N} w_{i,t}\right) \tag{8-12}$$

其中：

$$A_i = \sum_{j=1}^{N_1} (f_{i1} + f_{i2} + \cdots + f_{iN_1}) \tag{8-13}$$

$$B_i = \sum_{j=N_1+1}^{N} (f_{iN_1+1} + f_{iN_1+2} + \cdots + f_{iN}) \tag{8-14}$$

对式(8-12) 分别求关于 $w_{i,t}$、$z_{i\text{-}j,t}$ 的偏导数：

$$\frac{1}{\sum_{t=1}^{T} w_{i,t} + \sum_{t=1}^{T} \sum_{i=1,j\neq i}^{N} z_{i\text{-}j,t} + A_i} + \frac{-1}{B_i - \sum_{t=1}^{T} \sum_{i=1}^{N} w_{i,t}} = 0 \tag{8-15}$$

$$\frac{1}{\sum_{t=1}^{T} w_{i,t} + \sum_{t=1}^{T} \sum_{j=1,i\neq j}^{N} z_{i\text{-}j,t} + A_i} + \frac{-1}{\sum_{t=1}^{T} w_{j,t} + \sum_{t=1}^{T} \sum_{i=1,j\neq i}^{N} z_{i\text{-}j,t} + A_j} = 0 \tag{8-16}$$

变换得到：

$$B_i - \sum_{t=1}^{T} \sum_{i=1}^{N} w_{i,t} = \sum_{t=1}^{T} w_{i,t} + \sum_{t=1}^{T} \sum_{i=1,j\neq i}^{N} z_{i\text{-}j,t} + A_i \tag{8-17}$$

$$\sum_{t=1}^{T} w_{i,t} + \sum_{t=1}^{T} \sum_{j=1,i\neq j}^{N} z_{i\text{-}j,t} + A_i = \sum_{t=1}^{T} w_{j,t} + \sum_{t=1}^{T} \sum_{i=1,j\neq i}^{N} z_{i\text{-}j,t} + A_j \tag{8-18}$$

将式(8-17) 中的 N 个方程式累加，得到：

$$NB_i - N \sum_{t=1}^{T} \sum_{i=1}^{N} w_{i,t} = \sum_{i=1}^{N} \sum_{t=1}^{T} w_{i,t} + \sum_{i=1}^{N} \left(\sum_{t=1}^{T} \sum_{i=1,j\neq i}^{N} z_{i\text{-}j,t} + A_i\right) \tag{8-19}$$

又因为各部分之间的交易额在效益累加中互相抵消，满足：

$$\sum_{i=1}^{N} \sum_{t=1}^{T} \sum_{i=1,j\neq i}^{N} z_{i\text{-}j,t} = 0 \tag{8-20}$$

则：

$$NB_i - N\sum_{t=1}^{T}\sum_{i=1}^{N} w_{i,t} = \sum_{i=1}^{N}\sum_{t=1}^{T} w_{i,t} + \sum_{i=1}^{N} A_i \tag{8-21}$$

$$\sum_{i=1}^{N}\sum_{t=1}^{T} w_{i,t} = \frac{NB_i - \sum_{i=1}^{N} A_i}{N+1} \tag{8-22}$$

将式(8-22) 代入式(8-17) 得到：

$$\sum_{t=1}^{T} w_{i,t} + \sum_{t=1}^{T}\sum_{i=1,j\neq i}^{N} z_{i\text{-}j,t} = B_i - \frac{NB_i - \sum_{i=1}^{N} A_i}{N+1} - A_i \tag{8-23}$$

$$\sum_{t=1}^{T} w_{i,t} + \sum_{t=1}^{T}\sum_{i=1,j\neq i}^{N} z_{i\text{-}j,t} = \frac{B_i + \sum_{i=1}^{N} A_i}{N+1} - A_i \tag{8-24}$$

将式(8-22)、式(8-24) 代入至式(8-12) 得到：

$$\begin{aligned} &\max(N+1)\ln\left[\frac{1}{N+1}\left(B_i + \sum_{i=1}^{N} A_i\right)\right] \\ &=\max(N+1)\ln\left[\frac{1}{N+1}\left(\sum_{j=1}^{N}(f_{i1} + f_{i2} + \cdots + f_{iN}\right)\right] \end{aligned} \tag{8-25}$$

对比可得纳什议价问题的最优解和社会效益最大化的最优价等价。

8.2 虚拟电厂参与电/电-碳联合交易的合作博弈模型

8.2.1 面向电力交易的虚拟电厂合作博弈模型

考虑多区域虚拟电厂主体的经济成本、能源自给程度、可再生能源消纳率、碳排放额度对交易策略的影响，利用多功能性主体地理位置、柔性负荷分布的差异化特征，构建基于阶梯式碳交易机制的多 VPP 集群系统经济优化调度模型，在城市能源服务中心（urban energy service center，UESC）的保证下，形成去中心化的分布式交易模式，实现 UESC-VPP 双层系统间供需信息交互、能量互补，保证系统的供电可靠性、环境友好性和经济灵活性。图 8-2 为 VPP 双层低碳经济调度模型。

8.2.1.1 VPP 优化调度目标函数

本章综合考虑各 VPP 主体的运行成本主要包括：风电、光伏、燃气轮机、蓄电池等电能生产成本 $f_{i,\mathrm{Op}}^{\mathrm{VPP}}$，与上级能源网、UESC 交易及其他 VPP 能量互济成本 $f_{i,\mathrm{Tra}}$，以及碳交易成本 $f_{i,\mathrm{CO_2}}$。其目标函数 F_i 表示为：

$$\min F_i = f_{i,\mathrm{Op}}^{\mathrm{VPP}} + f_{i,\mathrm{Tra}} + f_{i,\mathrm{CO_2}} \tag{8-26}$$

$$f_{i,\mathrm{Tra}} = f_{i,\mathrm{Tra}}^{\mathrm{Grid}} + f_{i,\mathrm{Tra}}^{\mathrm{UESC}} + f_{ij,\mathrm{Tra}} \tag{8-27}$$

各 VPP 内能源生产的成本表示为：

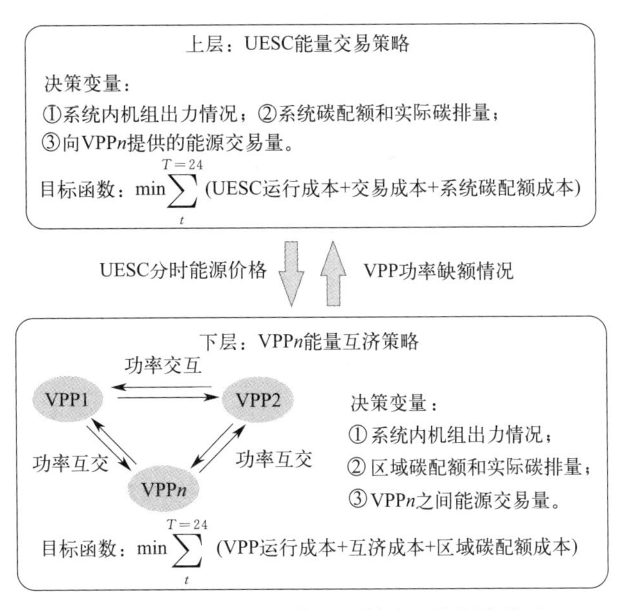

图 8-2　城市 VPP 系统双层低碳经济调度模型

$$f_{i,\mathrm{Op}}^{\mathrm{VPP}}=\sum_{t=1}^{T}[\sigma_{\mathrm{WT}}P_{\mathrm{VPP}i,t}^{\mathrm{WT}}+\sigma_{\mathrm{PV}}P_{\mathrm{VPP}i,t}^{\mathrm{PV}}+\sigma_{\mathrm{GT}}P_{\mathrm{VPP}i,t}^{\mathrm{GT}}+\sigma_{ES}(\mathrm{P}_{VPP\mathrm{i},\ ch,\ \mathrm{t}}^{ES}+\mathrm{P}_{VPP\mathrm{i},\ dh,\ \mathrm{t}}^{ES})] \tag{8-28}$$

式中，$f_{i,Op}^{\mathrm{VPP}}$ 为第 i 个 VPP 的能源生产的成本；σ_{WT}、σ_{PV}、σ_{GT}、σ_{ES} 分别为风机、光伏、燃气轮机和蓄电池的运行成本系数；$P_{\mathrm{VPP}i,t}^{\mathrm{WT}}$、$P_{\mathrm{VPP}i,t}^{\mathrm{PV}}$、$P_{\mathrm{VPP}i,t}^{\mathrm{GT}}$ 分别为第 i 个 VPPt 时刻风机、光伏、燃气轮机的输出功率；$P_{\mathrm{VPP}i,\mathrm{ch},t}^{\mathrm{ES}}$、$P_{\mathrm{VPP}i,\mathrm{dh},t}^{\mathrm{ES}}$ 分别为第 i 个 VPPt 时刻蓄电池的充、放能功率。

各 VPP 与上级能源网、UESC 交易的成本表示为：

$$f_{i,\mathrm{Tra}}^{\mathrm{Grid}}=\sum_{t=1}^{T}(p_{\mathrm{VPP},e}^{\mathrm{Grid}}P_{\mathrm{VPP}i,e,t}^{\mathrm{Grid}})-\sum_{t=1}^{T}(p_{\mathrm{Grid},e}^{\mathrm{VPP}}P_{\mathrm{Grid},e,t}^{\mathrm{VPP}i}) \tag{8-29}$$

$$f_{i,\mathrm{Tra}}^{\mathrm{UESC}}=\sum_{t=1}^{T}(p_{\mathrm{VPP},e,t}^{\mathrm{UESC}}P_{\mathrm{VPP}i,e,t}^{\mathrm{UESC}})-\sum_{t=1}^{T}(p_{\mathrm{UESC},e,t}^{\mathrm{VPP}}P_{\mathrm{UESC},e,t}^{\mathrm{VPP}i}) \tag{8-30}$$

式中，$f_{i,\mathrm{Tra}}^{\mathrm{Grid}}$、$f_{i,\mathrm{Tra}}^{\mathrm{UESC}}$ 分别为第 i 个 VPP 与上级能源网、UESC 交易的成本；$p_{\mathrm{VPP},e}^{\mathrm{Grid}}$ 为 VPP 向上级能源网售能的电价；$p_{\mathrm{VPP}i,e,t}^{\mathrm{Grid}}$ 为 VPP 向上级能源网售卖的电功率；$p_{\mathrm{Grid},e}^{\mathrm{VPP}}$ 为 VPP 向上级能源网购能的电价；$P_{\mathrm{Grid},e,t}^{\mathrm{VPP}i}$ 为 VPP 向上级能源网购买的电功率；$p_{\mathrm{VPP},e,t}^{\mathrm{UESC}}$ 为 VPP 向 UESC 售能的电价；$P_{\mathrm{VPP}i,e,t}^{\mathrm{UESC}}$ 为 VPP 向 UESC 售卖的电功率；$p_{\mathrm{UESC},e,t}^{\mathrm{VPP}}$ 为 VPP 向 UESC 购能的电价；$P_{\mathrm{UESC},e,t}^{\mathrm{VPP}j}$ 为 VPP 向 UESC 购买的电功率。

各 VPP 与下层其他 VPP 互济的成本表示为：

$$f_{ij,\mathrm{Tra}}=\sum_{t=1}^{T}\sum_{j=1,j\neq i}^{N}(p_{ij,e,t}P_{\mathrm{VPP}i,e,t}^{\mathrm{VPP}j}) \tag{8-31}$$

式中，$f_{ij,\mathrm{Tra}}$ 为第 i 个 VPP 与其他 VPP 能量互济的成本；$p_{ij,e,t}$ 为 t 时刻第 i 个 VPP 与第 j 个 VPP 之间交易的电价；$P_{\mathrm{VPP}i,e,t}^{\mathrm{VPP}j}$ 为 t 时刻第 i 个 VPP 与第 j 个 VPP 之间交易的电功率，正值代表售卖，负值代表购买，N 表示下层集群中的 VPP 数量，这里取值为 5。

各 VPP 的碳交易成本为：

$$f_{i,CO_2}=\begin{cases}\lambda_c E_{VPPi}^{Tra} & E_{VPPi}^{Tra}\leqslant l_c\\ \lambda_c(1+\alpha_c)(E_{VPPi}^{Tra}-l_c)+\lambda_c l_c & l_c< E_{VPPi}^{Tra}\leqslant 2l_c\\ \lambda_c(1+2\alpha_c)(E_{VPPi}^{Tra}-2l_c)+\lambda_c(2+\alpha_c)l_c & 2l_c< E_{VPPi}^{Tra}\leqslant 3l_c\\ \lambda_c(1+3\alpha_c)(E_{VPPi}^{Tra}-3l_c)+\lambda_c(3+3\alpha_c)l_c & 3l_c< E_{VPPi}^{Tra}\leqslant 4l_c\\ \lambda_c(1+4\alpha_c)(E_{VPPi}^{Tra}-4l_c)+\lambda_c(4+6\alpha_c)l_c & E_{VPPi}^{Tra}>4l_c\end{cases}\tag{8-32}$$

8.2.1.2 上层 UESC 经济优化目标函数

UESC 在系统中不仅起到能量交易中介的作用，还可生产能源为系统供能，并参与双层系统的能量交易和碳交易。UESC 的运行成本主要包括：电能生产成本 f_{Op}^{UESC}，与 VPP 能量互济成本 f_{Tra}^{UESC}，以及碳交易成本 $f_{CO_2}^{UESC}$。其目标函数 F_{UESC} 表示为：

$$\min F_{UESC}=f_{Op}^{UESC}+f_{Tra}^{UESC}+f_{CO_2}^{UESC}\tag{8-33}$$

UESC 内能源生产的成本表示为：

$$f_{Op}^{UESC}=\sum_{t=1}^{T}(\sigma_{WT}P_{UESC,t}^{WT}+\sigma_{PV}P_{UESC,t}^{PV}+\sigma_{GT}P_{UESC,t}^{GT})\tag{8-34}$$

式中，f_{Op}^{UESC} 为 UESC 能源生产成本；$P_{UESC,t}^{WT}$、$P_{UESC,t}^{PV}$、$P_{UESC,t}^{GT}$ 分别为 UESC 内风机、光伏、燃气轮机 t 时刻的输出功率。

UESC 与下层 VPP 互济的成本表示为：

$$f_{Tra}^{UESC}=\sum_{t=1}^{T}\sum_{i=1}^{N}(p_{UESC,e,t}^{VPP}P_{UESC,e,t}^{VPPi}-p_{VPP,e,t}^{UESC}P_{VPPi,e,t}^{UESC})\tag{8-35}$$

通过所提 UESC 模型的形式对系统进行资源整合，UESC 的运行效益主要包括：电能生产成本 f_{Op}^{UESC}，与 VPP 能量互济收益 f_{Tra}^{UESC}，以及碳交易成本 $f_{CO_2}^{UESC}$。

UESC 的最大化效益表示为：

$$\max F_{UESC}=f_{Tra}^{UESC}-f_{Op}^{UESC}-f_{CO_2}^{UESC}\tag{8-36}$$

UESC 内能源生产成本表示为：

$$f_{Op}^{UESC}=\sum_{t=1}^{T}(\sigma_{WT}P_{UESC,t}^{WT}+\sigma_{PV}P_{UESC,t}^{PV}+\sigma_{GT}P_{UESC,t}^{GT})\tag{8-37}$$

与 VPP 能量互济收益同式(8-35) 所示。

8.2.1.3 UESC-VPP 双层系统优化约束条件

（1）机组运行约束

风机出力的上下限约束表示为：

$$0\leqslant P_{VPPi,t}^{WT}\leqslant P_{VPPi,\max}^{WT}\tag{8-38}$$

光伏出力的上下限约束表示为：

$$0\leqslant P_{VPPi,t}^{PV}\leqslant P_{VPPi,\max}^{PV}\tag{8-39}$$

燃气轮机运行时需同时满足出力的上下限约束和爬坡约束，表示为：

$$P^{GT}_{VPPi\min} \leqslant P^{GT}_{VPPi,t} \leqslant P^{GT}_{VPPi\max} \tag{8-40}$$

$$-\Delta P^{GT}_{VPPi} \leqslant P^{GT}_{VPPi,t} - P^{GT}_{VPPi,t-1} \leqslant \Delta P^{GT}_{VPPi} \tag{8-41}$$

式中，$P^{WT}_{VPPi,\max}$、$P^{PV}_{VPPi,\max}$ 分别为典型场景中风机、光伏的出力预测值；$P^{GT}_{VPPi,\min}$、$P^{GT}_{VPPi,\max}$ 分别为燃气轮机的最小、最大输出功率；ΔP^{GT}_{VPPi} 为燃气轮机的爬坡速率。

电、储能设备的容量起止平衡约束分别表示为：

$$P^{0}_{VPPi,ES} = P^{T}_{VPPi,ES} \tag{8-42}$$

式中，$P^{0}_{VPPi,ES}$ 为电储能设备的起始容量状态；$P^{T}_{VPPi,ES}$ 为电储能设备的终止容量状态。

电储能设备的充放能功率约束表示为：

$$\begin{cases} 0 \leqslant P^{ES}_{VPP,ch,t} \leqslant U^{ES}_{ch,t} P^{ES}_{ch,\max} \\ 0 \leqslant P^{ES}_{VPPt,dh,t} \leqslant U^{ES}_{dh,t} P^{ES}_{dh,\max} \\ 0 \leqslant U^{ES}_{ch,t} + U^{ES}_{dh,t} \leqslant 1 \\ U^{ES}_{ch,t} \in \{0,1\}, U^{ES}_{dh,t} \in \{0,1\} \end{cases} \tag{8-43}$$

式中，$U^{ES}_{ch,t}$、$U^{ES}_{dh,t}$ 分别为电储能设备 t 时刻的充放能状态位，用 0 和 1 变量约束充放能行为不能同时进行；$P^{ES}_{ch,\max}$、$P^{ES}_{dh,\max}$ 分别为电储能设备的最小、最大输出功率。

（2）电平衡约束

下层 VPP 的电功率平衡约束表示为：

$$\begin{aligned} \Phi^{e}_{VPPi,t} = & P^{WT}_{VPPi,t} + P^{PV}_{VPPi,t} + P^{GT}_{VPPi,e,t} + P^{ES}_{VPPi,dh,t} + P^{VPPi}_{Grid,e,t} + P^{VPPi}_{UESC,e,t} + \sum_{j=1,j\neq i}^{N} P^{VPPi}_{VPPj,e,t} \\ & - P^{Load}_{i,e,t} - P^{ES}_{VPPi,ch,t} - P^{Grid}_{VPPi,e,t} - P^{UESC}_{VPPi,e,t} - \sum_{j=1,j\neq i}^{N} P^{VPPj}_{VPPi,e,t} \end{aligned} \tag{8-44}$$

式中，$\Phi^{e}_{VPPi,t}$ 为第 i 个 VPP 的电平衡的标记位。

（3）能量交易及其价格约束

为下层 VPP 设定能量交易的最大、最小限额，保证能量的合理分配。防止其无限制互济，对 VPP 造成负荷压力，扰乱与上级能源网间的交易秩序。

VPP 与上级能源网、UESC 的能源交互量约束表示为：

$$\begin{cases} 0 \leqslant P^{Grid}_{VPPi,e,t} \leqslant P^{Grid}_{VPPi,e,\max} \\ 0 \leqslant P^{VPPi}_{Grid,e,t} \leqslant P^{VPPi}_{Grid,e,\max} \\ 0 \leqslant P^{UESC}_{VPPi,e,t} \leqslant P^{UESC}_{VPPi,e,\max} \\ 0 \leqslant P^{VPPi}_{UESC,e,t} \leqslant P^{VPPi}_{UESC,e,\max} \end{cases} \tag{8-45}$$

VPP 之间的能源交互量约束表示为：

$$-P_{Tra,e} \leqslant P^{VPPj}_{VPPi,e,t} \leqslant P_{Tra,e} \tag{8-46}$$

式中，$P^{Grid}_{VPPi,e,\max}$、$P^{VPPi}_{Grid,e,\max}$ 分别为 VPP 与上级能源网交互的电功率上限；$P^{UESC}_{VPPi,e,\max}$、

$P_{\text{UESC},e,\max}^{\text{VPP}i}$ 分别为 VPP 与 UESC 交互的电功率上限；$P_{\text{Tra},e}$ 为 VPP 之间交互的功率上限。

为保证下层 VPP 集群能量互济的合理性与公平性，促进联盟合作的顺利进行，优先考虑各 VPP 间的内部交易。规定 VPP 间的能量交易价格要低于上级能源网络的能量交易价格，也要低于 UESC-VPP 间的能量交易价格。VPP 向上级能源网和 UESC 出售能量的价格均低于向其购入能量的价格。

VPP、UESC、上级能源网之间能量交易价格的约束条件表示为：

$$p_{ij,e,t} \leqslant p_{\text{UESC},e}^{\text{VPP}} \leqslant p_{\text{Grid},e}^{\text{VPP}} \tag{8-47}$$

$$\begin{cases} p_{\text{VPP},e}^{\text{Grid}} \leqslant p_{\text{Grid},e}^{\text{VPP}} \\ p_{\text{VPP},e}^{\text{UESC}} \leqslant p_{\text{UESC},e}^{\text{VPP}} \end{cases} \tag{8-48}$$

8.2.1.4 下层 VPP 集群效益模型

（1）目标函数

各 VPP 主体的最大化效益 F_i 表示为：

$$\max F_i = f_{i,\text{Sell}} + f_{i,\text{Tra}} - f_{i,\text{Op}}^{\text{VPP}} - f_{i,\text{CO}_2} - f_{i,\text{DR}} \tag{8-49}$$

各 VPP 向自身负荷售能的收益表示为：

$$f_{i,\text{Sell}} = \sum_{t=1}^{T} (p_{\text{VPP},e} P_{i,e,t}^{\text{Load}}) \tag{8-50}$$

式中，$f_{i,\text{Sell}}$ 为第 i 个 VPP 向自身负荷售能的收益；$P_{i,e,t}^{\text{Load}}$ 为第 i 个 VPP 在 t 时刻所需供应的电负荷；$p_{\text{VPP},e}$ 为统一协商制定的 VPP 向用户售能的电价。

各 VPP 的综合需求响应成本即为可转移型电负荷，表示为：

$$f_{i,\text{DR}} = f_{i,e,\text{DR}} \tag{8-51}$$

各 VPP 内能源生产成本同式(8-28) 所示，与上级能源网、UESC 交易及其他 VPP 能量互济成本同式(8-29)～式(8-31) 所示，碳交易成本同式(8-32) 所示。

（2）约束条件

考虑电负荷需求响应的 VPP 电功率平衡约束表示为：

$$\begin{aligned} & P_{\text{VPP}i,t}^{\text{WT}} + P_{\text{VPP}i,t}^{\text{PV}} + P_{\text{VPP}i,e,t}^{\text{GT}} + P_{\text{VPP}i,\text{dh},t}^{\text{ES}} + P_{\text{Grid},e,t}^{\text{VPP}i} + P_{\text{UESC},e,t}^{\text{VPP}i} + \sum_{i=1,j\neq i}^{N} P_{\text{VPP}j,e,t}^{\text{VPP}i} \\ = & P_{i,e,t}^{\text{Load}} + P_{i,e,t}^{\text{Tra}} + P_{\text{VPP}i,\text{ch},t}^{\text{ES}} + P_{\text{VPP}i,e,t}^{\text{Grid}} + P_{\text{VPP}i,e,t}^{\text{UESC}} + \sum_{i=1,j\neq i}^{N} P_{\text{VPP}i,e,t}^{\text{VPP}j} \end{aligned} \tag{8-52}$$

其他分布在 VPP 集群中运行的各机组的约束条件同式(8-38)～式(8-43) 所示，针对考虑需求响应的下层 VPP 集群效益模型的建立如上文所示，下文将详细介绍上层 UESC 的效益模型。

8.2.1.5 上层 UESC 效益模型

（1）目标函数

通过所提 UESC 模型的形式对 VPP 集群进行资源整合，UESC 的运行效益主要包括：

电能生产成本 $f_{\mathrm{Op}}^{\mathrm{UESC}}$，与 VPP 能量互济收益 $f_{\mathrm{Tra}}^{\mathrm{UESC}}$，以及碳交易成本 $f_{\mathrm{CO_2}}^{\mathrm{UESC}}$。

UESC 的最大化效益表示为：

$$\max F_{\mathrm{UESC}}=f_{\mathrm{Tra}}^{\mathrm{UESC}}-f_{\mathrm{Op}}^{\mathrm{UESC}}-f_{\mathrm{CO_2}}^{\mathrm{UESC}} \tag{8-53}$$

UESC 内能源生产成本同式(8-34) 所示，与 VPP 能量互济收益同式(8-35) 所示。

（2）约束条件

UESC 系统内部各机组运行约束同式(8-38)～式(8-41) 所示，能量交易及其价格约束同式(8-45)～式(8-48) 所示。

8.2.1.6 UESC-VPP 集群合作运行纳什议价模型

UESC-VPP 集群中，每个 VPP 和 UESC 都是独立且理性的个体，代表着不同的利益集团，各主体需要通过联盟合作来实现社会效益最大化。能量交互时，要考虑自身利益最大化，他们之间也存在着竞争关系。在这种合作竞争的关系中，利益分配变得非常复杂。因此，为确保各方利益都能得到平衡，应制定公平合理的价格机制，协商利益分配方式，深入分析研究并找到最优的解决方案。

纳什议价模型是一种有效解决多主体系统集群中资源分配问题的方法。在满足系统整体效益最优的前提下，每个主体都根据自身的能量需求和供应能力的约束条件来制定最优的交互策略，通过集体理性和社会优化的原则求解纳什均衡，得到一个公平且高效的资源分配方案，使得每个参与者都获得帕累托最优解，为综合能源系统集群的合作运行提供了重要的理论参考和方法指导。

根据上文中关于标准纳什议价问题的定义，系统集群的合作运行纳什议价模型可表示为：

$$\begin{cases}\max(F_{\mathrm{UESC}}-F_{\mathrm{UESC}}^{0})\prod\limits_{i=1}^{N}(F_i-F_i^0)\\ s.t.\ F_{\mathrm{UESC}}\geqslant F_{\mathrm{UESC}}^{0},F_i\geqslant F_i^0\end{cases} \tag{8-54}$$

式中，F_{UESC}^{0}、F_i^0 分别为 UESC 和第 i 个 VPP 的纳什谈判破裂点，即各主体只与上级能源网交互的，参与互济合作前的运行效益；$F_{\mathrm{UESC}}-F_{\mathrm{UESC}}^{0}$、$F_i-F_i^0$ 分别为 UESC 和第 i 个 VPP 合作交互运行后增加的系统效益。

寻求纳什乘积最大化的解，即纳什谈判博弈问题的均衡解，使各主体达成帕累托最优。

第 i 个 VPP 的谈判破裂点模型表示为：

$$\begin{cases}\max F_i^0=f_{i,\mathrm{Sell}}+f_{i,\mathrm{Tra}}^{\mathrm{Grid}}-f_{i,\mathrm{Op}}^{\mathrm{VPP}}-f_{i,\mathrm{CO_2}}-f_{i,\mathrm{DR}}\\ s.t.\ P_{\mathrm{VPP}i,t}^{\mathrm{WT}}+P_{\mathrm{VPP}i,t}^{\mathrm{PV}}+P_{\mathrm{VPP}i,e,t}^{\mathrm{GT}}+P_{\mathrm{VPP}i,\mathrm{dh},t}^{\mathrm{ES}}+P_{\mathrm{Grid},e,t}^{\mathrm{VPP}i}=P_{\mathrm{VPP}i,\mathrm{ch},t}^{\mathrm{ES}}+P_{\mathrm{VPP}i,e,t}^{\mathrm{Grid}}\end{cases} \tag{8-55}$$

UESC 的谈判破裂点模型表示为：

$$\max F_{\mathrm{UESC}}^{0}=-f_{\mathrm{Op}}^{\mathrm{UESC}}-f_{\mathrm{CO_2}}^{\mathrm{UESC}} \tag{8-56}$$

上述谈判破裂点模型均可直接使用商业求解器快速求解，找到全局最优解，并提供一些额外功能来支持决策过程。

在优化系统的协同运行中，解决合作博弈问题的核心在于达成合作联盟效益最大化以及个体利益的再分配，按顺序确定最佳的能源交易量和交易价格，通常采用两阶段的 ADMM 算法进行求解。主体间交互迭代过程反映多方博弈的互动，各主体可以在优化自身利益的同时，并在信息隐私得到保护的情况下，达成合作最优解。在充分考虑各方利益的前提下，也符合实际系统中多方博弈的特点，ADMM 算法对于提高求解的效率和实用性具有积极作用。

在典型的 UESC-VPP 集群完全分布式优化方法中，合作博弈的主体为下层各 VPP 和上层 UESC，其两阶段分布式优化运行策略如图 8-3 所示。

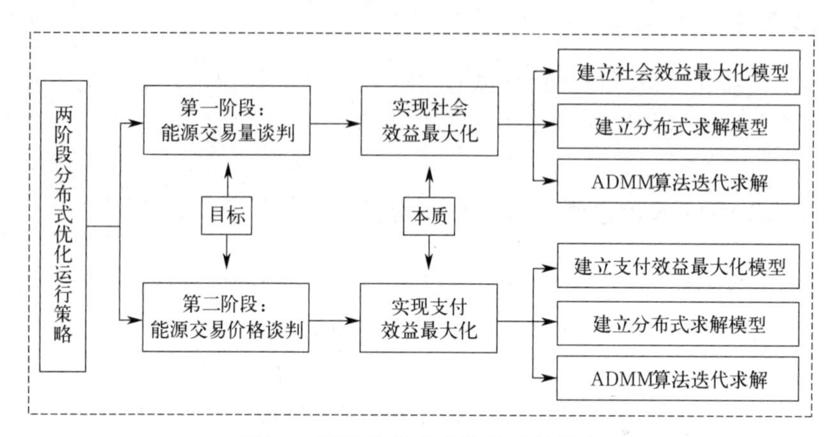

图 8-3　两阶段分布式优化运行策略

8.2.1.7　一阶段：能源交易量谈判分布式优化模型

实现 VPP 系统合作运行的第一阶段是能源交易量谈判。各 VPP 通过内部设置的能量管理系统整合用户负荷数据，初步制订自身的日前负荷计划，旨在通过分布式优化来传递自身期望的最佳能源交易量，进行各主体间的能量互济互补，实现能源的有效利用和高效分配，从而达成 UESC-VPP 集群社会效益最大化的目标。

为了保证社会效益最大化模型中各主体之间购售能功率的平衡，需要引入辅助变量来解耦各主体之间的能量交易。

$$P_{\mathrm{VPP}i,e,t}^{\mathrm{VPP}j}=-P_{\mathrm{VPP}j,e,t}^{\mathrm{VPP}i} \tag{8-57}$$

$$P_{\mathrm{VPP}i,e,t}^{\mathrm{UESC}}=-P_{\mathrm{UESC},e,t}^{\mathrm{VPP}i} \tag{8-58}$$

式中，$P_{\mathrm{VPP}j,e,t}^{\mathrm{VPP}i}$ 为 t 时刻第 j 个 VPP 供应给第 i 个 VPP 的电功率，其中 $i,j\in N$ 且 $i\neq j$。当交易的电功率满足上式时，表示第 i 个 VPP 与第 j 个 VPP 达成了自主交易的共识。UESC-VPP 之间交易功率的解耦过程也同理，如式(8-58) 所示。

完成变量解耦转化后，取式(8-8) 的相反式，将社会效益最大化的求解问题转化为求解最小值问题，得到关于第一阶段能源交易量谈判的 ADMM 算法分布式优化模型。

UESC 的分布式优化模型表示为：

$$\begin{aligned}\min L_u=&\sum_{i=1}^{N}(f_{\mathrm{Op}}^{\mathrm{UESC}}+f_{\mathrm{CO_2}}^{\mathrm{UESC}})+\sum_{t=1}^{T}\sum_{j=1}^{N}[\lambda_{\mathrm{UESC}i,e,t}(P_{\mathrm{VPP}i,e,t}^{\mathrm{UESC}}+P_{\mathrm{UESC},e,t}^{\mathrm{VPP}i})\\&+\frac{\rho_1}{2}\|P_{\mathrm{VPP}i,e,t}^{\mathrm{UESC}}+P_{\mathrm{UESC},e,t}^{\mathrm{VPP}i}\|_2^2]\end{aligned} \tag{8-59}$$

VPP 的分布式优化模型表示为：

$$\min L_i = (f_{i,\mathrm{Op}}^{\mathrm{VPP}} + f_{i,\mathrm{CO_2}} + f_{i,\mathrm{DR}}) + \sum_{t=1}^{T}\sum_{j=1,i\neq j}^{N}[\lambda_{ij,e,t}(P_{\mathrm{VPP}i,e,t}^{\mathrm{VPP}j} + P_{\mathrm{VPP}j,e,t}^{\mathrm{VPP}i})$$
$$+\frac{\rho_1}{2}\| P_{VPP\mathrm{i,e,t}}^{VPP\mathrm{j}} + P_{VPP\mathrm{j,e,t}}^{VPP\mathrm{i}} \|_2^2] + \sum_{\mathrm{t}=1}^{\mathrm{T}}\sum_{\mathrm{j}=1}^{\mathrm{N}}[\lambda_{UESC\mathrm{i,e,t}}(P_{VPP\mathrm{i,e,t}}^{UESC} + P_{UESC,\mathrm{e,t}}^{VPP\mathrm{i}})$$
$$+\frac{\rho_1}{2}\| P_{VPP\mathrm{i,e,t}}^{UESC} + P_{UESC,\mathrm{e,t}}^{VPP\mathrm{i}} \|_2^2] \tag{8-60}$$

式中，L_u、L_i 分别为对 UESC、VPP 构造的增广拉格朗日函数；$\lambda_{ij,e,t}$ 为 VPP 集群间电交易的对偶变量，$\lambda_{\mathrm{UESC}i,e,t}$ 为 VPP-UESC 间电交易的对偶变量；ρ_1 为惩罚因子。

更新 UESC 优化变量的过程表示为：

$$P_{\mathrm{VPP}i,e,t}^{\mathrm{UESC},k+1} = \underset{P_{\mathrm{VPP}i,e,t}^{\mathrm{UESC},k}}{\arg\min} L_u^1(P_{\mathrm{VPP}i,e,t}^{\mathrm{UESC},k}, P_{\mathrm{UESC},e,t}^{\mathrm{VPP}i,k}, \lambda_{\mathrm{UESC}i,e,t}^{k}) \tag{8-61}$$

更新 VPP 优化变量的过程表示为：

$$\begin{cases}\begin{pmatrix}P_{\mathrm{UESC},e,t}^{\mathrm{VPP}i,k+1}\\ P_{\mathrm{VPP}i,e,t}^{\mathrm{VPP}j,k+1}\end{pmatrix} = \underset{\substack{P_{\mathrm{UESC},e,t}^{\mathrm{VPP}i,k}\\ P_{\mathrm{VPP}i,e,t}^{\mathrm{VPP}j,k}}}{\arg\min} L_i^1(P_{\mathrm{VPP}i,e,t}^{\mathrm{VPP}j,k}, P_{\mathrm{VPP}j,e,t}^{\mathrm{VPP}i,k}, P_{\mathrm{VPP}i,e,t}^{\mathrm{UESC},k+1}, \lambda_{ij,e,t}^{k}, \lambda_{\mathrm{UESC}i,e,t}^{k})\\ \begin{pmatrix}P_{\mathrm{UESC},e,t}^{\mathrm{VPP}j,k+1}\\ P_{\mathrm{VPP}j,e,t}^{\mathrm{VPP}i,k+1}\end{pmatrix} = \underset{\substack{P_{\mathrm{UESC},e,t}^{\mathrm{VPP}j,k}\\ P_{\mathrm{VPP}j,e,t}^{\mathrm{VPP}i,k}}}{\arg\min} L_j^1(P_{\mathrm{VPP}j,e,t}^{\mathrm{VPP}i,k}, P_{\mathrm{VPP}i,e,t}^{\mathrm{VPP}j,k}, P_{\mathrm{VPP}j,e,t}^{\mathrm{UESC},k+1}, \lambda_{ji,e,t}^{k}, \lambda_{\mathrm{UESC}j,e,t}^{k})\end{cases} \tag{8-62}$$

式中，k 为迭代更新的次数。

更新对偶变量的过程表示为：

$$\begin{cases}\lambda_{\mathrm{UESC}i,e,t}^{k+1} = \lambda_{\mathrm{UESC}i,e,t}^{k} + \rho_1(P_{\mathrm{VPP}i,e,t}^{\mathrm{UESC},k+1} + P_{\mathrm{UESC},e,t}^{\mathrm{VPP}i,k+1})\\ \lambda_{ij,e,t}^{k+1} = \lambda_{ij,e,t}^{k} + \rho_1(P_{\mathrm{VPP}i,e,t}^{\mathrm{VPP}j,k+1} + P_{\mathrm{VPP}j,e,t}^{\mathrm{VPP}i,k+1})\end{cases} \tag{8-63}$$

迭代收敛的终止条件：

$$\begin{cases}\sum_{t=1}^{T}\sum_{i=1}^{N}\| P_{\mathrm{VPP}i,e,t}^{\mathrm{UESC},k+1} + P_{\mathrm{UESC},e,t}^{\mathrm{VPP}i,k+1}\|_2^2 \leqslant \varepsilon_1\\ \sum_{t=1}^{T}\sum_{i=1}^{N}\| P_{\mathrm{VPP}i,e,t}^{\mathrm{VPP}j,k+1} + P_{\mathrm{VPP}j,e,t}^{\mathrm{VPP}i,k+1}\|_2^2 \leqslant \varepsilon_1\end{cases} \tag{8-64}$$

式中，ε_1 为残差收敛精度。

8.2.1.8　二阶段：能源交易价格谈判分布式优化模型

实现 VPP 系统合作运行的第二阶段是能源交易价格谈判。为保证各主体互济过程中的购、售能价格一致，引入辅助变量对各主体之间能源交易价格的耦合变量进行解耦。本文构建的下层集群包含五个（超过两个）VPP，在解耦过程中需要额外引入共享变量。

$$p_{ij,e,t} = p_{ji,e,t} = z_{ij,e,t} \tag{8-65}$$

$$p_{\mathrm{ies},e,t}^{\mathrm{UESC}} = p_{\mathrm{UESC},e,t}^{\mathrm{VPP}} = z_{\mathrm{UESC},e,t} \tag{8-66}$$

式中，$z_{ij,e,t}$ 为 t 时刻第 i 个 VPP 和第 j 个 VPP 之间电功率互济价格的共享变量；$z_{\mathrm{UESC},e,t}$ 为 UESC-VPP 之间电功率互济价格的共享变量。

完成变量解耦转化后，取式(8-9) 的相反式，将支付效益最大化的求解问题转化为求解最小值问题，得到关于第二阶段能源交易价格谈判的 ADMM 算法分布式优化模型。

UESC 的分布式优化模型表示为：

$$\begin{cases}\min L_u^2 = -\ln\sum_{t=1}^{T}\sum_{i=1}^{N}(p_{\mathrm{UESC},e,t}^{\mathrm{VPP}}P_{\mathrm{UESC},e,t}^{\mathrm{VPP}i^*} - p_{\mathrm{VPP},e,t}^{\mathrm{UESC}}P_{\mathrm{VPP}i,e,t}^{\mathrm{UESC}^*}) - f_{\mathrm{Op}}^{\mathrm{UESC}^*} - f_{\mathrm{CO_2}}^{\mathrm{UESC}^*} - F_{\mathrm{UESC}}^{0} \\ \qquad + \sum_{t=1}^{T}\sum_{i=1}^{N}\left[\psi_{\mathrm{UESC},e,t}(p_{\mathrm{UESC},e,t}^{\mathrm{VPP}} - z_{\mathrm{UESC},e,t}) + \frac{\rho_2}{2}\|p_{\mathrm{UESC},e,t}^{\mathrm{VPP}} - z_{\mathrm{UESC},e,t}\|_2^2\right] \\ f_{\mathrm{Tra}}^{\mathrm{UESC}} - f_{\mathrm{Op}}^{\mathrm{UESC}^*} - f_{\mathrm{CO_2}}^{\mathrm{UESC}^*} \geqslant F_{\mathrm{UESC}}^{0}\end{cases} \tag{8-67}$$

VPP 的分布式优化模型表示为：

$$\begin{cases}\min L_i^2 = -\ln[f_{i,\mathrm{Sell}}^{*} + f_{i,\mathrm{Tra}}^{\mathrm{Grid}^*} + \sum_{t=1}^{T}\sum_{i=1}^{N}(p_{\mathrm{UESC},e,t}^{\mathrm{VPP}}P_{\mathrm{UESC},e,t}^{\mathrm{VPP}i^*} \\ \qquad - p_{\mathrm{VPP},e,t}^{\mathrm{UESC}}P_{\mathrm{VPP}i,e,t}^{\mathrm{UESC}^*}) + \sum_{t=1}^{T}\sum_{i=1,j\neq i}^{N}(p_{ij,e,t}P_{\mathrm{VPP}i,e,t}^{\mathrm{VPP}j}) \\ \qquad - f_{i,\mathrm{Op}}^{\mathrm{VPP}^*} - f_{i,\mathrm{CO_2}}^{*} - f_{i,\mathrm{DR}}^{*} - F_i^0] + \sum_{t=1}^{T}\sum_{i=1,j\neq i}^{N}[\psi_{ij,e,t}(p_{ij,e,t} - z_{ij,e,t}) \\ \qquad + \frac{\rho_2}{2}\|p_{ij,e,t} - z_{ij,e,t}\|_2^2] + \sum_{t=1}^{T}\sum_{i=1}^{N}[\psi_{i,e,t}(p_{\mathrm{VPP},e,t}^{\mathrm{UESC}} - z_{\mathrm{UESC},e,t}) \\ \qquad + \frac{\rho_2}{2}\|p_{\mathrm{VPP},e,t}^{\mathrm{UESC}} - z_{\mathrm{UESC},e,t}\|_2^2] \\ s.t.\ f_{i,\mathrm{Sell}}^{*} + f_{i,\mathrm{Tra}}^{\mathrm{Grid}^*} + f_{i,\mathrm{Tra}}^{\mathrm{UESC}} + f_{ij,\mathrm{Tra}} - f_{i,\mathrm{Op}}^{\mathrm{VPP}^*} - f_{i,\mathrm{CO_2}}^{*} - f_{i,\mathrm{DR}}^{*} \geqslant F_i^0\end{cases} \tag{8-68}$$

式中，代入的 * 标变量为社会效益最大化的最优解；$\psi_{ij,e,t}$ 为第 i 个 VPP 关于 VPP 集群间电能交易价格的共享变量的对偶变量；$\psi_{i,e,t}$ 为第 i 个 VPP 关于 UESC-VPP 间能量交易价格的共享变量的对偶变量；$\psi_{\mathrm{UESC},e,t}$ 为 UESC 关于 UESC-VPP 间能量交易价格的共享变量的对偶变量；ρ_2 为惩罚因子。

更新 UESC 优化变量的过程表示为：

$$p_{\mathrm{UESC},e,t}^{\mathrm{VPP},k+1} = \underset{p_{\mathrm{UESC},e,t}^{\mathrm{VPP},k}}{\arg\min} L_u^2(p_{\mathrm{UESC},e,t}^{\mathrm{VPP},k}, z_{\mathrm{UESC},e,t}^{k}, \psi_{\mathrm{UESC},e,t}^{k}) \tag{8-69}$$

更新 VPP 优化变量的过程表示为：

$$\begin{aligned}(p_{ij,e,t}^{k+1}, p_{\mathrm{VPP},e,t}^{\mathrm{UESC},k+1}) &= \underset{p_{ij,e,t}^{k}, p_{\mathrm{VPP},e,t}^{\mathrm{UESC},k}}{\arg\min} L_i^2(p_{ij,e,t}^{k}, p_{\mathrm{VPP},e,t}^{\mathrm{UESC},k}, z_{\mathrm{UESC},e,t}^{k}, z_{ij,e,t}^{k}, \psi_{ij,e,t}^{k}, \psi_{i,e,t}^{k}) \\ (p_{ji,e,t}^{k+1}, p_{\mathrm{VPP},e,t}^{\mathrm{UESC},k+1}) &= \underset{p_{ji,e,t}^{k}, p_{\mathrm{VPP},e,t}^{\mathrm{UESC},k}}{\arg\min} L_j^2(p_{ji,e,t}^{k}, p_{\mathrm{VPP},e,t}^{\mathrm{UESC},k}, z_{\mathrm{UESC},e,t}^{k}, z_{ij,e,t}^{k}, \psi_{ji,e,t}^{k}, \psi_{j,e,t}^{k})\end{aligned} \tag{8-70}$$

更新对偶变量的过程表示为：

$$\begin{cases}\psi_{\mathrm{UESC},e,t}^{k+1} = \psi_{\mathrm{UESC},e,t}^{k} + \rho_2(p_{\mathrm{UESC},e,t}^{\mathrm{VPP},k+1} - z_{\mathrm{UESC},e,t}^{k+1}) \\ \psi_{ij,e,t}^{k+1} = \psi_{ij,e,t}^{k} + \rho_2(p_{ij,e,t}^{k+1} - z_{ij,e,t}^{k+1}) \\ \psi_{i,e,t}^{k+1} = \psi_{i,e,t}^{k} + \rho_2(p_{\mathrm{VPP},e,t}^{\mathrm{UESC},k+1} - z_{\mathrm{UESC},e,t}^{k+1})\end{cases} \tag{8-71}$$

迭代收敛的终止条件：

$$\begin{cases}\sum_{t=1}^{T}\sum_{i=1}^{N}\|p_{\mathrm{UESC},e,t}^{\mathrm{VPP},k+1}-z_{\mathrm{UESC},e,t}^{k+1}\|_2^2\leqslant\varepsilon_2\\ \sum_{t=1}^{T}\sum_{i=1}^{N}\|p_{\mathrm{VPP},e,t}^{\mathrm{UESC},k+1}-z_{\mathrm{UESC},e,t}^{k+1}\|_2^2\leqslant\varepsilon_2\\ \sum_{t=1}^{T}\sum_{i=1}^{N}\|p_{ij,e,t}^{k+1}-z_{ij,e,t}^{k+1}\|_2^2\leqslant\varepsilon_2\end{cases}\tag{8-72}$$

式中，ε_2 为残差收敛精度。

8.2.1.9　ADMM 分布式算法求解流程

UESC-VPP 集群的两阶段分布式优化运行求解流程如图 8-4 所示。

8.2.2　面向电-碳联合交易的虚拟电厂合作博弈模型

在多虚拟电厂分布式交易架构下，虚拟电厂的电力供应可以通过四种渠道获得：电网购电、新能源发电、储能放电和分布式交易市场购电；其电力供应主要由固定负荷、可时移负荷、向分布式交易市场售电和上网服务四部分组成；并网运行模式下的 VPP 控制拓扑如图 8-5 所示。其中储能系统通过存储电能并适时释放达到低碳经济的调节效果。虚拟电厂电-碳联合交易优化模型的总体目标为总成本最小和碳排放最少，可等效为该虚拟电厂的电资产和碳资产总额最少。其中电资产包括电网购电成本、储能系统运维成本、柔性负荷参与需求响应舒适度成本、电交易成本（或收益）、风光发电上网服务收益和柔性负荷参与需求响应收益；碳资产包括碳交易总成本（或收益）和碳排放奖惩费用，对电资产和碳资产分别建模如下。

8.2.2.1　电资产

（1）电网购电成本

$$\begin{cases}f_{i,t}^{\mathrm{G}}=\lambda_t^{\mathrm{G}}P_{i,t}^{\mathrm{G}}\\ P_{i,t}^{\mathrm{G}}=P_{i,t}^{\mathrm{G\text{-}L}}+P_{i,t}^{\mathrm{G\text{-}cha}}\\ 0\leqslant P_{i,t}^{\mathrm{G}}\leqslant \max P_{i,t}^{\mathrm{G}}\end{cases}\tag{8-73}$$

式中，λ_t^{G} 为电网分时电价；$P_{i,t}^{\mathrm{G}}$ 为虚拟电厂 i 在时刻 t 的电网购电功率。

（2）电交易成本

$$\begin{cases}f_{i,t}^{\mathrm{P\text{-}P2P}}=\lambda_t^{\mathrm{P\text{-}P2P}}\sum_{j=1,j\neq i}^{N}P_{i,j,t}^{\mathrm{P2P}}\\ U_{i,t}^{\mathrm{sP\text{-}P2P}}+U_{i,t}^{\mathrm{bP\text{-}P2P}}\leqslant 1\\ -\max P_{i,j,t}^{\mathrm{P2P}}U_{i,t}^{\mathrm{sP\text{-}P2P}}\leqslant P_{i,j,t}^{\mathrm{P2P}}\leqslant \max P_{i,j,t}^{\mathrm{P2P}}U_{i,t}^{\mathrm{bP\text{-}P2P}},\forall i,j\neq i\end{cases}\tag{8-74}$$

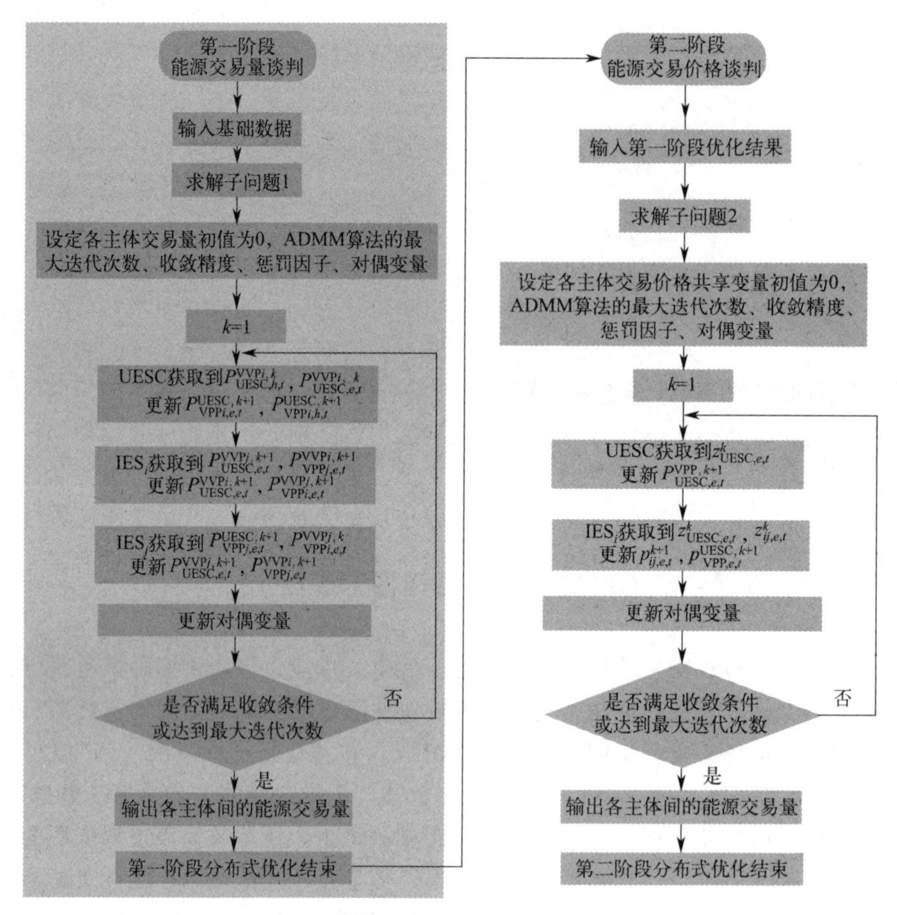

图 8-4　基于 ADMM 算法的两阶段分布式优化运行求解流程

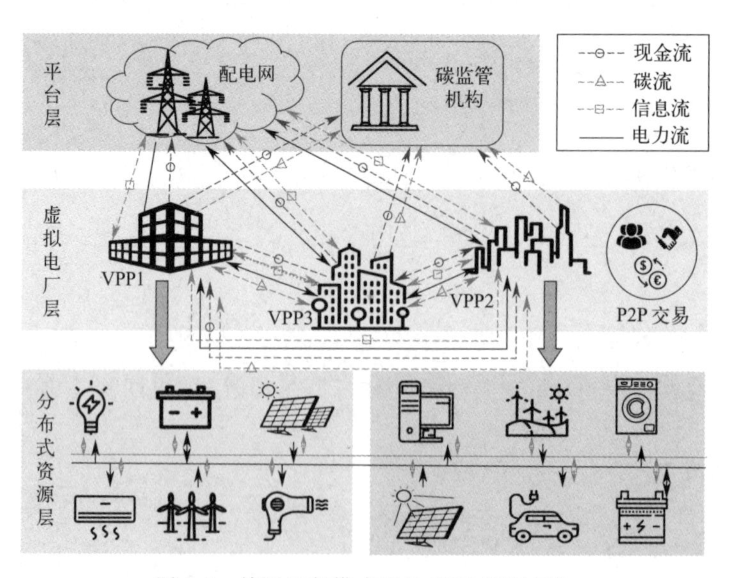

图 8-5　并网运行模式下的 VPP 控制拓扑

$$\begin{cases} P_{i,j,t}^{\text{P2P}} = 0, \forall i = j \\ P_{i,j,t}^{\text{P2P}} + P_{j,i,t}^{\text{P2P}} = 0, \forall i, j \neq i \end{cases} \tag{8-75}$$

式中，$\lambda_t^{\text{P-P2P}}$ 为分布式交易市场的交易电价；$P_{i,j,t}^{\text{P2P}}$ 为虚拟电厂 i 与虚拟电厂 j 在时刻 t 的交易电量；$\sum_{j=1,\ j\neq i}^{N} P_{i,\ j,\ t}^{\text{P2P}}$ 为正值时表示时刻 t 下的电力交易总量为正，即虚拟电厂对外表现为电力购买者，$\sum_{j=1,\ j\neq i}^{N} P_{i,\ j,\ t}^{\text{P2P}}$ 为负值时表示时刻 t 下的电力交易总量为负，即虚拟电厂对外表现为电力售卖者；$U_{i,t}^{\text{sP-P2P}}$ 和 $U_{i,t}^{\text{bP-P2P}}$ 分别为分布式交易中的电能买卖布尔变量，第三项为各主体间分布式交易电量上下限约束。

（3）上网服务收益

$$\begin{cases} r_{i,t}^{G} = \lambda^{\text{WT-G}} P_{i,t}^{\text{WT-G}} + \lambda^{\text{PV-G}} P_{i,t}^{\text{PV-G}} \\ 0 \leqslant P_{i,t}^{\text{WT-G}} + P_{i,t}^{\text{PV-G}} \leqslant \max P_{i,t}^{\text{G}} \end{cases} \tag{8-76}$$

式中，$\lambda^{\text{WT-G}}$ 和 $\lambda^{\text{PV-G}}$ 分别为风电和光伏的上网电价；$P_{i,t}^{\text{WT-G}}$ 和 $P_{i,t}^{\text{PV-G}}$ 分别为风电和光伏上网电量。

第二项为新能源上网总量上下限约束。

8.2.2.2 碳资产

$$\begin{cases} f_i^{\text{C-P2P}} = \lambda^{\text{C-P2P}} \sum_{j=1,j\neq i}^{N} C_{i,j}^{\text{P2P}} \\ U_i^{\text{sC-P2P}} + U_i^{\text{bC-P2P}} \leqslant 1 \\ -\max C_{i,j}^{\text{P2P}} U_i^{\text{sC-P2P}} \leqslant C_{i,j}^{\text{P2P}} \leqslant \max C_{i,j}^{\text{P2P}} U_i^{\text{bC-P2P}}, \forall i, j \neq i \end{cases} \tag{8-77}$$

$$\begin{cases} C_{i,j}^{\text{P2P}} = 0, \forall i = j \\ C_{i,j}^{\text{P2P}} + C_{j,i}^{\text{P2P}} = 0, \forall i, j \neq i \end{cases} \tag{8-78}$$

式中，$\lambda^{\text{C-P2P}}$ 为分布式交易市场交易碳价；$C_{i,j}^{\text{P2P}}$ 为虚拟电厂 i 和 j 的交易碳配额。

这里我们规定一个完整调度周期内仅有一次碳交易，因此交易碳配额与时间无关，仅与交易主体有关，第二项约束确保碳交易中同一时刻虚拟电厂 i 仅为单一的买或卖方，其中，$U_i^{\text{sC-P2P}}$ 和 $U_i^{\text{bC-P2P}}$ 分别为分布式交易的碳配额买、卖标志量，第三项为各主体间分布式交易碳配额上下限约束。

8.2.2.3 目标函数与运行约束

除上文已提到的各分布式资源的运行约束外，虚拟电厂 i 在每一时刻还需保持其内部电功率供需平衡，故有：

$$P_{i,t}^{\text{WT-L}}+P_{i,t}^{\text{PV-L}}+\sum_{j=1,j\neq i}^{N}P_{i,j,t}^{\text{P2P}}+P_{i,t}^{\text{G-L}}+P_{i,t}^{\text{dis}}=P_{i,t}^{\text{cha}}+P_{i,t}^{\text{IL}}+P_{i,t}^{\text{TL}} \tag{8-79}$$

式中，$P_{i,t}^{\text{IL}}$ 为非柔性负荷量。

综上，得出虚拟电厂 i 的目标函数 F_i

$$F_i=\sum_{t=1}^{T}(f_{i,t}^{\text{G}}+f_{i,t}^{\text{ES}}+f_{i,t}^{\text{PSY}}+f_{i,t}^{\text{P-P2P}}-r_{i,t}^{\text{G}}-r_{i,t}^{\text{FL}}-r_{i,t}^{\text{TL}})+(f_i^{\text{C-P2P}}+f_i^{\text{CO}_2}) \tag{8-80}$$

式(8-80)为凸函数，可以使用标准凸优化工具在本地并行求解，其解包括虚拟电厂 i 和 j 之间的最优交易决策 $P_{i,j,t}^{\text{P2P}}$ 和 $C_{i,j}^{\text{P2P}}$。但单一虚拟电厂的交易决策无法满足全局最优，因此我们采用分布式优化算法来解决这一问题。

8.2.2.4 原始-对偶-ADMM 分布式交易策略

为了更好地适应所提出的多虚拟电厂分布式交易架构，避免集中式调度所带来的计算缓慢、易单点故障和隐私泄露等问题，本节设计了一种原始对偶-ADMM 分布式求解算法解决多虚拟电厂电-碳联合分布式交易优化模型。该算法首先由各虚拟电厂云平台生成包含交易策略的最优低碳调度计划，然后将调度计划中的交易信息发送至联盟区块链，联盟区块链根据各虚拟电厂的电量或碳配额供求关系通过智能合约进行修正求解，再将修正信息反馈回各虚拟电厂生成修正策略，如此通过在各虚拟电厂云平台和联盟区块链智能合约间的循环迭代求得各虚拟电厂最优能源调度计划和交易计划。

电-碳联合交易优化模型要解决的是在电-碳联合交易背景下，得到各虚拟电厂满足交易平衡约束的日前最优调度计划。为此，我们设计了一种原始对偶-ADMM 能源管理算法。该算法的基本思想是将有约束的原始优化问题通过 ADMM 分布式求解方法分解为一系列无约束子问题求解，利用对偶变量反映所有约束条件。首先为每个虚拟电厂 i 的交易决策设置对应的辅助变量 $\bar{P}_{i,j,t}^{\text{P2P}}$、$\bar{C}_{i,j}^{\text{P2P}}$ 来分别对应替代每次迭代时虚拟电厂 i 的电-碳交易决策 $P_{i,j,t}^{\text{P2P}}$ 和 $C_{i,j}^{\text{P2P}}$，因此，类比于约束式(8-76)和式(8-78)，每个辅助变量也应满足约束式(8-81)和式(8-82)。

$$\begin{cases}\bar{P}_{i,j,t}^{\text{P2P}}=P_{i,j,t}^{\text{P2P}},\forall i,j\in N,i\neq j,\forall t\in T\\ \bar{P}_{i,j,t}^{\text{P2P}}=0,\forall i,j\in N,i=j,\forall t\in T\\ \bar{P}_{i,j,t}^{\text{P2P}}+\bar{P}_{j,i,t}^{\text{P2P}}=0,\forall i,j\in N,i\neq j,\forall t\in T\end{cases} \tag{8-81}$$

$$\begin{cases}\bar{C}_{i,j}^{\text{P2P}}=C_{i,j}^{\text{P2P}},\forall i,j\in N,i\neq j\\ \bar{C}_{i,j}^{\text{P2P}}=0,\forall i,j\in N,i=j\\ \bar{C}_{i,j}^{\text{P2P}}+\bar{C}_{j,i}^{\text{P2P}}=0,\forall i,j\in N,i\neq j\end{cases} \tag{8-82}$$

随后分别引入电、碳交易的对偶变量 $\varphi_{i,j,t}^{\text{P-P2P}}$、$\varphi_{i,j}^{\text{C-P2P}}$ 和惩罚参数 ρ^{P}、ρ^{C}，并推导出优化问题的增广拉格朗日函数：

$$L=\sum_{i=1}^{N}\left\{F_i+\sum_{j=1}^{N}\sum_{t=1}^{T}\left[\varphi_{i,j,t}^{\text{P-P2P}}(\bar{P}_{i,j,t}^{\text{P2P}}-P_{i,j,t}^{\text{P2P}})+\frac{\rho^{\text{P}}}{2}\|\bar{P}_{i,j,t}^{\text{P2P}}-P_{i,j,t}^{\text{P2P}}\|^2\right]\right.$$
$$\left.+\sum_{j=1}^{N}\left[\varphi_{i,j}^{\text{C-P2P}}(\bar{C}_{i,j}^{\text{P2P}}-C_{i,j}^{\text{P2P}})+\frac{\rho^{\text{C}}}{2}\|\bar{C}_{i,j}^{\text{P2P}}-C_{i,j}^{\text{P2P}}\|^2\right]\right\} \tag{8-83}$$

其中，式(8-83) 中的 F_i 代表各 VPP 本地最优经济调度模型，后面两项分别表示分布式市场下电和碳的最优交易模型。该公式的解就是满足交易约束的全局最优调度结果。但是，若直接求解该公式需建立一个新的数据库，将所有 VPP 的调度信息和交易决策统一收集集中求解，一旦某一信息传输通道或数据库受到攻击将会造成大量用户隐私泄露。因此，为加快求解速度，减轻交易中心的计算压力，保证用户信息安全，采用 ADMM 分布式求解方法将上述增广拉格朗日函数分解为一个全局问题和若干个并行的本地问题。其中本地问题由每个虚拟电厂局部解决。

具体来说，第 k 次迭代时，各虚拟电厂基于 $k-1$ 次迭代求得的给定的 $\bar{P}_{i,j,t}^{\text{P2P}}[k-1]$、$\bar{C}_{i,j}^{\text{P2P}}[k-1]$ 和 $\varphi_{i,j,t}^{\text{P-P2P}}[k-1]$、$\varphi_{i,j}^{\text{C-P2P}}[k-1]$ 各自并行求解如下最优调度计划，得到所聚合的各分布式资源每一时刻的调度计划和 k 次交易计划。

$$\min\left\{F_i+\sum_{j=1}^{N}\sum_{t=1}^{T}\left[-\varphi_{i,j,t}^{\text{P-P2P}}[k-1]P_{i,j,t}^{\text{P2P}}[k]+\frac{\rho^{\text{P}}}{2}\|\bar{P}_{i,j,t}^{\text{P2P}}[k-1]-P_{i,j,t}^{\text{P2P}}[k]\|^2\right]\right.$$
$$\left.+\sum_{j=1}^{N}\left[-\varphi_{i,j}^{\text{C-P2P}}[k-1]C_{i,j}^{\text{P2P}}[k]+\frac{\rho^{C}}{2}\|\bar{C}_{i,j}^{\text{P2P}}[k-1]-C_{i,j}^{\text{P2P}}[k]\|^2\right]\right\} \tag{8-84}$$

全局优化仅从各虚拟电厂本地优化结果中接收第 k 次最优交易决策 $P_{i,j,t}^{\text{P2P}}[k]$ 和 $C_{i,j}^{\text{P2P}}[k]$，但每对 VPP 间的交易决策并不满足交易平衡约束。因此全局优化在此基础上更新辅助变量 $\bar{P}_{i,j,t}^{\text{P2P}}[k]$、$\bar{C}_{i,j}^{\text{P2P}}[k]$ 和对偶变量 $\varphi_{i,j,t}^{\text{P-P2P}}[k]$、$\varphi_{i,j}^{\text{C-P2P}}[k]$，再将更新后的辅助变量和对偶变量送回给各虚拟电厂以进行 $k+1$ 次最优能量调度求解，使各虚拟电厂的交易决策逐渐逼近满足交易平衡约束的解

$$\min\left\{\sum_{i=1}^{N}\left[\sum_{j=1}^{N}\sum_{t=1}^{T}\left(\varphi_{i,j,t}^{\text{P-P2P}}[k]\bar{P}_{i,j,t}^{\text{P2P}}[k]+\frac{\rho^{P}}{2}\|\bar{P}_{i,j,t}^{\text{P2P}}[k]-P_{i,j,t}^{\text{P2P}}[k]\|^2\right)\right.\right.$$
$$\left.\left.+\sum_{j=1}^{N}\left(\varphi_{i,j}^{\text{C-P2P}}[k]\bar{C}_{i,j}^{\text{P2P}}[k]+\frac{\rho^{C}}{2}\|\bar{C}_{i,j}^{\text{P2P}}[k]-C_{i,j}^{\text{P2P}}[k]\|^2\right)\right]\right\} \tag{8-85}$$

采用 ADMM 将式(8-85) 等价分解为辅助变量 $\bar{P}_{i,j,t}^{\text{P2P}}$、$\bar{C}_{i,j}^{\text{P2P}}$ 和对偶变量 $\varphi_{i,j,t}^{\text{P-P2P}}$、$\varphi_{i,j}^{\text{C-P2P}}$ 的迭代求解式(8-86) 和式(8-87)，且循环迭代本地优化式(8-84) 和全局优化式(8-86)、式(8-87)。

辅助变量更新：

$$\begin{cases}\bar{P}_{i,j,t}^{\text{P2P}}[k]=\dfrac{1}{2\rho^{\text{P}}}[\rho^{\text{P}}(P_{i,j,t}^{\text{P2P}}[k]-P_{j,i,t}^{\text{P2P}}[k])-(\varphi_{i,j,t}^{\text{P-P2P}}[k-1]-\varphi_{j,i,t}^{\text{P-P2P}}[k-1])]\\ \bar{C}_{i,j}^{\text{P2P}}[k]=\dfrac{1}{2\rho^{\text{C}}}[\rho^{\text{C}}(C_{i,j}^{\text{P2P}}[k]-C_{j,i}^{\text{P2P}}[k])-(\varphi_{i,j}^{\text{C-P2P}}[k-1]-\varphi_{j,i}^{\text{C-P2P}}[k-1])]\end{cases} \tag{8-86}$$

对偶变量更新：

$$\begin{cases}\varphi_{i,j,t}^{\text{P-P2P}}[k]=\varphi_{i,j,t}^{\text{P-P2P}}[k-1]+\rho^{\text{P}}(\bar{P}_{i,j,t}^{\text{P2P}}[k]-P_{i,j,t}^{\text{P2P}}[k])\\ \varphi_{i,j}^{\text{C-P2P}}[k]=\varphi_{i,j}^{\text{C-P2P}}[k-1]+\rho^{\text{C}}(\bar{C}_{i,j}^{\text{P2P}}[k]-C_{i,j}^{\text{P2P}}[k])\end{cases} \tag{8-87}$$

定义辅助变量 $\bar{P}_{i,j,t}^{\text{P2P}}$、$\bar{C}_{i,j}^{\text{P2P}}$ 与其替代的交易决策 $P_{i,j,t}^{\text{P2P}}$、$C_{i,j}^{\text{P2P}}$ 间的欧氏距离 ε_{k1} 为收敛准则之一。

$$\begin{cases}\sum_{i=1}^{N}\sum_{j=1}^{N}\sum_{t=1}^{T}\|\bar{P}_{i,j,t}^{\text{P2P}}-P_{i,j,t}^{\text{P2P}}\|<\varepsilon_1\\ \sum_{i=1}^{N}\sum_{j=1}^{N}\|\bar{C}_{i,j}^{\text{P2P}}-C_{i,j}^{\text{P2P}}\|<\varepsilon_1\end{cases} \tag{8-88}$$

定义对偶变量在第 k 次和第 $k-1$ 次迭代的差值 ε_{k2} 小于收敛阈值 ε_2 为第二收敛准则。

$$\begin{cases}\sum_{i=1}^{N}\sum_{j=1}^{N}\sum_{t=1}^{T}\|\varphi_{i,j,t}^{\text{P-P2P}}[k]-\varphi_{i,j,t}^{\text{P-P2P}}[k-1]\|<\varepsilon_2\\ \sum_{i=1}^{N}\sum_{j=1}^{N}\|\varphi_{i,j}^{\text{C-P2P}}[k]-\varphi_{i,j}^{\text{C-P2P}}[k-1]\|<\varepsilon_2\end{cases} \tag{8-89}$$

当上述两个收敛准则都满足时，即各 VPP 本地调度优化求得的交易决策与满足交易平衡的全局优化求得的交易决策无限接近，此时原问题和对偶问题将收敛于原优化问题［式(8-80)］的最优解，即达到交易平衡，输出各虚拟电厂的最优日前调度结果。完整原始-对偶-ADMM 分布式优化算法流程如图 8-6 所示。

参数预设：迭代次数 k；收敛条件 ε_1、ε_2；对偶变量：$\varphi_{i,j,t}^{\text{P-P2P}}$、$\varphi_{i,j}^{\text{C-P2P}}$；辅助变量 $\bar{P}_{i,j,t}^{\text{P2P}}$、$\bar{C}_{i,j}^{\text{P2P}}$

输入：预测负荷 P_{it}^{IL}；预测新能源出力 P_{it}^{RE}；网侧动态碳排放因子 ω_t；电网购电分时电价 λ_t^{G}；分布式交易电价 $\lambda_t^{\text{P-P2P}}$、碳价 $\lambda^{\text{C-P2P}}$；初始碳配额 C_0

输出：各 VPP 日前调度计划｛$P_{i,t}^{\text{RE-L}}$(新能源自用量)、$P_{i,t}^{\text{RE-G}}$(新能源上网量)、$P_{i,t}^{\text{RE-cha}}$(新能源充电量)、$P_{i,t}^{\text{G}}$(电网购电量)、$P_{i,t}^{\text{dis}}$(储能放电量)、$P_{i,t}^{\text{cha}}$(储能充电量)、$P_{i,t}^{\text{FL}}$(可削减负荷量)、$P_{i,t}^{\text{TL}}$(可时移负荷量)｝；电-碳交易决策 $P_{i,j,t}^{\text{P2P}}$、$C_{i,j}^{\text{P2P}}$

1 $k=1$；$\varepsilon_1=\varepsilon_2=10^{-3}$；$\varphi_{i,j,t}^{\text{P-P2P}}=\varphi_{i,j}^{\text{C-P2P}}=0$；$\bar{P}_{i,j,t}^{\text{P2P}}=\bar{C}_{i,j}^{\text{P2P}}=0(\forall i,j\in N,\forall t\in T)$；
2 ***while*** $\varepsilon_{k2}>\varepsilon_2$ ***or*** $\varepsilon_{k1}>\varepsilon_1$，***do***
3 　***for*** $\text{VPP}_i(\forall i\in N)$，***do***
4 　　(1)读取预测负荷 $P_{i,t}^{\text{IL}}$；预测新能源出力 $P_{i,t}^{\text{RE}}(\forall i\in N,\forall t\in T)$；网侧动态碳排放因子 ω_t；电-碳交易决策 $P_{i,j,t}^{\text{P2P}}$、$C_{i,j}^{\text{P2P}}$
5 　　(2)对储能系统进行低碳调度实现排放套利
6 　　(3)更新储能系统充放电量 $P_{i,t}^{\text{cha}}$、$P_{i,t}^{\text{dis}}$；更新新能源充电量 $P_{i,t}^{\text{RE-cha}}(\forall i\in N,\forall t\in T)$
7 　　(4)读取电网购电分时电价 λ_t^{G}；分布式交易电价 $\lambda_t^{\text{P-P2P}}$、分布式交易碳价 $\lambda_t^{\text{C-P2P}}$；初始碳配额 C_0
　　　对偶变量 $\varphi_{i,j,t}^{\text{P-P2P}}[k-1]$、$\varphi_{i,j}^{\text{C-P2P}}[k-1]$；辅助变量 $\bar{P}_{i,j,t}^{\text{P2P}}[k-1]$、$\bar{C}_{i,j}^{\text{P2P}}[k-1]$
8 　　(5)更新 VPP_i 内部调度计划及交易策略
9 　　(6)上传电-碳交易决策 $P_{i,j,t}^{\text{P2P}}$、$C_{i,j}^{\text{P2P}}$ 至智能合约
10 　***end***
11 　　交易平台，***do***
12 　　(1)接收所有 VPP_i 的电-碳交易决策 $P_{i,j,t}^{\text{P2P}}$、$C_{i,j}^{\text{P2P}}$
13 　　(2)更新辅助变量 $\bar{P}_{i,j,t}^{\text{P2P}}[k]$、$\bar{C}_{i,j}^{\text{P2P}}[k]$
14 　　(3)更新对偶变量 $\varphi_{i,j,t}^{\text{P-P2P}}[k-1]$、$\varphi_{i,j}^{\text{C-P2P}}[k-1]$
15 　　(4)反馈辅助变量、对偶变量至各对应 VPP_i
16 　　(5)$k=k+1$
17 ***end***

图 8-6　完整原始-对偶-ADMM 分布式优化算法流程

8.3 虚拟电厂电力/电-碳博弈交易的算例分析

8.3.1 虚拟电厂电力合作博弈交易算例分析

为验证本章所提 UESC-VPP 集群系统结构和优化算法的有效性，设置以下四种仿真场景对比分析。

场景一：阶梯式碳交易机制下，不考虑综合需求响应，UESC-VPP 集群以统一定价机制能量互济。

场景二：阶梯式碳交易机制下，考虑综合需求响应，下层 VPP 独立运行，只与上级能源网存在能量交互，即纳什谈判破裂点。

场景三：阶梯式碳交易机制下，考虑综合需求响应，引入上层 UESC，下层 VPP 与上级能源网、UESC 存在能量交互。

场景四：阶梯式碳交易机制下，考虑综合需求响应，UESC-VPP 集群基于纳什议价机制能量互济。

现设置系统中具有 5 个 VPP，分别为：工业 VPP、商业 VPP、居民 VPP、学校 VPP、医院 VPP。

8.3.1.1 VPP 优化结果分析

（1）电负荷需求响应优化结果（图 8-7～图 8-11）

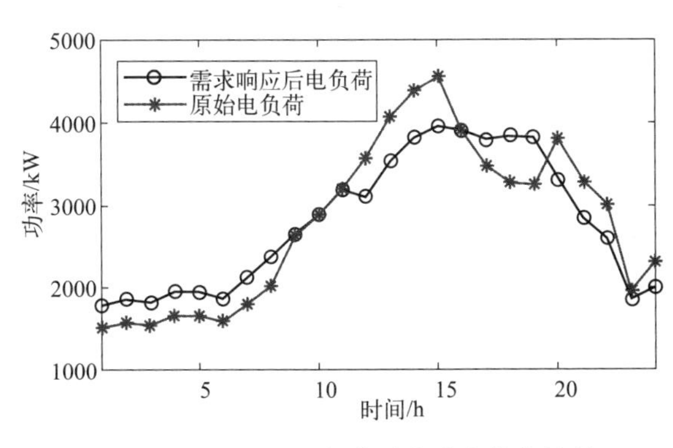

图 8-7　工业 VPP 电负荷需求响应优化结果

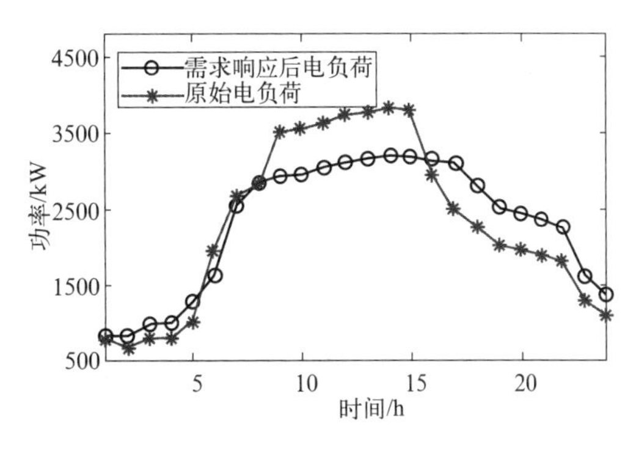

图 8-8　商业 VPP 电负荷需求响应优化结果

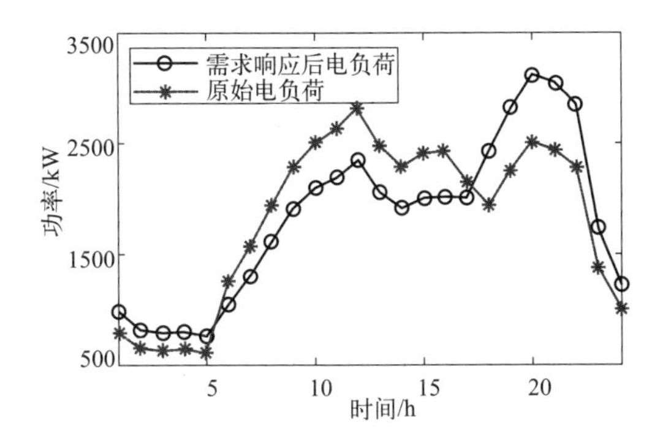

图 8-9　居民 VPP 电负荷需求响应优化结果

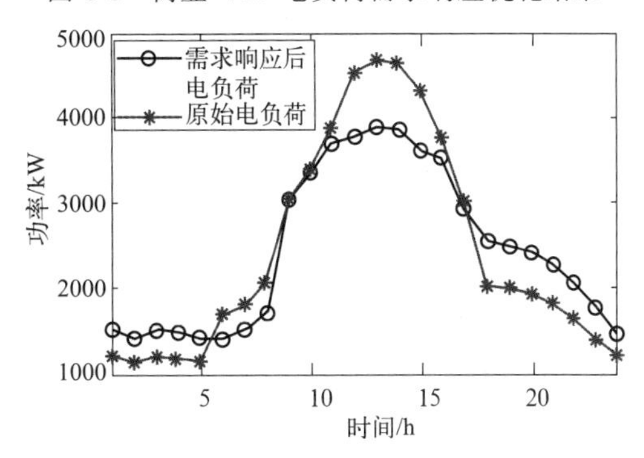

图 8-10　学校 VPP 电负荷需求响应优化结果

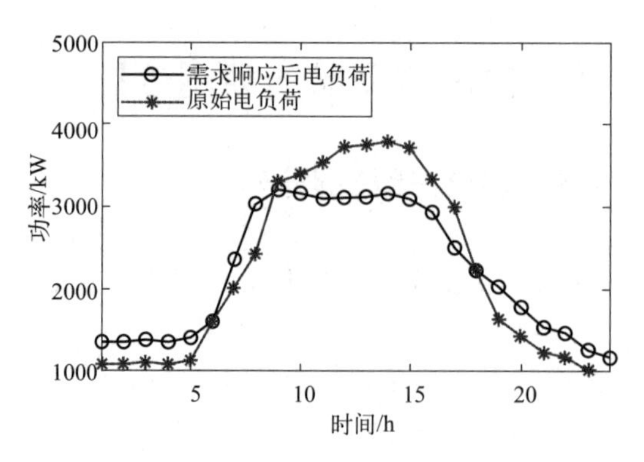

图 8-11　医院 VPP 电负荷需求响应优化结果

（2）不同场景下优化结果对比

各 VPP 主体在不同运行场景下的优化结果如表 8-1 所示。

相较于场景二，场景三引入 UESC 后，各 VPP 的运行效益均有所提升。其中，工业 VPP、商业 VPP、居民 VPP、学校 VPP、医院 VPP 的运行效益分别增加 0.23%、0.78%、0.91%、1.19%、0.23%。工业 VPP 向 UESC 售电收益为 1820.66 元，其他 VPP 均需向 UESC 购电，即 UESC 产生的效益总和为 9822.33 元。系统社会效益由 196561.19 元增加到 207463.25，总体提升 5.55%。集群碳交易成本总共增加 305.97 元，但相较于提升的社会效益可忽略不计。

综合需求响应运行模式下，下层集群共增加了 1247.71 元需求响应成本，碳交易总成本相对降低 20.17%，运行效益相对增加 8.52%。合作运行模式下，各 VPP 在不损害自身利益的前提下进行电功率交互，碳配额共享，其中工业 VPP、商业 VPP、居民 VPP、学校 VPP、医院 VPP 的运行效益分别增加 3386.93 元、8289.14 元、3126.61 元、1070.73 元、1866.8 元。

表 8-1　各 VPP 主体在不同运行场景下的优化结果

场景	VPP	效益/元	发电/元	城市能源网交互/元	UESC 交互/元	需求响应/元	碳交易/元
一	工业	71302.43	530.73	896.52	841.49	—	18956.57
	商业	37654.84	523.02	−1760.74	−397.41	—	19265.24
	居民	28014.62	527.66	−1177.75	272.36	—	19375.19
	学校	30950.49	519.48	−552.69	584.65	—	19206.36
	医院	40193.66	507.90	−2239.05	−289.97	—	19507.23
二	工业	68421.26	416.16	2926.37	—	168.03	7391.53
	商业	35731.74	496.33	−6508.32	—	252.00	18901.36
	居民	22531.93	480.78	−7973.66	—	281.22	24222.17
	学校	28543.14	516.25	−8231.20	—	282.06	30778.43
	医院	41333.12	461.16	−2910.05	—	253.89	14546.04
三	工业	68579.23	416.05	1296.83	1820.66	165.86	7450.55
	商业	36012.13	502.47	−2753.20	−3501.04	253.72	18901.40
	居民	22736.74	483.65	−6074.45	−1624.76	277.55	24292.62
	学校	28883.10	519.80	−3785.81	−4130.55	278.31	30753.50
	医院	41429.72	466.44	−2081.93	−565.98	256.11	14747.43

续表

场景	VPP	效益/元	发电/元	城市能源网交互/元	UESC交互/元	需求响应/元	碳交易/元
四	工业	74689.36	514.50	1050.37	989.99	186.40	15146.39
	商业	45943.98	507.29	−1531.53	−227.22	248.51	15367.60
	居民	31141.23	503.50	−1025.86	320.52	260.89	15417.34
	学校	32021.22	507.28	−316.82	687.82	264.27	15357.50
	医院	42060.46	503.50	−1947.03	−190.66	287.64	15590.89

8.3.1.2 VPP 合作运行优化结果分析

(1) 合作运行优化结果

合作运行下各 VPP 电能优化功率平衡图如图 8-12～图 8-16 所示。通过电能优化结果可知，0:00—5:00 以及 16:00—24:00 两个时段，工业 VPP 的需求电负荷处在中低水平，充足的风电、光伏出力能够满足其用电需求，且燃气轮机在达到负荷需求的同时也会产生过剩的电能。因此，为防止弃电，促进清洁能源消纳，工业 VPP 会将富余电能出售给其他 VPP，实现能量共享。另外，在 12：00—15：00 这一时段，各 VPP 均有向 UESC 和城市电网售电的行为。正午时段，光伏出力处于全天的最高水平，各 VPP 均进行电储能，并在用能需求大、阶梯电价贵的时段进行储能放电，实现自身运行收益的最大化。

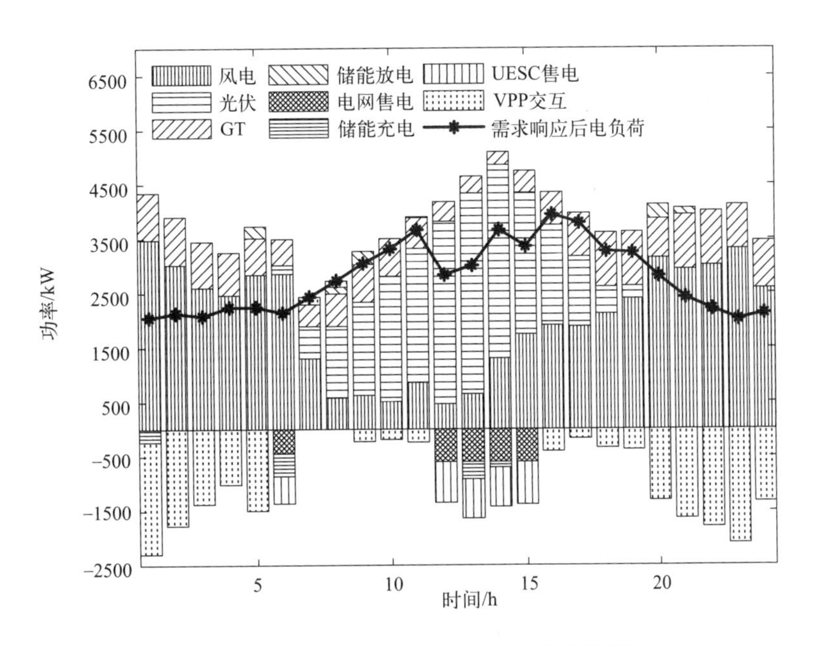

图 8-12　场景四中工业 VPP 电功率平衡图

(2) VPP 合作运行的电能互济情况

合作运行下各 VPP 电能互济功率情况如图 8-17 所示。

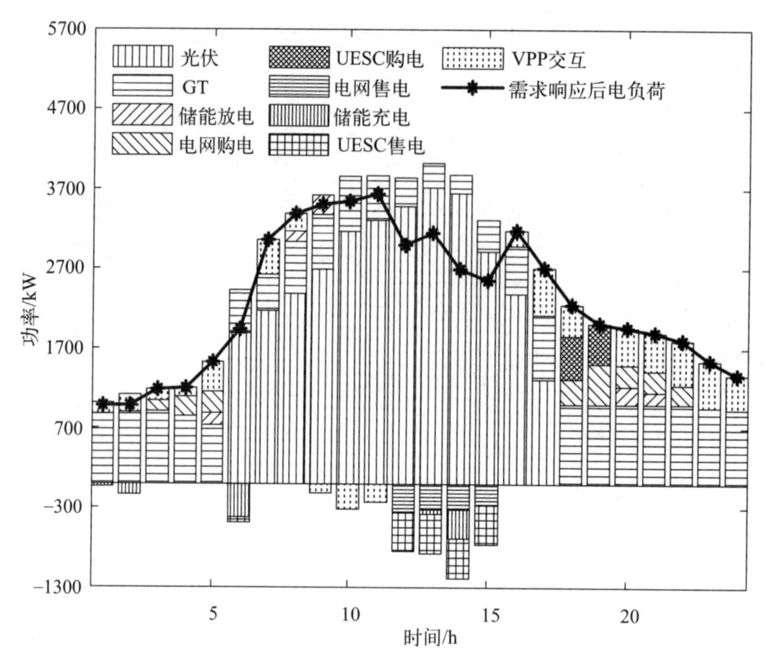

图 8-13　场景四中商业 VPP 电功率平衡图

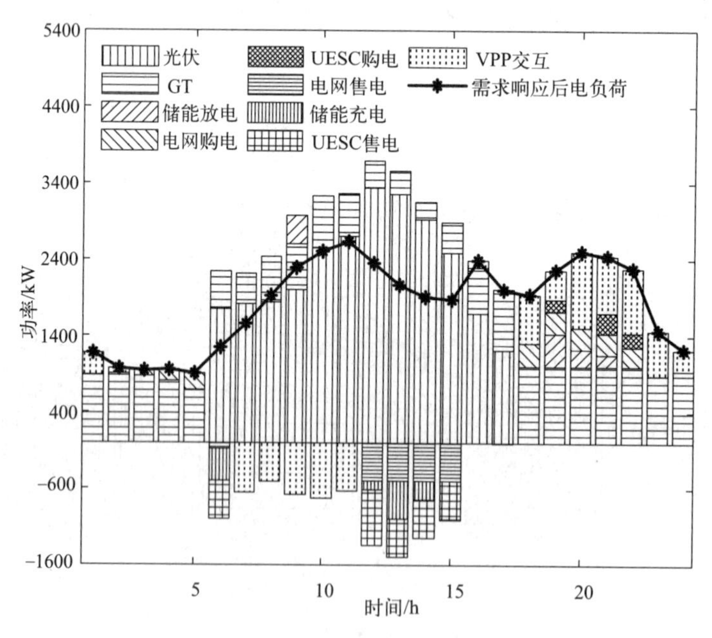

图 8-14　场景四中居民 VPP 电功率平衡图

（3） VPP 合作运行的电能交易价格

合作运行下各 VPP 之间的电能交易价格如图 8-18 所示。由图可知，VPP 间的电能交易价格均低于城市能源网和 UESC 出售能源的价格，而高于城市能源网和 UESC 回购能源的价格。由此可得出结论，系统下层各 VPP 在能量互济、协同运行的过程中，均可获得效益。

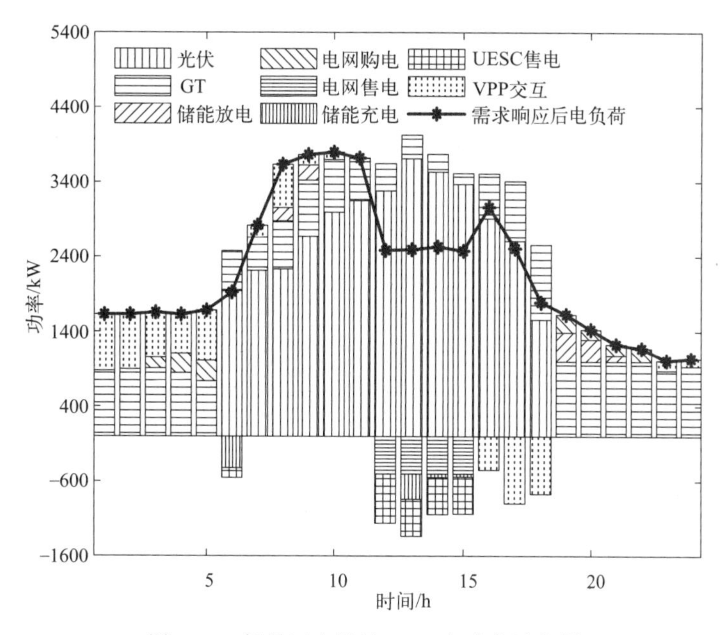

图 8-15　场景四中学校 VPP 电功率平衡图

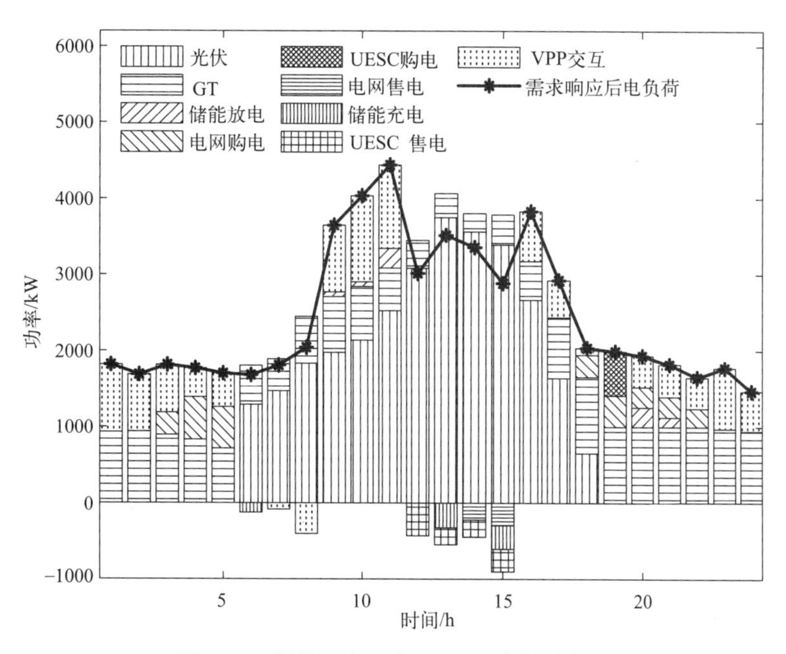

图 8-16　场景四中医院 VPP 电功率平衡图

8.3.2　虚拟电厂电-碳合作博弈交易算例分析

为了评估低碳调度模式下电-碳联合分布式交易模型的有效性，本书基于中国北方某省 10 月份多虚拟电厂园区能源数据，构建了由 6 个不同运行特性的虚拟电厂组成的多虚拟电厂电一碳联合优化交易体系并在 MATLAB 中进行仿真验证。其中，各虚拟电厂间的连接结构和它们所聚合的资源分布如图 8-19 所示。各虚拟电厂的属性和分布式资源配置参数如表 8-2 所示。所有的储能系统都不受地理和气候的影响。选取该地区某典型冬季日下各虚拟电厂的可再生能源输出进行仿真。设置 $k_1=0.1$、$k_2=0.05$、$k_3=0.9$、$k_4=0.009$，ε_1 和 ε_2 为 1×10^{-4}，碳惩罚基准价格 γ^+ 为 100 元/kg，惩罚增长率 μ 为 1 元/kg，碳排放累进阶梯 C_c 为 50 元/kg，碳排放交易价格为 170 元/kg；惩罚因子 $\rho^P=\rho^C=0.1$，收敛阈值 $\varepsilon_1=\varepsilon_2=1\times10^{-4}$。

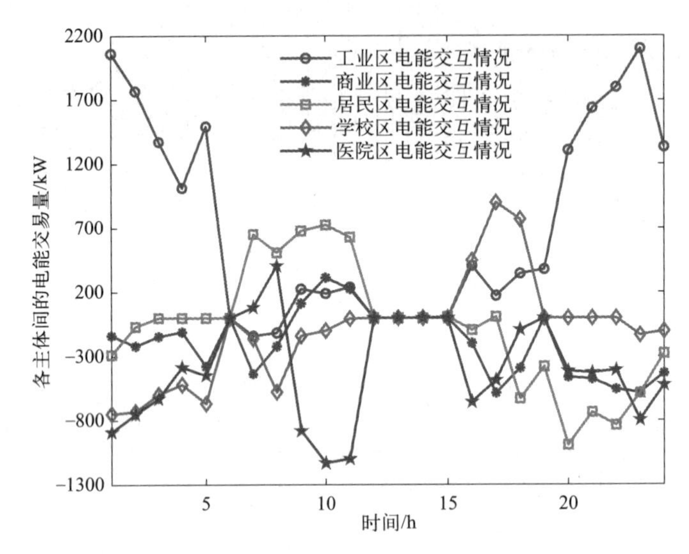

图 8-17　场景四中 VPP 电能互济功率情况

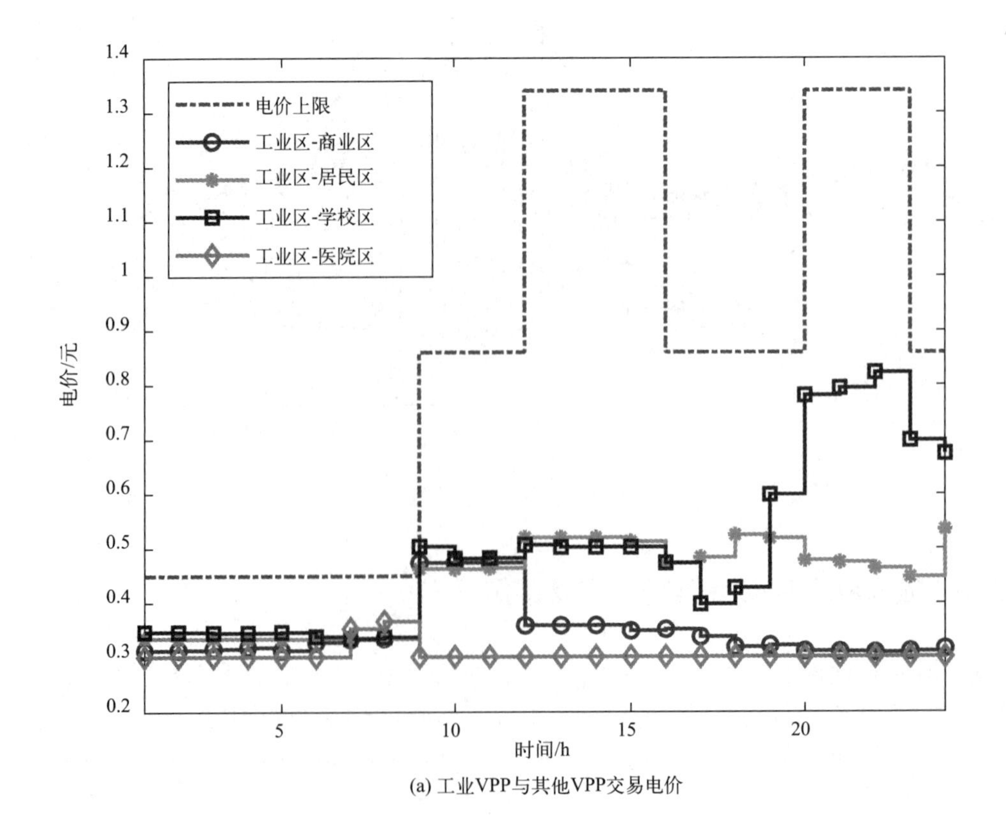

(a) 工业VPP与其他VPP交易电价

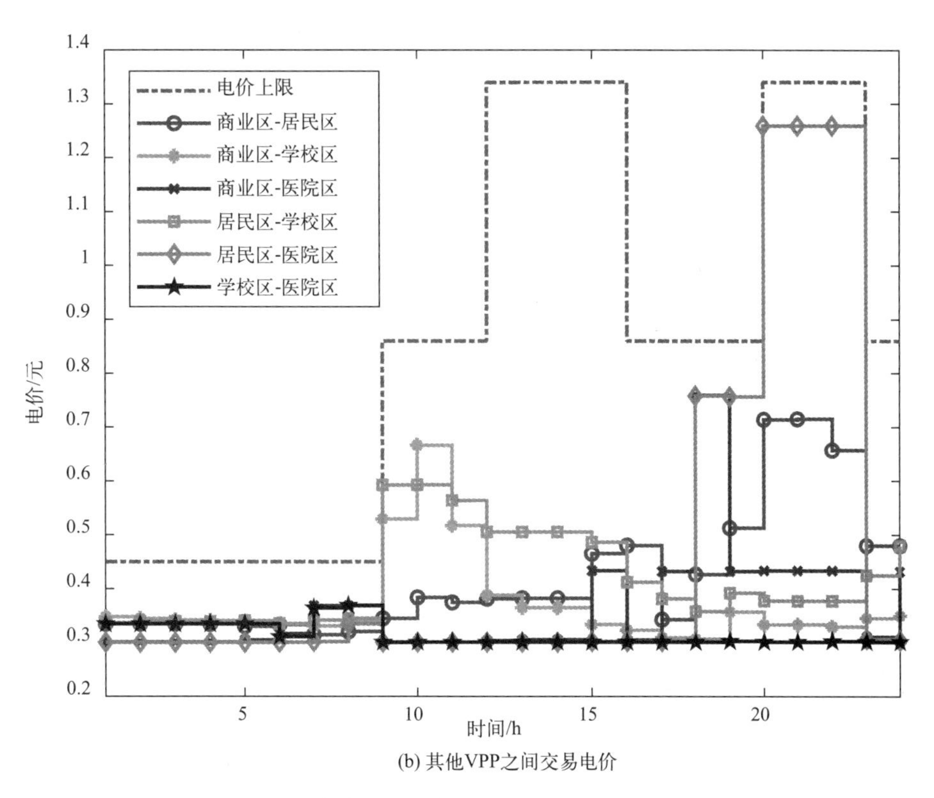

(b) 其他VPP之间交易电价

图 8-18　合作运行下各 VPP 之间的电能交易价格

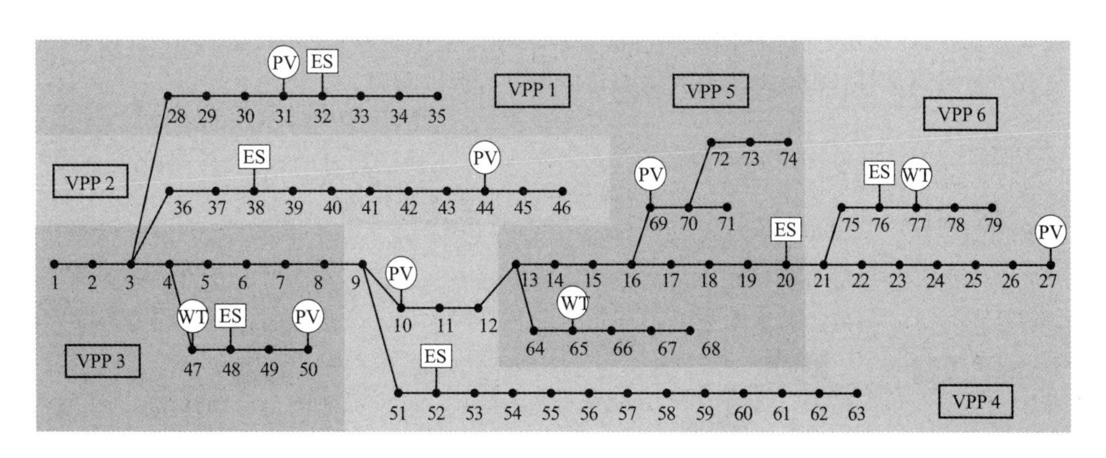

图 8-19　各 VPP 连接结构及其分布式资源分布

表 8-2　VPP 属性和分布式资源配置参数

VPP	储能系统					可削减负荷/(kW·h)	可时移负荷/(kW·h)	初始碳配额/t
	S_N^{ES}/(MW·h)	S_{min}^{ES}/%	S_{max}^{ES}/%	η^{cha}	η^{dis}			
1	17	10	90	0.90	0.88	1700	1600	3
2	10	15	85	0.85	0.82	1300	600	4
3	8	15	80	0.83	0.80	0	0	6

续表

VPP	储能系统					可削减负荷/(kW·h)	可时移负荷/(kW·h)	初始碳配额/t
	S_N^{ES}/(MW·h)	S_{min}^{ES}/%	S_{max}^{ES}/%	η^{cha}	η^{dis}			
4	16	10	90	0.90	0.88	2000	2400	4
5	8	15	80	0.83	0.80	3000	5200	8
6	13	15	85	0.88	0.85	1500	1400	10

算例以1小时为调度间隔、以日前交易为例，共设置三个场景进行对比验证，其中场景A在经济调度基础上，引入动态碳排放因子。

场景A，各虚拟电厂采用传统运行模式，不参与电-碳联合交易优化市场；

场景B，各虚拟电厂采用低碳运行模式，不参与电-碳联合交易优化市场；

场景C，各虚拟电厂采用低碳运行模式，参与电-碳联合交易优化市场。

8.3.2.1 储能系统运行分析

图8-20分别为场景A和场景B下VPP1储能系统的运行情况。左y轴表示储能系统的实时荷电状态，右y轴表示储能系统的充放电功率，正值表示充电量，负值表示放电量。由图可见，场景A（无低碳调度模式）仅在10:00、13:00、14:00将少量过剩新能源充入储能，即调度优先将新能源供给负荷，余电充入储能，不足电量由配电网补充。场景B（有低碳调度模式）取消新能源优先供电的限制，在13:00—16:00网侧动态碳排放因子较低时段进行充电套利，且14：00碳排放因子最低，因此该时刻新能源发电全部充入储能系统以保证套利最大化；16:00—21:00网侧动态碳排放因子与购电价格都呈现较高水平，综合经济和低碳价值双重考量，低碳调度模式选取该时段进行放电套利。

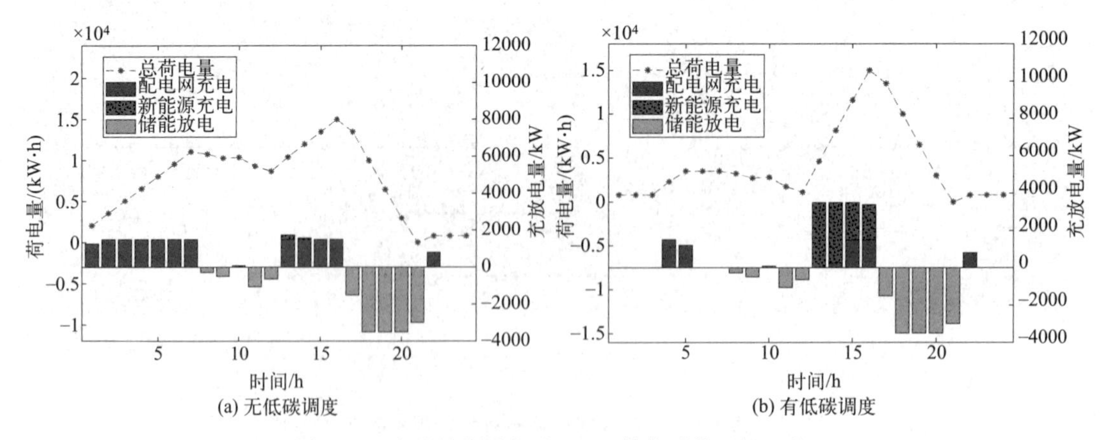

图8-20 有无低碳调度下VPP1储能系统运行工况

8.3.2.2 配电网交互分析

图8-21所示为VPP1柔性负荷参与需求响应的结果和VPP1在场景A、B的电网购电情况。可知，柔性负荷能通过需求响应机制参与电网调控，将可时移负荷转移至14:00的用电

低谷区，6:00—9:00、18:00—21:00 为用电高峰期，启用可削减负荷减少用电，既增加了虚拟电厂的收益，也可削峰填谷。此外，在动态碳排放因子的作用下，柔性负荷可调度时段（6:00—21:00）将削减更多在高碳排时刻（6:00—9:00、18:00—21:00）的负荷；将时移负荷调度在 14:00 的低碳排时刻。

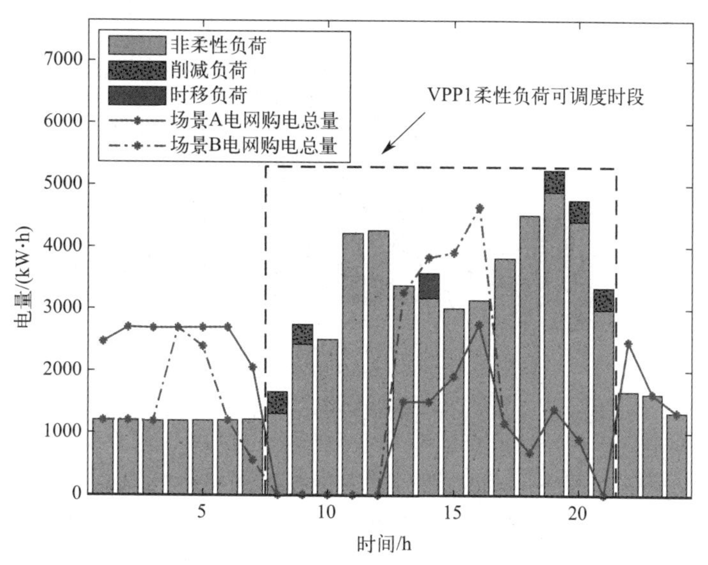

图 8-21　VPP1 需求响应结果及有无低碳调度下电网购电情况

8.3.2.3　负荷供电情况分析

图 8-22 对比了场景 A、B 下 VPP1 的负荷用电来源情况。结合图 8-21 引入低碳调度前后电网购电情况可知，无低碳调度模式下，由于新能源出力的反调峰特性，负荷高峰期往往是新能源发电低谷期，也是网侧发电高碳排放时段。调度结果体现为高碳排时刻从配电网大量购电、低碳排时刻存在弃风弃光情况，新能源电力的低碳特性无法得以充分利用。而低碳

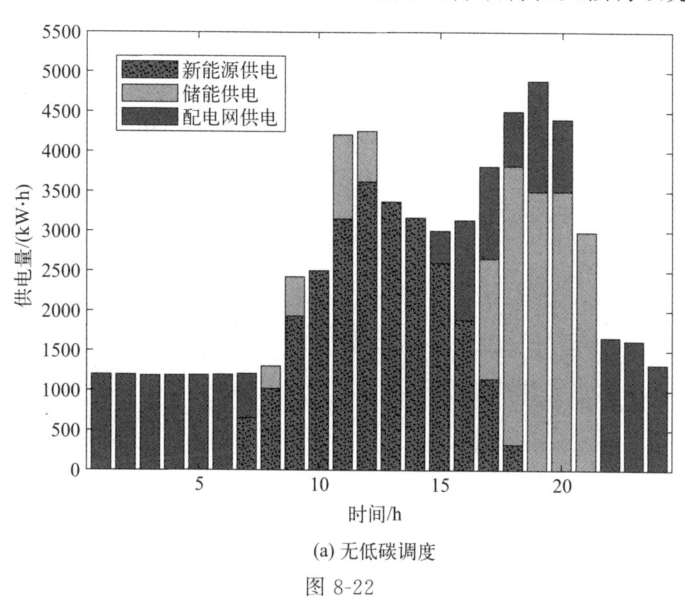

(a) 无低碳调度

图 8-22

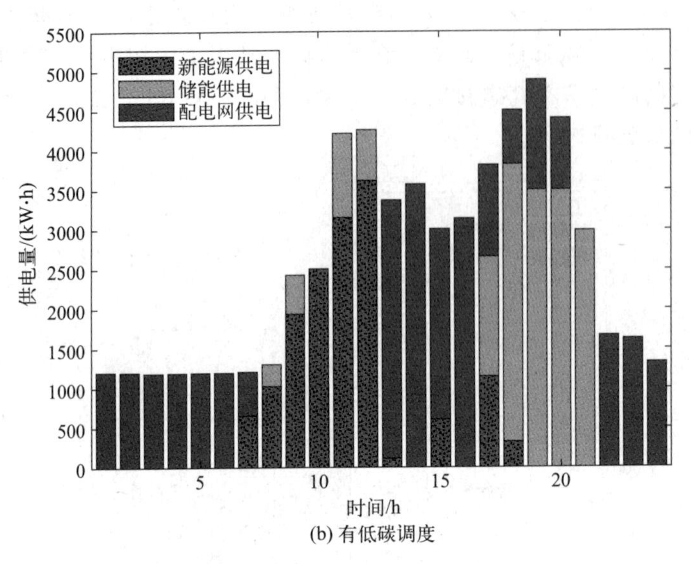

(b) 有低碳调度

图 8-22　有无低碳调度下 VPP1 负荷用电来源情况

调度模式将 13:00—16:00 网侧动态碳排放因子较低时段的新能源通过储能系统时移到碳排放因子较高的 16:00—21:00 时段供电，而 13:00—16:00 的负荷用电由配电网提供；同时新能源充入储能系统电量的增加可相应减少 1:00—3:00 与 5:00—7:00 网侧动态碳排放因子较高时段电网充电量，即配电网购电从碳排放因子较高时刻移到碳排放因子较低时刻，进一步减少虚拟电厂总碳排放量。场景 C 允许各虚拟电厂参与电-碳联合分布式交易市场。

图 8-23 所示为低碳调度模式下，VPP1 参与电-碳联合交易时的负荷用电来源情况，对比图 8-22 存在低碳调度但无电-碳联合交易情况可以看出，VPP1 作为买方虚拟电厂，可以由交易来的低价低碳新能源电能代替高价高碳配电网电能进行负荷供电，减少了对配电网的供电依赖，降低虚拟电厂整体用电成本和碳排放。

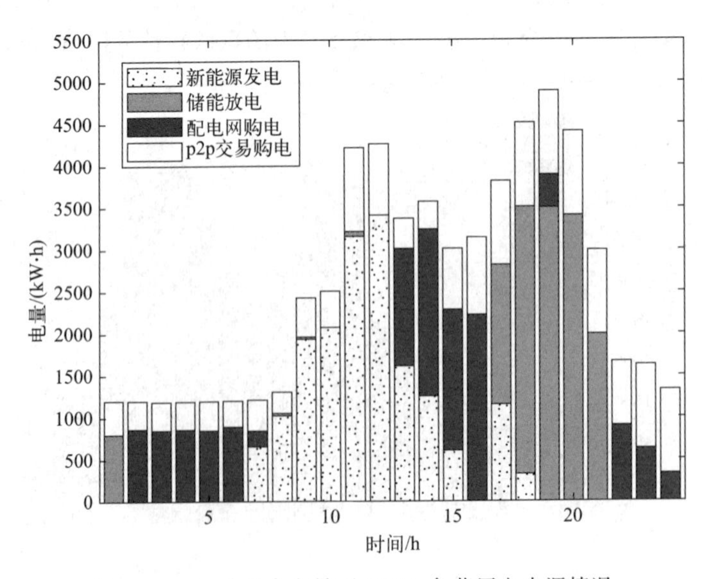

图 8-23　电-碳联合交易下 VPP1 负荷用电来源情况

8.3.2.4 新能源利用情况分析

图 8-24 所示为 VPP3 参与电-碳联合交易前后的新能源利用情况，可见 VPP3 作为卖方能够以高于上网电价的价格参与分布式交易，将过剩新能源电量直接供给园区内其他虚拟电厂的负荷，减少与配电网的频繁交互，提高新能源利用率，经济性较好。

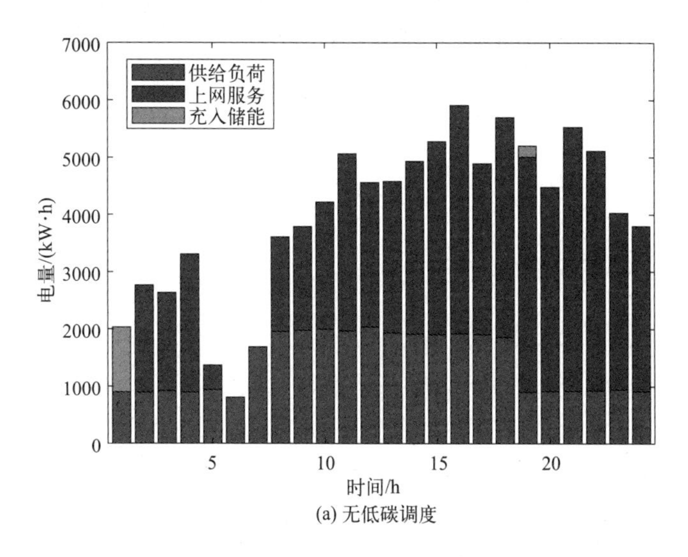

(a) 无低碳调度

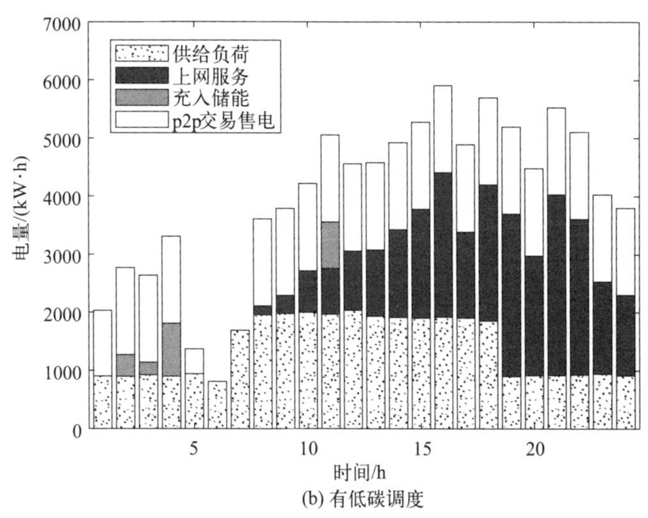

(b) 有低碳调度

图 8-24 电-碳联合交易下 VPP3 新能源发电利用情况

8.3.2.5 成本与碳排放分析

图 8-25 给出了三种情景下各虚拟电厂碳排放情况。分析可知，相比于场景 A，场景 B 利用储能系统对新能源进行时移使用，在供需平衡的基础上减少碳排放。在场景 C 中，各 VPP 通过分布式交易市场促进可再生能源消纳，减少配电网高碳排电力的购买，相应降低了各 VPP 的碳排放量。

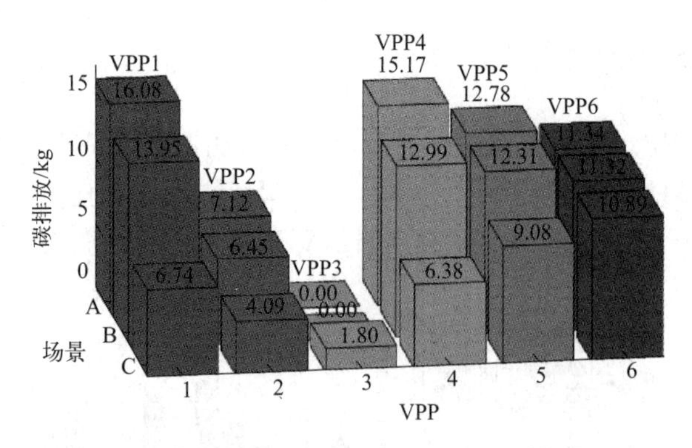

图 8-25　不同场景下各 VPP 碳排放情况

8.3.2.6　分布式交易情况分析

表 8-3 给出了场景 C 下 6 家虚拟电厂的碳交易情况以及三种场景下的总调度成本，通过对比可以看出，在场景 A 中，每个 VPP 仅依靠与电网的交互来实现自身的供需平衡，因此成本非常高。场景 B 引入低碳调度和需求响应机制，成本略有降低。场景 C 各 VPP 通过参与分布式交易，买卖双方都能够以较满意的价格进行交易，能源成本大大降低，提升各 VPP 的调度经济性的同时也推动了分布式交易市场的发展。

表 8-3　不同场景下各 VPP 总成本及碳交易情况分析

项目		VPP1	VPP2	VPP3	VPP4	VPP5	VPP6
场景 C 中的碳交易情况/t		2.802	0.038	−4.200	1.249	0.046	0.065
总成本/元	场景 A	49605	18657	−8866	45003	27517	17617
	场景 B	48600	18318	−8866	43824	27205	17615
	场景 C	42914	17913	−54959	39915	21110	16391

图 8-26 所示为场景 C 下 6 个虚拟电厂的详细电交易情况。分析可知，由于运行特性及资源配置的差异性，各虚拟电厂间具有很强的资源互补特性。如虚拟电厂 1、4 以购买能源为主，而虚拟电厂 3 以出售为主；虚拟电厂 1、2、4 在 16:00—24:00 有大量的缺额能源，虚拟电厂 5 和 6 则刚好需要出售这一时段的多余新能源发电，因此引入分布式交易可以充分利用这一优势，促进各虚拟电厂间的能量流动，减轻配电网的调控压力。

8.3.2.7　原始-对偶-ADMN 算法分析

采用原始-对偶-ADMM 分布式优化算法对分布式交易进行求解，在 $k \leqslant 10$ 时，每次各虚拟电厂迭代均在 6.63s 内并行计算求解完成，全局计算时间约为 6.69s，减少了交易中心的计算压力和存储空间，在此过程中，收敛条件 ε_{k1} 和 ε_{k2} 以较快速度收敛，然后小幅度振荡最终满足 $\varepsilon_1 = \varepsilon_2 = 1 \times 10^{-4}$ 的收敛条件，因此，所提出的分布式优化算法可以在满足高精度计算要求的同时保持较高的计算效率。图 8-27 显示了惩罚因子值对算法在 80 次迭代内收敛速度的影响。

从图 8-27 中可以看出，所设计的优化算法高度依赖于惩罚因子。当目标函数收敛于最

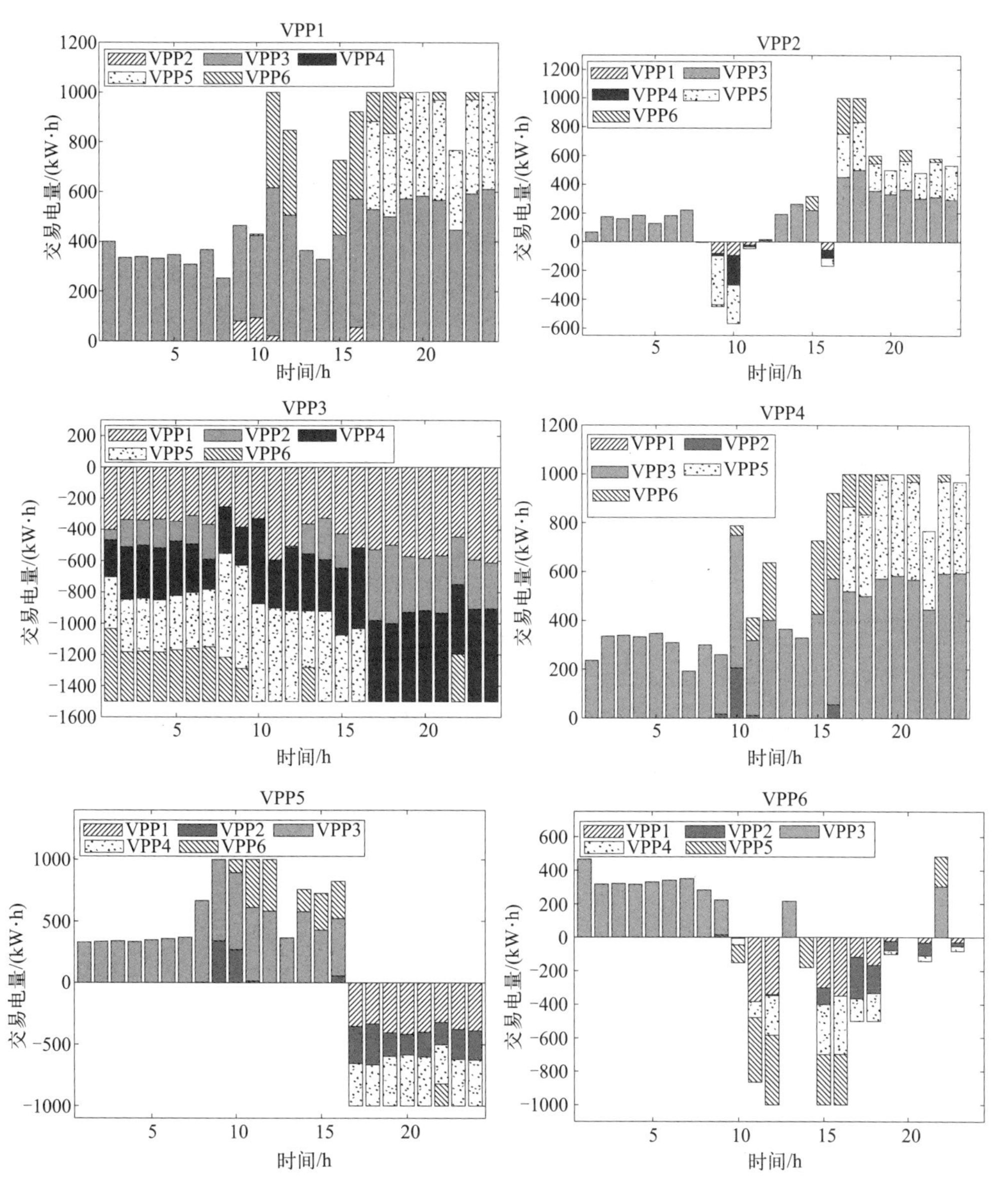

图 8-26　低碳调度模式下各 VPP 分布式电交易情况

优解时，目标函数中的惩罚项收敛于 0。即惩罚因子与迭代解和最优解的偏差的乘积收敛于 0。当惩罚因子越大时，收敛过程中对偏差的惩罚越严重，偏差收敛速度越快，收敛效果越好。惩罚因子值越小，收敛速度越慢，甚至不收敛。但是，较大的惩罚因子使得对偏差的惩罚过大，在优化过程中容易错过最优解，导致最优解周围出现波动，从而延长收敛时间。与不同惩罚因子的仿真结果比较，本书提出的分布式优化算法在 $\rho^P=\rho^C=0.1$ 时的收敛性最适合，收敛效果最好。

将本书提出的原始-对偶-ADMM 分布式优化算法的计算性能、基于分布式神经动力学的方法和典型集中式优化方法内点法进行了比较。模拟数据与园区所在地的实际数据进行了 60 天的模拟，共进行了 60 次试验测试。三种算法在 Intel(R) i6-11800H CPU 的主机上运行。实验结果见表 8-4。

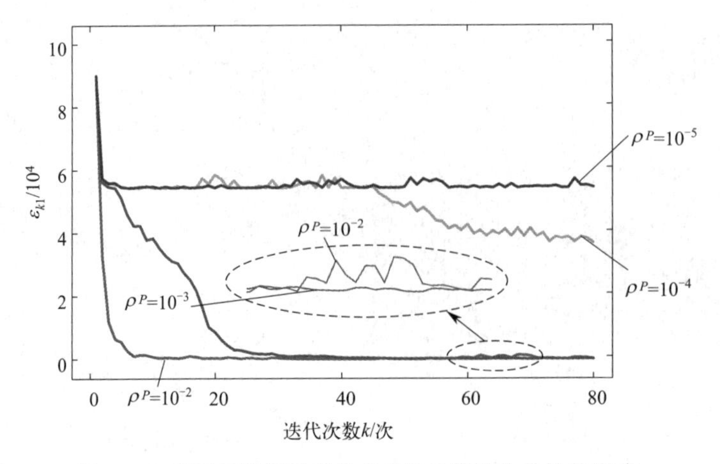

图 8-27 不同惩罚因子对分布式优化算法收敛性的影响

表 8-4 不同算法下的优化结果

项目		原始-对偶-ADMM 分布式优化算法	基于分布式神经 动力学方法	典型集中式优化 方法内点法
6VPP	迭代次数	80	102	—
	成本/元	83212	83738	83852
	碳排放/t	37.97	46.57	54.72
12VPP	迭代次数	173	206	—
	成本/元	157534	158453	158686
	碳排放/t	73.45	86.27	90.77

思考题

1. 合作博弈方法的纳什议价的原理是什么？

2. 为什么进行虚拟电厂合作博弈模型的转化？简述等效转化的原理。

3. 虚拟电厂参与电力交易时，合作博弈模型如何构建？

4. 虚拟电厂中的电碳联合交易问题相对于电能交易问题的优势是什么？如何实现电碳联合交易？

5. 虚拟电厂的合作博弈交易方法，能否适用于除电碳以外的多异质能源交易？

第9章

面向新能源发电曲线追踪的虚拟电厂聚合调控方法

9.1 引言

在当前能源转型的背景下，电力系统正经历着前所未有的变革，其中可再生能源的大量接入对传统电网构成了新的挑战。一方面，风能、太阳能等新能源的随机性和间歇性使得电力系统的供需平衡变得复杂；另一方面，电力辅助服务市场作为维持电力系统稳定运行的关键机制，面临着如何有效整合和调控这些不稳定电源的难题。在此背景下，虚拟电厂作为一种新兴的聚合调控模式，以其独特的资源整合能力，成为连接可再生能源与电力系统的新桥梁。

虚拟电厂通过集合分布式能源、储能设施、可控负荷等资源，形成一个可调控的能源集群，能够响应电力市场的变化，包括调频、调压、备用等在内的电力辅助服务。本章探讨了面向新能源发电曲线追踪的虚拟电厂聚合调控方法，旨在通过优化虚拟电厂的资源调度，实现对可再生能源发电曲线的精准追踪，从而提高电力系统的灵活性和稳定性。

本章首先介绍了电力辅助服务市场的基本架构，包括市场机制、交易流程、报价机制等核心要素，强调了市场规则、技术支持和监管框架的重要性。随后，通过对比分析不同的可再生能源发电曲线追踪方案，以及联合式曲线追踪与仅考虑储能模式的差异，揭示了虚拟电厂聚合调控在提高可再生能源利用率、降低系统运行成本方面的优势。此外，还提出了面向新能源发电曲线追踪的市场主体收益分析，量化了新能源发电企业、虚拟电厂和共享储能运营商在新模式下的经济效益，为进一步推动虚拟电厂的应用和电力市场的创新提供了理论依据。

9.2 面向新能源发电曲线追踪的虚拟电厂交易机制

9.2.1 市场机制

虚拟电厂是一种通过先进信息通信技术和软件系统实现的智慧能源管理系统。它将不同地点的可调节负荷、储能系统、微电网、电动汽车以及分布式能源（如太阳能光伏板、风力发电机等）等资源聚合起来，实现自主协调优化控制，参与电力系统运行和电力市场交易。

虚拟电厂并不是传统的实体发电厂，而是通过先进的信息技术手段将分散的能源资源和负荷资源整合在一起，作为一个整体参与到电力市场中。虚拟电厂通过智能软件平台聚合各种分布式能源资源，如小型发电机、储能设备、可中断负荷、电动汽车等，通过聚合提升资源的整体利用效率和价值。通过实时监测和调控各个资源的状态，虚拟电厂能够实现最优的能源调度和使用策略，以满足电力需求并保证系统的稳定运行。作为一个整体，虚拟电厂可以参与电力批发市场和辅助服务市场，提供电力供应、调峰填谷、频率响应等服务，从而获取经济收益。除传统的电力供应外，虚拟电厂还可以提供多种辅助服务，帮助电网维持稳定运行，比如电压支撑、黑启动等。通过更高效地利用可再生能源和优化能源使用模式，虚拟电厂有助于减少碳排放和能源浪费。此外，虚拟电厂增强了电网对可变性可再生能源的接纳能力，提高了整个电力系统的灵活性和可靠性。

虚拟电厂的概念最早由 Shimon Awerbuch 博士于 1997 年提出，随着近年来可再生能源的发展和技术的进步，虚拟电厂的应用越来越广泛，在全球范围内得到了快速的发展。在中国，虚拟电厂被视为解决电力紧张和提高能源效率的有效手段之一，拥有巨大的市场潜力。通过聚合分散资源并将其作为一个统一的实体参与电力市场，虚拟电厂不仅能够提高能源利用效率，还能促进可再生能源的广泛采用，对于构建更加清洁、灵活和可持续的能源系统具有重要意义。

市场机制是指在一个市场经济体系中，通过价格、供求关系和竞争等因素自发调节经济活动的过程。这些机制允许买家（需求方）和卖家（供给方）在没有计划干预的情况下相互作用，从而决定商品和服务的价格以及它们的分配方式。

价格是市场中最核心的信号，它反映了商品或服务的价值，并指导资源的有效配置。当需求超过供给时，价格上涨；反之，价格下跌。这种动态有助于平衡供需。具体而言，当消费者对某商品的需求增加时，如果供给保持不变，则该商品的价格将上升；反之，如果需求减少，则价格下降。同样，如果生产者能够提供更多商品（供给增加），而需求保持不变，则价格通常会下降；反之，如果供给减少，则价格上升。在现实世界中，需求和供给通常是同时变化的。例如，新技术的出现可能会降低生产成本，增加供给，同时也能吸引更多消费者，增加需求。这种供需之间的互动决定了市场的均衡价格和数量。

供求关系是市场机制的核心。供给与需求的变化直接影响市场价格。如果一种商品的需求增加而供给保持不变，则该商品的价格通常会上升；反之亦然。这种机制确保了资源被有效地分配给最需要它们的人。通过价格机制，市场能够有效地引导资源从供过于求的地方流向需求旺盛的地方，从而实现资源的最佳配置。

市场竞争促使企业提高效率、降低成本并创新产品和服务以吸引消费者。在自由竞争的环境中，企业必须不断适应市场需求变化才能生存和发展。竞争还促进了技术进步和创新，提高了整个经济的生产力。企业通过改进生产工艺、采用新技术或管理方法来降低成本，提高竞争力；为了吸引顾客，企业会不断推出新产品和服务，以满足消费者日益多样化的需求；竞争还迫使企业不断提高产品质量，以赢得市场份额。

市场机制还涉及信息的流动。价格变动和其他市场活动的信息可以帮助消费者做出购买决策，并为生产者提供调整其行为的依据。这种信息流动对于确保市场运作的透明度和效率至关重要。消费者可以根据价格信号了解商品的稀缺程度，进而做出是否购买的决定；生产者根据价格变化来调整产量，确保生产符合市场需求。

市场中的参与者受到利润动机的驱动，这鼓励他们采取有利于社会福利最大化的行动。同时，市场的竞争性也对企业的行为形成了一定的约束，例如促使企业考虑社会责任，实施环境友好型生产和公平贸易实践。

尽管市场机制在资源配置和经济发展方面非常有效，但也存在局限性，例如市场失灵的情况（如外部性、公共物品问题等)。这些情况下，市场可能无法产生最佳的社会结果，这时可能需要政府介入来纠正市场缺陷，例如通过监管、税收或补贴等手段来引导资源的合理分配。例如，某些活动会产生正面或负面的影响，这些影响不直接体现在市场价格上，例如环境污染；公共物品（如国防、公园）往往难以通过市场机制有效提供，因为它们不具备排他性和竞争性。

总之，市场机制是现代经济运行的基础之一，对于确保经济活动的有效进行具有重要意义。通过价格机制、供求关系、竞争、信息传递以及激励与约束机制的共同作用，市场能够有效地配置资源、促进经济增长和社会福祉。然而，为了克服市场失灵，政府的角色不可或缺，它需要适时地介入以确保市场的公平性和效率。

电力辅助服务市场的市场机制通过市场化手段采购和提供各种辅助服务，以确保电力系统的稳定和可靠运行。这一机制涉及多个方面，包括市场结构、定价机制、交易流程、监管和政策支持等。

电力辅助服务市场的结构主要由市场参与者、电网公司和市场运营机构组成。市场参与者包括发电厂、储能设施、需求响应资源等，它们通过竞价等方式提供各种辅助服务，如调频、调压、备用和黑启动等。电网公司负责预测辅助服务需求、发布需求信息，并通过市场机制采购这些服务，确保电力系统的平衡和稳定。市场运营机构则管理市场的运行，处理竞价、确定中标者、监督服务提供和进行结算支付等。

电力辅助服务的定价机制主要包括竞争性招标、成本补偿和固定价格三种形式。市场参与者通过竞价提供辅助服务，价格由市场竞争决定，或根据实际成本进行补偿，或提前确定固定价格。电力辅助服务市场的交易流程通常包括需求预测和发布、市场竞价、竞价评估与中标、服务提供和结算支付等步骤。

电网公司根据电力系统运行状态和历史数据预测辅助服务需求，发布需求信息，市场参与者提交竞价单，市场运营机构评估竞价单并确定中标者，随后中标者按照合同提供服务，市场运营机构和电网公司进行监控并根据服务质量进行结算支付。

此外，市场准入与退出机制也是电力辅助市场的重要组成部分，它确保了市场的流动性、公平性和竞争性。系统运营商设立严格的市场准入标准，包括技术要求、财务健康状况和市场行为规范，确保只有符合条件的参与者才能加入市场。同时，合理的退出机制允许参与者在一定条件下有序退出市场，避免市场垄断，保护市场活力。

费用分摊与回收机制是电力辅助市场运行的经济基础。辅助服务成本通常通过电力消费者的电费进行分摊，或者由特定的受益方承担，确保服务提供商能够通过市场机制合理回收成本和获取利润。这一机制促进了市场效率，同时也保证了电力消费者的权益。

信息透明度是市场公正和公平性的保障。所有关键信息，包括市场规则、需求预测、出清结果、绩效数据等，都应对外公开，确保所有参与者和利益相关方都能获取到一致、准确的信息，维护市场透明度和公平竞争环境。

市场规则与监管机制确保了电力辅助市场的健康运行。监管机构负责制定详细的市场规则，包括报价规则、调度程序、结算程序、争议解决机制等，并监督市场运行，确保市场规则得到遵守，维护市场秩序，防止不正当竞争和市场操纵。

技术与通信支持是电力辅助市场高效运作的基石。现代电力系统广泛采用了先进的信息通信技术（ICT）和自动化系统，如SCADA（监控与数据采集）、EMS（能量管理系统）、AMR（自动抄表）等，用于数据收集、分析和实时调度，极大地提升了电力系统的智能化水平和响应速度。

市场演化与创新机制则体现了电力辅助市场的前瞻性和适应性。随着技术进步、政策变化和市场需求的演变，市场机制应具备灵活性，以适应新型电力系统的需求。这一机制鼓励新技术和业务模式的引入，促进电力行业的持续创新和升级，以应对未来的挑战和机遇。

综上所述，电力辅助市场的市场机制是一个动态、复杂且相互关联的体系，它通过经济激励、技术支撑和监管框架，有效引导市场参与者的行为，确保电力系统能够快速响应供需变化，保持频率和电压稳定，提高可再生能源的整合能力，同时降低系统运行成本，为电力行业的发展注入持久动力。

9.2.2 交易流程

电力辅助市场是指为维护电力系统的安全稳定运行、保证电能质量而设立的一种市场机制。在这个市场中，除正常的电能生产、输送和使用之外，还包括一系列辅助服务的提供、交易和结算。这些辅助服务旨在支持电力系统的可靠性和灵活性，确保电网能够在各种条件下维持稳定运行。

电力辅助服务是指为维护电力系统的安全稳定运行，保证电能质量，除正常电能生产、输送、使用外，由发电企业、电网经营企业和电力用户提供的服务。这些服务包括但不限于一次调频（即频率响应，用于快速调整发电输出以匹配系统频率波动）、自动发电控制（AGC，通过远程控制系统自动调整发电机组的出力，以维持电网频率和联络线功率在预定的目标值附近）、调峰（为应对电网负荷高峰时段的需求，通过快速启停调整发电机组的出力）、无功调节（提供或吸收无功功率以维持电压水平）、备用（提供额外的发电容量以应对突发的发电单元故障或负荷增加）以及黑启动（在大面积停电后，无须外部电源即可启动的发电机组，用于恢复电网供电）。

电力辅助市场的功能在于保证电力系统的安全性，通过提供必要的辅助服务来维持电网的稳定运行，确保电力供应的安全可靠；提高电力系统的灵活性，允许系统快速响应负荷变化和发电单元的不可预见事件；促进清洁能源的消纳，辅助服务有助于更好地整合间歇性可再生能源，如风能和太阳能；以及优化资源配置，通过市场机制激励各类资源提供辅助服务，实现资源的有效利用。

电力辅助市场的参与者主要包括发电企业（提供一次调频、AGC、调峰等服务）、电网经营企业（负责调度和管理辅助服务，确保电网的稳定运行）、电力用户（可以通过需求响应等方式参与提供辅助服务）、储能设施（如电池储能系统，提供快速响应的辅助服务）以及虚拟电厂（聚合分布式能源资源和负荷资源，作为一个整体参与电力市场）。

电力辅助市场的交易通常包括日前市场（提前一天进行的辅助服务交易，为第二天的辅助服务需求做准备）和实时市场（在实际运行过程中进行的辅助服务交易，以应对即时的需求变化），并根据提供的辅助服务质量、数量和时间进行结算。

电力辅助市场对于电力系统的稳定运行至关重要。随着可再生能源比例的增加和电力市场的不断发展，电力辅助市场的作用变得更加重要。它不仅可以提高电力系统的灵活性和稳定性，还可以促进可再生能源的高效利用，推动能源结构的转型。

总之，电力辅助市场作为一种重要的市场化机制，对于保障电力系统的安全稳定运行、提高电力系统的灵活性以及促进清洁能源的消纳具有重要意义。通过市场化的手段，电力辅助市场能够有效地调动和优化各种资源，为电力系统的可靠运行提供关键的支持。

电力辅助市场的交易流程是一项复杂而细致的操作，其目标是确保电力系统的安全、稳定运行，同时优化市场效率和公平性。这一流程从系统运营商（如独立系统运营商或区域传输组织）对电力系统未来辅助服务需求的精准预测开始。系统运营商基于历史数据、天气预报、电力需求趋势以及系统状况等因素，预测未来一段时间内辅助服务的类型、量、时间和地点需求，包括频率调节、备用容量、调峰服务、无功功率支持、电压控制、黑启动能力等。

独立系统运营商（ISO）和区域传输组织（regional transmission organization，RTO）是电力行业中负责电力系统运行和管理的实体。它们在电力批发市场中扮演着重要的角色，负责电力调度、市场运营、系统规划和可靠性管理等工作。

ISO 是一个非营利性的组织，其主要职责是监督和管理电力系统的运行，确保电力供应的安全性和可靠性。ISO 负责：电力调度，根据电力需求和可用资源进行电力调度，确保电力系统的稳定运行；市场运营，管理电力批发市场，包括电力交易和结算；系统规划，规划电力系统的长期发展，包括预测需求增长和确定必要的基础设施投资；可靠性管理，确保电力系统的可靠性和安全性，包括执行可靠性标准和应急准备。ISO 通常是独立于任何发电或零售公司的第三方组织，以保证电力调度和市场运营的公正性。

RTO 类似于 ISO，但其范围通常覆盖一个更广泛的地理区域，并且拥有更多的权力和责任。除执行 ISO 的职责之外，RTO 还可能涉及跨区域协调，协调不同区域之间的电力传输，以优化电力资源的使用；市场设计，设计和管理更为复杂的电力市场结构，包括容量市场、辅助服务市场等；资源共享，促进不同区域之间的资源共享，提高电力系统的整体效率；规划与投资，进行更全面的系统规划，并协调区域内电力基础设施的投资。RTO 也是非营利性的组织，旨在通过协调和优化大范围内的电力系统运行来提高电力市场的效率。

ISO 与 RTO 的区别在于地理范围，ISO 通常管理一个州或一个较小的区域，而 RTO 则管理跨越多个州或更大范围的区域；功能范围，RTO 的功能通常比 ISO 更加广泛，包括更复杂的市场设计和跨区域协调；决策权，RTO 相对于 ISO 拥有更大的决策权，特别是在跨区域协调和资源优化方面。

一旦预测完成，系统运营商会通过市场公告的形式，向所有潜在的市场参与者公布这些需求细节。这一步骤至关重要，因为它为发电商、储能设施、需求响应提供商、虚拟电厂以及其他辅助服务提供商提供了参与市场、提供服务的初步指引。参与者们根据自身的运营成本、技术能力、地理位置和市场策略，提供详细的申报，包括愿意提供的辅助服务类型、量、响应时间、持续时间和价格等关键参数。

市场出清阶段是电力辅助市场流程的核心。系统运营商运用复杂的市场出清算法，综合考量所有申报的性价比，选择成本最低、效益最佳的服务组合，以满足预测的系统需求。这一过程不仅考虑服务的直接成本，还考虑了服务质量、响应速度、可靠性等因素，最终确定市场出清价格。值得注意的是，市场出清算法的设计和优化是电力市场研究中的一个重要课题，它直接影响市场效率和公平性。

一旦市场出清完成，系统运营商会向被选中的市场参与者发布调度指令，明确服务的具体要求，包括服务的时间、地点、量和质量标准。参与者需要严格按照指令提供服务，系统运营商通过实时监控和数据采集系统，确保服务的准确性和及时性，同时评估服务的实际性能，包括响应速度、持续时间、准确性和服务质量，以确保电力系统的稳定性和安全性。

在服务提供完成后，进入结算与支付环节。系统运营商根据市场出清结果、实际提供的服务量和质量，进行详细的费用结算。服务提供者按清算价格获得报酬，同时，根据绩效监测的结果，表现优异的参与者可能会收到额外的奖励，而未能满足服务标准的参与者则可能面临罚款。这种绩效激励机制旨在鼓励参与者提供优质、可靠的辅助服务，从而增强电力系统的整体稳定性。

最后，市场反馈与调整阶段是电力辅助市场流程的关键组成部分。系统运营商和监管机构会收集市场数据、参与者反馈以及绩效评估结果，定期审查市场运行效率和公平性，分析市场规则、技术标准和操作流程的有效性。基于这些分析，市场规则和技术标准可能会进行必要的调整和优化，以适应电力系统发展的新需求和挑战，特别是可再生能源的快速增长和新技术的应用，如高级计量基础设施（advanced metering infrastructure，AMI）、分布式能源资源、微电网、大数据分析和人工智能等。整个流程体现了市场参与者、系统运营商、监管机构以及技术支持之间的紧密协作，以及对信息通信技术和自动化系统高度依赖的特点，共同推动电力辅助市场向更高效、更智能、更绿色的方向发展。

9.2.3 报价机制

报价机制是指在特定市场环境下，买卖双方通过报价来确定交易价格的过程和规则。在不同的市场环境中，报价机制的具体形式和规则可能会有所不同，但其核心目的是通过买卖双方的报价来达成交易，并且确保交易的公平性和透明度。

报价机制的主要功能包括价格发现，即通过买卖双方的报价活动确定商品或服务的市场价格；交易促成，为买卖双方提供一个公平、透明的交易平台，促进交易的达成；风险管理和套利，报价机制使得市场参与者能够通过买入或卖出操作来管理风险或寻找套利机会。报价机制可以采取多种形式，常见的包括双向报价，在金融市场上，做市商或经纪人同时报出买价和卖价，买卖价差反映了交易成本；竞价拍卖，通过竞价的方式确定交易价格，如股票交易所中的连续竞价机制；询价交易，买方或卖方向市场发出询价请求，然后根据收到的报价选择合适的交易对手；电子交易平台，通过电子交易平台自动匹配买卖订单，如外汇市场中的外汇报价引擎系统。

报价机制广泛应用于各种金融市场和商品市场中，例如外汇市场中的外汇报价引擎系统处理外汇交易的报价，通过实时更新的汇率信息，为交易者提供最新的市场行情；股票市场中的证券交易所采用连续竞价机制，通过买卖双方的报价确定股票价格；大宗商品交易所通过公开的竞价拍卖确定商品的价格；债券市场中的债券交易采用询价交易或双边报价机制，通过做市商提供报价来达成交易。

报价机制是金融市场和商品市场运行的基础之一，它不仅有助于价格的形成，而且能够促进市场的流动性、透明度和效率。通过报价机制，市场参与者可以迅速获得市场价格信息，做出合理的投资决策，同时也为市场监管提供了重要的工具。

总之，报价机制是一种重要的市场机制，它通过买卖双方的报价活动来确定交易价格，对于确保市场的公平、透明和高效运行具有重要意义。无论是金融市场的交易还是商品市场的买卖，报价机制都是确保价格准确反映市场供需状况的关键所在。通过这些多样化的报价机制，电力辅助服务市场能够高效、可靠地采购和提供各种辅助服务，保障电力系统的稳定运行。

9.3 面向新能源发电曲线追踪的市场主体收益分析

9.3.1 新能源发电企业收益分析

新能源发电是指利用非传统化石能源进行电力生产的方式，主要包括风能、太阳能、水能、生物质能等可再生能源发电技术。新能源发电的特点在于它们是清洁的、可再生的，并且对环境的影响较小。

新能源发电的定义是指利用新技术基础上加以开发利用的可再生能源进行发电的过程。这些可再生能源包括太阳能、生物质能、风能、地热能、波浪能、洋流能、潮汐能等。此外，还有氢能等新型能源。而已经广泛利用的煤炭、石油、天然气、水能、核裂变能等能源则被称为常规能源。

可再生能源的重要性在全球范围内日益凸显，成为实现可持续发展和应对气候变化的关键因素。可再生能源如太阳能、风能、水能和生物质能几乎不产生二氧化碳和其他温室气体排放，从而显著减少空气污染和温室气体排放。这对于遏制全球变暖、保护生态系统和提高空气质量具有重要意义，有助于减少极端天气事件和气候变化带来的环境灾害。可再生能源通过多元化能源供应结构，减少对进口化石燃料的依赖，提高能源安全性。很多国家通过开发本土的可再生能源资源，降低了对国际能源市场的依赖，减少了能源供应中断和价格波动的风险。与有限且不可再生的化石燃料不同，可再生能源如太阳能、风能和水能是可再生的，可以持续利用。通过发展可再生能源，可以减少对有限化石燃料的依赖，确保能源的长期供应安全，减少资源枯竭的风险。

可再生能源产业是经济增长的新引擎，创造了大量就业机会，推动了技术创新和产业升级。可再生能源项目的建设和运营需要大量技术人员和工人，从而促进了就业和经济发展。随着技术进步和规模化应用，光伏和风电的发电成本大幅下降，提高了经济效益。可再生能源的发展有助于改善偏远和欠发达地区的能源供应，提高这些地区居民的生活质量。通过发展分布式能源系统，如太阳能屋顶和小型风电系统，可以为无电地区提供电力，促进教育、医疗等公共服务的改善，提升整体社会福祉。可再生能源领域的技术创新不断推动整个经济体系的技术进步。例如，光伏技术、风力发电技术、电动汽车、电池储能技术等领域的创新，不仅推动了可再生能源的发展，还带动了相关产业的技术进步和商业模式创新。

可再生能源的发展需要全球合作，各国在技术研发、政策制定、市场推广等方面可以相互借鉴和合作，共同应对全球能源和环境挑战。通过国际合作，各国可以分享技术和经验，推动全球可再生能源的发展，加快实现可持续发展的目标。许多国家和地区通过制定和实施有利的政策和法规，推动可再生能源的发展。这些政策包括补贴、税收优惠、强制性配额和碳排放交易等，促进了可再生能源市场的快速增长和技术进步。

新能源发电的特点包括：①可再生。新能源发电所使用的能源是可再生的，不会因为使用而枯竭。②分布广。太阳能、风能等资源分布广泛，几乎在全球各地都能找到。③低污染。相比化石燃料，新能源发电的污染程度大大降低。④能量密度低。大多数新能源的能量密度低于化石燃料，这意味着需要更大的面积来捕获足够的能量。⑤单机容量小。与传统的大型火力发电相比，新能源发电的单机容量相对较小。⑥间歇性：太阳能和风能发电受到自然条件的影响，具有间歇性和随机性。⑦周期性。某些类型的新能源发电（如太阳能）具有明显的周期性，比如白天发电，夜晚无发电。

新能源发电企业是指专门从事利用非传统能源资源进行发电的企业。这类企业通常采用风能、太阳能、生物质能、地热能、海洋能等可再生能源技术，以替代化石燃料为主的传统发电方式。在全球范围内，新能源发电企业正变得越来越重要，因为它们有助于减少温室气体排放、提高能源利用效率并促进可持续发展。

新能源发电企业具有以下几个显著特点：首先，它们致力于减少对环境的影响，通过使用清洁能源减少二氧化碳等温室气体的排放。其次，这类企业往往依赖于先进的技术，如太阳能光伏板、风力涡轮机、生物质气化等，这些技术不断进步，提高了发电效率和成本效益。此外，许多国家和地区都提供了政策支持和财政激励措施，以鼓励新能源发电项目的开发和运营。新能源发电企业不仅参与电力批发市场，还参与辅助服务市场，提供频率调节、调峰等服务，以增加收入来源。最后，新能源发电企业可以采取独立运营商模式、社区能源项目模式或是与传统能源公司合作等多种经营模式。

新能源发电企业可以按照所使用的能源类型进行分类，主要包括太阳能发电企业，利用太阳能光伏板或集中式太阳能发电系统进行发电；风能发电企业，利用风力涡轮机捕获风能并转化为电能；生物质能发电企业，利用农业废弃物、林业残留物、城市固体废物等生物质资源发电；地热能发电企业，利用地下热水或蒸汽产生的热能进行发电；海洋能发电企业，利用潮汐能、波浪能等海洋能源发电。

太阳能发电是通过光伏效应或光热效应将太阳能转化为电能的过程。光伏发电主要通过太阳能电池（光伏电池）实现。太阳能电池由半导体材料（如硅）制成，当太阳光照射到太阳能电池上时，光子的能量会将半导体材料中的电子激发到更高的能级，形成电子-空穴对。这些电子和空穴在电场作用下分离，产生电流。典型的太阳能电池由两层半导体材料组成，分别为 N 型半导体和 P 型半导体，这两层材料形成一个 PN 结，在 PN 结处形成内建电场。当光子照射到 PN 结时，产生的电子-空穴对在内建电场的作用下分离，电子移动到 N 型层，空穴移动到 P 型层，从而产生电流。分离的电子通过外部电路从 N 型层流向 P 型层，形成电流。同时，内建电场在 PN 结的两侧产生电压，通过连接负载，电流在外部电路中流动，完成电能的输出。单个太阳能电池的输出电压和电流有限，通常将多个太阳能电池串联或并联组成光伏组件，进一步组成光伏阵列，以获得所需的电压和电流。光伏系统还包括逆变器（将直流电转换为交流电）、电池储能系统（储存多余电能）和控制器（管理电能输出和储存）。

光热发电利用太阳光的热能，通过集热器将太阳光集中到一个焦点或焦线，使其产生高温，再通过热能转化为电能。光热发电系统使用反射镜（如抛物面槽、抛物面碟或塔式反射镜）将太阳光聚焦到集热器上，集热器内含有导热流体（如合成油、熔盐或水），通过吸收太阳能使其温度升高。高温导热流体在集热器中吸收热能后，通过管道传输到热交换器，在热交换器中，导热流体将热能传递给水或其他工质，将其加热至高温高压状态，产生蒸汽。产生的高温高压蒸汽进入蒸汽轮机，驱动蒸汽轮机旋转，蒸汽轮机通过联轴器连接发电机，蒸汽轮机的机械能转化为发电机的电能输出。使用后的蒸汽通过冷凝器冷却成水，冷凝水回到热交换器中，与新加热的导热流体循环利用，从而形成闭合循环系统。

光伏发电和光热发电是太阳能发电的两种主要方式，各有其优缺点。光伏发电系统结构简单、安装方便、适用范围广，但受阳光强度和天气影响较大；光热发电系统效率较高、可实现大规模集中发电和储能，但系统复杂、建设成本较高。两者在实际应用中可根据具体需求和环境条件选择或结合使用。

风能发电是通过风力带动风力涡轮机旋转，将风能转化为电能的过程。风力涡轮机的主要组成部分包括叶片、轮毂、主轴、齿轮箱、发电机、塔架和控制系统。当风吹过风力涡轮机的叶片时，叶片因受到风的推动而产生旋转。风力涡轮机的叶片设计成翼型，使风流过叶片时在叶片的迎风面和背风面形成压力差，产生升力和推力。叶片旋转带动轮毂和主轴一起转动，将风的动能转化为机械能。主轴通过齿轮箱将低速旋转转换为高速旋转，以驱动发电机。发电机将机械能转化为电能。风力涡轮机的控制系统监测、调整叶片的角度（桨距角）和涡轮机的转向，以优化能量捕获和发电效率，同时保护涡轮机在极端风况下的安全。

风力涡轮机分为水平轴风力涡轮机和垂直轴风力涡轮机两种类型。水平轴风力涡轮机是最常见的类型，其旋转轴与地面平行，垂直轴风力涡轮机的旋转轴垂直于地面。水平轴风力涡轮机效率较高，适用于大规模风力发电场；垂直轴风力涡轮机结构简单，适用于分布式发电和小型应用。风力发电的优点包括清洁无污染、可再生、运营成本低和适应性强等。风力发电不产生温室气体和其他有害排放，对环境友好，风力资源广泛分布，具有可再生性。风力发电设施一旦建成，运营成本较低，不需要燃料投入。风力发电可以与其他可再生能源（如太阳能）结合使用，形成互补能源系统，提高能源供应的稳定性和可靠性。

风力发电的挑战主要包括风能资源的间歇性和波动性、噪声和视觉影响、对野生动物的影响和并网技术要求等。风能资源的间歇性和波动性需要通过储能技术和智能电网来平衡供需，确保电力系统的稳定运行。风力涡轮机运行时产生的噪声和视觉影响可能会对附近居民和景观造成一定影响，需通过合理选址和设计来缓解。风力涡轮机对鸟类和蝙蝠的影响需要进行环境评估和保护措施。风力发电并网需要解决电力质量和输电线路等技术问题，以确保电网的安全和稳定运行。

生物质能发电是通过将生物质（如农作物废弃物、林业残余物、动物粪便等）转化为电能的过程。生物质能发电利用生物质的化学能，通过燃烧、气化、发酵等方法将其转化为热能或可燃气体，再通过热能转化或直接燃烧驱动发电机发电。燃烧法是最常见的生物质能发电方式，通过燃烧生物质产生高温热能，再将热能转化为电能。生物质燃料（如木屑、稻壳、玉米秸秆等）经过预处理（如干燥、粉碎、压制）以提高燃烧效率。预处理后的生物质燃料在燃烧炉中燃烧，产生高温热能。燃烧过程中释放的热能加热锅炉中的水，产生高温高压蒸汽。产生的高温高压蒸汽进入蒸汽轮机，驱动蒸汽轮机旋转。蒸汽轮机通过联轴器连接发电机，蒸汽轮机的机械能转化为发电机的电能输出。使用后的蒸汽通过冷凝器冷却成水，冷凝水回到锅炉中，与新加热的水循环利用，从而形成闭合循环系统。

气化法是将生物质在高温、低氧环境中部分燃烧，生成可燃气体（如一氧化碳、氢气、甲烷等），再利用可燃气体发电。生物质在气化炉中进行热解和部分燃烧，生成可燃气体和少量固体残渣。气化过程需要控制氧气供应，使生物质不完全燃烧，形成可燃气体。生成的可燃气体需要经过净化，去除杂质和污染物，以提高燃烧效率和减少污染排放。净化后的可燃气体进入燃气轮机或内燃机燃烧，产生热能。燃气轮机或内燃机的机械能通过联轴器连接发电机，机械能转化为电能输出。

海洋能发电是利用海洋中的各种能量资源（如潮汐能、波浪能、海流能、温差能和盐差能）转化为电能的过程。海洋能发电技术种类多样，每种技术都基于不同的原理和能量转换方法。潮汐能发电利用海水涨落潮产生的位能，通过潮汐电站将其转化为电能。在海岸线上修建潮汐坝或潮汐湖，当海水涨潮时，海水通过水闸进入坝内，储存海水的位能。当海水落潮时，储存的海水通过水闸流出，推动水轮机旋转。水轮机的机械能通过联轴器传递给发电机，转化为电能输出。先进的潮汐电站可以利用双向水流（涨潮和落潮）发电，提高发电效率。

波浪能发电利用海浪的动能和势能，通过波能转换装置将其转化为电能。波能转换装置（如浮子式、摆动水柱式、鸭式等）布置在海面或海底，随波浪运动产生机械运动。波浪推动波能转换装置的机械部件（如浮子、活塞、转轮等）运动，通过液压系统、机械传动或气动系统将机械能转化为发电机的电能输出。波浪能转换装置通常配备能量平滑系统，以稳定输出功率，适应波浪的随机性和不稳定性。

海流能发电利用海洋中的海流动能，通过水下涡轮机将其转化为电能。将水下涡轮机安装在海流较强的区域（如海峡、洋流等），利用海流推动涡轮机旋转。涡轮机的旋转机械能通过联轴器传递给发电机，转化为电能输出。海流相对稳定，海流能发电能够提供持续和稳定的电力输出。

温差能发电利用海洋表层和深层海水之间的温度差，通过温差能发电系统将其转化为电能。利用海洋表层温暖海水和深层冷海水之间的温度差，通过管道分别引入热交换器。在热交换器中，利用表层温暖海水加热低沸点工质（如氨、氟利昂等），工质蒸发形成蒸汽。利用深层冷海水冷凝工质蒸汽形成液体。工质蒸汽进入蒸汽轮机，推动蒸汽轮机旋转，机械能转化为电能输出。冷凝后的工质液体重新进入热交换器循环使用。

海洋能发电的优点包括可再生、清洁、稳定和地域广泛。海洋能资源丰富，能够提供大规模、持续和清洁的能源供应，对减少温室气体排放和缓解能源危机具有重要意义。然而，海洋能发电技术仍面临成本高、技术复杂、环境影响和海洋条件多变等挑战，需要通过技术创新、政策支持和环境保护措施推动其发展。

随着全球对可持续发展的重视程度不断提高，新能源发电企业正在经历快速增长。技术进步降低了新能源发电的成本，使其在许多地区变得更具竞争力。政府的政策支持、公众对气候变化的关注以及对绿色能源的需求增加，都在推动新能源发电企业的发展。此外，随着储能技术的进步，新能源发电的间歇性问题也在逐步得到解决，进一步提升了新能源发电的可靠性。

新能源发电企业在推动能源转型、减少对化石燃料的依赖、促进环境保护和实现可持续发展目标方面发挥着至关重要的作用。通过技术创新和政策支持，新能源发电企业正成为全球能源体系中不可或缺的一部分。

总之，新能源发电企业是利用可再生能源技术进行发电的企业，它们在全球能源转型中扮演着关键角色，不仅有助于减少环境污染，还能提高能源利用效率，促进可持续发展。随着技术进步和政策支持，新能源发电企业的前景十分广阔。

假设通过新能源发电曲线追踪模式促进弃风、弃光、弃水电量消纳分别达到 N_1、N_2、N_3；其单位边际贡献分别为 μ_1、μ_2、μ_3；其储能使用成本分别为 C_1、C_2、C_3。则可再生能源发电商新增收益 M 为

$$M=\sum\nolimits_{i=1}^{3}\mu_i N_i - C_i \tag{9-1}$$

单位边际贡献主要受合同谈判报价影响。对于弃电量，可再生能源发电商有两种选择：①将多余电量打包兜售给电网；②参与新能源发电曲线追踪交易。在这种情况下，交易价格由双方的协商及市场机制决定。可以确定的是，交易价格的上限是电力用户在市场中正常购电的目录电价或市场出清电价中的较低者。

新能源和碳中和是当前全球应对气候变化、推动可持续发展的重要议题，二者之间存在紧密的联系。碳中和通过减少温室气体排放和增加碳汇，最终实现二氧化碳净零排放的状态。这意味着一个国家、公司或个人通过各种方式抵消其所产生的碳排放，使得总体排放达到零。碳中和的实现对于遏制全球变暖、减少气候变化带来的极端天气事件和环境灾害具有重要意义。

新能源的发展在实现碳中和目标中起着关键作用。通过发展和利用新能源，如太阳能、风能、水能和生物质能，可以替代化石燃料，从而减少二氧化碳的排放。新能源技术的发展显著提高了能源利用效率。例如，先进的光伏发电技术和高效的风力发电机组可以将更多的自然能量转化为电力，减少能源浪费。新能源的广泛应用还可以推动电气化进程，特别是在交通、建筑和工业领域。例如，电动汽车和电动公交车的普及可以减少交通领域的碳排放，太阳能和地热能可以用于建筑物的供电和供暖，从而减少对化石燃料的使用。此外，一些新能源项目可以与碳捕集与储存（CCS）技术结合使用，将二氧化碳从空气中捕集并存储在地下或用于其他工业用途，进一步减少大气中的二氧化碳浓度。

目前，全球范围内新能源与碳中和的发展情况良好。许多国家已经制定了实现碳中和的目标，并出台了一系列支持新能源发展的政策和法规。例如，欧盟计划到 2050 年实现碳中和，中国也提出了到 2060 年实现碳中和的目标。政府通过补贴、税收优惠和强制性配额等手段，鼓励企业和个人使用新能源。近年来，新能源技术取得了显著进展，光伏和风电的发电成本大幅下降，储能技术也在不断突破。技术进步使得新能源在成本和效率上越来越具有竞争力，推动了其大规模应用。新能源市场正在迅速扩展，全球范围内的新能源投资不断增加，越来越多的企业开始关注并投资于新能源项目，新能源产业链逐渐完善，市场前景广阔。

尽管新能源在实现碳中和目标中发挥着重要作用，但仍然面临诸多挑战。技术上，需要进一步提高新能源的转换效率和储能能力；经济上，初期投资高、回报周期长的问题仍需解决；社会上，公众对新能源项目的接受度需要提高，土地和资源的使用需与其他需求平衡。此外，政策的不确定性和市场竞争也对新能源的发展构成挑战。然而，这些挑战同时也是机遇。随着技术的不断进步，新能源的成本将继续下降，其应用范围将进一步扩大。政府政策

的支持和市场机制的完善也将为新能源的发展创造更加有利的环境。通过全球合作，分享技术和经验，各国可以共同推动新能源的发展，加速实现碳中和目标。

总之，新能源是实现碳中和目标的重要途径之一。通过发展和利用太阳能、风能、水能等清洁能源，替代化石燃料，推动电气化和能源效率的提高，可以显著减少二氧化碳排放。尽管面临诸多挑战，但通过科技创新、政策支持和国际合作，新能源的发展将为实现全球碳中和目标提供有力保障。新能源与碳中和的协同发展，不仅有助于应对气候变化，还将推动经济的可持续发展，带来环境和社会的多重效益。

9.3.2 虚拟电厂收益分析

虚拟电厂是一种先进的能源管理系统，它通过聚合和协调优化各种分布式能源资源（DERs）来作为一个整体参与电力市场和电网运行。虚拟电厂的核心概念可以总结为“通信”和“聚合”。

虚拟电厂通常包括以下几种类型的资源：分布式发电资源，如太阳能光伏电站、风力发电机组等可再生能源发电设施；储能系统，包括电池储能、飞轮储能、压缩空气储能等各种形式的储能设备；可控负荷，能够根据电网需求调整工作状态的用电设备，如空调、热水器、电动汽车充电桩等；需求响应资源，能够根据电价信号或激励调整用电行为的用户侧资源；小型发电机，如微型燃气轮机、柴油发电机等；电动汽车，作为移动储能单元，可以参与到充放电调度中。

虚拟电厂的关键技术主要包括协调控制技术，用于优化调度和控制各种DERs，以实现最优的能量管理和调度策略；智能计量技术，通过智能电表等设备收集和分析数据，实现精细化的能源监控和管理；信息通信技术，包括数据采集、传输、存储和处理的技术，确保信息流的畅通无阻。

虚拟电厂的功能主要包括聚合DERs，将分散的DERs整合在一起，形成一个统一的可控资源池；参与电力市场，作为一个整体参与电力批发市场和辅助服务市场，提供电力供应、调峰填谷、频率响应等服务；辅助服务，提供电压支撑、黑启动等辅助服务，帮助电网维持稳定运行；节能减排，通过更高效地利用可再生能源和优化能源使用模式，有助于减少碳排放和能源浪费；提升灵活性，增强电网对可变性可再生能源的接纳能力，提高整个电力系统的灵活性和可靠性。

虚拟电厂的工作原理基于以下几个步骤：资源聚合，通过智能软件平台，将分散的DERs聚合起来，形成一个统一的可控资源池；状态监测，实时监测DERs的状态，包括发电量、负荷情况、储能状态等；调度优化，基于实时数据和预测模型，优化调度策略，确保电力供需平衡；市场交易，参与电力批发市场和辅助服务市场，通过提供电力和辅助服务获得收益。

虚拟电厂的应用场景广泛，包括但不限于参与电力批发市场，通过聚合DERs的产能，向电力批发市场提供电力；参与辅助服务市场，提供调频、调峰等辅助服务，帮助维持电网稳定；需求响应，根据电网需求调整负荷，参与需求侧管理；微电网管理，在局部区域内部署小型的独立运行的电力系统，提高能源利用效率；社区能源管理，为社区内的居民和企业提供本地化的能源解决方案。

智能电网是一种高度现代化的电力系统，它集成了先进的信息通信技术（ICT）和其他先进技术，以提高电力系统的效率、可靠性和可持续性。智能电网的概念基于以下几点：智能电网是建立在集成的、高速双向通信网络的基础上，通过先进的传感和测量技术、先进的设备技术、先进的控制方法以及先进的决策支持系统技术的应用，实现电网的可靠、安全、经济、高效、环境友好和使用安全的目标。

智能电网具有自愈能力，能够自动检测故障并迅速恢复供电，减少停电时间和范围；通过提供信息和服务来激励用户节约能源，同时保护用户的隐私和安全；具备防止网络攻击和物理破坏的能力，保障电网的安全运行；确保电力的质量符合用户的需求，例如电压稳定性和频率控制；能够容纳各种不同类型的发电资源，包括可再生能源和分布式发电；支持电力市场的运作，包括需求响应和动态定价机制；提高电网资产的使用效率，减少浪费。

智能电网由许多不同的组件构成，包括智能变电站、智能配电网、智能电能表、智能交互终端、智能调度、智能家电、智能用电楼宇、智能城市用电网、智能发电系统、新型储能系统等。

智能电网的关键技术包括高级量测体系，授权用户参与电网运行，通过智能电表实现电网与用户之间的互动；高级配电运行，实现在线实时决策指挥，以预防和减轻电网灾害；高级输电运行，强调阻塞管理和降低大规模停运的风险；高级资产管理，通过安装大量高级传感器收集实时信息，以改进电网运行和效率。

智能电网的目标是建立一个灵活、高效、清洁、安全的电网系统，以适应日益复杂和多样化的能源环境。智能电网的发展在全世界还处于起步阶段，没有一个共同的精确定义，但其技术正在不断发展和完善。智能电网的实现需要大量的投资和技术进步，但它有望带来显著的经济和社会效益，包括提高电力系统的整体效率、减少能源浪费、促进清洁能源的使用，并最终支持可持续能源发展和满足不断增长的能源需求。

虚拟电厂通过聚合各种分布式能源资源，能够提高能源系统的整体效率，降低成本，减少对传统化石燃料的依赖，同时促进可再生能源的大规模应用，对于实现能源转型和可持续发展目标具有重要意义。

虚拟电厂参与发电曲线追踪的收益由两部分构成：一是合同谈判报价与市场电价或目录电价的差额部分；二是转让超额可再生能源配额获取的收益。则虚拟电厂可获取的 m 日收益 R_{m} 为

$$R_{\mathrm{m}}=(P_1-P_2)Q_{\mathrm{m}}+R^*-C_{\mathrm{ESN}} \tag{9-2}$$

式中，P_1 为目录电价；P_2 为参与新能源发电曲线追踪的合同电价，为简化问题分析，此处假设 P_1 和 P_2 中均已包含输配电价费用和相应的政府基金及附加；Q_{m} 为日消耗量；R^* 为转让超额可再生能源配额的收益，受虚拟电厂的可再生能源电力消纳责任权重及市场交易情况的影响；C_{ESN} 为虚拟电厂的储能使用成本。

9.3.3 共享储能运营商收益分析

电力行业的储能是指将电能从一个时间段储存到另一个时间段的技术和过程。通过在充电时储存电能，储能系统可以在需要时释放电能，以满足电力需求。电力储能技术是确保电力系统稳定、高效运行的重要手段。

电力储能的作用主要包括：削峰填谷，即在用户负荷低或限电时给储能装置充电，在用户负荷高或不限电的时候向电网放电，以平衡电力供需；提高电网稳定性，通过快速响应电网需求，帮助维持电网频率和电压的稳定；辅助服务，提供调频、备用容量、黑启动等辅助服务，提高电网运行的灵活性和可靠性；促进可再生能源整合，帮助解决可再生能源发电的间歇性和不确定性问题，提高可再生能源的利用率。

常见的电力储能技术包括硬质电池、软质电池、超级电容器、储能飞轮、液流电池以及电化学储能等。硬质电池是指采用固体材料作为电极和电解质的传统电池，如铅酸蓄电池。这类电池的特点是结构坚固、技术成熟、成本较低。硬质电池适用于对频率和电压波动要求不高的应用场景，如电网调峰、备用电源等。软质电池通常指的是以聚合物或有机物质作为主要材料的锂离子电池。与硬质电池相比，软质电池具有更高的能量密度、更长的使用寿命和更快的充放电速率。软质电池主要用于电动汽车储能领域，同时也适用于其他对体积和重量有严格要求的应用场合。超级电容器是一种新型储能装置，它能够在短时间内通过储存电荷来释放电能。超级电容器具有高功率密度、高充放电效率、长寿命等特点，非常适合于需要快速响应的应用场合，如短时间调峰需求、电网频率调节等。储能飞轮是一种通过机械转动的方式将电能存储下来并释放的装置。当飞轮加速旋转时，它将电能转化为动能储存起来；当减速时，则将动能转换回电能。储能飞轮具有响应时间短、寿命长、能量密度高等优点，适用于需要快速响应和高功率输出的应用场景，如旋转负载的应用领域。液流电池是一种将电解质溶液储存在外部容器中的电化学储能装置。液流电池的工作原理是通过电解质溶液在电池内部的反应来储存和释放电能。液流电池的优点在于其能量容量可以通过增加电解质的体积来扩大，这使得液流电池特别适合于大规模储能项目。此外，液流电池还具有良好的循环性能、安全性和环境友好性，适用于对电压要求不高、对体积和重量要求较高的场合。电化学储能技术涵盖了多种类型的电池技术，包括但不限于铅酸电池、钠硫电池、锂离子电池等。这些电池技术各有特点，但共同之处在于它们都是通过电化学反应来储存和释放电能。电化学储能技术具有受地理条件影响较小、建设周期较短、能量密度大的优势，因此是当前应用范围最广、发展潜力最大的电力储能技术之一。例如，锂离子电池因其高能量密度、较长的循环寿命和快速的充放电能力而被广泛应用于便携式电子设备、电动汽车以及电网储能等领域。

电化学储能行业的发展趋势包括：技术进步，储能技术不断进步，降低了储能成本，提高了储能系统的效率和可靠性；政策支持，政府出台了一系列政策，鼓励储能行业的发展，包括财政补贴、税收优惠等；市场需求，随着可再生能源比例的增加，市场对储能系统的需求持续增长；应用场景扩展，储能系统不仅仅局限于发电侧，还在输电、配电和用户侧得到了广泛应用。

根据最近的信息，电力储能行业正处于快速发展阶段，特别是在中国，储能技术被视作新型电力系统的重要组成部分。例如，南网储能作为南网体系中储能资产的代表，旗下拥有多个电化学储能站和抽水蓄能电站项目，显示了该行业在中国的活跃度和潜力。总之，电力行业的储能技术对于提高电力系统的稳定性和灵活性至关重要，随着技术进步和市场需求的增长，储能行业正迎来快速发展期。

共享储能运营商是指专门负责建设和运营共享储能设施的企业或机构。共享储能是一种新兴的储能模式，其中多个用户或利益相关者共同使用一个或多个储能设施，以实现能源成本节约、提高电网稳定性和促进可再生能源的整合。

共享储能运营商的角色和职责包括：投资建设储能设施，这些设施通常是大型、集中式的储能电站；聚合和管理不同地点的储能资源，并通过智能化的控制系统进行统一的管理和调度；与电网运营商合作，确保储能设施能够有效地接入电网，并根据电网的需求进行充放电操作；为电源、用户和电网提供多种服务，包括调峰调频、辅助服务、现货交易等；参与电力市场和辅助服务市场，通过提供储能服务获取经济收益；确保储能设施的安全稳定运行，并提供必要的技术支持和维护服务。

共享储能运营商的特点包括：多用途，即共享储能设施不仅可以为单一的电源或用户提供服务，还可以为多个用户提供服务，并且可以灵活地调整运营模式以适应不同的需求；经济效益，通过资源共享，可以降低单个用户的储能成本，同时提高储能设施的利用率，创造更多的经济价值；灵活性，共享储能运营商可以根据电网的实际需求快速响应，提高电网的灵活性和可靠性；环保意义，共享储能有助于更好地整合可再生能源，减少弃风弃光现象，从而减少碳排放，促进可持续发展。

共享储能运营商的收益来源可能包括向使用储能设施的用户收取租赁费用；提供给特定场站的服务费用，如风电场或光伏电站；通过提供调频、调峰等辅助服务给电网运营商获得补偿；参与电力现货市场交易获得的收益；在某些情况下，可以通过优先发电权交易获得额外收入。

共享储能运营商在推动能源转型、提高电力系统的灵活性和可靠性方面发挥着重要作用。随着技术的进步和政策的支持，共享储能运营商有望在未来发挥更大的作用，成为能源领域的一个重要组成部分。

储能产业是实现能源互联网的重要环节，是促进可再生能源发展的“最后一公里”，其在发电、输配电、电力需求侧、辅助服务以及可再生能源接入等多个领域具有广阔的应用场景。然而，储能设施投资巨大且回报周期长，投资风险较高，因此市场对其持观望态度。要提高储能的收益，首要任务是提高储能设备的利用程度。新能源发电曲线追踪的市场消纳模式可以提高设备使用率，其收益来源于两部分：一是可再生能源发电商支付的储能使用费；二是参与跟踪的虚拟电厂支付的储能使用费。

9.4　虚拟电厂参与新能源发电曲线追踪的聚合调控优化模型

9.4.1　聚合调控优化建模流程

新能源发电曲线追踪是指一种技术或方法，用于预测和管理可再生能源发电（如太阳能和风能）的输出，使其更加稳定和可预测，进而更好地与电网需求匹配。由于可再生能源发电具有间歇性和波动性，其发电量会随天气和气候条件的变化而变化，因此需要通过有效的技术手段来平滑这种波动，以保证电力系统的稳定运行。

新能源发电曲线追踪的目的包括：提高发电效率，通过准确预测可再生能源的发电量，最大限度地利用可再生能源，提高发电效率；优化电网调度，帮助电网调度人员提前了解发电情况，合理安排电网的运行方式，确保电力供需平衡；减少弃风弃光，通过优化调度策略，减少因无法及时消纳而导致的可再生能源浪费现象；提高系统灵活性，增强电力系统的灵活性和响应能力，更好地应对可再生能源发电的波动性。

新能源发电曲线追踪的方法包括：基于功率曲线的预测方法，利用历史数据和气象数据建立风力发电机或光伏组件的功率曲线，结合功率曲线和其他相关信息（如风机数量、太阳辐射强度等）来预测未来的发电量；机器学习算法，利用机器学习技术（如神经网络、支持向量机等）对历史发电数据进行训练，建立预测模型，以提高预测的准确性；集成多种预测方法，结合多种预测技术（如统计学方法、物理模型、机器学习等），以提高预测结果的可靠性；动态调度策略，根据预测结果实时调整发电计划，采取动态调度策略来优化发电曲线，使之更符合电网的实际需求。

实现途径包括：数据收集，收集有关气象条件、发电设备性能、历史发电记录等数据；数据分析，运用统计学方法、数据挖掘技术等对收集的数据进行分析，提取有用信息；建模与预测，建立预测模型，对未来一段时间内的发电量进行预测（图 9-1）；调度与控制，根据预测结果调整发电计划，实施动态调度策略；反馈机制，建立反馈机制，不断调整和优化预测模型和调度策略。

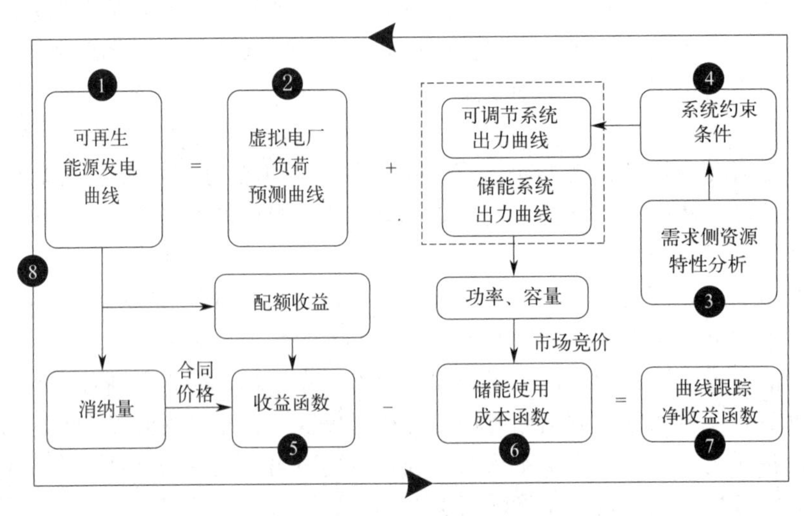

图 9-1　建模逻辑图

技术挑战包括：提高预测模型的准确性，尤其是在极端天气条件下；保证输入数据的质量，避免噪声数据对预测结果的影响；确保预测和调度策略能够快速响应变化的发电状况；处理可再生能源发电的复杂性和不确定性。

应用场景包括：电网调度，帮助电网调度中心更好地规划电力供需，提高电网运行效率；储能系统，配合储能系统使用，通过储能设备的充放电策略来平滑发电曲线；分布式发电，应用于分布式发电系统中，提高小规模发电系统的自我调节能力；虚拟电厂，在虚拟电厂中集成多种分布式能源资源，通过优化调度策略来提高整体发电效率。

9.4.2　需求侧资源特性分析

需求侧资源（demand side resources，DSR）是指在电力系统中用户端（即需求侧）能够被用来进行优化调度和管理的各种资源。这些资源可以被用来提高电力系统的效率、可靠性和灵活性，同时也有助于降低电力成本、减少能源消耗和环境污染。

需求侧资源的作用包括：缓解电力供需矛盾，通过更高效地利用现有电力资源，减少不必要的电力消耗，有助于缓解电力供需之间的不平衡；提高电力系统灵活性，使电力系统能够更好地应对可再生能源的间歇性和不确定性；促进新能源消纳，通过灵活调整负荷，提高电力系统对可再生能源的接纳能力；节能减排，减少对传统化石燃料的依赖，降低碳排放和能源浪费。

需求侧资源通常与需求侧管理密切相关。需求侧管理是指一系列旨在提高能源利用效率、优化电力资源分配和减少能源消耗的活动和技术措施。它包括通过激励机制鼓励用户改变用电习惯，以及通过技术手段（如智能电表、自动化控制系统）来实现对用电设备的智能控制。

国家层面的政策，如《“十四五”现代能源体系规划》，设定了需求侧资源的目标，例如到2025年，电力需求侧响应能力应达到最大用电负荷的3%～5%。这意味着通过需求侧响应措施，电力系统可以在高峰时段减少一定比例的用电负荷。

随着电力系统向更清洁、更智能的方向发展，需求侧资源的作用变得越来越重要。新型电力系统中，需求侧资源的重要性体现在能够缓解电力供需矛盾，尤其是在电力网与交通网深度融合的背景下，电力系统面临的供需平衡难度加大，需求侧资源能够提供灵活性调节能力，促进新能源的消纳。

总之，需求侧资源是指用户端可以被用来优化电力系统运行的各种资源。通过提高用电效率、改变用电行为和利用新技术，这些资源能够帮助提高电力系统的整体效率，降低能源成本，减少环境污染，并支持可再生能源的更大规模应用。

需求侧资源的特性对于设计储能系统的协同优化策略和制定有效的跟踪方案有着深远的影响。这些资源的特点，如可调节性、可转移性和可中断性，直接关系到它们能否有效整合并利用可再生能源。为了增强这一模式的通用性和实用性，人们需重点分析几种典型需求侧资源的关键属性。

具体来说，了解和评估各类需求侧资源如何响应调度、如何在不同时间段内分配使用，以及在必要时是否能够暂时停用，对于提高可再生能源的吸收能力和电网的整体效率至关重要。通过深入探究这些特性，人们可以更好地规划储能系统和需求响应机制，以适应各种场景下的能源管理需求。

（1）中央空调

中央空调是在满足用户舒适度的前提下根据调节指令进行调整的。其调节功率主要与空调额定功率 P^t_{CAC} 和设定温度 T 相关，$T\in[T_1,T_2]$，此区间为用户的舒适温度区间；调节容量 Q_{CAC} 主要与空调个数 N、使用时长 T_{CAC} 相关，满足：

$$\begin{cases}P^t_{T_2}\leqslant P^t_{\mathrm{CAC}}\leqslant P^t_{T_1}, T_1\leqslant T_2\\ Q_{\mathrm{CAC}}=N\sum_{t=1}^{T_{\mathrm{CAC}}}P^t_{\mathrm{CAC}}\end{cases}\tag{9-3}$$

（2）电锅炉

蓄热式电锅炉设备将电能转化为热能，通过调控温度范围实现用电负荷调节。电锅炉调节功率主要与锅炉额定功率 P^t_{EB} 和设定温度 T 相关，$T\in[T_1,T_2]$，此区间为需求温度区间；调节容量 Q_{EB} 主要与锅炉个数 N、使用时长 T_{EB} 相关，满足：

$$\begin{cases} P_{T_1}^t \leqslant P_{EB}^t \leqslant P_{T_2}^t, T_1 \leqslant T_2 \\ Q_{EB} = N \sum_{t=1}^{T_{EB}} P_{EB}^t \end{cases} \tag{9-4}$$

（3）电动汽车

在不影响用户使用体验的前提下，可对电动汽车进行充电管理，其具有可转移负荷特性。主要手段是在保证电动汽车用户正常出行需求的情况下，灵活调节电动汽车充电功率与充电时间。单一电动汽车充电功率 P_{EV}^t 可以表示为

$$P_{EV}^t = \begin{cases} P_{EV}, t_{in} \leqslant t \leqslant t_{end} \\ 0, t < t_{in} \text{ 或 } t > t_{end} \end{cases} \tag{9-5}$$

$$t_{end} = t_{in} + t_{\Delta} \tag{9-6}$$

$$t_{\Delta} = (X_{SOC_e} - X_{SOC_0}) E / (\eta P_{EV}) \tag{9-7}$$

式中，P_{EV} 为电动汽车电池额定充电功率；t_{in} 和 t_{end} 分别表示电动汽车接入电网时刻和电动汽车充电结束时刻；X_{SOC_e} 为车主期望的电动汽车电池荷电状态；X_{SOC_0} 为电动汽车接入电网时刻的电池荷电状态；η 为充电效率；t_{Δ} 为充电时间；E 为电动汽车电池容量。

电动汽车调节容量 Q_{EV} 主要与电动汽车个数 N、充电时间 t_{Δ} 相关，满足：

$$Q_{EV} = N \sum_{t=1}^{t_{\Delta}} P_{EV}^t \tag{9-8}$$

9.4.3 虚拟电厂内部聚合资源可调节特性分析

聚合资源是指通过集合多个分散的小型资源，形成一个较大的、可集中管理和调度的资源池。在电力行业，聚合资源通常指将多个小型的、分布式的能源生产、存储和消费单元整合在一起，以便于更高效地管理和利用这些资源。聚合资源的主要目的包括：提高效率，通过集合多个小型资源，可以提高整体的使用效率，减少浪费；降低成本，集中管理和调度可以降低运营成本，同时也可以通过规模效应降低单位成本；增强灵活性，聚合资源能够提供更灵活的响应能力，以适应电力系统的需求变化；促进可再生能源的整合，聚合资源有助于更好地整合可再生能源，减少间歇性能源对电网的影响；提高可靠性，通过聚合多个资源，可以提高整个系统的稳定性和可靠性，减少单点故障的风险。

聚合资源的应用场景包括（不限于）：需求侧响应，通过聚合家庭和企业的可中断负荷、可调负荷等资源，响应电网调度指令，减轻高峰时段的压力；分布式发电，将分布式发电资源（如屋顶太阳能光伏板、小型风力发电机等）聚合起来，形成虚拟发电厂；储能系统，聚合多个小型储能装置，如家用电池组或电动汽车电池，形成大型储能系统，用于削峰填谷、提供辅助服务等；微电网，通过聚合微电网中的各种资源（如发电、储能、负荷等），实现局部区域内的电力自给自足。

聚合商是指专门从事聚合资源业务的企业或组织。他们的主要任务包括：资源整合，寻找和整合分散的资源，包括分布式能源、储能系统、需求响应资源等；技术支撑，开发或使用先进的信息技术平台，实现对聚合资源的远程监控和调度；市场参与，代表聚合资源参与电力市场交易，争取最优价格和条件；风险管理，通过多样化资源组合和灵活调度策略，降

低市场风险。

政府和监管机构通常会制定相应的政策来支持聚合资源的发展，包括（不限于）：财政补贴，为参与聚合资源项目的用户提供财政补贴或税收减免；市场准入，为聚合资源提供公平的市场准入条件，确保其能够参与电力市场交易；技术支持，支持技术创新，鼓励研发更高效的聚合技术和管理工具。

随着技术的进步和政策的支持，聚合资源在电力行业中的应用将会越来越广泛。特别是随着分布式能源和储能技术的不断发展，聚合资源将在提高电力系统的灵活性、促进可再生能源消纳方面发挥重要作用。

（1）可再生能源消纳量

单日可再生能源消纳量即为可再生能源发电总量，设 Q_{m} 为 m 日的可再生能源发电总量，则：

$$Q_{\mathrm{m}}=\sum_{t=1}^{T}P_{\mathrm{RE}}^{t} \tag{9-9}$$

$$Q_{\mathrm{M}}=\sum_{m=1}^{D}Q_{\mathrm{m}} \tag{9-10}$$

式中，P_{RE}^{t} 为可再生能源的发电出力值；T 为日响应时间；Q_{M} 为年总消纳量；D 为年总消纳天数。

（2）虚拟电厂用电需求预测

依据历史用电数据运用短期预测手段进行负荷预测，得出日前各时间点的负荷预测值 P_{U}^{t}，则虚拟电厂的总负荷预测量 Q_{U} 为

$$Q_{\mathrm{U}}=\sum_{t=1}^{T}P_{\mathrm{U}}^{t} \tag{9-11}$$

（3）储能系统的充放功率、容量与使用成本

① 储能系统的充放功率和容量。储能系统的实时功率 P_{ESN}^{t} 可表示为式(9-12)。考虑到需要对可再生能源发电曲线进行全量跟踪，为避免偏差考核，储能系统的充放功率和系统容量需要满足式(9-13)。

$$P_{\mathrm{ESN}}^{t}=\begin{cases}P(t)^{+}, P_{\mathrm{ESN}}^{t}\geqslant 0\\ P(t)^{-}, P_{\mathrm{ESN}}^{t}<0\end{cases} \tag{9-12}$$

$$\begin{cases}P_{\mathrm{ESN}}\geqslant \max\{|P_{\mathrm{ESN}}^{t}|\}\\ G_{\mathrm{ESN}}\geqslant \sum_{t=1}^{T}P(t)^{+}\\ \sum_{t=1}^{T}P(t)^{+}=\sum_{t=1}^{T}|P(t)^{-}|\end{cases} \tag{9-13}$$

式中，$P(t)^{+}$、$P(t)^{-}$ 分别为储能系统的瞬时充电功率、放电功率；P_{ESN} 为储能系统的最小充放功率；G_{ESN} 为储能系统容量。

式(9-13) 表明，储能系统的最小充放功率需满足使用时的最大充放电功率；储能系统最小容量需满足最大储存量，以保障可再生能源足额消纳和用电安全；储能系统的充电量与放电量相等，即在结束使用时，储能系统恢复初始状态，不存在结余电量。

② 储能系统使用成本。当前，共享储能设施的使用费用是依据市场机制来确定的。虚拟电厂能够参与储能设备的功率使用权和容量使用权的竞拍，以此获取在特定时段内控制储能单元进行充电或放电的权利。虚拟电厂可以根据实际需求，灵活地调整储能设备的充放电功率，这为电力供需的动态平衡提供了灵活性。简单来说，共享储能的市场定价允许虚拟电厂通过竞标获得储能操作权限，在指定的时间段内按需调控充放电过程，这增强了电力系统运行的弹性和效率。由于储能的功率权、容量权价格采取市场化竞价出清方式决定，因此最终定价与市场情况联系紧密。功率权、容量权价格计算方法如式(9-14) 所示：

$$C_{\mathrm{ESN}}=\beta P_{\mathrm{ESN}}+\gamma G_{\mathrm{ESN}} \tag{9-14}$$

式中，C_{ESN} 为储能系统的使用成本；β 和 γ 分别为储能系统功率权、容量权的市场价格系数。

9.4.4 聚合调控优化模型

在电力行业中，聚合调控是指通过协调和优化多个发电单元、储能设备和负荷需求，以实现电力系统的整体稳定和高效运行。这个概念在智能电网、分布式能源系统和需求响应等领域尤为重要。聚合调控在电力系统中涉及将多个独立的电力资源（如发电机、储能设备和可控负荷）进行整合和协调，以实现系统级别的目标，如平衡供需、优化电力质量、减少峰值负荷和提高系统可靠性。这种方法通过集成不同类型的资源，利用先进的控制技术和算法，使系统能够灵活应对负载变化和可再生能源的不稳定性。

在电力行业中，聚合调控的关键组成部分包括分布式能源资源、储能系统、需求响应和智能电网技术。分布式能源资源包括太阳能、风能、小型水电、燃料电池和分布式燃气发电机等，这些资源通常分散在电网的不同位置。储能系统如电池储能、抽水蓄能、压缩空气储能等，用于存储多余电能并在需要时释放，以平衡供需。需求响应通过激励机制引导用户调整其用电行为，以响应电网的需求变化，从而降低峰值负荷或填谷。智能电网技术包括高级计量基础设施（AMI）、配电自动化系统（DAS）、能量管理系统（EMS）等，用于实时监控、控制和优化电力系统。

聚合调控的实现方式包括虚拟电厂、微电网、能量管理系统（EMS）和需求响应平台。虚拟电厂通过信息通信技术，将多个分布式能源资源和负荷聚合成一个整体，作为单一电力供应商参与市场交易和电网调度，优化各个资源的运行策略，提高整体效益。微电网是一个相对独立的小型电力系统，可以运行在并网或离网模式下，通过聚合和协调内部的发电、储能和负荷，实现局部的电力平衡和可靠性提升。能量管理系统用于实时监控和控制电力系统，通过优化算法和控制策略，协调发电、储能和负荷，确保系统在最优状态下运行。需求响应平台通过与用户互动，实施负荷管理策略，在电力需求高峰时减少非关键负荷，提高电力系统的灵活性和稳定性。

聚合调控的优势包括提高系统稳定性、优化资源利用、增强电力安全性、降低成本和促进可再生能源发展。通过协调多个资源，可以平滑负荷波动，减少因可再生能源不稳定性带来的影响。最大化利用分布式能源和储能资源，提高整体系统的经济性和能源效率。在紧急情况下，通过快速响应和灵活调度，提高系统的应急处理能力和可靠性。通过削峰填谷和需求响应，减少电网扩容和升级的需求，降低系统运营和维护成本。通过高效的调控机制，提高可再生能源的消纳能力，推动清洁能源的发展。

尽管聚合调控在电力系统中具有显著优势，但也面临一些挑战，如数据通信的安全性和可靠性问题、多主体协调的复杂性、标准化和互操作性问题等。未来的发展方向包括提升智能化水平、发展先进的控制算法和优化策略、推动政策和市场机制创新等。总之，聚合调控在电力行业中扮演着关键角色，通过整合和协调各种电力资源，实现电力系统的稳定、高效和可持续发展。

目标函数和约束条件。虚拟电厂参与跟踪清洁能源发电曲线交易的目标是实现净收益 R_{m} 最大化，结合9.2节的分析，得到如式(9-15) 所示的优化目标函数，其约束条件如式(9-16) 所示。

$$\max R_{\mathrm{m}}=\{(P_1-P_2)Q_{\mathrm{m}}+R^{*}-C_{\mathrm{ESN}}\} \tag{9-15}$$

$$\begin{cases} Q_{\mathrm{m}}=Q_{\mathrm{U}}+Q_{\mathrm{CAC}}+Q_{\mathrm{EB}}+Q_{\mathrm{EV}} & ① \\ P_{\mathrm{RE}}^{t}=P_{\mathrm{U}}^{t}+P_{\mathrm{CAC}}^{t}+P_{\mathrm{EB}}^{t}+P_{\mathrm{EV}}^{t}+P_{\mathrm{ESN}}^{t} & ② \\ P_{\mathrm{U}}^{t},P_{\mathrm{CAC}}^{t},P_{\mathrm{EB}}^{t},P_{\mathrm{EV}}^{t},P_{\mathrm{ESN}}^{t}\in N & ③ \end{cases} \tag{9-16}$$

式(9-16) 中，式①为电量约束条件，表明虚拟电厂消纳的可再生能源分别由虚拟电厂负荷、空调负荷、电锅炉负荷、电动汽车负荷消耗，期末储能系统电量无结余。式②为功率约束条件，表明在任何时点可再生能源发电出力等于虚拟电厂负荷、空调负荷、电锅炉负荷、电动汽车负荷、储能系统的出力之和，即供需平衡。式③为变量的整数约束。上述变量同时需满足式(9-3)～式(9-14) 的约束要求。

当净收益 R_{m} 大于用户的预期收益时，方案可行。预期收益一般为在峰谷分时电价计价方案下可获取的电费节省额。

9.5 虚拟电厂参与协同消纳交易算例分析

协同消纳是指在电力系统中，多个参与者（包括发电企业、储能设施、需求侧资源等）通过协调合作，共同参与电力调度和市场交易，以提高可再生能源发电的利用率和电力系统的整体效率的过程。协同消纳的目标是在保障电力系统安全稳定运行的前提下，最大限度地利用可再生能源发电资源，减少弃风弃光现象，提高能源利用效率。

弃风弃光现象是指在电力系统中，由于各种原因导致无法充分利用可再生能源发电的情况。具体来说，弃风是指在风能资源充足的情况下，风力发电机组因故障或技术问题导致不能正常运行而产生的弃风现象。这种现象常常发生在风能资源丰富地区，尤其是在风速较高时，如果风电设备维护不当或者设备性能不佳，就会出现弃风现象。这不仅浪费了宝贵的风能资源，还可能对电网的稳定运行造成影响。弃光是指在太阳能资源丰富的时候，由于光伏发电量大于电力系统最大传输电量加上负荷消耗电量，导致无法完全利用太阳能发电的现象。简而言之，就是光伏电站的发电量超过了电网的输送能力和用户的实际需求，从而不得不减少或停止发电，以避免电网过载或其他技术问题。

弃风弃光现象的原因主要包括以下几个方面：电源方面，风力和光伏装机主要集中在“三北”地区（东北、华北、西北），占全国的比重较大，且以大规模集中开发为主。这些地区的电源结构以煤电为主，燃煤热电机组比重高，采暖期供热机组“以热定电”运行，导致系统调峰能力严重不足，不能适应大规模风力和光伏发电消纳的要求；电网方面，三北地区大部分跨省跨区输电通道立足外送煤电，输电通道以及联网通道的调峰互济能力并未充分发挥，对风力和光伏发电跨省跨区消纳的实际作用有限；负荷方面，电力需求侧管理成效不明显，峰谷差进一步加大影响了风力和光伏发电的消纳。

为了减少弃风弃光现象，可以采取以下措施：加强电网建设和改造，提升电网的传输能力，改善电网结构，增强跨区域电力交换能力；提高电源结构灵活性，增加灵活电源的比例，如燃气发电、抽水蓄能电站等，以更好地适应可再生能源发电的波动性；推广需求侧管理，通过激励机制鼓励用户参与需求侧响应，调整用电行为，减少高峰时段的负荷；发展储能技术，利用储能设施在低谷时段充电、高峰时段放电，平抑电力供需波动；完善市场机制，建立合理的电力市场机制，鼓励可再生能源发电参与市场竞争，提高其经济效益。

随着新能源装机容量的快速攀升，必须解决好消纳问题，否则较为严重的弃风弃光现象可能会再度反弹，从而影响能源安全和双碳进程。因此，加强电力系统的灵活性和提高可再生能源的消纳能力是当前面临的重要任务之一。

协同消纳的目的包括：提高可再生能源利用率，通过多方合作，有效利用可再生能源发电，减少因电网接纳能力不足导致的弃风弃光现象；优化电力资源配置，协同消纳有助于优化电力资源配置，提高电力系统的整体运行效率；促进电力市场发展，通过多方协作，推动电力市场的发展，增加市场参与者的收益机会；增强电力系统灵活性，通过协同消纳，增强电力系统的灵活性和响应能力，更好地应对可再生能源发电的间歇性和不确定性。

协同消纳的参与者包括：发电企业，即可再生能源发电企业和传统能源发电企业；储能设施，即各类储能系统，如电池储能、抽水蓄能等；需求侧资源，即参与需求侧响应的用户、虚拟电厂等；电网运营商，即负责电力调度和电网运行的机构。

协同消纳的机制包括：需求侧响应，通过激励机制鼓励用户改变用电行为，减少高峰时段的负荷，帮助平衡供需；储能系统调度，利用储能系统在低谷时段充电、高峰时段放电，平抑电力供需波动；虚拟发电厂，通过集成多个分布式能源资源，形成虚拟的发电厂，统一参与电力市场交易；市场机制，通过现货市场、辅助服务市场等机制，鼓励多方参与，提高电力系统的运行效率；跨区互济，不同地区之间通过电力传输线路相互支援，共同应对电力供需不平衡。

协同消纳的实施案例包括：分布式发电与储能系统协同，在某些地区，通过安装分布式光伏发电系统并与储能系统相结合，可以实现自发自用、余电上网，减少对传统电网的依赖；虚拟发电厂，通过将多个小型分布式能源资源（如屋顶太阳能、风力发电等）和储能设备整合成一个虚拟发电厂，参与电力市场交易，提高整体效益；需求侧响应项目，通过激励用户在特定时段减少用电量，或者调整用电时间，以响应电力系统的调度需求。

政策支持包括：财政补贴，为参与协同消纳项目的用户提供财政补贴或税收减免；市场准入，为协同消纳资源提供公平的市场准入条件，确保其能够参与电力市场交易；技术支持，支持技术创新，鼓励研发更高效的协同技术和管理工具。

随着技术的进步和政策的支持，协同消纳在电力行业中的应用会越来越广泛。特别是随着分布式能源和储能技术的不断发展，协同消纳将在提高电力系统的灵活性、促进可再生能源消纳方面发挥重要作用。

9.5.1 算例概况及参数设置

（1）算例概况

某商业园区夏季工作日和周末的典型用电曲线如图 9-2 所示。该园区拥有可调控的中央空调系统，可调控范围在 2200～1800kW（24～27℃）。此外园区还配备了 5 辆电动公交车在工作日免费接送员工上下班，公交车的使用时段为 7:00—9:30 和 17:30—19:30，其余时间可充电，公交车的日总需用电量为 18000kW·h，额定总功率为 4000kW，充电效率为 90%。

（2）场景说明

场景一：该园区与某光伏发电商通过挂牌交易签订曲线跟踪合同，获取了夏季光伏发电的预测数据，见图 9-3。合同成交价为 0.7 元/(kW·h)。

场景二：该园区与某风力发电商通过挂牌交易签订曲线跟踪合同，获取了夏季风力发电的预测数据，见图 9-3。合同成交价为 0.7 元/(kW·h)。

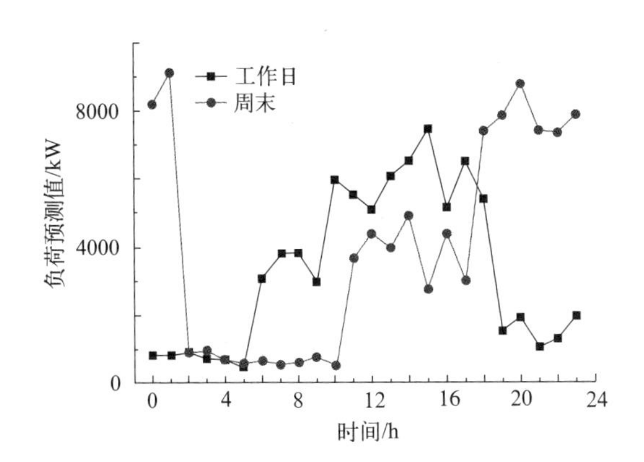

图 9-2　算例中夏季典型用电曲线

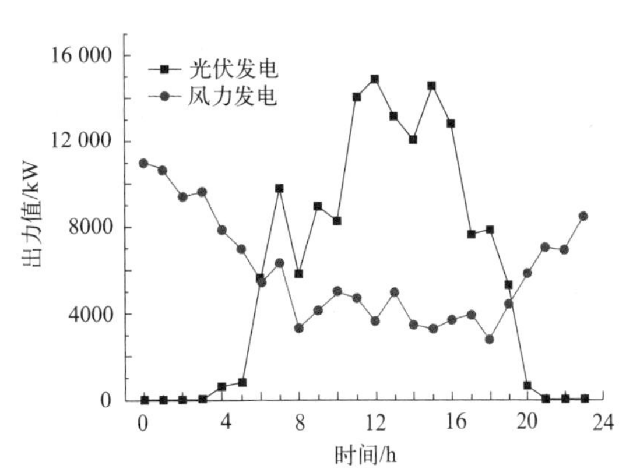

图 9-3　夏季光伏、风力发电预测曲线

场景三：在场景一的光伏发电曲线条件下，用户仅考虑使用“共享储能”对光伏发电曲线进行跟踪。

场景四：在场景二的风力发电曲线条件下，用户仅考虑使用“共享储能”对风力发电曲线进行跟踪。

场景五：该园区参与峰谷分时电价需求响应。峰时电价 1.2 元/(kW·h)(10:00—14:00，19:00—20:00)，平时电价 0.80 元/(kW·h)(7:00—9:00，15:00—18:00，21:00—22:00)，谷时电价 0.30 元/(kW·h)(23:00—6:00)。

（3）参数设置

根据以上分析整理的表 9-1 所示的参数表，需要说明的是，假设该用户仅能完成自身指标权重，对激励性消纳的获益暂不做分析。

表 9-1 参数表

参数	运行时段	取值	单位	含义
P^t_{CAC}	工作日 8:00—23:00 周末 8:00—次日 1:00	[2200,2800] [2200,2800]	kW kW	中央空调 负荷
P_{EV}	0:00—6:00 11:00—16:00 21:00—23:00 (仅工作日)	4000	kW	电动汽车 额定功率
P^t_{ESN}	0:00—23:00	—	kW	储能出力
Q_{m}	—	142560	kW·h	合同电量
$X_{\mathrm{SOC_e}}$	—	100	%	期望荷电状态
$X_{\mathrm{SOC_0}}$	—	0	%	入网荷电状态
E	—	18000	kW·h	电动汽车 电池容量
η	—	90	%	充电效率
β	—	0.2	元/kW	功率权市场 价格系数
γ	—	0.3	元/(kW·h)	容量权市场 价格洗漱
P_1	—	1.0	元/(kW·h)	目录电价
P_2	—	0.7	元/(kW·h)	合同电价

9.5.2 计算结果分析

本小节将通过对比净收益阐述消纳不同可再生能源电力时如何选择方案、联合曲线跟踪模式考虑储能模式、峰谷分时电价模式的优势所在。

(1) 不同可再生能源发电曲线的跟踪方案对比

将图 9-2、图 9-3 中的负荷、可再生能源发电预测数据及表 9-1 的参数代入 9.3 节所述模型，可以求解该园区在满足净收益最大化时的曲线跟踪方案，如图 9-4～图 9-7 所示，具体数据可见表 9-2～表 9-5。

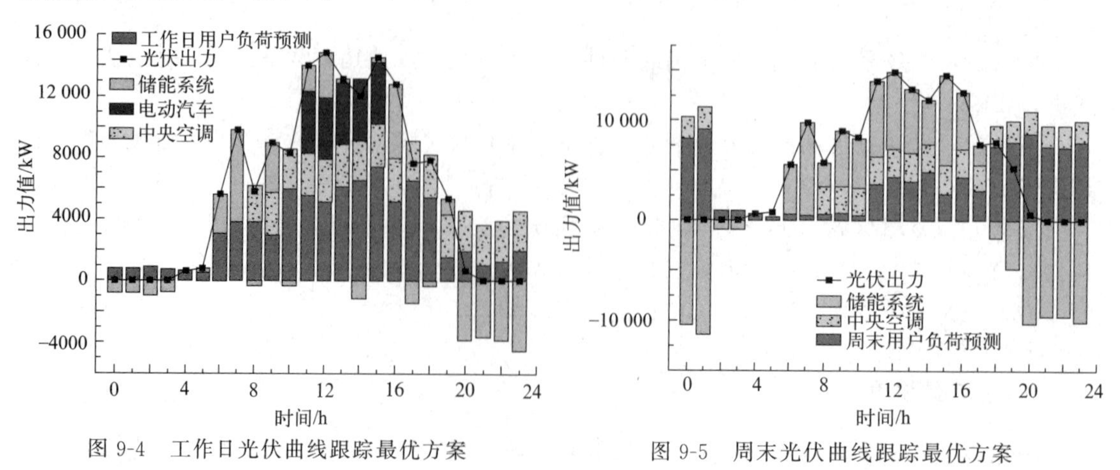

图 9-4 工作日光伏曲线跟踪最优方案

图 9-5 周末光伏曲线跟踪最优方案

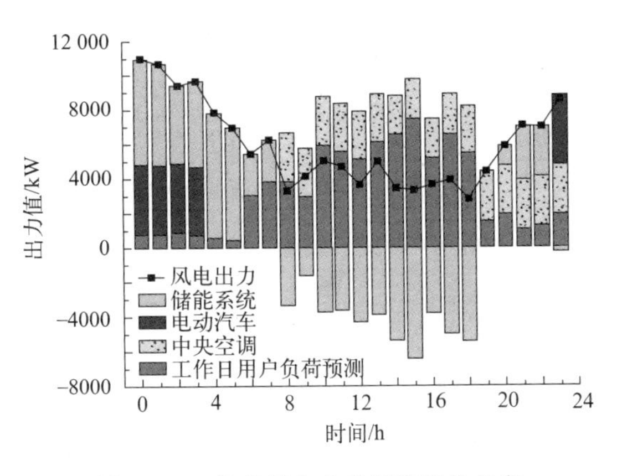

图 9-6 工作日风电曲线跟踪最优方案

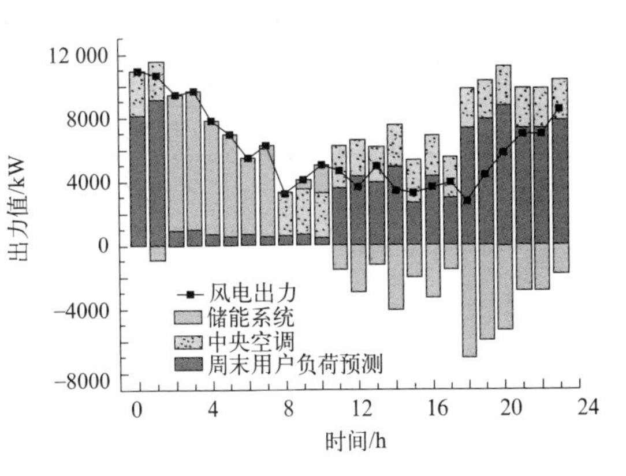

图 9-7 周末风电曲线跟踪最优方案

表 9-2 工作日光伏发电曲线跟踪方案

时间	光伏出力/kW	工作日用户负荷预测/kW	中央空调/kW	电动汽车/kW	储能系统/kW
0	0	820	0	0	−820
1	0	820	0	0	−820
2	0	920	0	0	−920
3	0	730	0	0	−730
4	630	690	0	0	−60
5	790	510	0	0	280
6	5610	3060	0	0	2550
7	9800	3820	0	0	5980
8	5810	3820	2337	0	−347
9	8960	2960	2800	0	3200
10	8290	5960	2669	0	−339
11	13990	5530	2800	4000	1660
12	14830	5090	2800	4000	2940
13	13120	6090	2800	4000	230
14	12030	6530	2582	4000	−1082
15	14520	7440	2800	4000	280
16	12770	5150	2800	0	4820
17	7630	6500	2582	0	−1452
18	7840	5410	2791	0	−361
19	5300	1540	2800	0	960
20	640	1930	2582	0	−3872
21	0	1060	2582	0	−3642
22	0	1320	2582	0	−3902
23	0	1970	2583	0	−4553

表 9-3　周末光伏发电曲线跟踪方案

时间	光伏出力/kW	周末用户负荷预测/kW	中央空调/kW	电动汽车/kW	储能系统/kW
0	0	8180	2200	0	−10380
1	0	9130	2200	0	−11330
2	0	900	0	0	−900
3	0	960	0	0	−960
4	630	670	0	0	−40
5	790	570	0	0	220
6	5610	670	0	0	4940
7	9800	520	0	0	9280
8	5810	600	2800	0	2410
9	8960	760	2800	0	5400
10	8290	510	2800	0	4980
11	13990	3650	2799	0	7541
12	14830	4390	2800	0	7640
13	13120	3970	2800	0	6350
14	12030	4920	2800	0	4310
15	14520	2740	2800	0	8980
16	12770	4390	2800	0	5580
17	7630	2990	2590	0	2050
18	7840	7380	2200	0	−1740
19	5300	7860	2200	0	−4760
20	640	8770	2200	0	−10330
21	0	7410	2201	0	−9611
22	0	7360	2200	0	−9560
23	0	7870	2200	0	10070

表 9-4　工作日风力发电曲线跟踪方案

时间	光伏出力/kW	工作日用户负荷预测/kW	中央空调/kW	电动汽车/kW	储能系统/kW
0	10950	820	0	4000	6130
1	10650	820	0	4000	5830
2	9410	920	0	4000	4490
3	9660	730	0	4000	4930
4	7820	690	0	0	7130
5	6960	510	0	0	6450
6	5450	3060	0	0	2390
7	6230	3820	0	0	2410
8	3290	3820	2798	0	−3328

续表

时间	光伏出力/kW	工作日用户负荷预测/kW	中央空调/kW	电动汽车/kW	储能系统/kW
9	4140	2960	2800	0	−1620
10	5020	5960	2800	0	−3740
11	4690	5530	2800	0	−3640
12	3640	5090	2800	0	−4250
13	4970	6090	2800	0	−3920
14	3450	6530	2291	0	−5371
15	3290	7440	2291	0	−6441
16	3620	5150	2291	0	−3821
17	3900	6500	2419	0	−5019
18	2770	5410	2800	0	−5440
19	4370	1540	2800	0	30
20	5860	1930	2800	0	1130
21	6990	1060	2800	0	3130
22	6930	1320	2800	0	2810
23	8500	1970	2800	4000	−270

表 9-5　周末风力发电曲线跟踪方案

时间	光伏出力/kW	周末用户负荷预测/kW	中央空调/kW	电动汽车/kW	储能系统/kW
0	10950	8180	2800	0	−30
1	10650	9130	2435	0	−915
2	9410	900	0	0	8510
3	9660	960	0	0	8700
4	7820	670	0	0	7150
5	6960	570	0	0	6390
6	5450	670	0	0	4780
7	6230	520	0	0	5710
8	3290	600	2744	0	−54
9	4140	760	2800	0	580
10	5020	510	2800	0	1710
11	4690	3650	2581	0	−1541
12	3640	4390	2200	0	−2950
13	4970	3970	2200	0	−1200
14	3450	4920	2583	0	−4053
15	3290	2740	2581	0	−2031
16	3620	4390	2517	0	−3287
17	3900	2990	2529	0	−1619
18	2770	7380	2439	0	−7049
19	4370	7860	2434	0	−5924
20	5860	8770	2436	0	−5346
21	6990	7410	2436	0	−2856
22	6930	7360	2436	0	−2866
23	8500	7870	2439	0	−1809

（2）联合式曲线追踪与仅考虑储能模式对比

联合式曲线跟踪方案取场景一中在工作日光伏发电曲线跟踪方案、场景二中在周末风力发电曲线跟踪方案。仅考虑储能模式是指在工作日光伏发电曲线跟踪时仅考虑应用“共享储能”系统，中央空调的负荷水平为场景一中的空调负荷水平均值，电动汽车的充电时间固定在21：00—次日1：00；在周末风力发电曲线跟踪时仅考虑应用“共享储能”系统，中央空调的负荷水平为场景二中的空调负荷水平均值。仅考虑储能模式的曲线跟踪方案见表9-6和表9-7。

表9-6　仅考虑储能的光伏发电曲线跟踪方案

时间	光伏出力/kW	工作日用户负荷预测/kW	中央空调/kW	电动汽车/kW	储能系统/kW
0	0	820	0	4000	−4820
1	0	820	0	4000	−4820
2	0	920	0	0	−920
3	0	730	0	0	−730
4	630	690	0	0	−60
5	790	510	0	0	280
6	5610	3060	0	0	2550
7	9800	3820	0	0	5980
8	5810	3820	2680	0	−690
9	8960	2960	2680	0	3320
10	8290	5960	2680	0	−350
11	13990	5530	2680	0	5780
12	14830	5090	2680	0	7060
13	13120	6090	2680	0	4350
14	12030	6530	2680	0	2820
15	14520	7440	2680	0	4400
16	12770	5150	2680	0	4940
17	7630	6500	2680	0	−1550
18	7840	5410	2680	0	−250
19	5300	1540	2680	0	1080
20	640	1930	2680	0	−3970
21	0	1060	2680	4000	−7740
22	0	1320	2680	4000	−8000
23	0	1970	2680	4000	−8650

表9-7　仅考虑储能的风力发电曲线跟踪方案

时间	光伏出力/kW	周末用户负荷预测/kW	中央空调/kW	电动汽车/kW	储能系统/kW
0	10950	8180	2521	0	249
1	10650	9130	2521	0	−1001
2	9410	900	0	0	8510
3	9660	960	0	0	8700
4	7820	670	0	0	7150
5	6960	570	0	0	6390
6	5450	670	0	0	4780
7	6230	520	0	0	5710
8	3290	600	2521	0	169
9	4140	760	2521	0	859
10	5020	510	2521	0	1989

续表

时间	光伏出力/kW	周末用户负荷预测/kW	中央空调/kW	电动汽车/kW	储能系统/kW
11	4690	3650	2521	0	−1481
12	3640	4390	2521	0	−3271
13	4970	3970	2521	0	−1521
14	3450	4920	2521	0	−3991
15	3290	2740	2521	0	−1971
16	3620	4390	2521	0	−3291
17	3900	2990	2521	0	−1611
18	2770	7380	2521	0	−7131
19	4370	7860	2521	0	−6011
20	5860	8770	2521	0	−5431
21	6990	7410	2521	0	−2941
22	6930	7360	2521	0	−2951
23	8500	7870	2521	0	−1891

(3) 联合式曲线跟踪与峰谷分时电价模式对比

峰谷分时电价模式指在价格激励的作用下减少在高峰时段的用电数量，增加在低谷时段的用电数量。本书对在工作日、周末进行峰谷分时电价需求响应时的需求资源测资源负荷作如下设置：中央空调系统在峰时保持低负荷水平运行（2200kW），在平时保持平均负荷水平运行（2500kW），在谷时保持高水平负荷运行（2800kW）；电动汽车在谷时集中充电（23：00—次日 3：00）。峰谷分时电价模式的方案见表 9-8、表 9-9。

表 9-8　工作日峰谷分时电价需求响应最优方案

时间	工作日用户负荷预测/kW	中央空调/kW	电动汽车/kW
0	820	0	4000
1	820	0	4000
2	920	0	4000
3	730	0	4000
4	690	0	0
5	510	0	0
6	3060	0	0
7	3820	0	0
8	3820	2500	0
9	2960	2500	0
10	5960	2200	0
11	5530	2200	0
12	5090	2200	0
13	6090	2200	0
14	6530	2200	0
15	7440	2500	0
16	5150	2500	0
17	6500	2500	0
18	5410	2500	0
19	1540	2200	0
20	1930	2200	0
21	1060	2500	0
22	1320	2500	0
23	1970	2800	4000

表 9-9 周末峰谷分时电价需求响应最优方案

时间	周末负荷预测/kW	中央空调/kW	电动汽车/kW
0	8180	2800	0
1	9130	2800	0
2	900	0	0
3	960	0	0
4	670	0	0
5	570	0	0
6	670	0	0
7	520	0	0
8	600	2500	0
9	760	2500	0
10	510	2200	0
11	3650	2200	0
12	4390	2200	0
13	3970	2200	0
14	4920	2200	0
15	2740	2500	0
16	4390	2500	0
17	2990	2500	0
18	7380	2500	0
19	7860	2200	0
20	8770	2200	0
21	7410	2500	0
22	7360	2500	0
23	7870	2800	0

9.5.3 效益对比分析

(1) 不同可再生能源发电曲线的跟踪方案对比

场景一、二的净收益如表 9-10 所示，可知：在消纳量相同的情况下，工作日消纳光伏的收益＞周末消纳风电的收益＞工作日消纳风电的收益＞周末消纳光伏的收益，因此最优方案为在工作日选择消纳光伏，在周末选择消纳风电。

表 9-10 场景一、二收益对比

场景	时间	消纳量/(kW·h)	储能成本/万元	净收益/万元
场景一	工作日	142560	0.81	3.48
	周末	142560	2.32	1.96
场景二	工作日	142560	1.55	2.73
	周末	142560	1.48	2.80

上述差异的根源在于可再生能源的发电曲线与电力负荷曲线波动的匹配度不同。正如图 9-4 所展示的，在工作日期间，负荷高峰与光伏发电的峰值时段更加吻合，这有效地减轻了对储能系统的需求，进而降低了储能成本。相反，在周末，由于用电高峰与光伏峰值发电时间错位，用户必须在光伏高产时储存更多电能，然后在需求高峰时释放，这增加了储能系统的负担，相应地提高了使用成本，最终导致净收益的下降。同样，从图 9-7 可以看出，周末的用户用电高峰与风力发电的高峰时段更为同步，而工作日这两者则不一致。因此，从优化资源利用的角度来看，周末更适合于消化风力发电的产能。简而言之，工作日和周末的用电模式与可再生能源发电模式之间的契合程度，直接影响了储能系统的作用和成本，以及风能和太阳能的有

效消纳策略。由此可见，当可再生能源的产量曲线与用户的电力消费曲线越接近，即便在相同的能源消耗量和合同定价条件下，通过曲线匹配交易所能实现的利润就会越高。

在真实的市场交易环境中，用户可以采取一种策略，即将预期的跟踪曲线输入到已建立的效益评估模型中，以此来比较不同交易选项间的净收入差异，进而识别出最有效的市场参与策略。

（2）联合式曲线追踪与仅考虑储能模式对比

如表 9-11 所示，在工作日跟踪相同的光伏发电曲线时，考虑“共享储能-需求侧资源”的联合曲线跟踪方式（场景一）较仅考虑“共享储能”的曲线跟踪方式（场景三）的收益更大（3.48 万元＞2.83 万元）。用户在周末跟踪相同的风力发电曲线时，考虑“共享储能-需求侧资源”的联合曲线跟踪方式（场景二）较仅考虑“共享储能”的曲线跟踪方式（场景四）的收益更大（2.80 万元＞2.77 万元）。

表 9-11　联合曲线跟踪与仅考虑储能模式对比

场景	时间	消纳量/(kW·h)	储能成本/万元	净收益/万元
联合式曲线跟踪	场景一	142560	0.81	3.48
	场景二	142560	1.48	2.80
仅考虑储能	场景三	142560	1.45	2.83
	场景四	142560	1.51	2.77

可以得出结论，在追踪相同的发电曲线时，采用“共享储能-需求侧资源”相结合的曲线跟踪策略，相较于单纯依赖“共享储能”的方法，表现出了更高的优越性。其根本原因在于，这种结合策略充分利用了现有需求侧资源的灵活性，有效地分担了对储能装置的过度依赖，从而实现了成本的降低。如图 9-8 所示，在工作日追踪光伏发电曲线的过程中，与场景一相比，场景三中储能系统的功率和容量需求显著增大，这直接推高了成本，并压缩了潜在的收益空间。同样的逻辑也适用于图 9-9，在周末追踪风力发电曲线时，场景四相较于场景二，因储能设备功率和容量的扩大，同样面临成本上升和收益缩水的问题。通过协同共享储能与需求侧资源，不仅能够优化曲线跟踪效果，还能在保证电力供应稳定的同时，避免不必要的储能投资，达到经济效益和能源效率的双重提升。

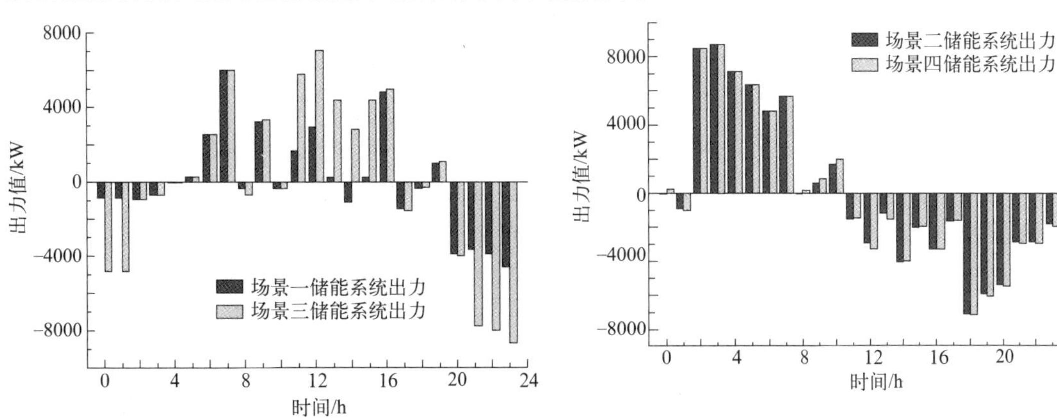

图 9-8　场景一、三储能系统出力对比　　图 9-9　场景二、四储能系统出力对比

同时，这两种方式的差别在拥有更多的需求侧响应资源时体现得更为明显。工作日时可

用的需求侧响应资源为中央空调、电动汽车两种，而周末时只有中央空调。因此工作日时对储能系统的依赖更低、成本更小，导致场景一、三的收益差大于场景二、四［(3.46－2.83) 万元＞（2.80－2.77）万元］。

（3）联合式曲线跟踪与峰谷分时电价模式对比

如表 9-12 所示，工作日、周末的联合式曲线跟踪模式的单位收益均大于峰谷分时电价模式。究其原因，在需求侧资源的调节能力相同的情况下，联合式曲线跟踪模式考虑了对储能系统的应用，可以将谷时的电量存储以备峰时使用。如图 9-10、图 9-11 所示，工作日、周末的用电高峰均与电网用电峰时有所重叠，且这一部分负荷不易转移，因此参与峰谷分时电价模式的效果不佳。

表 9-12　联合式曲线跟踪与峰谷分时电价模式对比

场景	时间	消纳量/(kW·h)	储能成本/万元	净收益/万元
联合式曲线跟踪	工作日	142560	3.48	0.24
	周末	142560	2.80	0.20
峰谷分时	工作日	137870	2.45	0.18
	周末	140970	2.71	0.19

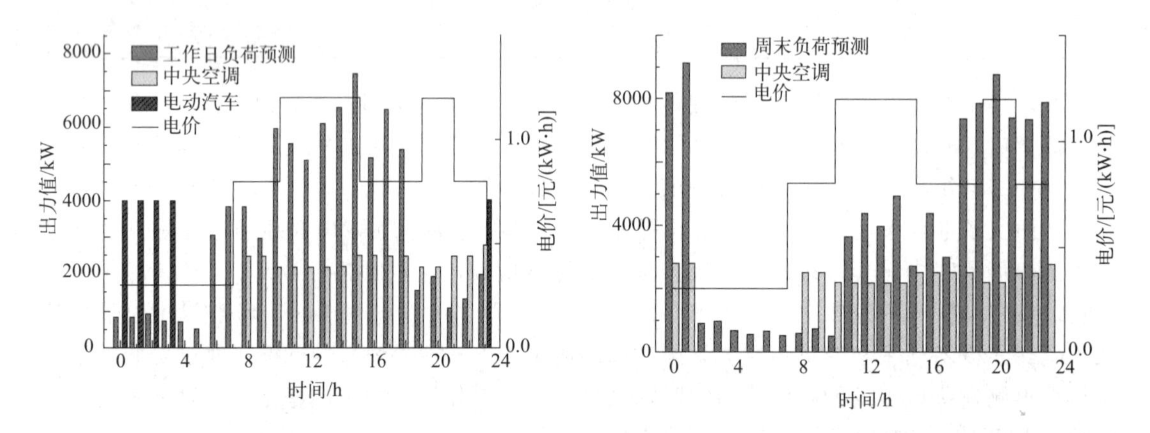

图 9-10　工作日峰谷分时电价需求响应最优方案　　图 9-11　周末峰谷分时电价需求响应最优方案

中国在新能源发电方面取得了显著的进展。作为全球最大的太阳能光伏市场，中国的太阳能发电装机容量从 2010 年的不到 10GW 迅速增长到 2023 年的超过 300GW。通过政府提供的多种激励措施，如补贴和上网电价，太阳能产业得以快速发展。此外，中国还在大力推进分布式光伏发电，鼓励居民和企业在屋顶安装太阳能电池板。

风能发电是中国新能源发电的另一大支柱。自 2000 年以来，中国的风电装机容量稳步增长，尤其是近年来增长迅猛。截至 2023 年底，中国风电装机容量已达到 280GW。除了陆上风电，海上风电也在快速发展，未来有望成为风电发展的新增长点。

中国拥有丰富的水力资源，是世界上最大的水力发电国家。大型水电项目如三峡大坝和白鹤滩水电站，不仅提供了大量清洁能源，还在防洪、灌溉等方面发挥了重要作用。截至 2023 年，中国水电装机容量已超过 370GW。

尽管核能在中国能源结构中占比相对较小，但其发展速度较快。中国正在积极建设新的核电站，并计划到 2030 年实现 70GW 的核电装机容量，以提高能源供应的稳定性和减少对化石燃料的依赖。

生物质能发电在中国也得到了广泛应用，特别是在农村地区，利用农业废弃物和林业废弃物进行发电和供热。生物质能不仅有助于减少废弃物污染，还能提供可再生能源。

中国的新能源发电得益于政府的强力支持。政策支持包括补贴、税收优惠和上网电价保障等。国家层面的规划和地方政府的具体措施也为新能源发电提供了有利的政策环境，如《中华人民共和国可再生能源法》和《“十四五”可再生能源发展规划》为新能源发展设定了明确的目标和实施路径。

尽管取得了巨大进展，中国新能源发电仍面临一些挑战，如电网基础设施急需升级、储能技术仍需突破、部分地区政策执行不到位等。然而，随着技术的进步和国际合作的加强，中国新能源发电有望继续快速发展，为实现碳达峰和碳中和目标做出更大贡献。

展望未来，中国将继续推动新能源发电的发展，不仅在国内大力发展太阳能、风能和水能等，还将在国际上加强合作，输出先进的新能源技术和经验。随着储能技术的进步和智能电网的建设，新能源发电的稳定性和效率将进一步提升，为全球应对气候变化和推动可持续发展做出更大的贡献。

新能源的发展前景广阔，但也面临着许多挑战。这些挑战涉及技术、经济、社会和环境等多个方面。

在技术层面，储能技术是新能源发展的关键。由于太阳能和风能具有间歇性和不稳定性，先进的储能技术如锂电池的成本和寿命需要进一步改进。此外，大规模接入新能源对现有电网构成挑战，需要智能电网技术的支持以保证电力系统的稳定和可靠运行。提高光伏电池、风力发电机组等设备的转换效率，以减少能量损失和提高经济效益也是一大技术挑战。新材料的开发和制造工艺的改进，对于提升新能源设备的性能和降低成本具有重要意义。

在经济层面，新能源项目的初期建设成本较高，回收周期长，需要大量资金投入。虽然新能源成本在逐渐下降，但与传统化石燃料相比，在某些地区和应用场景中仍存在一定差距。许多新能源项目依赖政府补贴，一旦政策变化，可能会对行业发展造成影响。

在社会和环境层面，大规模的太阳能和风能项目需要大量土地，可能与农业、生态保护等用地需求产生冲突。虽然新能源对环境的负面影响较小，但如风电场可能对鸟类和景观造成影响，生物质能的利用也可能涉及土地和水资源的使用。一些新能源项目在选址时可能遭遇公众反对，需要做好社会沟通和环境影响评估。

在政策和市场层面，新能源发展高度依赖政府政策的支持，政策的不确定性和变化可能对市场预期和投资决策产生影响。建立有效的市场机制，鼓励新能源的应用和发展，同时避免市场垄断和不公平竞争，是一大挑战。全球新能源市场竞争激烈，各国在技术、市场和政策方面的竞争会影响本国新能源企业的国际竞争力。

在技术标准和安全性层面，新能源行业需要统一的技术标准，以确保设备和系统的兼容性、安全性和可靠性。新能源设备和系统在设计、制造和运行过程中需要高度重视安全问题，如光伏系统的电气安全、风电设备的结构安全等。

在人才和教育层面，新能源领域的快速发展对专业技术人才的需求大幅增加，但现有教育和培训体系可能难以满足这一需求。需要加强新能源相关领域的教育和培训，提升从业人员的专业素养和技术水平。

尽管这些挑战是现实存在的，但通过科技创新、政策支持和社会各界的共同努力，这些问题是可以克服的。新能源作为未来能源结构的重要组成部分，其发展对全球可持续发展具有重要意义。

思考题

1. 电力辅助服务市场中的报价机制有哪些?
2. 为什么在周末风电曲线跟踪比在工作日风电曲线跟踪更有利?
3. 为什么在工作日光伏曲线跟踪比在周末光伏曲线跟踪更有利?
4. 联合式曲线追踪与峰谷分时电价模式相比有何优势?
5. 需求侧资源如何影响虚拟电厂的调控?
6. 为什么在工作日采用联合式曲线追踪模式比周末收益更高?
7. 联合式曲线追踪与仅考虑储能模式在新能源发电曲线追踪中有什么不同?

第 10 章

案例研究与实践经验

10.1 引言

本章以辽宁虚拟电厂为例，详细剖析辽宁虚拟电厂的构建框架，包括参与主体、协调机制和市场接口，展现其在实际运营中的创新性与适应性。接着，着重分析辽宁虚拟电厂的运营模式，通过构建数学模型，量化虚拟电厂在需求响应、储能调度和市场交易中的策略。实证结果显示，辽宁虚拟电厂在提高电网稳定性、降低运行成本、促进电力市场公平竞争等方面取得了显著成效。此外，辽宁虚拟电厂的成功实践为其他地区虚拟电厂的推广提供了宝贵经验，也为相关政策制定和市场规则设计提供了参考。随着电力市场改革的深化和能源互联网技术的进步，虚拟电厂将在电力系统中发挥更为重要的作用，成为构建新型电力系统的有力工具。虚拟电厂在电力系统中扮演着关键角色，但其实践应用仍面临诸多挑战。通过技术进步、商业模式创新及政策支持，有望克服这些障碍，推动虚拟电厂的广泛应用，助力构建清洁、高效、弹性的未来电力系统。未来的研究应继续关注这些问题，并寻求更多创新性的解决方案，以推动虚拟电厂在实际电力系统中的成功实践。

10.2 面向超大省份的辽宁虚拟电厂实践

10.2.1 辽宁虚拟电厂发展历程

（1）早期探索与起步阶段

辽宁虚拟电厂的早期探索与起步阶段始于 21 世纪初，随着可再生能源在辽宁省的初次大规模应用，电网调度面临新的挑战。最初，辽宁省电力系统主要依赖于传统的火电和水电，但随着风能和光伏等可再生能源发电比例的逐渐增加，电力系统对灵活性和响应速度的要求变得更为迫切。在这个背景下，虚拟电厂的概念开始被引入，作为一种潜在的解决方案，来提升电网的调度能力，并促进新能源的消纳。

2005 年前后，辽宁省的一些研究机构和企业开始关注虚拟电厂的技术研发和理论探讨。他们借鉴海外虚拟电厂的实践经验，结合辽宁地区电力供需特点，着手探索了虚拟电厂在实际电网中的应用潜力。这些早期研究着重于虚拟电厂的理论建模、能源资源集成技术以及智能控制系统的研发，为后续的试点项目奠定了基础。

在政策层面，国家和地方政府逐步认识到虚拟电厂在能源转型中的重要性，开始出台一系列支持性政策。如《中华人民共和国可再生能源法》的实施，以及辽宁省与国家能源局东北监管局联合推出的《辽宁省电力需求侧响应实施方案》等，这些政策为虚拟电厂的起步提供了有力的制度保障。

2010 年前后，辽宁省开始进行虚拟电厂的试点项目，首个示范项目——菱镁工业虚拟电厂，选择在高能耗的菱镁产业进行。通过接入多个规上企业，菱镁工业虚拟电厂成功实现了电熔镁生产线的实时监测和控制，以及参与电网调节和生产能耗的分析。这一项目不仅展示了虚拟电厂在负荷控制和电网稳定性的提升上的潜力，还通过降低电耗和快速响应电网功率调节，实现了经济效益和环境效益的双重提升。

早期的探索阶段，辽宁省虚拟电厂的发展面临诸多挑战，包括技术成熟度不足、市场机制不完善以及能源数据的整合困难等。然而，尽管起步阶段步履蹒跚，虚拟电厂的潜力和价值得到了广泛的认同。这种新型能源管理模式在优化资源配置、提升电网稳定性和支持可再生能源消纳方面展现出的巨大潜力，为后续的规模化应用奠定了基础。

辽宁虚拟电厂的早期探索与起步阶段，是理论与实践、政策与技术的初步融合，标志着辽宁省在应对能源结构转型和低碳发展上迈出了重要一步。尽管挑战重重，但这些挑战也为后续的技术创新、市场培育和政策优化提供了宝贵的经验，为辽宁虚拟电厂的后续发展铺平了道路。

（2）发展阶段与主要项目

随着虚拟电厂概念在辽宁省的逐渐接受和政策环境的持续优化，虚拟电厂进入了发展阶段，这一阶段见证了虚拟电厂从理论研究到实际应用的跨越，以及多个具有里程碑意义的项目实施。

在这一阶段，辽宁省的虚拟电厂开始由小规模的示范项目向更为广泛的应用拓展。政策引导成为推动虚拟电厂发展的重要力量，例如，《辽宁省电力需求侧响应实施方案》的深化实施，以及国家层面对于新能源消纳和电力市场改革的政策支持，为虚拟电厂的规模增长提供了强劲动力。随着电力市场改革的推进，虚拟电厂在电力交易中的角色日益凸显，不仅能参与辅助服务市场，还通过需求响应机制参与电力调度，实现了与电力市场的深度融合。

在技术创新方面，这一阶段的虚拟电厂项目更加注重智能控制系统的优化和能源资源的高效整合。新型矿热炉智能控制系统等创新技术的应用，使得虚拟电厂在电熔镁生产过程中的自动化控制水平显著提高，同时实现了对新能源发电的更好消纳。此外，储能技术的进步也使得虚拟电厂在负荷平滑和电力质量保障方面的作用日益显现，如电池储能系统的广泛应用，提升了虚拟电厂的调节能力和稳定性。

在主要项目方面，除了菱镁工业虚拟电厂的成功运行，辽宁省还涌现了多个具有代表性的虚拟电厂项目。例如，沈阳某大型商业综合体虚拟电厂，通过整合商场、酒店和办公区的空调、照明等可调负荷，实现了电力需求的灵活调度，不仅降低了运营成本，还增强了电网的稳定性。而在沈阳的某大型数据中心，通过虚拟电厂的技术应用，数据中心的电力使用效率明显提升，同时减少了对电网的冲击，为数据中心的绿色运营提供了新的解决方案。

辽宁省的虚拟电厂项目也逐渐由工业领域扩展到分布式光伏、风电等可再生能源项目，通过虚拟电厂的技术整合，这些项目能够更好地适应电网需求，提高电力系统的整体效能。例如，辽西某大型风电场通过虚拟电厂的接入，实现了风电输出的平滑调节，降低了对电网的冲击，促进了风电的高效消纳。

尽管取得了显著进展，发展阶段的虚拟电厂在实际运营中仍面临一些挑战，如技术标准的不完善、市场机制的不健全以及数据安全和隐私保护等问题。为应对这些挑战，辽宁省的虚拟电厂项目在实施过程中不断探索和积累经验，同时也为全国范围内的虚拟电厂发展提供了可借鉴的案例和实践策略。

辽宁虚拟电厂的发展阶段，见证了从理论到实践的跨越，通过一系列创新项目，实现了虚拟电厂在电力系统中的重要作用，为辽宁省乃至全国的能源转型和绿色低碳发展奠定了坚实基础。随着技术的持续进步和市场环境的不断优化，虚拟电厂的应用将更加广泛，其在电力系统中的地位和价值将更加凸显。

10.2.2　辽宁虚拟电厂运营架构

10.2.2.1　数据采集与处理系统设计

数据采集与处理系统是辽宁虚拟电厂技术架构的核心组成部分，它负责实时监控、整合和处理来自各种分布式能源、储能装置、可控负荷以及电网的大量数据。这个系统的设计对于确保虚拟电厂高效、稳定地运营至关重要。

数据采集是系统的基础，它涉及多种传感器、智能电表和远程终端单元（RTU）等设备的部署，以获取全面的实时信息。这些设备广泛分布在用户侧的分布式能源设施、储能装置和可控负荷上，以及电网的各个节点，如变电站和输电线路。通过高精度的测量和通信技术，数据采集设备能够准确地获取电力参数，如电压、电流、功率，以及设备状态和环境条件等信息。

数据采集系统通常采用分布式架构，以确保数据的实时性和可靠性。各个数据采集点通过高速通信网络，如光纤、无线局域网或广域网，将数据传输至中央数据处理中心。这种架构能够降低数据传输的延迟，提高整个系统的响应速度。

数据处理中心则负责对采集到的海量数据进行清洗、整理和分析。通过大数据和云计算技术，系统能够高效地处理和存储数据，进行实时的计算和预测。例如，通过机器学习算法，系统可以学习和理解用户的用电模式，预测未来的电力需求，从而辅助调度决策。同时，数据处理中心还应具备故障检测和诊断功能，及时发现并报告任何异常情况，确保系统的安全运行。

为了保障数据的安全性和隐私，数据采集与处理系统需要实施严格的数据安全策略。这包括数据加密传输、防火墙隔离、访问控制，以及定期的安全审计。此外，系统应遵循相关的数据保护法规，如《中华人民共和国网络安全法》和《中华人民共和国个人信息保护法》，确保用户数据的合法合规使用。

在设计数据采集与处理系统的过程中，还需考虑技术的兼容性和扩展性。随着虚拟电厂技术的不断发展，可能需要接入更多的新型设备和数据源，因此系统应能轻松适应新的技术变化，保持其灵活性。同时，系统应支持与不同厂商设备的互操作性，以降低集成成本，提高系统的整体效益。

辽宁虚拟电厂的数据采集与处理系统是其技术架构中至关重要的环节，它通过高效的实时数据采集、处理和分析，为虚拟电厂的调度决策、市场参与以及与用户的互动提供了强有力的支持。系统的优化设计和高效运行，对于辽宁虚拟电厂实现其运营目标，提高电力系统的稳定性和灵活性具有重要意义。随着技术的不断进步，数据采集与处理系统的功能和性能将持续提升，为虚拟电厂的未来发展奠定坚实基础。

10.2.2.2 需求响应管理机制

需求响应管理机制，是虚拟电厂技术架构中不可或缺的组成部分，它涉及用户负荷的实时监控、预测和调整，是实现源荷互动，提高电力系统灵活性的关键手段。在辽宁虚拟电厂的运营中，这一机制体现在以下几个方面。

智能电表与高级计量基础设施（AMI）的部署为需求响应管理提供了基础。这些设备能够精确地测量用户的实时用电情况，并通过通信网络将数据传输至虚拟电厂的控制中心。通过整合大量的用户数据，虚拟电厂能够构建用户负荷的行为模型，预测用户在不同时间、不同电价条件下的用电需求，为调度决策提供依据。

虚拟电厂运用先进的预测模型和机器学习技术，实现对用户负荷的精准预测。这包括基于历史数据的学习算法，如时间序列分析，以及考虑外部因素如天气、季节和用户行为模式的复杂模型。这些预测结果有助于虚拟电厂提前调整负荷，平抑峰谷差距，优化电力使用效率。

在需求响应的实际操作中，虚拟电厂利用智能电网技术，如自动需求响应（ADR）和价格响应（PR），引导用户在特定时段调整用电行为。例如，当电网面临高峰负荷压力时，虚拟电厂可以通过价格激励，如实时电价或分时电价，鼓励用户在非高峰时段增加用电，而在高峰时段减少用电，从而缓解电网压力。同时，通过与用户签订合同，虚拟电厂可以在必要时直接控制部分可控负荷，如空调、热水器等，实现快速响应。

需求响应管理机制还需要一个有效的沟通平台，以确保信息的透明度和实时性。虚拟电厂通过移动应用、网站或直接与用户的交互，提供实时的电价信息、节能建议和响应指示，帮助用户理解并参与到需求响应中。这种互动不仅提高了用户的参与度，也提升了用户对能源使用的理解，从而培养更高效的用电习惯。

需求响应管理机制的实施离不开政策与法规的支持。在辽宁，政府和电力监管机构通过制定激励政策，如峰谷电价、容量市场和需求侧响应计划，鼓励用户参与需求响应。这种政策环境为虚拟电厂的需求响应管理提供了良好的运营空间。

然而，需求响应管理也面临一些挑战，如用户参与度不高、电价信号传递不明确以及系统的可操作性问题。因此，虚拟电厂需要不断提升预测精度，优化响应策略，同时与政策制定者合作，优化市场机制，以期提高需求响应的经济性与可行性。

需求响应管理机制在辽宁虚拟电厂的运营中扮演着重要角色，它通过精细化的用户负荷预测和实时调整，实现了电力供需的动态平衡，提升了电力系统的灵活性和效率。随着智能电网技术的发展和政策环境的优化，需求响应管理的潜力将进一步释放，为虚拟电厂的运营和电力市场的稳定运行提供有力保障。

10.2.2.3　能源存储与释放策略

能源存储与释放策略是虚拟电厂技术架构中不可或缺的组成部分，它直接关系到虚拟电厂在电力系统的调峰填谷、稳定运行和经济效益。在辽宁虚拟电厂的运营中，能源存储与释放策略主要体现在以下几个方面。

虚拟电厂利用先进的储能技术，如锂离子电池、飞轮储能、超级电容器等，来存储过剩的电力，并在需求高峰时释放，以平衡电网供需。储能设备的容量和响应速度是关键指标，它们直接影响到虚拟电厂在电力市场中的调峰能力。通过对储能设备的精准控制，虚拟电厂可以根据电网的实时需求，快速调整电能的释放，从而平滑电力负荷曲线，降低对传统火电的依赖。

虚拟电厂结合大数据分析和人工智能算法，对储能系统进行智能管理。通过预测系统内的电力供需模式，虚拟电厂可以预先规划储能设备的充放电策略，以最大程度地利用可再生能源并减少能源浪费。例如，在风能或太阳能发电量丰富但需求较低的时段，虚拟电厂会优化储能设备的充电过程，而在电力需求较高但可再生能源供应不足时，则释放储能以满足需求。

虚拟电厂还会利用储能设备参与电力市场交易，如辅助服务市场，以进一步提高经济效益。例如，通过提供调频服务，虚拟电厂可以根据电网指令，快速调节储能设备的释放速度，以维持电网频率的稳定。这种服务不仅有助于提升系统稳定性，还为虚拟电厂带来了额外的经济回报。

在实际运营中，辽宁虚拟电厂的储能策略还需考虑与分布式能源的协同。例如，当风能或太阳能发电量过剩时，虚拟电厂可以利用储能设备存储部分电能，同时通过智能调度将多余的可再生能源分配给用户，降低电网压力。反之，在可再生能源供应不足时，储能设备可以为用户提供稳定电力，保障电网的连续运行。

然而，能源存储与释放策略的实施并非没有挑战。储能设备的成本、效率和寿命是影响策略效益的重要因素，而储能技术的快速迭代也要求虚拟电厂持续关注并引入最新的技术。此外，储能设备的充放电过程会带来热损耗，这需要优化储能系统的热管理，确保设备在长期运行中的稳定性和经济性。

针对这些挑战，辽宁虚拟电厂在储能策略上不断寻求创新，例如通过优化电池管理系统（BMS）、引入先进的热管理系统，以及采用更经济高效的储能技术，如钠硫电池和液流电池，来提升储能系统的整体性能。同时，虚拟电厂还与科研机构合作，推动储能技术的研究，以降低存储成本，提高充放电效率。

能源存储与释放策略是辽宁虚拟电厂实现电力供需平衡、提高系统稳定性和经济效益的关键手段。通过智能管理、市场参与和技术创新，虚拟电厂在能源存储与释放策略上持续优化，为构建新型电力系统和推动能源结构转型作出贡献。随着储能技术的不断进步和电力市场机制的完善，能源存储与释放策略在虚拟电厂的运营中将发挥更大的作用。

10.2.2.4　用户参与虚拟电厂的模式

用户参与虚拟电厂的模式是辽宁虚拟电厂运营架构中的一个重要环节，它不仅影响着虚拟电厂的运营效率，也对用户的能源消费行为产生了深远影响。根据辽宁虚拟电厂的实践，用户参与可以概括为以下几种主要模式。

① 被动响应模式。在这一模式中，用户不直接参与电力需求的调节，而是由虚拟电厂通过预设的规则或与用户的合同约定自动调整用户的负荷。例如，空调、热水器等设备在高峰时段自动降低功率或推迟运行时间，以减少电网压力。虚拟电厂通过智能电表收集用户用电数据，根据电网需求实时调整策略。

② 主动参与模式。用户在虚拟电厂的引导下，主动参与到负荷管理中。这通常通过提供实时电价信息、节能建议或通过移动应用通知用户在特定时段调整用电。用户可以选择在电价较低时增加用电，例如在晚上为电动汽车充电，或者在电价较高时减少用电，如避免在高峰时段使用大型电器。这种模式不仅有利于用户节省电费，也提升了整体电网的运行效率。

③ 能效优化服务模式。虚拟电厂提供能源管理服务，帮助用户优化用能结构，提高能源使用效率。这可能包括安装智能电表、安装能效监测系统，甚至为用户提供个性化的能源使用报告，指导用户改善用能习惯。通过这些服务，用户不仅能减少电费支出，还能对环境产生积极影响。

④ 储能设备共享模式。在某些情况下，虚拟电厂可能会与用户共享储能设备，允许用户在电力价格较低时存储电能，然后在价格较高时使用。这种模式需要用户在购买或租赁储能设备时与虚拟电厂签订合同，共享设备的所有权和使用权。

⑤ 电力零售模式。随着电力市场改革的推进，虚拟电厂可能直接向用户提供电力，成为零售电力供应商。用户可以选择虚拟电厂提供的套餐，获取定制化的电力服务，如绿色能源供电、价格稳定性等。

⑥ 节能分成模式。虚拟电厂与用户共享节能带来的经济效益。例如，当虚拟电厂通过智能调度帮助用户节能时，用户可能会得到一部分节能收益作为奖励，这增加了用户参与的积极性。

⑦ 社区能源管理模式。在某些特定社区，虚拟电厂可能与所有居民或商业用户合作，共同管理社区的能源需求。通过共享分布式能源和储能设施，社区内的用户可以更加高效地使用能源，同时共享因参与虚拟电厂运营带来的经济与环境效益。

这些参与模式的有效实施，依赖于用户对虚拟电厂的信任，以及虚拟电厂提供的一系列便捷服务和技术支持。通过不断优化这些模式，辽宁虚拟电厂能够与用户建立紧密的合作关系，推动电力市场的健康发展，同时促进能源结构的转型。

10.2.2.5 电力调度中的虚拟电厂协同控制

在电力调度中，虚拟电厂通过协同控制实现与电网调度中心的无缝对接，确保电力系统的稳定运行和高效调度。这一过程涉及通信技术、智能控制系统和先进的调度算法的集成应用，使得虚拟电厂能够实时响应并执行调度指令，调整参与主体的电力需求，达到电力供需的动态平衡。

虚拟电厂的通信技术是协同控制的基础。通过高速、低延迟的通信网络，虚拟电厂能够实时获取电网调度中心的指令，同时将参与主体的实时负荷数据和储能状态信息传回给调度中心，实现信息的双向流动。这种实时性是调度过程中至关重要的，因为电力系统的瞬时变化需要快速的响应机制。

智能控制系统则负责将接收到的调度指令转化为具体的控制策略。它利用云计算、大数据和人工智能技术，分析实时的电网状态、负荷预测以及储能设备的可用性，生成最优的控制方案。例如，在电力需求高峰时，智能控制系统会根据调度指令，调整分布式发电和可控负荷的输出，以平衡供需，同时利用储能设备的快速释放功能，提供必要的辅助服务。

调度算法在协同控制中也扮演着重要角色。辽宁虚拟电厂采用的可能是基于模型预测控制（MPC）算法，它能结合历史数据和实时信息，预测未来一段时间内电力系统的运行情况，从而提前规划最优的调度策略。这种算法能够综合考虑多种约束条件，如设备的物理限制、电力市场的规则以及用户需求，以实现系统整体的优化。

在实际案例中，如鞍山菱镁工业虚拟电厂，通过智能调度平台，成功实现了多家菱镁企业的分布式能源和可控负荷的精准控制。在电网调度中心的指令下，该平台能够快速调整负荷，确保工业生产与电网需求的协调，同时降低了企业的用电成本，实现了经济与环保的双重效益。

然而，电力调度中的协同控制并非没有挑战。通信技术的稳定性、智能控制系统的实时性以及调度算法的复杂性，都需要持续的技术研发和优化。此外，随着电力市场改革的推进，虚拟电厂与电网调度中心的交互将更加频繁，对数据的安全性和隐私保护提出了更高的要求。虚拟电厂需要不断适应市场变化，完善技术架构，以确保在电力调度中的协同控制更加高效、安全和可靠。

电力调度中的虚拟电厂协同控制是通过通信技术、智能控制系统和调度算法的集成，实现与电网调度中心的紧密合作，确保电力系统的稳定运行和高效调度。这一过程在辽宁虚拟电厂的运营中得到了实际应用，不仅提升了电网的灵活性，也为电力市场的健康发展做出了贡献。随着技术进步和市场机制的完善，虚拟电厂的协同控制能力有望进一步提升，对电力系统的贡献也将更加显著。

10.2.2.6 风险管理与危机处理

在辽宁虚拟电厂的运营中，风险管理与危机处理是保障系统稳定运行和企业可持续发展的重要环节。虚拟电厂的运营面临着市场风险、技术风险、法律风险以及操作风险等多种潜在挑战，有效的风险管理与危机处理策略对于规避风险、维护运营的连续性至关重要。

市场风险主要源于电力价格波动、电力需求的不确定性以及监管政策的变化。辽宁虚拟电厂通过参与电力市场交易，需要对价格波动有敏锐的洞察和应对策略，例如，通过套期保值、合同管理来锁定收益，降低价格波动带来的影响。同时，虚拟电厂还需要密切关注政策变化，调整运营策略以符合新的法规要求。

技术风险主要源于信息通信技术的故障、储能设备性能的不稳定以及智能控制系统的设计缺陷。为降低技术风险，虚拟电厂应建立完善的技术维护体系，定期对通信设备、储能系统进行检测和维护，确保其稳定运行。同时，持续进行技术升级，优化智能控制系统，提高系统的鲁棒性和自我修复能力。

法律风险主要涉及电力市场规则、隐私保护、知识产权等法律问题。虚拟电厂必须严格遵守相关法律法规，如《中华人民共和国电力法》《中华人民共和国网络安全法》等，确保数据传输和使用符合法律要求，保护用户隐私，尊重知识产权。此外，虚拟电厂还应当积极参与政策制定和标准制定，推动相关法律法规的完善，为自身运营创造有利的法治环境。

操作风险则源于系统运行过程中的人为错误、设备故障或其他意外情况。虚拟电厂应建立严格的操作规程和应急响应机制，定期进行安全培训，提高员工的操作技能和风险意识。同时，设置冗余系统，一旦主系统发生故障，备份系统能迅速接管，以保证服务的连续性。

在危机处理方面，辽宁虚拟电厂应建立有效的危机预警系统，通过大数据分析和态势感知技术，提前识别潜在的危机，并制定相应的应急预案。在危机发生时，虚拟电厂应启动应急响应机制，迅速调动资源，与各方协调，包括政府部门、电力公司、用户等，确保问题的快速解决。此外，危机处理后，虚拟电厂应进行总结与反思，改进运营流程，防止类似问题的再次发生。

通过结合预防性风险管理与有效的危机应对机制，辽宁虚拟电厂能够确保在面临各种风险挑战时，能够迅速、准确地识别并妥善处理，从而维持运营的稳定性和企业的长期发展。随着技术进步和管理经验的积累，虚拟电厂在风险管理与危机处理方面的能力将不断提高，为电力系统的稳定运行提供更加坚实的保障。

10.2.3 辽宁虚拟电厂运营情况

10.2.3.1 辽宁虚拟电厂运营机制

辽宁虚拟电厂的运营机制是其成功的关键，它涉及参与主体的组织形式、协调策略、市场接入方式以及风险应对策略等多方面。这一机制的创新性主要体现在以下几个方面。

辽宁虚拟电厂采用了“产业+能源”相结合的运营模式，将菱镁工业的负荷管理与虚拟电厂的运营紧密结合起来。通过与工业企业的深度合作，虚拟电厂能够精确地预测和控制工业负荷，实现生产过程的能源优化。这种模式不仅降低了企业的电力成本，还有助于工业生产过程的绿色化，符合国家的能源发展战略。

虚拟电厂的协调机制是其高效运行的保障。能源管理系统（EMS）扮演了核心角色，它实时收集并处理来自各参与主体的大量数据，通过优化算法进行能源的动态调度。例如，EMS 会根据天气预报调整光伏和风能设备的发电计划，同时根据电网需求和市场价格调整储能系统的充放电策略。在菱镁工业虚拟电厂中，EMS 还针对工业负荷的特殊性设计了定制化的调度策略，确保生产过程的稳定与电力系统的安全。

市场接入方面，辽宁虚拟电厂灵活地参与了电力市场中不同层次的交易。它既可以作为一个整体参与调度市场，提供辅助服务，如调频、调峰，也可以通过零售市场直接与用户进行电力交易。在实际操作中，虚拟电厂利用市场接口技术，实时响应调度指令，执行市场策略，使其在市场中的利益最大化。例如，虚拟电厂会根据市场电价波动，选择最佳的储能释放时间，从而降低电力成本并获得市场收益。

风险应对策略上，辽宁虚拟电厂采用了多维度的风险管理手段。在市场风险方面，通过金融衍生工具对冲电价波动，确保收益的稳定性。在技术风险上，不断优化 EMS 算法，提高设备的监控与故障预测能力，降低设备故障对运营的影响。政策风险方面，密切关注电力市场改革的动态，及时调整运营策略，以适应政策变化。例如，《辽宁省电力需求侧响应实施方案》的出台，为虚拟电厂提供了新的市场机遇，虚拟电厂据此调整策略，提升了响应能力和市场竞争力。

辽宁虚拟电厂在实践中还融入了政策引导与技术创新的双重支持。政府通过制定相关政策，如补贴和价格机制，鼓励虚拟电厂的发展，而技术创新如区块链、人工智能等，则为虚拟电厂的透明度、决策效率和市场竞争力提供了技术保障。

辽宁虚拟电厂的运营机制以其创新性和适应性，实现了分布式能源的高效利用，推动了电力市场改革，同时也为菱镁工业的可持续发展提供了有力支持。这种机制不仅在辽宁地区取得了显著的成效，也为其他地区乃至全球虚拟电厂的发展提供了宝贵的经验和启示。未来，随着电力市场改革的深化和技术的进步，辽宁虚拟电厂的运营机制将不断优化，为构建新型电力系统做出更大的贡献。

10.2.3.2　虚拟电厂的负载管理与平衡

虚拟电厂的负载管理与平衡是其运营效率与性能的关键因素之一。在辽宁虚拟电厂的实际运营中，通过智能调度中心的实时监控与控制，以及与信息平台的无缝对接的方式，实现了对分布式能源、储能装置和可控负荷的精确管理，确保电力供需的动态平衡。

调度中心通过集成的通信技术，实时获取来自分布式能源、储能设备和可控负荷的运行数据，如发电功率、储能状态和负荷变化等。这些数据经过信息平台的分析，形成对系统负载的准确评估。在预测模型的帮助下，调度中心可以预见未来的电力需求，从而在供需可能出现失衡时提前进行调整。

基于这些信息，调度中心运用先进的算法，如模型预测控制（MPC）和多代理系统（MAS），计算出最优的负载调整策略。例如，当电网需求增加时，调度中心可以通过调整可控负荷的设置，如调整空调温度，降低部分用户的用电需求；同时，调度中心会指示储能设备释放电能，或者促进分布式能源如光伏和风能的发电，以补充电网的供电。而在电力需求较低时，调度中心则会引导用户增加用电，例如鼓励夜间充电，以利用过剩的电力资源。

辽宁虚拟电厂的运营架构中还特别注重市场机制的融入，通过参与电力市场，如调峰调频市场，以价格信号引导用户的用电行为。在市场激励机制下，用户会根据实时电价调整用电习惯，这在一定程度上减轻了虚拟电厂的负载管理负担，实现了供需的市场驱动平衡。

在技术和设备层面，虚拟电厂配备了先进的电池管理系统（BMS），以优化储能设备的充放电过程，提高储能效率。同时，通过状态估计和故障诊断技术，可以实时监控设备的运行状态，预防和快速处理可能的故障，保证系统的稳定运行。

在法律与政策方面，辽宁虚拟电厂遵循相关法规，如《中华人民共和国电力法》和《中华人民共和国可再生能源法》，确保其在负载管理中的行为符合法律要求，同时与政府部门和电力公司保持良好沟通，以应对可能的政策变动对负载管理的影响。

辽宁虚拟电厂通过智能调度中心、信息平台、市场机制和技术设备的综合应用，实现了负载的精细管理与平衡，确保了电力系统的稳定运行，同时也为用户提供了灵活、经济的电力服务。随着技术的不断进步和管理经验的积累，虚拟电厂的负载管理与平衡能力将进一步提升，为电力系统的灵活性和效率提供更有力的保障。

10.2.3.3　负荷预测与灵活性调度

负荷预测与灵活性调度是辽宁虚拟电厂运营效率与性能评估中的核心要素，它们直接影响着电力供需的匹配程度，以及虚拟电厂的经济效益。通过结合先进的预测模型、大数据分析和智能控制系统，辽宁虚拟电厂能够实现对用户负荷的精准预测，并据此进行灵活的电力调度，显著提升了电力系统的稳定性和灵活性。

负荷预测是调度决策的关键基础。辽宁虚拟电厂利用历史数据和机器学习技术，如时间序列分析和基于用户行为的学习模型，对不同时间段的电力需求进行预测。这些模型能够考虑天气、季节、社会活动等多种外部因素，以及用户个体的用电习惯，提高了预测的准确性和可靠性。精准的负荷预测使得虚拟电厂能够提前调配资源，避免供需不平衡带来的运行压力。

基于预测结果，虚拟电厂采用智能调度策略，实现负荷的灵活调整。这些策略可能包括价格响应机制，即在电价较高的时段，虚拟电厂通过实时电价信号引导用户减少用电，而在电价较低时段鼓励用户增加用电，从而实现电能的均衡使用。此外，虚拟电厂还与可控负荷用户签订合同，允许在必要时直接控制用户设备的用电量，以应对突发的电力需求变化。

灵活性调度的实施也依赖于虚拟电厂与分布式能源的协同。当可再生能源发电量充足但需求较低时，虚拟电厂可以利用储能设备将电能存储起来；而在需求高峰或可再生能源供应不足时，释放储存的电能，或者调整分布式能源的输出，以满足电网需求。同时，虚拟电厂通过与电网调度中心的紧密合作，参与辅助服务市场，如调频服务，以进一步增强系统的稳定性。

在实际运营中，虚拟电厂通过监测和分析实时数据，不断优化调度策略。例如，通过实时监测储能设备的充放电状态，虚拟电厂能够精细化调整储能系统的使用，减少热损耗，提高储能效率。同时，辽宁虚拟电厂还会利用大数据分析，识别用户行为模式的改变，实时调整预测模型，以确保负荷预测的持续准确性。

在法律与政策层面，虚拟电厂遵循相关法规，如《中华人民共和国电力法》和《中华人民共和国可再生能源法》，确保其在负荷预测与调度方面的行为符合法律要求。同时，虚拟电厂积极参与电力市场改革，推动政策制定，以支持其灵活调度策略的实施。

通过负荷预测与灵活性调度的有机结合，辽宁虚拟电厂在电力供需的动态匹配上取得了显著成效，实现了电力系统的高效运营，同时也为用户提供了更加稳定和经济的电力服务。未来，随着预测技术的持续进步、通信技术的升级以及市场机制的不断完善，辽宁虚拟电厂的负荷预测与灵活性调度能力将进一步提升，为电力系统的优化运行和虚拟电厂的持续发展奠定坚实基础。

10.2.3.4 虚拟电厂的成本结构与收入

虚拟电厂的成本结构与收入在运营评估中占据核心位置，它们直接决定了虚拟电厂的经济可行性与盈利模式。辽宁虚拟电厂在运营过程中，通过精打细算的财务管理与多元化收入来源，确保了其在高度竞争的电力市场中保持良好的经济状况。

虚拟电厂的主要成本包括硬件设备投入、运营维护成本、信息技术投入以及人力资源成本。硬件设备投入主要涵盖通信设备、储能装置、分布式能源设施的购置和安装。运营维护成本则关注设备的日常运行维护、系统升级以及故障处理。信息技术投入是支撑虚拟电厂高效运营的关键，包括数据采集与处理系统的构建、信息平台的运营以及智能调度系统的开发。人力资源成本涵盖员工薪酬、培训以及管理费用。

在收入方面，虚拟电厂的盈利模式多元化，主要来源于电力交易、辅助服务、能效管理服务以及政策补贴。电力交易是最直接的收入来源，虚拟电厂通过参与电力市场，以批发或零售的方式出售其聚合的电能，获取差价收益。辅助服务，如调频、调峰，是虚拟电厂利用其快速响应能力，为电网稳定运行提供的额外服务，以获取辅助服务市场的收入。能效管理服务包括为用户提供节能咨询、能效监测系统以及智能电表，通过帮助用户降低能耗，虚拟电厂可以从中获得服务费。政策补贴则源于政府对可再生能源和储能技术的扶持，虚拟电厂可以申请相关补贴，以降低运营成本。

在辽宁，由于可再生能源资源丰富，政府对于虚拟电厂的建设和运营给予了一定的政策支持，包括税收优惠、补贴以及价格激励机制。这些补贴为虚拟电厂的初期投资提供了经济保障，有助于降低其财务压力。同时，随着电力市场改革的深化，虚拟电厂在电力交易中的盈利空间也在不断扩大，特别是在辅助服务市场，其灵活性和快速响应能力使其在市场上具备竞争优势。

为了确保成本效益的最优，虚拟电厂在运营过程中会不断优化成本结构，例如通过技术创新降低硬件设备成本，提升运营维护效率，以及通过引入更先进的信息技术降低数据处理和通信成本。同时，虚拟电厂会寻求与其他企业或机构合作，共享资源，以降低人力资源和运营成本。

辽宁虚拟电厂在成本结构与收入方面采取了精心设计和有效管理，确保了其在复杂多变的市场环境中保持盈利，为虚拟电厂的长期发展和模式复制提供了坚实的经济基础。随着技术进步和市场机制的完善，虚拟电厂的盈利模式和成本控制策略将进一步优化，为虚拟电厂的经济效益和社会效益提供有力保障。

10.2.3.5 辽宁虚拟电厂的减排效应分析

辽宁虚拟电厂在推动节能减排和能源结构转型方面发挥了重要作用。通过整合和优化分布式能源资产，虚拟电厂能够显著降低碳排放，促进可再生能源的消纳，同时提高电力系统的整体效率。以下从几个关键方面分析虚拟电厂的减排效应。

虚拟电厂通过聚合和优化分布式能源，提高了可再生能源的利用率。在辽宁，随着风能和太阳能等可再生能源发电比例的增加，虚拟电厂的运营使得这些清洁电力资源能够更高效地融入电网，避免了因供需不匹配导致的弃风、弃光现象，从而减少了燃烧化石燃料产生的温室气体排放。特别是在电网负荷低谷时，虚拟电厂可以引导用户增加对这些清洁能源的使用，进一步推动能源清洁化。

虚拟电厂的调峰填谷功能有助于降低峰值负荷，减少对煤电等传统能源的依赖。在电力需求高峰期，虚拟电厂可以通过释放储能、调整可控负荷等方式，减少对火电站的紧急调用，从而降低峰值负荷期间的碳排放。而在负荷低谷时，虚拟电厂可以利用储能设备或用户的可控负荷，储存过剩的清洁能源，待负荷上升时释放，避免了电力浪费。

虚拟电厂通过需求响应管理，鼓励用户在非高峰时段使用电力，发挥了负荷平移的效果，这同样有助于减少高峰负荷对化石燃料的依赖。通过价格激励机制和智能电表的实时反馈，用户在了解并接受电价变动的基础上，优化用电行为，减少了对传统能源的消耗，间接降低了碳排放。

在储能技术的应用方面，辽宁虚拟电厂的储能设备在电网供需不平衡时起到缓冲作用，减少了对传统发电设施的频繁启停，这既避免了额外的碳排放，又延长了设备的使用寿命。储能设备的高效充放电，使得可再生能源在电网中的占比得到提升，进一步降低了碳足迹。

在政策支持层面，辽宁省政府为虚拟电厂的建设和运营提供了相应的补贴和价格激励，这些政策有助于促进虚拟电厂的技术升级和规模扩大，从而在更大范围内实现碳排放的降低。随着电力市场改革的深化，这些政策将进一步推动虚拟电厂的市场参与，增加其在节能减排中的贡献。

通过上述分析，辽宁虚拟电厂在运营中通过优化能源结构、提升清洁能源利用率、减少峰值负荷以及引导用户行为变化，显著降低了碳排放，对于实现辽宁省乃至全国的碳中和目标起到了积极推动作用。随着技术进步和市场机制的完善，虚拟电厂的减排效应有望进一步提升，为我国的能源结构转型和环境保护做出更大贡献。

10.2.3.6 辽宁虚拟电厂运营案例分析

辽宁虚拟电厂的运营案例，以其独特的实践探索和创新运营模式，为全球虚拟电厂的发展树立了典范。本书通过深入剖析辽宁菱镁工业虚拟电厂的运营情况，揭示了虚拟电厂在实际运行中的关键成功因素及面临的挑战，为其他地区的虚拟电厂提供了有益的借鉴。

辽宁虚拟电厂的运营模式充分考虑了当地产业特点。菱镁工业作为辽宁的传统支柱产业，具有明显的用电负荷特性。虚拟电厂通过与生产过程的深度融合，实现了工业负荷的精准控制和智能响应，优化了生产过程中的能源使用，降低了整体用电成本。同时，菱镁工业虚拟电厂的构建，有力地推动了该行业向绿色、低碳方向转型，为其他重工业领域的能源优化提供了参考。

在协调机制方面，辽宁虚拟电厂的能源管理系统（EMS）发挥了重要作用。EMS不仅整合了分布式能源、储能设备和工业负荷的数据，还根据实时情况动态调整了能源的生产和消耗策略。这种灵活的协调机制确保了系统在应对电网波动和市场变化时的稳定运行，同时也提高了负荷响应的效率和准确性。

在市场接入方面，辽宁虚拟电厂积极参与了电力市场交易，通过提供辅助服务、参与调度市场和零售市场交易，实现了盈利多元化。虚拟电厂的市场策略结合了数学模型，量化了在需求响应、储能调度和市场交易中的策略，实证结果显示，这些策略有效降低了运行成本，增强了电网稳定性，并促进了电力市场的公平竞争。

政策支持是辽宁虚拟电厂成功运营的重要保障。国家能源局东北监管局联合辽宁省发改委、工信厅发布的《辽宁省电力需求侧响应实施方案》等政策，为菱镁工业虚拟电厂的建设与运营提供了良好的政策环境。这些政策支持包括对分布式能源的补贴、市场准入的放宽以及用户参与的鼓励，为虚拟电厂的商业化运营创造了条件。

然而，辽宁虚拟电厂的运营也面临一些挑战。技术标准的不统一使得虚拟电厂在设备集成和数据共享方面存在困难，这限制了虚拟电厂的进一步扩展和技术升级。市场机制的不完善，如辅助服务市场和电力现货市场的规则尚未完全成熟，也影响了虚拟电厂的盈利能力和市场竞争力。此外，随着碳中和目标的推进，如何通过“电-碳”市场联动，实现绿电消纳与碳减排的关联，是辽宁虚拟电厂乃至所有虚拟电厂需要探索的课题。

辽宁虚拟电厂运营案例的深入分析，展现了虚拟电厂在实际运行中的具体应用和成绩，同时也揭示了行业发展中待解决的问题。在未来，辽宁虚拟电厂将继续在技术升级、市场机制优化和政策引导方面进行探索，以期在电力系统中发挥更大的作用，推动绿色能源转型和电力市场改革的深化。其成功经验将为其他国家和地区虚拟电厂的发展提供重要的参考，助力全球电力系统的可持续发展。

10.3　实践中的挑战与解决方案

10.3.1　挑战

10.3.1.1　技术挑战

在虚拟电厂的实际应用中，技术挑战是首要关注的问题。首先，通信技术的成熟度与标准化程度是影响虚拟电厂高效运行的关键因素。尽管 5G 通信技术的出现提供了高速、低延迟的通信环境，但不同 DER 设备间的互操作性仍存在挑战。现有的通信协议和接口标准尚不统一，这导致了设备间信息交换的困难，限制了虚拟电厂的扩展和集成。因此，推动通信技术的标准化，研发能兼容多种设备和协议的通信平台，是解决这一问题的重要途径。

控制与预测算法的复杂性和准确性是另一个挑战。随着 DER 种类的增多和电力市场的复杂性，优化算法需要在考虑物理限制、经济效益和市场策略的同时，处理大量实时数据。深度学习和模型预测控制等技术虽然潜力巨大，但它们的训练成本高、解释性差，可能影响到决策的可追溯性和安全性。为此，应该探索更为高效、可解释性强的算法，并在算法的开发中融入更多的电力系统特性和市场规则，以提高控制策略的鲁棒性和适应性。

储能技术的性能和成本问题也不容忽视。虽然储能系统在削峰填谷、提高系统稳定性方面起着重要作用，但当前的储能技术在成本、能量密度和寿命等方面仍有局限。降低储能系统的成本，提高其能量转换效率，并探索新型、环保的储能技术，将有助于优化虚拟电厂的运行策略，同时促进可再生能源的广泛应用。

标准化和互操作性是整合虚拟电厂中不同 DER 的关键。不同供应商的设备可能遵循不同的标准，导致系统集成成本上升，维护复杂度增加。因此，制定统一的接口标准和数据交互协议，以及建立设备互操作性测试平台，是提高虚拟电厂兼容性和降低集成难度的有效手段。

虚拟电厂还需要与智能电网技术紧密结合，包括需求响应、微网控制、故障诊断等，以实现分布式能源的高效接入和管理。这要求进一步研究如何利用大数据、云计算和人工智能技术提升智能电网的自适应能力，以应对不断变化的电力系统环境。

虚拟电厂在技术层面面临的挑战主要包括通信标准化、控制算法的优化、储能技术的进步、设备互操作性以及智能电网的深度融合。通过持续的技术研发和创新，这些挑战有望得到解决，为虚拟电厂的广泛应用铺平道路。

10.3.1.2　经济与市场挑战

经济与市场挑战是虚拟电厂在实际应用中不容忽视的另一大难题。这些挑战主要体现在商业模式的不确定性、市场参与规则的不完善以及电力市场的复杂性。

虚拟电厂的商业模式尚不清晰，这在很大程度上影响了其经济效益和吸引力。目前，虚拟电厂的运营模式大致分为商业型（CVPP）和技术创新型（TVPP），前者关注内部 DER 用户的收益最大化，后者则侧重于为系统运行提供服务。但在实际操作中，如何在保障各方利益的同时实现资源的优化配置，仍是一个亟待解决的问题。例如，共享收益机制、风险共担模式或基于性能的补偿方案等，都需要在实践中不断探索和优化，以激励各参与方的积极参与和投资。

虚拟电厂在电力市场中的参与规则尚不明确。在不同的电力市场中，虚拟电厂的准入门槛、调度权及法律责任的界定可能存在差异，这可能阻碍其在市场中的有效运作。例如，虚拟电厂参与辅助服务市场时，可能面临市场规则的限制，如价格形成机制、容量预留等。此外，产权和责任的界定不清晰，可能导致纠纷和法律风险。因此，政策制定者需要修订相关法规，明确虚拟电厂在电力市场的角色，制定合理、透明的市场规则，为虚拟电厂的市场参与创造有利条件。

市场环境的复杂性也对虚拟电厂构成了挑战。电力市场包括电能量市场、辅助服务市场等，其价格波动、需求预测和交易策略设计都对虚拟电厂的经济运行产生影响。尤其是在电力需求不断变化、可再生能源出力不稳定的情况下，虚拟电厂必须具备灵活的市场策略和风险管理能力，才能在市场竞争中获得优势。为此，虚拟电厂需要不断完善市场分析和预测能力，以适应不断变化的市场环境，并发展出适应不同市场结构和规则的交易策略。

虚拟电厂的经济可行性还受到电力价格形成机制的影响。在一些市场中，峰谷电价的差价不足以覆盖虚拟电厂在削峰填谷中的投资成本，导致其经济收益受限。因此，政策制定者应考虑调整电价结构，或者设立激励机制，以鼓励虚拟电厂在电力平衡中的作用。

经济与市场挑战需要虚拟电厂的运营商、市场参与者和政策制定者共同努力，通过商业模式创新、市场规则调整以及对电力市场的深入理解，来克服这些障碍。通过建立清晰的商业模式，改善市场准入和调度规则，以及提升市场参与能力，虚拟电厂有望在经济和市场环境中找到可持续的发展路径，为构建清洁、高效、弹性的电力系统贡献更多价值。

10.3.1.3 市场化交易中的挑战

首先，虚拟电厂需严格遵循市场交易规则。市场交易规则涉及交易限制、结算方式等多项内容。虚拟电厂需结合相关规定递交交易申请，确保交易合法。与交易参与者进行沟通及协调，进而针对交易达成一致。其次，虚拟电厂交易方式多样。虚拟电厂可将产能作为交易筹码，与电力市场中的其他参与者展开合法交易。例如，虚拟电厂可与传统电厂展开交易，实施电力售卖活动及电力购买活动，使电力资源配置更加科学合理。此外，虚拟电厂还可与电网运营单位达成合作，保障电力供应与需求平衡。总而言之，虚拟电厂参与市场化交易具有众多优势，不仅能够推动电力市场健康发展，提高电力市场稳定性及灵活性，使电力市场保持良性竞争氛围，降低电力物价，保障供需平衡，还可以提高可再生能源利用效率，减少传统石化资源消耗，推动我国电力行业转型，促进电力行业可持续发展。

为使虚拟电厂参与电力市场，需确保内部达到实时平衡状态，再根据资源特点与可调节能力参与市场报量与市场报价。换而言之，虚拟电厂参与电力市场过程中面临的调整可细分为内部挑战及外部挑战。为应对内部挑战，需充分掌握不同资源特征，强化不确定性因素控制。为应对外部条件，虚拟电厂需与电力市场准入条件统一，交易策略需与电力市场机制统一。

多时段决策制定近年来，随着电力市场的不断发展，部分国家已根据电力市场与辅助服务市场建设了完整的市场框架，而我国也正不断尝试。在日前投标时，虚拟电厂可借助预测技术实时预测负荷及出力等，判断更为精准。虚拟电厂是一种资源聚合商，参与电力市场而面临的问题可归纳为投资组合管理问题，而面临的挑战就是如何制定不同时间段中的决策。在多时段决策制定中，虚拟电厂需结合日前市场报量信息，深化实时市场修正，确保预测更加准确，避免存在过大误差，以降低考核成本，最大程度地获取最高额度的电价收益。

德国虚拟电厂可参与平衡市场，美国虚拟电厂可参与旋转备用市场与非旋转备用市场，我国虚拟电厂商业体系庞大，虚拟电厂大多借助邀约型需求响应的形式参与市场，随着未来新能源利用效率的不断提高，虚拟电厂也可通过参与辅助服务市场的形式取得更高的效益。辅助服务市场不断发展为虚拟电厂获取更高的经济效益创造了新的渠道，但与此而来的是投标策略也需做出一定的调整。为使虚拟电厂能够在电力市场及辅助服务市场中获取更高的经济利益，需充分掌握各项不确定要素，完善投标策略，进而获取更高的经济利益。在辅助服务投标阶段，虚拟电厂应明确聚合资源性能，确保其符合辅助服务性能需求，随后方可投标。此外，在虚拟电厂经营过程中，也应掌握不同市场之间的关系，灵活调整可调节容量，进而满足不同市场需求。

在市场参与阶段，应从投标环节入手，充分认识到可调节资源特征，结合虚拟电厂实际情况，完善内部资源利用模式。在辅助服务市场参与过程中，虽然虚拟电厂可获取显著的经济效益，但辅助市场对虚拟电厂的能力要求更高，需使虚拟电厂具备一定的内部调度指令分解能力。此外，市场调度中包含大量的经济主体，各经济主体均具有其自身的发展目标，虽然虚拟电厂参与市场调度可获取经济利益，但必将会面临着利益冲突。为使聚合资源调度及聚合稳步推进，需拟定公平公正的收益分配体系，明确各组分的贡献，使虚拟电厂保持良好状态。

在投标阶段，虚拟电厂中的部分资源具有不确定性特征，例如，光伏发电及风力发电易受气候环境影响。此外，用户负荷及市场电价也是动态变化的。参与市场过程中会产生一定的偏差考核成本，而种种不确定性导致偏差考核成本增加，严重威胁虚拟电厂的经济效益。如选择过于保守的策略，将会大幅增加虚拟电厂内部光伏发电及风力发电量。因此，在虚拟电厂投标策略制定过程中，需明确种种不确定因素，但如何协调确定因素及不确定因素极为复杂。

10.3.1.4 法规与政策挑战

法规与政策挑战构成了虚拟电厂发展道路上的一个重要壁垒。在虚拟电厂的实践中，监管环境的不确定性、市场规则的不完善以及法律框架的局限性，都对虚拟电厂的商业化进程和广泛应用构成了显著障碍。

虚拟电厂的市场准入和运营资格在不同国家和地区的法律规定上存在差异，这可能导致虚拟电厂在跨地区、跨国运营时面临法律障碍。政策制定者需要制定明确的市场准入标准，以确保虚拟电厂能够公平地参与电力市场的竞争。这包含对 VPP 作为独立电力生产商法律地位的确认，以及对 VPP 在电能量市场、辅助服务市场中交易资格的界定。

现有的电力市场规则可能不适合虚拟电厂的特性。例如，现行的市场结算机制可能未能充分考虑分布式能源的瞬时性和分布式特性，导致虚拟电厂在市场竞争中处于不利地位。因此，政策制定者需要修订市场规则，以适应虚拟电厂灵活、动态的调度特性，例如，通过改进调度算法、市场结算方式，以及设计符合 VPP 运行特性的交易产品。

再者，虚拟电厂的产权和责任归属问题在现行法规中往往没有明确规定。在虚拟电厂的运营过程中，如因系统故障或市场操作失误导致的损失，如何界定责任主体，是需要法律明确的关键问题。制定清晰的产权和责任划分规则，有助于保护各方利益，降低法律风险，同时促进虚拟电厂的健康发展。

监管框架的挑战也体现在电力系统的调度权上。虚拟电厂通常需要与电网调度机构进行紧密合作，但目前的法规可能没有明确虚拟电厂在调度和控制层面的权限。这可能影响虚拟电厂的运行效率和响应速度。政策制定者应明确虚拟电厂的调度权限，同时确保其与电网调度的协同，以维护电力系统的安全稳定。

监管机构和市场运营商应密切合作，推动虚拟电厂相关的技术标准和监管程序的制定与更新。这包括通信协议的标准化、控制算法的评估准则以及储能设备的并网要求，以确保虚拟电厂在不同环境下的一致性和可靠性。

政策的稳定性与前瞻性对虚拟电厂的投资环境至关重要。政策的频繁变动可能会导致投资者信心不足，阻碍虚拟电厂的长期投资和创新。政策制定者需要提供长期的政策支持，例如，设定明确的可再生能源发展目标，以及为虚拟电厂提供稳定的财政补贴或税收优惠，以鼓励投资和技术创新。

法规与政策挑战是虚拟电厂实践中的重要课题，需要政策制定者与业界共同努力，通过完善市场准入、修订市场规则、明确产权责任、协调调度权以及推动技术标准化和监管程序的更新，为虚拟电厂创造一个有利的法律环境，推动其在电力系统中的广泛应用，助力全球能源转型的进程。

10.3.2 解决方案

10.3.2.1 技术层面的应对策略

在虚拟电厂的实际应用中，技术层面的挑战构成了首要的解决议题。为应对这些挑战，我们提出以下策略。

推动通信技术的标准化和互操作性是关键。这要求在国内外标准组织中积极参与，推动制定适应虚拟电厂通信需求的统一标准，优化现有通信协议，确保不同 DER 设备间的无缝对接。同时，研发具有高兼容性的通信平台，降低系统集成成本，提升虚拟电厂的可扩展性和可靠性。

优化控制算法，提升其实用性和可解释性。应研究和开发更适合虚拟电厂运行特点的控制算法，如融合机器学习与传统控制理论的混合策略，以提高控制策略的灵活性和鲁棒性。此外，算法的可解释性也至关重要，通过确保决策过程的透明度，增强操作者对系统的信任并提高整体安全性。

针对储能技术，研究与开发高效、低成本的储能解决方案是当务之急。这包括探索新型储能技术，如固态电池、超级电容器，以及提升现有技术的性能，如提高锂离子电池的能量密度和循环寿命。此外，储能系统的集成与协调控制也需要进一步研究，以优化虚拟电厂的整体运行效率。

为了实现虚拟电厂与智能电网的深度融合，技术创新至关重要。这包括利用大数据分析预测电力需求和可再生能源出力，以支持更精细化的调度决策；通过云计算实现远程监控和故障诊断；以及利用人工智能技术优化控制策略，使虚拟电厂能够快速适应电力系统的动态变化。

建立一个全面的技术评估体系，以确保新技术在虚拟电厂中的应用有效且安全。这包括技术成熟度评估、标准化测试，以及与现有电网设施的兼容性测试，以降低技术风险，促进技术的快速迭代与应用。

技术层面的应对策略应聚焦于通信技术的标准化、控制算法的优化、储能技术的突破、智能电网的融合以及技术评估体系的建立。通过这些策略的实施，虚拟电厂有望克服技术障碍，实现高效、可靠、灵活的运行，为全球能源转型和电力系统的优化调度提供有力支持。

10.3.2.2　经济与市场策略

在虚拟电厂的发展过程中，经济与市场策略是决定其可持续性和盈利能力的核心要素。针对经济与市场挑战，我们提出以下策略以促进虚拟电厂的商业化进程。

创新商业模式是虚拟电厂在经济上获得成功的关键。通过共享收益机制，将虚拟电厂的经济效益与 DER 所有者、消费者和电网的收益紧密连接，确保各参与方共享成功果实。例如，可以采用基于性能的补偿方案，根据虚拟电厂在电力系统中的实际贡献来分配收益，激励各 DER 积极参与。此外，风险共担模式也是另一种有效策略，通过设立保险机制或建立风险基金，分摊 DER 接入和市场运营中的潜在风险，降低投资者的顾虑。

建立明确的市场准入规则和交易机制是虚拟电厂参与电力市场的基础。政策制定者应制定公平的竞争环境，允许虚拟电厂在电能量市场、辅助服务市场等多维度参与交易。这需要修订市场规则，以适应虚拟电厂的灵活调度特性，例如，提供更加精细的辅助服务产品，允许虚拟电厂根据实时需求调整出力。同时，简化市场准入流程，降低虚拟电厂参与市场的壁垒。

在定价机制方面，政府和电力市场运营商应考虑峰谷电价的调整，使得虚拟电厂在削峰填谷中的投资能够得到合理的回报。这可能包括引入动态电价，反映电力系统的实时供需情况，为虚拟电厂提供更丰富的盈利机会。同时，新能源补贴政策的延续和优化，以及碳排放交易市场的完善，都可以为虚拟电厂创造更有利的经济环境。

进一步，构建一个多元化、动态的虚拟电厂市场参与者结构，鼓励电力零售商、能源管理公司、电网运营商等不同主体的参与。这将促进市场竞争，推动技术创新，同时降低单一主体在市场中的风险。

加强与电力市场的信息透明度和数据共享，有助于虚拟电厂制定精准的市场策略。这包括提供准确的电力需求预测、可再生能源出力预测以及实时市场价格信息，以便虚拟电厂能够做出更有效的市场决策。

政策制定者应强化对虚拟电厂的监管，确保市场的公平性。这包括制定清晰的产权与责任界定规则，保证在发生纠纷时能够公正裁决。同时，监管机构应建立有效的业绩评估体系，对虚拟电厂的运营效率和服务质量进行监督，以维护电力系统的稳定。

经济与市场策略的实施需要政策制定者、市场参与者和虚拟电厂运营者的共同努力。通过商业模式的创新、市场规则的修订、定价机制的优化、市场参与的多元化以及监管的强化，虚拟电厂将在经济和市场环境中找到可持续的发展路径，为构建清洁、高效、弹性的电力系统提供更多的价值。

10.3.3　虚拟电厂发展建议

目前，作为一种聚合多种能源衍生而来的载体，虚拟电厂在市场交易中的重要地位不可忽视，现已成为独立的市场主体，可参与到多品种、全周期电能交易环节当中，可提供调峰服务、调频服务与需求响应服务。我国绝大部分地区均已建设了完善的调峰市场与调频辅助市场，绝大部分地区已根据电网运行情况与负荷情况，实施了需求响应工作，这使得需求响应市场愈加完善。此外，随着电力市场化进程的不断推进，电力市场化交易占比不断增加，电力市场试点建设正不断展开，种种现象为虚拟电厂参与到电力市场中提供了坚实基础。依此，可以提出虚拟电厂发展建议。

加强虚拟电厂顶层设计。应从国家角度出发，颁布虚拟电厂建设及发展文件，在文件中清晰界定虚拟电厂建设标准、发展目标及相关策略等，统一虚拟电厂标准。能源部门应充分发挥自身的引导作用，促进虚拟电厂建设工作有序展开，积极建设试验区域。此外，省级部门也应出台相关政策制度，为虚拟电厂业务活动的实施提供科学的理论依据。从认定角度、交易角度及结算角度出发，完善各规则，确保电力市场中虚拟电厂业务活动有序展开。

积极建设统一的省级虚拟电厂平台。为保障电网运行更加稳定可靠，应建设统一的虚拟电厂接入平台，使社会中的各虚拟电厂能够依托统一技术标准接入至统一服务平台内。虚拟电厂不仅要在服务平台内获取技术支持，也要独立获取技术支持，同时保障服务平台接入过程要满足相关规范及要求。

加强协调控制技术与分布式能源可控技术研发。在可持续发展战略目标及“双碳”背景下，可再生能源利用水平大幅提升，总发电量中可再生能源发电量占比不断增加。预计未来几年，可实现可再生能源装机占比过半的目标。虽然可再生能源发电量逐年增长降低了传统火电消耗，但与此而来的是电网受到的冲击也有所加剧。虚拟电厂是整合可再生能源发电的主要场所，应结合可再生能源发电趋势实施深入分析。例如，加强分布式能源发电控制技术与分布式能源发电预测技术研究，将分布式发电与虚拟电厂相互结合，提高分布式能源发电环节智能化水平，强化虚拟电厂经济效益，保障电力系统稳定运行。

加强聚合光伏电源及储能设备研究。近年来，可再生能源发电量占比逐年增长，这对电网面向分布式电源的渗透率提出了更为严格的要求。分布式可再生能源发电量具有动态变化的特征，所以调峰更为困难。在未来虚拟电厂发展阶段，需将研究重点集中在分布式电源上。结合分布式可再生能源利用现状，借助虚拟电厂整合光伏设备及储能设备，提升可再生能源利用水平，提高可再生能源发电效益，降低用电成本，减少基础设施建设支出，使电网运行更加稳定。

优化激励政策及市场化交易机制。应积极拓展虚拟电厂激励资金渠道，延伸至现货市场电力平衡资金等。制定相关机制，促进虚拟电厂市场与辅助服务市场等结合。推动电力辅助服务市场发展，为跨地区辅助服务交易打下坚实基础。除此之外，在电力现货市场下，电价波动现象明显，因此收益具有不确定性，虚拟电厂管理机构应积极建设收益测算模型，制定科学合理的价格响应策略。

10.4 虚拟电厂在能源转型中的角色与影响

10.4.1 能源转型的驱动力与挑战

10.4.1.1 可再生能源的发展与应用

随着全球对气候变化的深切关注，可再生能源的发展与应用成为能源转型的关键驱动力。各国政府的政策支持、技术进步以及社会对可持续发展的追求，共同推动了可再生能源的迅猛增长。太阳能、风能、水能、生物质能和地热能等可再生能源形式，因其清洁、可再生的特性，逐渐替代化石燃料，成为未来能源结构的核心。

太阳能，尤其是光伏技术的进步，为全球能源转型带来了革命性影响。光伏电池的效率不断提高，成本不断降低，使得太阳能发电在很多地区已经具备了经济竞争力。此外，分布式光伏系统的普及，使得屋顶、停车场等空间得以充分利用，为城市能源供应提供了新的途径。政策上，许多国家通过新能源补贴政策（feed-in tariff，FIT）等激励机制，鼓励太阳能项目的开发和部署。

风能是另一大可再生能源支柱，尤其是海上风能的潜力尚未完全挖掘。随着风力发电机技术的改进，大功率、高效率的风力发电机组不断涌现，单个风力发电机的输出能力显著提升。同时，海上风场的建设降低了对土地资源的依赖，其风速稳定、资源丰富，有望在未来成为重要电力来源。

水能，特别是小型水电和潮汐能，作为稳定的基荷能源，能够为电网提供可靠电力，小型水力发电和新型潮汐能技术的发展，为水能的可持续利用开辟了新路径。

生物质能，作为利用农业废弃物、林业剩余物和城市有机垃圾的能源形式，既能减少废弃物的环境影响，又能提供能源。生物质能的利用方式包括直接燃烧、发酵制氢、气化和生物柴油等，技术的不断革新使其在能源结构中的角色愈发重要。

地热能的利用，尤其是在地热资源丰富的地区，如冰岛和新西兰，为提供清洁电力和供暖提供了可行方案。地热能的稳定性和可靠性使其成为电力系统中的重要补充。

尽管可再生能源的发展成就显著，但在全球能源转型中，其广泛应用仍面临挑战。例如，可再生能源的间歇性和地域性导致的电力供应稳定性问题，以及电网基础设施的升级需求。虚拟电厂正是应对这些挑战的有效工具。通过智能调度和灵活交易，虚拟电厂能够整合各类可再生能源，优化资源配置，提高电力系统的稳定性和灵活性，从而促进全球能源结构的清洁化和低碳化。随着技术进步和政策支持，可再生能源将与虚拟电厂一起，共同推动能源转型，助力全球实现“双碳”目标。

10.4.1.2 能源消费的低碳化路径

随着全球能源转型的加速，能源消费的低碳化路径成为实现双碳目标的关键路径之一。在这一进程中，虚拟电厂扮演着重要的角色，它通过先进的技术手段，优化能源结构，促进可再生能源的高效利用，同时降低传统化石能源的消耗，从而助力整个社会的能源消费低碳化。

虚拟电厂的智能调度功能使得可再生能源的消纳比例得到显著提升。通过实时监测并预测可再生能源的出力，虚拟电厂能够平衡供需，确保风能、太阳能等非传统能源在电力系统中的稳定输出，减少了对化石燃料的依赖。特别是在电网接纳可再生能源能力有限的情况下，虚拟电厂的优化调度能够有效减少弃风、弃光现象，提高清洁能源的利用率。

虚拟电厂通过储能技术的应用，缓解了可再生能源的间歇性问题。储能系统可以在风光资源丰富的时段储存电能，然后在资源不足时释放，以保证电力供应的连续性。这种灵活性不仅增强了电力系统的稳定性，还为大规模接入可再生能源创造了条件，从而推动了能源消费的低碳化。

虚拟电厂还通过需求侧管理策略，引导用户改变能源消费行为。通过智能电表和实时电价信息，用户可以在电价较低时增加用电，反之则减少用电，这种削峰填谷的方式不仅降低了高峰时段对化石能源的依赖，还减少了总的能源消耗。需求响应机制的实施，进一步促进了能源消费的经济性和低碳性。

在市场机制方面，虚拟电厂通过参与电力市场交易，为低碳能源提供了价格激励。在竞争的市场环境下，虚拟电厂能够获得与化石燃料发电相竞争的电力价格，这鼓励了更多的可再生能源项目投资，促进了低碳能源的广泛应用。

政策的推动也是实现能源消费低碳化的重要因素。各国政府通过制定碳定价政策、提供财政补贴、实施配额交易等手段，鼓励低碳能源的消费。这些政策为虚拟电厂的发展创造了有利环境，同时也推动了消费者选择低碳电力产品。

然而，要实现能源消费的真正低碳化，仍需解决一些挑战，如储能技术的成本问题，电力市场的设计与运行，以及消费者能效意识的提升。随着技术进步和市场机制的不断完善，虚拟电厂将在能源消费的低碳化路径中发挥越来越重要的作用，推动全球能源转型，助力双碳目标的实现。

10.4.1.3 能源政策与市场机制的演变

全球能源政策与市场机制的演变对虚拟电厂的发展起到了关键的推动作用。各国政府为实现能源转型和应对气候变化，纷纷出台了一系列旨在鼓励可再生能源发展、提升能源效率、促进电力市场竞争的政策。这些政策不仅为虚拟电厂提供了生存与发展的空间，也促进了相关技术的创新与应用。

政府的碳排放目标和政策激励是推动能源转型的主要驱动力。各国政府通过设定碳排放上限、实施碳税、推行碳交易制度等手段，促使电力行业减少温室气体排放，转向清洁、可再生能源。这些政策使虚拟电厂在经济上更具竞争力，因为它们能够通过优化可再生能源的利用，帮助满足这些减排目标，同时降低运行成本。

电力市场改革为虚拟电厂的市场参与创造了条件。传统电力市场以大型电厂为主导，而现代电力市场改革朝着更加开放、竞争性的方向发展，允许包括虚拟电厂在内的分布式能源资源直接参与市场交易。例如，引入了峰谷电价机制，鼓励用户在用电低谷时使用可再生能源，使得虚拟电厂能够根据市场信号调整能源组合，实现供需平衡。

政府对储能设施和智能电网的投资与支持也为虚拟电厂的壮大提供了保障。随着可再生能源比例的提高，储能技术在电力系统中的重要性日益凸显。政府通过提供资金补贴、研发支持以及电网接入优惠政策，加速了储能技术的发展，使得虚拟电厂能够更有效地调节可再生能源的波动，提高系统稳定性。

同时，电力市场中引入的需求响应和电力零售市场创新也为虚拟电厂的业务模式提供了空间。政策鼓励用户参与需求响应计划，通过智能电表和移动应用，用户可以实时了解电价信息，调整用电行为，这一变化使得虚拟电厂能够更精准地预测和平衡负荷，提高电力系统的效率。

然而，尽管能源政策与市场机制的演变为虚拟电厂的发展提供了诸多机遇，但仍存在一些挑战。例如，市场规则的不完善可能导致虚拟电厂的收益不稳定，而电网接入限制可能制约其规模扩张。此外，如何在保护消费者利益和确保电力供应安全之间找到平衡，也对政策制定者提出了考验。为应对这些挑战，政策制定者需进一步完善市场机制，提供明确的政策指引，鼓励技术创新，以推动虚拟电厂在能源转型中发挥更大的作用。

能源政策与市场机制的演变对虚拟电厂的发展起到了关键作用。随着全球对低碳、可持续能源的追求，以及电力市场改革的持续推进，虚拟电厂将在电力系统中扮演越来越重要的角色，成为推动能源转型的关键力量。

10.4.2　能源转型的关键挑战

10.4.2.1　可再生能源的间歇性问题

可再生能源的间歇性问题是全球能源转型中的一大关键挑战。风能和太阳能作为可再生能源的主要代表，其发电量受气候和季节变化的影响，导致电力输出，存在显著波动。风力的强度会随风速变化而变化，而太阳能则依赖于日照条件，这两种能源的供给在夜间或恶劣天气条件下往往会显著减少。这种不稳定性对电力系统的供需平衡带来了挑战，因为电力系统需要保持供需实时匹配，以保证电网的稳定运行。

传统的电力系统通常依赖于大型、连续运行的化石燃料发电厂来提供基荷电力，以确保电力供应的稳定。然而，随着可再生能源比例的增加，这种依赖性逐渐减弱，而对电网调度和储能技术的要求则显著提高。为了解决可再生能源的间歇性问题，虚拟电厂发挥了关键作用。

虚拟电厂通过智能调度算法，可以预测和补偿可再生能源的输出波动。通过整合不同地理位置的可再生能源资源，虚拟电厂能够利用地理差异来降低总的波动性。比如，当一个地区的风速降低时，其他地区的风速可能仍然足够高，从而提供稳定的电力输出。此外，虚拟电厂还能通过储能系统来缓冲这种波动。在风力或太阳能资源丰富时，储能系统可以存储电能，而在资源不足时释放储存的电能，确保电力系统的稳定运行。

然而，尽管虚拟电厂在缓解可再生能源间歇性问题方面展现出巨大潜力，但仍然存在一些挑战。首先，储能技术的成本较高，且容量和响应速度都存在局限，这限制了其在大规模应用中的效果。其次，现有的电力市场和调度规则可能不足以充分激励虚拟电厂的灵活性服务。此外，对于大规模可再生能源并网，电力系统的基础设施，如输电线路和变电站，可能需要升级以适应这些变化。

为应对这些挑战，政策制定者和业界应共同努力，推动储能技术的进步和成本降低，改革电力市场架构以充分认可和补偿虚拟电厂的灵活性服务，同时加大对电网基础设施的投入，确保其能够适应高比例可再生能源接入的未来电力系统。通过这些措施，虚拟电厂可以更有效地管理可再生能源的间歇性，为全球能源转型提供稳定、可靠的清洁能源支持。

10.4.2.2　能源系统的灵活性需求

随着全球能源转型的深入，能源系统的灵活性需求变得日益重要。传统的能源系统往往基于集中式、静态的运营模式，这种模式在应对可再生能源的波动性、负荷的不稳定性以及电力市场变化时，显得捉襟见肘。因此，虚拟电厂在提高能源系统灵活性方面的作用变得至关重要。

虚拟电厂通过智能调度算法，可以实时调整分布式能源资源的出力，以应对电力需求的快速变化。无论是由于天气变化导致的可再生能源出力波动，还是由于用户行为变化引起的负荷峰谷，虚拟电厂都能够迅速做出响应，通过调整储能设施的充放电策略，以及可控负荷的管理，缓冲供需不匹配的状况，确保系统的稳定运行。

虚拟电厂能够提供灵活的辅助服务，如频率调节、备用容量和电压控制，这些都是维持电力系统稳定运行的关键。在电网受到扰动时，虚拟电厂可以通过快速调整其资源的出力，帮助系统快速恢复平衡，从而提高系统的韧性。

再者，虚拟电厂通过技术手段，如预测模型和基于人工智能的决策支持，可以对未来电力需求和可再生能源出力进行精准预测，从而提前优化调度策略，降低系统的运行风险。这种能力在电力市场中尤为关键，因为市场参与者需要根据未来电价和交易规则来做出决策，虚拟电厂的预测能力为其提供了竞争优势。

然而，提升能源系统的灵活性并非易事，它面临的技术挑战包括如何提升预测模型的准确性，如何优化调度算法以适应更复杂的市场环境，以及如何实现大规模分布式资源的可靠通信和协调。同时，政策层面也存在挑战，例如，如何设计市场机制，使得虚拟电厂的灵活性服务能够得到合理的经济回报，以及如何通过电网改革，降低虚拟电厂接入和运营的障碍。

为应对这些挑战，政策制定者和业界应联手，推动科研创新，研发更先进的预测和优化技术，同时完善电力市场规则，确保虚拟电厂的灵活性价值得到充分认可。此外，还需要对电网基础设施进行改造和升级，以支持虚拟电厂的高效运行。只有在技术和政策的共同推动下，能源系统的灵活性才能得到充分提升，为全球能源转型提供坚实的基础。虚拟电厂作为提升系统灵活性的关键工具，将在这一过程中扮演不可或缺的角色。

10.4.3 能源转型中的影响

10.4.3.1 虚拟电厂的可再生能源集成能力

虚拟电厂的可再生能源集成能力，是其在能源转型中发挥关键作用的核心要素。通过先进的信息通信技术（ICT）和智能优化技术，虚拟电厂能够无缝链接和有效管理各种分布式可再生能源资源，如风能、太阳能、微水电等，实现这些资源的高效利用和供需平衡。

虚拟电厂通过ICT技术收集和整合来自各类可再生能源发电单元的数据，如实时发电量、设备状态等。这些数据经过处理和分析，为智能调度算法提供信息基础，帮助算法准确预测和补偿可再生能源的不稳定性。例如，当风力减弱时，虚拟电厂能够及时调整太阳能发电的出力，以维持系统的稳定电力供应。

虚拟电厂的智能调度算法是集成可再生能源的关键。算法能够根据实时数据和未来预测，对分布式能源资源进行动态优化，使其整体出力更为平滑，减少了对传统能源的依赖。通过遗传算法、深度学习等高级优化技术，虚拟电厂能够处理复杂的约束条件，如电网稳定性、设备容量限制等，确保在满足电力需求的同时，最大化可再生能源的利用率。

虚拟电厂还利用储能技术来进一步提升可再生能源的集成能力。储能系统在电力需求低时储存过剩的可再生能源电能，而在需求高或可再生能源供应不足时释放。这种特性显著缓解了可再生能源的间歇性问题，使得虚拟电厂能够在任何时候都能提供稳定的电力输出。例如，电池储能系统可以快速响应，确保系统供需的即时匹配。

再者，虚拟电厂通过集成柔性负荷管理系统，进一步优化了可再生能源的利用。通过实时电价信号和用户行为分析，负荷管理系统可以引导用户在可再生能源发电量充足时增加用电，反之则减少用电，从而在不牺牲用户舒适度的前提下，实现了电力需求与可再生能源供应的动态匹配。

在实际应用中，虚拟电厂的可再生能源集成能力已在全球范围内得到验证。例如，在欧洲，虚拟电厂整合了大规模的分布式太阳能和风能资源，通过智能调度和储能技术，成功应对了电网的挑战。在美国，虚拟电厂则与微电网紧密合作，实现了偏远地区可再生能源的有效利用。在亚洲，随着分布式光伏的蓬勃发展，虚拟电厂扮演了整合和优化这些资源的重要角色，促进了电力系统的绿色转型。

虚拟电厂的可再生能源集成能力通过实时监控、智能调度、储能技术和负荷管理等多个层面，实现了对各类可再生能源的高效整合，为全球能源转型提供了有力支撑。随着技术的不断进步和市场机制的完善，虚拟电厂的可再生能源集成能力将更加强大，为实现“双碳”目标和构建清洁、低碳的能源体系做出更大贡献。

10.4.3.2 虚拟电厂在需求侧管理中的应用

在能源转型的进程中，需求侧管理作为一种有效的策略，正日益受到关注。虚拟电厂通过整合和优化用户侧的能源需求，不仅有助于减轻对可再生能源波动性的依赖，还能够提高电力系统的整体效率。在这一过程中，虚拟电厂利用先进的信息通信技术和智能算法，实现了对用户负荷的灵活控制和优化，从而在能源需求与供应之间建立起了更加动态平衡的关系。

虚拟电厂首先通过部署智能电表和高级计量基础设施（AMI），实时收集用户侧的电力使用数据。这些数据包含了用户的用电模式、电价信息以及可再生能源的生产情况，为虚拟电厂的决策支持系统提供了丰富的信息基础。通过分析这些数据，虚拟电厂能够对用户的用电行为进行深入的理解，进而制定出针对性的管理策略。

需求响应是虚拟电厂在需求侧管理中的关键环节。它通过经济激励、实时电价信息或智能电表的自动控制，引导用户在电价较高时减少用电，而在电价较低时增加用电。例如，当可再生能源发电量丰富且电价较低时，虚拟电厂会通过智能电表自动调整用户的空调或热水器等设备的运行时间，引导用户在这些时段使用更多的电力，从而实现电力的供需匹配，减少对传统能源的依赖。这种行为的改变不仅能够降低用户的电费，还有助于缓解电网的峰谷压力，提高整个系统的运行效率。

虚拟电厂还通过用户教育和能效提升项目，提高用户的节能意识。通过推广节能产品和技术，以及提供节能咨询和培训服务，虚拟电厂鼓励用户在日常生活中更加节能，降低不必要的能源消耗。这不仅有助于减轻电网的负荷，还有助于提高用户的生活质量，实现社会的可持续发展。

虚拟电厂还能够通过电力市场进行需求侧响应。在一些市场机制设计中，虚拟电厂可以作为用户代理，参与电力市场的实时交易，根据市场电价信号调整用户的负荷。这种市场化的机制进一步刺激了用户参与需求响应的积极性，同时也为虚拟电厂提供了参与市场调度的灵活性。

然而，虚拟电厂在需求侧管理中也面临一些挑战。如何保护用户隐私，确保数据安全，是虚拟电厂必须解决的问题。此外，如何提高用户对需求响应的理解和接受程度，避免因操作复杂而导致的用户抵触，也是虚拟电厂在推广需求响应时需要考虑的关键因素。为了克服这些挑战，虚拟电厂需要与政府、行业组织和用户密切合作，制定出合理的激励机制，提供用户友好的界面，并通过教育和宣传提高公众的参与度。

虚拟电厂在需求侧管理中的应用，通过智能调度、经济激励和用户教育，实现了电力供需的动态平衡，促进了能源的高效利用。随着能源市场的进一步开放和电力需求侧管理技术的创新，虚拟电厂将在全球能源转型中发挥越来越重要的角色，帮助构建更加灵活、高效、清洁的未来能源系统。

10.4.4 虚拟电厂的作用

10.4.4.1 优化能源结构

虚拟电厂在能源转型中扮演着关键角色，其核心功能之一便是优化能源结构，促进可再生能源的高效利用。能源结构的优化不仅关乎能源供应的稳定性和经济性，也直接关联到碳排放的减少与环境保护。通过智能地整合和调度各类分布式能源资源，虚拟电厂能够提高整个能源系统的灵活性，使之更适应多元化、低碳化的能源需求。

虚拟电厂将原本孤立的分布式能源资源如太阳能、风能等并入同一调度平台，实现了能源的统一管理和优化配置。这种集中化的管理方式，使得可再生能源的波动性得到平滑，提升了电网接纳可再生能源的能力。例如，当风力发电量减少时，虚拟电厂可以及时调用储能设备或电动汽车的电池来补充能源供应，确保电力系统的稳定运行，从而减少对化石燃料的依赖，降低碳排放。

虚拟电厂通过智能负荷管理，实现了用户侧的能源需求与可再生能源供应的动态匹配。通过物联网技术，虚拟电厂能够实时监控和调整家庭、商业建筑的用电需求，比如在太阳能发电高峰期，引导用户增加用电，而在发电低谷期，通过需求响应策略降低用电，从而实现负荷的灵活调度。这种做法不仅减少了电网的峰值负荷，降低了对新建发电厂的需求，还在一定程度上降低了用户的电费负担。

再者，虚拟电厂在微电网管理中的应用，进一步推动了能源结构的优化。在微电网中，虚拟电厂能够实现分布式电源与负荷之间的自我平衡，甚至可以独立于主电网运行，这在一定程度上缓解了主电网的运行压力，同时也使得可再生能源在微电网中的比例得以显著提高，降低了对化石燃料的依赖。

尽管虚拟电厂在优化能源结构方面展现出巨大潜力，但其在实际应用中仍面临一些挑战，如储能技术的成本问题、用户参与需求响应的意愿不足等。然而，随着技术的进步和政策的推动，这些问题有望逐步得到解决。例如，随着电池储能成本的下降，虚拟电厂在储能方面的应用将更加广泛；而通过创新的市场机制和经济激励，可以提高用户参与需求响应的积极性。

虚拟电厂通过整合、调度和优化分布式能源资源，成功地在能源结构的优化中发挥了关键作用。随着其技术的不断成熟和应用的扩大，虚拟电厂将在全球能源结构的低碳转型中扮演愈发重要的角色，推动能源系统的高效、稳定与可持续发展。

10.4.4.2 提高能源利用效率

虚拟电厂在能源转型中的作用之一是显著提升能源利用效率，这是其在减少碳排放、降低运行成本以及提升系统稳定性方面的核心优势。通过智能集成与优化，虚拟电厂能够克服传统能源系统的地域、规模限制，实现资源的最优化配置和利用。

虚拟电厂通过高效整合分布式能源资源，如太阳能、风能、储能装置以及可调负荷，实现了能源的无缝链接和优化调度。这种集成方式使得不同能源类型能够互补，有效降低能源浪费。例如，当太阳能和风能资源丰富时，虚拟电厂可以引导储能设备充电，而在这些资源不足时，储能设备可以释放电能，确保电力系统的稳定供应，从而避免因能源过剩或不足导致的能源浪费。

虚拟电厂的智能负荷管理功能在提升能源利用效率上也发挥了重要作用。通过物联网技术，虚拟电厂能够实时监控和调整用户端的电力需求，如通过智能家居系统在用电低谷时自动启动洗衣机或在用电高峰时调整空调的运行模式。这种动态调整使电力需求与供应匹配更加精确，避免了不必要的能源消耗，同时提高了用户的生活舒适度。

虚拟电厂对电力市场的影响也提升了能源利用效率。通过市场接口，虚拟电厂可以参与电力市场的交易，提供辅助服务，如频率调节和备用容量。这不仅增加了电网的灵活性，还使虚拟电厂能够根据市场供需情况，以最经济的方式平衡电力供需，从而避免了因电力供需不平衡引发的能源浪费。

在实际案例中，虚拟电厂在电网调峰中的应用尤为显著。通过在电力需求高峰期前预先蓄能，虚拟电厂可以在高峰时段释放储能，降低对传统火电厂的依赖，减少化石燃料的消耗。而在需求低谷时，虚拟电厂可以通过需求响应策略引导用户降低用电，进一步平衡负荷，提升能源利用效率。

然而，虚拟电厂在提高能源利用效率的同时，也面临一些挑战。例如，储能技术的性能和成本问题，以及用户参与需求响应的意愿和激励机制的建立。随着技术进步，如储能系统的性能提升和成本降低，以及智能电网和需求响应市场机制的完善，这些挑战有望逐渐得到解决。

虚拟电厂通过集成分布式能源、智能负荷管理以及市场参与，显著提升了能源利用效率，为能源转型提供了有力支持。随着技术的不断发展和市场环境的优化，虚拟电厂在能源利用效率提升方面的贡献将会更加显著，为构建清洁、低碳、高效的能源系统奠定坚实基础。

10.4.4.3 促进可再生能源接入

虚拟电厂在能源转型中的作用，体现在它对于可再生能源接入电网的有力促进，这不仅有助于构建低碳能源结构，还能够增强电网的稳定性和灵活性。随着全球对清洁能源的日益重视，虚拟电厂在整合各类可再生能源资源、提高其在电力系统中的比例方面发挥了关键作用。

虚拟电厂整合了分布式可再生能源，如太阳能、风能等，通过能源管理系统（EMS）对这些资源进行优化调度，使得它们能够像大型电厂一样稳定提供电力。即使在可再生能源出力波动较大的情况下，虚拟电厂也能通过储能系统和需求响应策略，确保电力供应的连续性。例如，当风力发电受限时，虚拟电厂可以调用储能电池向电网供电，或者调低某些时段的负荷需求，以平衡供需。

虚拟电厂在微电网中的应用也显著推动了可再生能源接入。微电网是小规模的电力系统，通常包含多种可再生能源。虚拟电厂在此环境中的角色是协调和优化这些能源，实现微电网的自我平衡，甚至可以在必要时脱离主电网独立运行。这种模式提高了可再生能源在微电网中的渗透率，减少了对化石燃料的依赖，同时提高了电网的可靠性和稳定性。

虚拟电厂通过需求侧管理，增加了可再生能源的消纳。智能负荷管理系统可以根据可再生能源的实时出力情况，调整用户端的用电行为，如在太阳能发电高峰期鼓励用户增加用电，而在风力资源丰富的时段，使电动汽车充电等负荷与之匹配。这种方式不仅缓解了电网的调峰压力，也提高了可再生能源的利用率。

然而，尽管虚拟电厂在促进可再生能源接入方面取得了显著成果，但仍面临一些挑战。例如，不同能源的集成和调度技术还需进一步完善，以应对可再生能源的波动性和不确定性。此外，市场机制和政策支持也是推动可再生能源接入的关键，需要明确和完善的法规环境来保障虚拟电厂的经济利益和长期发展。

虚拟电厂通过优化调度、微电网管理以及需求响应等策略，促进了可再生能源的接入，极大地提升了可再生能源在电力系统中的比例，对于能源结构的绿色转型具有重要意义。随着技术进步和政策支持的加强，虚拟电厂在促进可再生能源接入方面的潜力将进一步释放，为全球能源系统迈向低碳、高效、可持续发展做出重要贡献。

思考题

1. 菱镁工业虚拟电厂建立的意义是什么？
2. 辽宁虚拟电厂建立的影响是什么？
3. 辽宁虚拟电厂的挑战是什么？
4. 虚拟电厂在技术层面面临的挑战是什么？
5. 为什么现有的电力市场规则可能不适合虚拟电厂的特性？
6. 为什么说创新商业模式是虚拟电厂在经济上获得成功的关键？
7. 虚拟电厂在能源消费的低碳化中扮演着什么角色？
8. 虚拟电厂的可再生能源集成能力是什么？
9. 虚拟电厂的智能调度技术核心是什么？
10. 什么是虚拟电厂与微电网的协同效应？

参考文献

[1] 姜涛，张东辉，李雪，等．含分布式光伏的主动配电网电压分布式优化控制［J］．电力自动化设备，2021（9）：107-114，130.

[2] 余光正，林涛，汤波，等．计及谐波裕度—均衡度的分布式电源最大准入功率计算方法［J］．电工技术学报，2021（9）：101-109，119.

[3] Aghdam F H, Javadi M S, Catalao J P S. Optimal stochastic operation of technical virtual power plants in reconfigurable distribution networks considering contingencies［J］. International Journal of Electrical Power & Energy Systems, 2023（147）.

[4] Gougheri S S, Dehghani M, Nikoofard A, et al. Economic assessment of multi-operator virtual power plants in electricity market: A game theory-based approach［J］. Sustainable Energy Technologies and Assessments, 2022（53）.

[5] 肖云鹏，王锡凡，王秀丽，等．面向高比例可再生能源的电力市场研究综述［J］．中国电机工程学报，2018（3）：4-15.

[6] 丁明，王伟胜，王秀丽，等．大规模光伏发电对电力系统影响综述［J］．中国电机工程学报，2014（1）：3-16.

[7] 王成山，武震，李鹏．分布式电能存储技术的应用前景与挑战［J］．电力系统自动化，2014（16）：7-14，79.

[8] Naval N, Yusta J M. Virtual power plant models and electricity markets-A review［J］. Renewable and Sustainable Energy Reviews, 2021（149）.

[9] Rahimi M, Ardakani F J, Ardakani A J. Optimal stochastic scheduling of electrical and thermal renewable and non-renewable resources in virtual power plant［J］. Engineering Applications of Artificial Intelligence, 2021（127）.

[10] 卫志农，余爽，孙国强，等．虚拟电厂的概念与发展［J］．电力系统自动化，2013（13）：7-15.

[11] Rezaei N, Pezhmani Y, Mohammadiani R P. Optimal stochastic self-scheduling of a water-energy virtual power plant considering data clustering and multiple storage systems［J］. Journal of Energy Storage, 2023（65）.

[12] 王宣元，刘敦楠，刘蓁，等．泛在电力物联网下虚拟电厂运营机制及关键技术［J］．电网技术，2019（9）：140-148.

[13] Capone M, Guelpa E, Manco G, et al. Integration of storage and thermal demand response to unlock flexibility in district multi-energy systems［J］. Energy, 2021（237）.

[14] 侯晨佳，梁海宁，赵冬梅．基于博弈论的虚拟电厂电源优化配置［J］．现代电力，2020（4）：52-60.

[15] 赵书豪，王进，张孝跃．考虑综合需求响应的虚拟电厂日前调度优化策略［J］．现代电力，2023（6）：118-126.

[16] Naughton J, Wang H, Cantoni M, et al. Co-optimizing virtual power plant services under uncertainty: a robust scheduling and receding horizon dispatch approach［J］. IEEE Transactions on Power Systems, 2021, 36（5）：3960-3972.

[17] Fusco A, Gioffrè D, Castelli A F, et al. A multi-stage stochastic programming model for the unit commitment of conventional and virtual power plants bidding in the day-ahead and ancillary services markets［J］. Applied Energy, 2023（336）.

[18] 肖繁，夏勇军，张侃君，等．含新能源接入的配电网网络化保护原理研究［J］．电工技术学报，2019（S2）：267-277.

[19] 任帅，肖楚鹏，梁新龙，等．计及虚拟电厂内需求侧灵活性资源的实时电价和V2G协调优化调度策略［J］．电力信息与通信技术，2024，22（8）：27-36.

[20] 彭道刚，税纪钧，王丹豪，等．“双碳”背景下虚拟电厂研究综述［J］．发电技术，2023，44（5）：602-615.

[21] 乔宁，张超，张吉生，等．碳排放权交易价格的关键影响因素及预测研究——基于MIV-LSTM等模型的比较分析［J］．价格理论与实践，2024（9）：139-148.

[22] 阴昌华，陈志彬，刘永笑，等．基于 Kriging 模型的考虑多种能源电力规划研究 [J]．自动化与仪器仪表，2019 (10)：227-229，233.

[23] Guo Weishang，Wang Qiang，Liu Haiying，et al. A trading optimization model for virtual power plants in day-ahead power market considering uncertainties [J]．Frontiers in Energy Research，2023 (5)．

[24] 郑康霖．考虑需求响应的多类型工业用户分时电价优化策略研究 [D]．西安：西安理工大学，2023.

[25] 高志展．基于用户特性的电力市场需求侧管理措施 [D]．南宁：广西大学，2022.

[26] 华婧雯．面向用户的能源增值服务与零售套餐定价机制研究 [D]．北京：华北电力大学（北京），2021.

[27] 李明扬，董哲．含分布式新能源和需求响应负荷的虚拟电厂定价机制及优化调度 [J]．综合智慧能源，2024，46 (10)：12-17.

[28] Gao L，Yang S，Chen N，et al. Integrated energy system dispatch considering carbon trading mechanisms and refined demand response for electricity，heat and gas [J]．Energies，2024 (18)：4705-4705.

[29] 周建国，吴昭波．“双碳”目标下基于 Stackelberg 和合作博弈的虚拟电厂双层优化调度 [J]．动力工程学报，2024，44 (10)：1611-1619.

[30] 陈志永，胡平，别朝红，等．基于合作博弈的虚拟电厂联盟策略与收益分配机制研究 [J]．智慧电力，2024，52 (1)：39-46，64.

[31] Bao P，Xu Q，Yang Y，et al. Cooperative game-based solution for power system dynamic economic dispatch considering uncertainties：A case study of large-scale 5G base stations as virtual power plant [J]．Applied Energy，2024.

[32] Gao Y，Gao L，Zhang P，et al. Two-stage optimization scheduling of virtual power plants considering a user-virtual power plant-equipment alliance game [J]．Sustainability，2023，15 (18)．

[33] Jingjing B，Hongyi Z，Zheng X，et al. Peer-to-peer energy trading method of multi-virtual power plants based on non-cooperative game [J]．Energy Engineering，2023，120 (5)：1163-1183.

[34] 王愿，李彦斌，宋明浩，等．计及多重不确定性和时间相关性的虚拟电厂参与碳-绿证协同交易优化调度 [J]．电网技术，2024 (10)．

[35] 王飞，王歌，徐飞．面向系统响应能力提升的虚拟电厂聚合特性及交易机制综述 [J]．电力系统自动化，2024，48 (18)：87-103.

[36] 陈建宇，冯文韬，祁莹，等．虚拟电厂参与电力市场交易机制研究 [J]．电工技术，2024 (16)：73-77，85.

[37] Yi Y，Zhou D，Yuan Y，et al. Research on optimal scheduling of virtual power plant considering demand response under carbon-green certificate trading mechanism [J]．Journal of Physics：Conference Series，2024，2849 (1)．

[38] 王雪妍．基于电-碳-绿证联合交易的多能互补系统优化运行研究 [D]．西安：西安理工大学，2024.

[39] 张家乐，吴志宽，许超，等．虚拟电厂在全球能源转型中的战略地位与实践探讨 [J]．电气技术与经济，2024 (3)：116-118，122.

[40] 熊文，危国恩，王莉，等．能源转型与虚拟电厂的发展趋向 [J]．电子技术与软件工程，2019 (11)：159.

[41] Kaif D A，Alam S K，Das K S．Blockchain based sustainable energy transition of a Virtual Power Plant：Conceptual framework design & experimental implementation [J]．Energy Reports，2024 (11)：261-275.

[42] 王莹，王宣元．能源转型与虚拟电厂的未来 [J]．华北电业，2018 (9)：16-19.

[43] Caixia T，Qingbo T，Shiping G，et al. Can virtual power plants promote energy transformation—Empirical test based on pilot provinces [J]．Energy Reports，2023 (9)：6135-6148.